深入理解Zabbix监控系统

全面覆盖Zabbix 5.0源码

深入剖析监控系统核心原理

指导技术人员和决策者准确定位并解决问题

鲍光亚 著

人 民 邮 电 出 版 社

北 京

图书在版编目（CIP）数据

深入理解Zabbix监控系统 / 鲍光亚著. -- 北京 : 人民邮电出版社, 2021.5（2023.1重印）
ISBN 978-7-115-55833-6

Ⅰ. ①深… Ⅱ. ①鲍… Ⅲ. ①计算机监控系统 Ⅳ. ①TP277.2

中国版本图书馆CIP数据核字(2021)第000261号

内容提要

Zabbix 是一个开源监控系统，在我国信息技术企业和金融企业中被广泛应用。本书主要从源码和功能两个角度，分析 Zabbix 监控系统的底层工作机制。本书首先讲述跨进程的总体工作机制，然后按照监控数据的处理流程依次讲述 Zabbix 服务器端和 Zabbix 客户端各类进程的内部工作机制，最后讲述 Zabbix Web 应用的工作机制。本书能够帮助读者深入理解 Zabbix 监控系统的核心原理，有助于在运维工作中快速定位和解决问题。

本书适合具有一定 Zabbix 应用经验并想要进一步理解 Zabbix 工作机制的读者阅读，包括相关企业的运维人员、技术主管、架构师、产品经理和决策者等。

◆ 著　　　鲍光亚
　责任编辑　刘雅思
　责任印制　王　郁　焦志炜
◆ 人民邮电出版社出版发行　　北京市丰台区成寿寺路 11 号
　邮编　100164　　电子邮件　315@ptpress.com.cn
　网址　https://www.ptpress.com.cn
　北京天宇星印刷厂印刷
◆ 开本：800×1000　1/16
　印张：21　　　　　　2021 年 5 月第 1 版
　字数：433 千字　　　2023 年 1 月北京第 3 次印刷

定价：99.90 元

读者服务热线：(010)81055410　印装质量热线：(010)81055316
反盗版热线：(010)81055315
广告经营许可证：京东市监广登字 20170147 号

序

很荣幸能为这本书作序。

本书是从源码级别对 Zabbix 开源监控系统进行全面解读的专业著述。我用 5 天的时间通读本书后，感觉获益匪浅，强烈推荐每一位 Zabbix 用户将其作为案头必备的工具书和参考手册。

近几年开源监控系统蓬勃发展，特别是 Prometheus 的势头正劲，但以前很多介绍 Prometheus 的文章或教程里，都会把 Zabbix 作为反面案例，而其中列举的一些例子其实是对 Zabbix 不了解或不熟悉而造成的误读。现在用户越来越理性，也越来越专业，会根据不同的业务应用场景，选择更符合实际需求的推荐方案。作为在工作中同时使用 Zabbix 和 Prometheus 的用户，我认为在基础设施即服务（infrastructure as a service，IaaS）监控领域里，Zabbix 仍是最佳的开源监控解决方案。

开源监控系统要做好、做大、做强，离不开 3 点：一是商业支持，二是应用需求，三是开发迭代。上海宏时数据系统有限公司是 Zabbix 的母公司 Zabbix SIA 的大中华区原厂代表，全权负责 Zabbix 的原厂培训、咨询服务、市场推广和知识产权维护，是 Zabbix 中国生态的构建者、Zabbix 中国峰会的创办者、Zabbix 中文手册和书籍的编译者。经过其多年耕耘，Zabbix 已经成功在国内的银行、电信、制造、保险、证券和零售等多个行业中成功应用。在每年举办的 Zabbix 中国峰会上，Zabbix 的应用领域也越来越广泛、越来越成熟。但在代码开发方面，国内开发者却局限于 Web 页面的修改或扩展，不能不说是一大憾事。

我使用 Zabbix 已接近 7 年，从 2.0 版本开始使用，从 3.0 版本开始接触源码。我在使用中遇到 Zabbix 的很多问题，即使阅读官方文档也无法全部理解和解决，这时就必须通过源码来排查原因。但是，Zabbix 源码的浩繁复杂阻碍了用户深入学习研究，也阻碍了用户对 Zabbix 进行重大、紧急 bug 的修复以及功能扩展。本书对目前正在逐步成为主流的 Zabbix 5.0 进行深入分析，恰好弥补了这个缺憾，是国内监控行业和软件开发领域的一大幸事。

Zabbix 的后端源码主要用 C 语言编写。本书行文流畅，对源码的分析清晰而透彻。我在阅读本书的过程中就消除了好几个多年的疑惑，也对 Zabbix 有了更深刻的理解。

这本书首先从全局层面对 Zabbix 架构进行了介绍，并专门对从 Zabbix 2.2 到 Zabbix 5.0 的技术演进进行了比较，使读者可以更好地理解 Zabbix 功能模块组件不断变化和完善的原因；然后结合源码，对 Zabbix 5.0 的每个功能模块逐一进行了分析，对重要和常用的功能（比如缓存、各种功能进程和数据库表等）重点予以解释说明，其中关于 Zabbix 源码构建的部分可谓点睛之笔；最后对 Zabbix 的前端源码也进行了简要讲解，甚至给出了一个增加 Web 页面功能的小例子。可以说本书覆盖了 Zabbix 源码的方方面面。

相信通过对这本书的研读，无论是Zabbix的使用者还是Zabbix的开发者，都会对Zabbix 有更全面、更深入的了解，并能更好地使用和完善 Zabbix。

田川

海尔智家基础管理

2021 年 3 月

前　言

写作目的

Zabbix 是一个开源监控系统（监控软件），在我国信息技术企业和金融企业中被广泛应用。但是，大部分 Zabbix 用户只是熟悉如何使用该软件，对该软件内部的工作机制却了解不多，无法灵活而深入地应用该软件。对于用户来说，要想充分发挥 Zabbix 本身的强大功能，一个基本前提就是全面、深入地理解该软件。

虽然 Zabbix 是一种开源软件，但是较少有图书系统性地介绍该软件的工作原理和内部结构。作者曾为多家不同规模的企业部署和维护 Zabbix 监控系统，在 Zabbix 的使用过程中发现，如果不理解底层工作机制，那么很多运维问题的解决都是临时性的，治标不治本。当 Zabbix 变成一个神秘的黑盒时，每一个运维人员在它面前都会很被动。

基于以上认识，作者决定总结自己多年来对 Zabbix 开源监控系统的理解和认知，编撰成书，目标是帮助读者不仅知其然，更知其所以然，希望对读者有所帮助。

内容结构

本书依据 Zabbix 的系统架构进行分解讲述。总体上，Zabbix 由多个组件构成，主要有 Zabbix 服务器、Zabbix 客户端和 Zabbix Web 应用。每个组件内部主要采用多进程架构，以实现并行和并发。本书共 19 章，分为 4 部分。第一部分包括第 1 章至第 6 章，主要讲述 Zabbix 服务器端内部实现多进程架构所依赖的总体工作机制；第二部分包括第 7 章至第 14 章，主要讲述 Zabbix 服务器端和 Zabbix 代理端各种进程的详细工作过程，以及各进程如何处理监控数据；第三部分包括第 15 章至第 17 章，主要讲述 Zabbix 客户端的详细工作机制，以及 Zabbix 源码的编译和构建过程；第四部分包括第 18 章和第 19 章，主要讲述 Zabbix

Web API 和 Zabbix Web 应用。

具体到每一章，其主要内容如下。

第一部分 Zabbix 的基础工作机制

第 1 章讲述 Zabbix 的多进程特征以及不同 Zabbix 版本的系统架构演变，以帮助读者从技术演进的角度了解 Zabbix 的过去和现在。

第 2 章讲述 Zabbix 服务器端进程的分类以及多进程之间的通信与协调。Zabbix 的每种进程所完成的任务是相对独立的，因此进程的分类在一定程度上说明了 Zabbix 如何对总体任务进行分解，以及如何解决进程之间的协作问题。

第 3 章讲述 Zabbix 中最常用的 7 种数据结构设计。数据结构在软件设计中总是处于核心地位，Zabbix 对数据结构的设计决定了其处理数据的效率，同时决定了各个进程应该以何种方式和次序处理数据。

第 4 章讲述缓存的结构以及各进程如何使用缓存。Zabbix 使用的缓存位于共享内存中，几乎所有进程都需要访问缓存才能正常工作，这就使缓存成为整个监控系统的数据核心，如果缓存出现问题，那么整个监控系统都将崩溃。

第 5 章讲述 Zabbix 本地进程和远程主机进程之间的套接字通信过程和通信协议，以及基于套接字通信的加密机制。

第 6 章讲述各进程如何通过日志跟踪自身的工作进度，以及如何使用 Zabbix 日志。

第二部分 Zabbix 服务器端的各个进程

第 7 章讲述 Zabbix 服务器端的 trapper 类进程和 poller 类进程如何大规模地收集监控数据。Zabbix 可以处理多种类型的监控数据，相应地，trapper 进程和 poller 进程也分为多种类型，每种类型负责收集不同的监控数据，所使用的数据采集方式也有所不同。

第 8 章讲述预处理进程和 LLD 进程。这两种进程使用 trapper 进程和 poller 进程所收集的原始监控数据作为输入，对原始数据进行预处理，或者根据原始数据更新配置信息。

第 9 章讲述 history syncer 进程如何将预处理之后的数据存储到数据库中，并对监控数据进行快速计算，以生成事件并处理事件。history syncer 进程是 Zabbix 服务器端最核心的进程，如果没有该进程的存在，Zabbix 将无法保存监控数据，无法生成事件，也无法进行告警。

第 10 章讲述在 history syncer 进程生成事件之后，escalator 进程、alert 进程族和 task manager 进程如何处理事件以及如何发送告警。

第 11 章讲述 Zabbix 如何通过各种渠道获取自身状态信息，包括进程繁忙率、数据量和缓存负载等。

第 12 章讲述 Zabbix 代理在 Zabbix 的整体架构中所承担的角色，以及 Zabbix 代理端所特有的一些进程是如何工作的。

第 13 章讲述 Zabbix 服务器端的各种进程如何访问数据库以及具体访问数据库中的哪些表。本章内容可以帮助读者有针对性地分析数据与进程之间的对应关系。

第 14 章主要讲述 Zabbix java gateway 的作用、内部工作机制以及该进程与 java poller 进程之间的交互。

第三部分 Zabbix 客户端及源码构建

第 15 章讲述 Zabbix 客户端的 3 种进程，即 collector 进程、listener 进程和 active checks 进程的内部工作机制，以及用于扩展 Zabbix 客户端功能的可加载模块如何实现加载。

第 16 章讲述 Zabbix 客户端各种进程如何处理每一种监控项，从而实现监控数据的收集和上传。Zabbix 客户端原生支持多种监控项，深入了解这些监控项的具体采集方式可以解决用户使用过程中的很多困惑。

第 17 章讲述 Zabbix 使用的 C 语言源码的编译和构建过程，并简要介绍在修改源码后应如何自定义编译和构建过程。当用户试图自己修改源码来扩展 Zabbix 功能时，对构建过程进行修改是必不可少的。

第四部分 Zabbix Web

第 18 章讲述 Zabbix Web API 如何使用面向对象编程的方式实现其功能，包括各个类的职责与关系、所采用的设计模式、如何调用 API 以及如何扩展 API。很多用户都通过 API 实现 Zabbix 与外部系统的集成，对该模块进行深入了解有助于提高监控系统的集成质量和效率。

第 19 章主要讲述 Zabbix Web 应用的 MVC 框架，并简要介绍了如何实现 Zabbix Web 应用的扩展。Zabbix Web 应用是最近几个版本的 Zabbix 中变动最为显著和频繁的部分。

写作说明

虽然作者在工作中经常需要分析 Zabbix 源码，但是在编写本书的过程中，仍然发现有些知识在之前并未涉猎。适逢 Zabbix 发布了最新的 5.0 版本，系统架构发生了一些变化。Zabbix 服务器端增加了与底层发现、告警和同步相关的 3 种进程，而 Zabbix 中此前只有 Zabbix 服务器端具备的预处理能力也得到了进一步加强。此外，Web 前端的功能更加丰富，Web 后端也进行了大量调整。面对这些变化，作者接受出版社编辑的建议，决定基于最新的 Zabbix 5.0 进行写作。为了保障内容的准确性，作者对 Zabbix 5.0 的所有源码重新进行了梳理和再阅读。这一任务的工作量虽然不及全新阅读一遍源码，但是仍然需要逐一确认有哪些源码发生了变更以及新增了哪些源码和功能。

本书所引用的 Zabbix 源码以及对 Zabbix 源码的修改均遵从 GPL-2.0 协议。

致谢

本书萌芽于作者在民生银行的工作经历，在此要特别感谢民生银行的张帆先生。在很多研究领域中，提出问题比解决问题更重要。对本书而言，张帆先生就是那个不可或缺的提出问题的人，而本书是对张帆先生所提问题的部分解答和延伸。张帆先生勇敢尝试对 Zabbix 的全方位应用，他对民生银行 Zabbix 监控项目的有效把控以及对 Zabbix 的不懈探究，都激励作者对 Zabbix 进行更全面、更深入的了解，其沉稳严谨的工作作风亦令人钦佩。张帆先生也从整体写作逻辑的角度为本书提出了宝贵建议。

特别感谢美国 Apple 公司的陈源博士对本书的慷慨推荐和细致建议。陈博士在京东美国硅谷研发中心工作期间，作者曾有幸辅助陈博士带领的项目团队完成大规模容器集群资源利用效率的优化工作。虽然该项目只是陈博士所负责的众多项目之一，于作者而言却是非常重要的经历。陈博士对作者的鼓励弥足珍贵，让作者有更大的勇气前进。

非常感谢宏时数据为本书提供的支持和帮助。作者曾参加宏时数据组织的 Zabbix 峰会，受益良多。宏时数据的工作人员和社区认证专家就本书的写作提出了重要意见，并不吝推荐本书。本书有幸得到 Zabbix 社区签约专家张世宏先生的肯定，同时感谢海尔智家的 Zabbix 资深专家田川先生应宏时数据之邀对本书进行了全面细致的评阅并作序，田川先生对本书评价颇高，这令作者倍感荣幸。

由衷感谢京东物流技术发展部运维专家史季强先生。史季强先生是作者曾经的同事，他在运维方面的经验和专业水平一直令作者仰望。作者向史季强先生提出为本书写几句评语的请求后，他慷慨应允。最后史季强先生不但大力推荐本书，还围绕本书提出了重要建议，这些建议也是作者今后新的努力方向。

更要感谢 Zabbix，本书能够成书全然地基于 Zabbix 本身近乎完美的设计和实现，以及其持续、快速的成长。

技术类图书的写作应以严谨为第一要务。在本书写作过程中，对于任何内容，作者均不敢妄下结论，总是力求多角度验证和多次确认，唯恐做出错误判断。在此也感谢人民邮电出版社刘雅思编辑在本书写作过程中所提供的大量意见和建议。

感谢所有为本书的构思和写作提供过帮助的人，这本书也属于你们。

作者简介

鲍光亚，本科毕业于山东大学，精通 Zabbix 和 Prometheus 监控软件，对 IT 系统和服务监控软件有深入研究。他在 2014 年至 2019 年就职于京东，从事 Zabbix 监控系统的运维和相关开发工作，对分布式、并行软件开发和项目管理具有浓厚的兴趣。他在工作期间始终践行终身学习理念，不断充实和提高自己，在 2012 年获得了中国社会科学院研究生院 MBA 学位。作者个人邮箱为 bgy.cn@outlook.com。

资源与支持

本书由异步社区出品，社区（https://www.epubit.com/）为您提供相关资源和后续服务。

提交勘误

作者和编辑尽最大努力来确保书中内容的准确性，但难免会存在疏漏。欢迎您将发现的问题反馈给我们，帮助我们提升图书的质量。

当您发现错误时，请登录异步社区，按书名搜索，进入本书页面，点击“提交勘误”，输入勘误信息，点击“提交”按钮即可（见下图）。本书的作者和编辑会对您提交的勘误进行审核，确认并接受您的建议后，您将获赠异步社区的 100 积分。积分可用于在异步社区兑换优惠券、样书或奖品。

详细信息　写书评　提交勘误

页码：　页内位置（行数）：　勘误印次：

字数统计

提交

扫码关注本书

扫描下方二维码，您将会在异步社区微信服务号中看到本书信息及相关的服务提示。

与我们联系

我们的联系邮箱是 contact@epubit.com.cn。

如果您对本书有任何疑问或建议，请您发邮件给我们，并请在邮件标题中注明本书书名，以便我们更高效地做出反馈。

如果您有兴趣出版图书、录制教学视频，或者参与图书翻译、技术审校等工作，可以发邮件给我们；有意出版图书的作者也可以到异步社区在线投稿（直接访问 www.epubit.com/contribute 即可）。

如果您来自学校、培训机构或企业，想批量购买本书或异步社区出版的其他图书，也可以发邮件给我们。

如果您在网上发现有针对异步社区出品图书的各种形式的盗版行为，包括对图书全部或部分内容的非授权传播，请您将怀疑有侵权行为的链接发邮件给我们。您的这一举动是对作者权益的保护，也是我们持续为您提供有价值的内容的动力之源。

关于异步社区和异步图书

“异步社区”是人民邮电出版社旗下 IT 专业图书社区，致力于出版精品 IT 图书和相关学习产品，为作译者提供优质出版服务。异步社区创办于 2015 年 8 月，提供大量精品 IT 图书和电子书，以及高品质技术文章和视频课程。更多详情请访问异步社区官网 https://www.epubit.com。

“异步图书”是由异步社区编辑团队策划出版的精品 IT 专业图书的品牌，依托于人民邮电出版社数十年的计算机图书出版积累和专业编辑团队，相关图书在封面上印有异步图书的 LOGO。异步图书的出版领域包括软件开发、大数据、AI、测试、前端和网络技术等。

异步社区

微信服务号

目　　录

第一部分　Zabbix 的基础工作机制

第二部分 Zabbix服务器端的各个进程

第三部分 Zabbix 客户端及源码构建

第四部分 Zabbix Web

第一部分

Zabbix 的基础工作机制

本部分介绍 Zabbix 的底层工作机制，这些工作机制作用于 Zabbix 的所有进程之中。通过本部分的学习，读者将能够理解 Zabbix 各个进程运行在什么样的基础之上，会受到哪些方面的制约和规范；同时也能够明白 Zabbix 的底层机制如何为 Zabbix 各个进程提供支持，并将这些进程组织成一个有机的整体。

第1章

Zabbix 总体架构及演变

Zabbix 是在全球被广泛应用的一种开源监控系统，是一种设计严谨的、基于多进程的分布式系统。Zabbix 由多种组件构成，包括 Zabbix 服务器、Zabbix 代理、Zabbix java gateway 和 Zabbix 客户端。本章主要介绍 Zabbix 的总体架构。

1.1 监控系统概述

监控系统是一个非常宽泛的概念。根据监控对象和监控目标的不同，监控系统完成的任务千差万别。不过，归根到底，监控系统是一个数据采集和处理系统，它为了采集和处理各种监控数据而存在。Zabbix 就是为了监控计算机及网络基础设施和软件而设计的。

当监控对象越来越多时，监控系统的规模会变得越来越庞大，因此监控系统要具备大规模扩展的能力。当监控的内容变得越来越细化时，监控系统需要能够以足够快的速度采集并处理数据。随着存储的监控数据越来越多，人们希望从监控数据中获得一些有用的信息，这就要求监控系统能够对监控数据进行深入的分析。

假如未来的某一天，全球所有汽车都实现了自动驾驶。当不需要人类驾驶员驾驶汽车时，人类就需要利用数据对汽车进行监管。虽然汽车自身可以在终端完成对大量数据的处理，但是每辆汽车在其行驶过程中仍然需要将一定量的数据传输到交通监管平台进行集中处理，这些数据可能用于监管车辆行驶状况、预测交通拥堵以及避免交通事故等。按照全球 10 亿辆汽车的保有量计算，即便存在 1 000 个监管平台，平均下来，每个平台仍然需要为逾 100 万辆汽车提供服务。行驶中的汽车可能会把每次急刹车、每次紧急并线、每次异常颠簸、每次抛锚和每次人类介入的数据都发送到监管平台。其中，有些数据是需要实时处理的，还有一些数据可能只需要持久化存储，另外一些数据可能需要经过简单处理以后再进行存储。这种场景对监控数据传输的可靠性、监控数据处理的实时性以及监控系统整体的可靠性都提出了很高的要求。

监控系统的意义在于，人们可以用数据更精确地描述事物的变化。在监控系统的帮助下，世界的模糊性得以降低，准确性大幅提升，人们可以减少根据感觉做出决策的不安感，而更多地依赖数据做出决策，人们甚至不需要做出决策，因为系统会代替人们做出决定。

1.2　Zabbix 的总体架构

Zabbix 包含多种组件，每种组件可以独立部署，组件内部采用多进程架构。这种结构设计使之非常便于实现分布式部署，也为架构调整打下了基础。Zabbix 各组件之间的典型部署架构往往采用分层扩展模式，即每个 Zabbix 服务器（server）连接多个 Zabbix 代理（proxy），每个 Zabbix 代理进一步连接大量客户端（agent）（包括 Zabbix 客户端、SNMP 客户端、JMX 客户端和 IPMI 客户端），具体如图 1-1 所示。

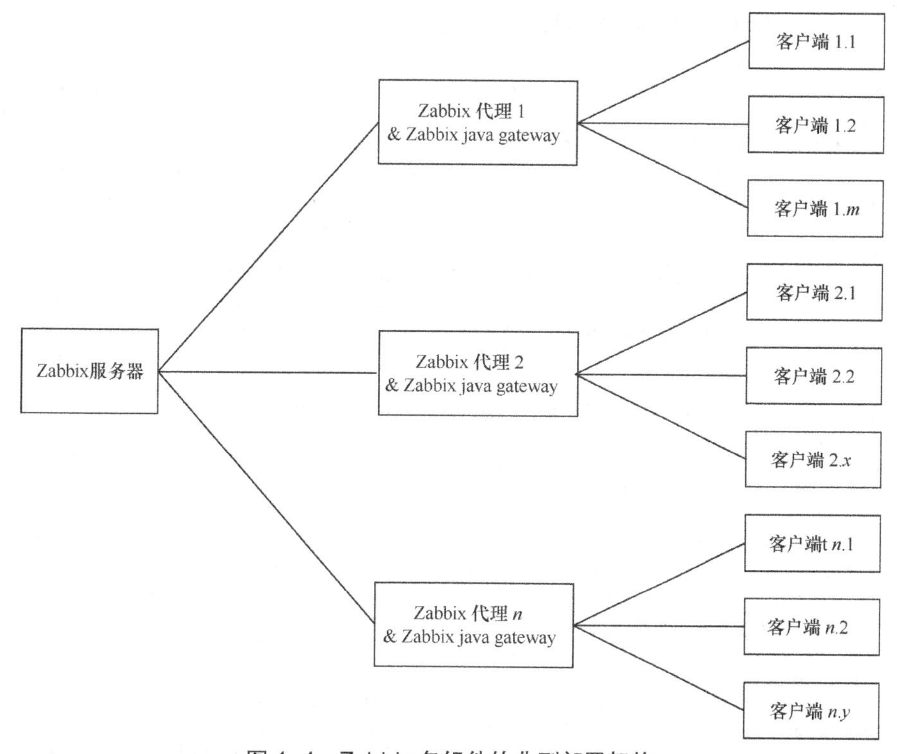

图 1-1　Zabbix 各组件的典型部署架构

监控系统本质上是一个数据采集和处理系统，如果采集的数据的规模相对稳定，不会频繁波动，那么采用多进程架构是合适的，因为监控系统在这种情况下不需要动态地扩容和缩容，也就避免了频繁的进程创建和销毁。如果采集的数据的规模存在很大的波动，希望能够对监控系统进行动态扩容和缩容，那么采用多进程架构显然不太合适，因为进程的创建和销毁是很重的操作，频繁操作会产生较大开销。

1.2.1 Zabbix 服务器

Zabbix 服务器是所有 Zabbix 组件中的核心，它负责最终接收监控数据并对数据进行计算，从而触发告警，并完成告警规则所触发的任务，包括发送通知和执行远程命令等，它还负责将监控数据写入数据库并进行持久化存储。

Zabbix 服务器有多种进程，每种进程的数量可能是一个或者多个。Zabbix 服务器的各个进程之间通过共享内存、Unix 域套接字、信号、锁和信号量等机制进行协调和通信。代码清单 1-1 为某测试用 Zabbix 服务器的具体进程，每一个进程标题中的黑体部分为进程类型名，当同时存在多个同类型的进程时，进程类型名称后面会紧跟一个编号（例如 **timer** #1）。在本例中，Zabbix 共启动了 21 种进程。

代码清单 1-1　Zabbix 服务器的多进程

```
[root@VM-0-2-centos ~]# ps -ef|grep zabbix_server
zabbix     5554 17185  0 14:18 pts/0    00:00:00 /usr/local/sbin/zabbix_server -f
zabbix     5556  5554  0 14:18 pts/0    00:00:00 /usr/local/sbin/zabbix_server:
configuration syncer [synced configuration in 0.142161 sec, idle 60 sec]
zabbix     5562  5554  0 14:18 pts/0    00:00:00 /usr/local/sbin/zabbix_server:
housekeeper [deleted 18929 hist/trends, 0 items/triggers, 132 events, 0 sessions,
0 alarms, 0 audit items, 0 records in 1.054934 sec, idle for 1 hour(s)]
zabbix     5563  5554  0 14:18 pts/0    00:00:00 /usr/local/sbin/zabbix_server:
timer #1 [updated 0 hosts, suppressed 0 events in 0.015839 sec, idle 59 sec]
zabbix     5564  5554  0 14:18 pts/0    00:00:00 /usr/local/sbin/zabbix_server:
http poller #1 [got 0 values in 0.004875 sec, idle 5 sec]
zabbix     5565  5554  0 14:18 pts/0    00:00:00 /usr/local/sbin/zabbix_server:
discoverer #1 [processed 1 rules in 0.022562 sec, idle 30 sec]
zabbix     5566  5554  0 14:18 pts/0    00:00:01 /usr/local/sbin/zabbix_server:
history syncer #1 [processed 2 values, 2 triggers in 0.033340 sec, idle 1 sec]
zabbix     5567  5554  0 14:18 pts/0    00:00:02 /usr/local/sbin/zabbix_server:
history syncer #2 [processed 0 values, 0 triggers in 0.000170 sec, idle 1 sec]
......
zabbix     5570  5554  0 14:18 pts/0    00:00:01 /usr/local/sbin/zabbix_server:
escalator #1 [processed 0 escalations in 0.010427 sec, idle 3 sec]
zabbix     5571  5554  0 14:18 pts/0    00:00:00 /usr/local/sbin/zabbix_server:
proxy poller #1 [exchanged data with 0 proxies in 0.000286 sec, idle 5 sec]
zabbix     5572  5554  0 14:18 pts/0    00:00:00 /usr/local/sbin/zabbix_server:
self-monitoring [processed data in 0.000207 sec, idle 1 sec]
zabbix     5573  5554  0 14:18 pts/0    00:00:00 /usr/local/sbin/zabbix_server:
task manager [processed 0 task(s) in 0.004439 sec, idle 5 sec]
zabbix     5574  5554  0 14:18 pts/0    00:00:01 /usr/local/sbin/zabbix_server:
```

```
poller #1 [got 0 values in 0.000366 sec, idle 1 sec]
zabbix     5575  5554  0 14:18 pts/0     00:00:01 /usr/local/sbin/zabbix_server:
poller #2 [got 3 values in 0.997905 sec, idle 1 sec]
......
zabbix     5579  5554  0 14:18 pts/0     00:00:00 /usr/local/sbin/zabbix_server:
unreachable poller #1 [got 0 values in 0.000275 sec, idle 5 sec]
zabbix     5580  5554  0 14:18 pts/0     00:00:00 /usr/local/sbin/zabbix_server:
trapper #1 [processed data in 0.004273 sec, waiting for connection]
zabbix     5581  5554  0 14:18 pts/0     00:00:02 /usr/local/sbin/zabbix_server:
trapper #2 [processed data in 0.006308 sec, waiting for connection]
......
zabbix     5585  5554  0 14:18 pts/0     00:00:00 /usr/local/sbin/zabbix_server:
icmp pinger #1 [got 0 values in 0.000219 sec, idle 5 sec]
zabbix     5586  5554  0 14:18 pts/0     00:00:00 /usr/local/sbin/zabbix_server:
alert manager #1 [sent 0, failed 0 alerts, idle 5.064280 sec during 5.064756 sec]
zabbix     5587  5554  0 14:18 pts/0     00:00:00 /usr/local/sbin/zabbix_server:
alerter #1 started
zabbix     5588  5554  0 14:18 pts/0     00:00:00 /usr/local/sbin/zabbix_server:
alerter #2 started
zabbix     5590  5554  0 14:18 pts/0     00:00:03 /usr/local/sbin/zabbix_server:
preprocessing manager #1 [queued 0, processed 13 values, idle 5.004367 sec during 5.009661
sec]
zabbix     5591  5554  0 14:18 pts/0     00:00:00 /usr/local/sbin/zabbix_server:
preprocessing worker #1 started
zabbix     5592  5554  0 14:18 pts/0     00:00:00 /usr/local/sbin/zabbix_server:
preprocessing worker #2 started
zabbix     5594  5554  0 14:18 pts/0     00:00:00 /usr/local/sbin/zabbix_server:
lld manager #1 [processed 0 LLD rules during 5.756562 sec]
zabbix     5595  5554  0 14:18 pts/0     00:00:02 /usr/local/sbin/zabbix_server:
lld worker #1 [processed 1 LLD rules, idle 19.774921 sec during 20.021050 sec]
zabbix     5596  5554  0 14:18 pts/0     00:00:02 /usr/local/sbin/zabbix_server:
lld worker #2 [processed 1 LLD rules, idle 19.749750 sec during 20.021420 sec]
zabbix     5597  5554  0 14:18 pts/0     00:00:01 /usr/local/sbin/zabbix_server:
alert syncer [queued 0 alerts(s), flushed 0 result(s) in 0.012363 sec, idle 1 sec]
```

Zabbix 服务器可以与 Zabbix 代理、Zabbix java gateway 和 Zabbix 客户端进行远程通信，通信过程由 poller 进程和 trapper 进程负责。

Zabbix 服务器在启动时创建共享内存，配置信息、监控数据和趋势数据等需要多个进程访问的数据会被存储到共享内存中。多个进程同时访问共享内存时，通过互斥锁和读写锁来实现访问的协调，避免冲突。Unix 域套接字的使用则一定程度上减轻了共享内存的访问压力，它实现了一组关系紧密的进程之间的通信。

Zabbix 服务器端众多种类的进程分别负责不同的任务，各进程相互之间会通过多种机制进行通信。图 1-2 所示为 Zabbix 服务器端进程、共享内存、Unix 域套接字以及数据库之间的关系，本书介绍的所有 Zabbix 服务器进程都包含在图 1-2 中，在阅读本书后面章节的内容时，读者可对照图 1-2 进行理解。

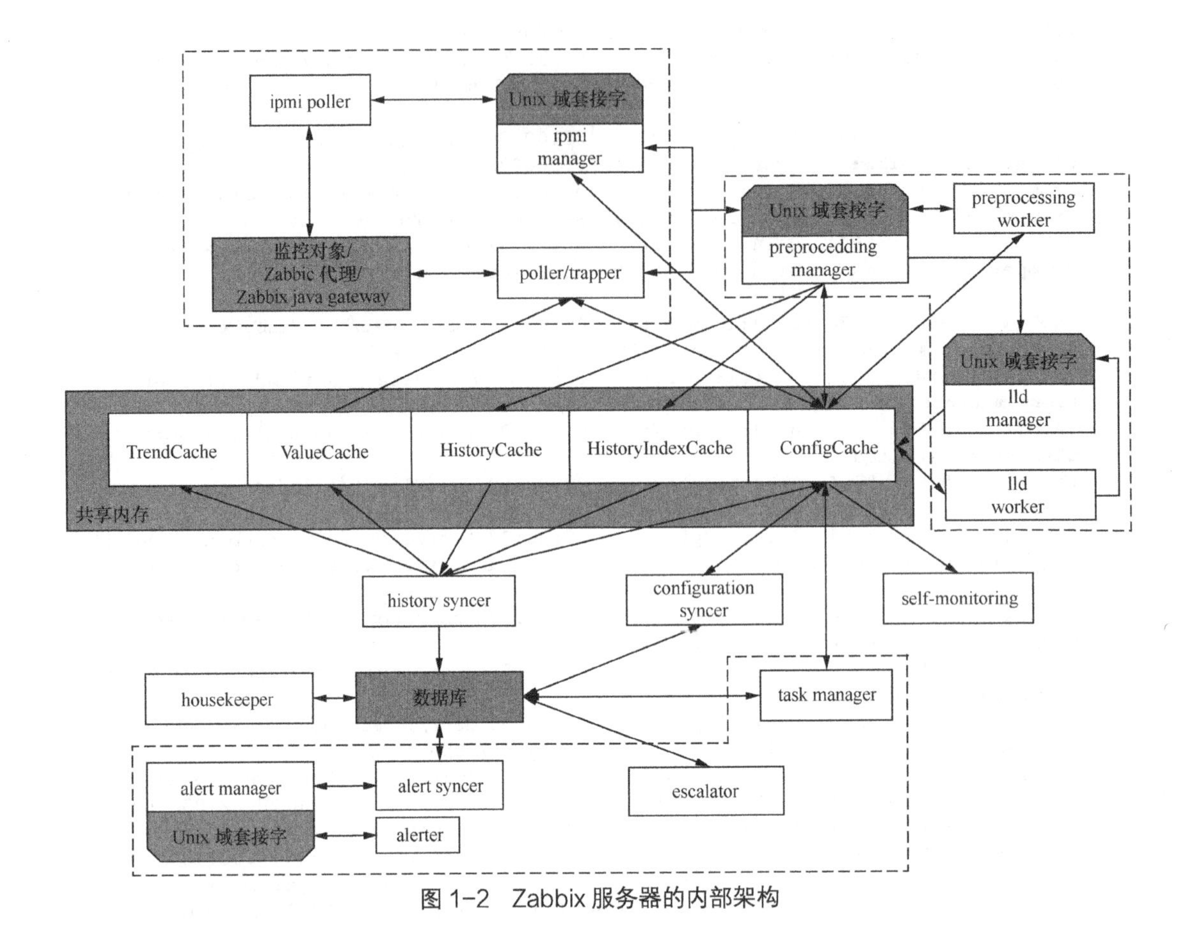

图 1-2　Zabbix 服务器的内部架构

1.2.2　Zabbix 代理

Zabbix 代理（Zabbix proxy）可以被理解为去掉了底层发现（Low Level Discovery，LLD）进程（参见第 8 章）和告警功能的 Zabbix 服务器，它的作用是代替 Zabbix 服务器完成监控数据的采集和预处理工作，并将预处理后的监控数据批量发送到 Zabbix 服务器端，以这种方式分担 Zabbix 服务器端的压力。

Zabbix 代理可以存在多个，并且支持主动模式和被动模式。在主动模式下，Zabbix 代理主动发起连接，通过 data sender 进程和 configuration syncer 进程与 Zabbix 服务器进行通信。在被动模式下，Zabbix 代理只负责通过 trapper 进程监听来自 Zabbix 服务器的连接请求[1]。

[1] Zabbix 代理的主动与被动模式是相对于 Zabbix 服务器来讲的。

1.2.3　Zabbix java gateway

Zabbix java gateway（简称 ZJG）相当于一个 Java 管理扩展（Java Management Extensions，JMX）代理，它接收由 Zabbix 服务器端或 Zabbix 代理端的 poller 进程发送的消息，并按照消息内容向 JMX 远程服务器请求监控数据，再将获取的监控数据返还 Zabbix 服务器或 Zabbix 代理。ZJG 组件采用 Java 语言开发，在运行时采用线程池架构实现并发，可以与 Zabbix 服务器或 Zabbix 代理分别独立部署。

1.2.4　Zabbix 客户端

Zabbix 客户端（Zabbix agent）通常运行在被监控的主机上，负责实际完成监控数据的采集，并将监控数据发送到 Zabbix 服务器或者 Zabbix 代理。Zabbix 客户端也通过多进程架构来完成任务，包括 collector、listener 和 active checks 3 种进程。其中，collector 进程是一种后台进程，负责对某些监控项进行持续的数据采集，采集的数据被存储在共享内存中，供 listener 进程和 active checks 进程使用。

Zabbix 客户端同时支持主动型监控项和被动型监控项。因此，它既可以主动采集监控项，主动向 Zabbix 服务器或 Zabbix 代理发送数据，也可以接收 Zabbix 服务器或 Zabbix 代理的请求，被动地采集监控数据并返还请求方。主动型监控项由 active checks 进程处理，被动型监控项则由 listener 进程处理。

Zabbix agent 2 是 Zabbix 5.0 版本新增的组件，使用 Go 语言开发。该组件很大程度上提高了 Zabbix 客户端的性能和并发能力。在 Zabbix 客户端中，active checks 进程是唯一的，所以主动型监控项只能以串行方式逐个采集，当需要处理的主动型监控项较多时，会影响采集数据的及时性。而 Zabbix agent 2 实现了主动型监控项的并发采集，突破了 Zabbix 在这方面的性能限制。

1.3　Zabbix 服务器的技术演进

随着每次新版本的发布，Zabbix 服务器的技术架构也在不断演进。本节主要介绍 Zabbix 2.2、Zabbix 3.0、Zabbix 4.0 和 Zabbix 5.0 版本的 Zabbix 服务器技术架构。

1.3.1　Zabbix 2.2 版本的 Zabbix 服务器

在 Zabbix 2.2 版本中，Zabbix 服务器端的进程共有 20 种，具体如下：

- configuration syncer 进程，负责数据库与缓存之间的配置信息同步；
- db watchdog 进程，负责监控数据库的连接状态；
- poller 进程，负责主动采集监控数据；
- unreachable poller 进程，负责对异常的监控主机和监控项进行探测；
- trapper 进程，负责接收 Zabbix 代理和 Zabbix 客户端发送的数据；
- icmp pinger 进程，负责处理 icmp ping 监控项；
- alerter 进程，负责发送告警信息；
- housekeeper 进程，负责清理数据库中的过期数据；
- timer 进程，负责计算与时间相关的触发器；
- node watcher 进程，负责监视节点状态，用于多节点分布架构（Zabbix 5.0 版本已不支持）；
- http poller 进程，负责处理 Web 应用场景（Web scenario）监控项；
- discoverer 进程，负责网络自动发现功能；
- history syncer 进程，负责将数据写入数据库、计算监控数据并生成事件；
- escalator 进程，负责处理事件所触发的动作序列；
- ipmi poller 进程，负责处理 IPMI 监控项；
- java poller 进程，负责处理 JMX 监控项；
- snmp trapper 进程，负责接收 Zabbix 客户端发送的简单网络管理协议（simple network management protocol，SNMP）监控数据；
- 代理 poller 进程，负责与代理之间的通信；
- self-monitoring 进程，负责对自身进行监控；
- vmware collector 进程，负责收集 vmware 监控项数据。

在 Zabbix 2.2 版本中，还没有采用 Unix 域套接字通信。另外，进程间协调所使用的锁机制还是信号量，而非互斥锁。

1.3.2　Zabbix 3.0 版本的 Zabbix 服务器

Zabbix 3.0 版本的进程种类数比 Zabbix 2.2 版本少一个，删除了 node watcher 进程。从此版本开始，分布式部署只能使用代理方式。

在性能方面，Zabbix 3.0 版本中的 history syncer 进程和配置信息缓存（ConfigCache）的访问性能得到了很大提升。escalator 进程从原来的单进程修改为最多允许启动 100 个进程。缓存类型中则增加了历史数据索引缓存（HistoryIndexCache），提高了历史数据缓存（HistoryCache）的访问速度。

1.3.3　Zabbix 4.0 版本的 Zabbix 服务器

相较于 Zabbix 3.0 版本，Zabbix 4.0 版本增加了告警管理者（alert manager）、ipmi

manager、预处理管理者（preprocessing manager）、预处理工作者（preprocessing worker）和任务管理者（task manager）共 5 种进程。alert manager 进程与 alerter 进程协作，用于发送告警消息。ipmi manager 进程与 ipmi poller 进程协作实现 IPMI 监控项的数据采集。相较于 Zabbix 3.0 版本，Zabbix 4.0 版本增加了非常重要的监控数据预处理功能，使用两种预处理（preprocessing）进程实现对监控数据的预处理。task manager 进程则从其他进程中接管了对远程命令的处理。此外，对触发器表达式中的时间函数的计算也从 timer 进程转移到 history syncer 进程中。可见这个版本在进程功能划分方面进行了较大的调整。

在进程间通信方面，Zabbix 4.0 版本引入了基于 Unix 域套接字的进程间通信（Interprocess Communication，IPC）服务机制。上面提到的管理者（manager）进程和工作者（worker）进程之间的通信均采用进程间通信服务机制。进程间协调所一直使用的信号量机制在 Zabbix 4.0 版本中也改为采用 pthread 互斥锁和读写锁的方式，从而提高了进程的性能。

1.3.4 Zabbix 5.0 版本的 Zabbix 服务器

在进程种类数方面，相较于 Zabbix 4.0 版本，Zabbix 5.0 版本增加了 lld manager、lld worker 和 alert syncer 3 种进程。其中，lld manager 进程和 lld worker 进程协作，完成对 LLD 监控项的处理，从而提高了 LLD 功能方面的处理能力；alert syncer 进程用于将数据库中的告警消息同步到 alert manager 进程，在一定程度上缓解了 alert manager 进程的压力。

此外，在 Zabbix 5.0 版本中，preprocessing manager 进程和 preprocessing worker 进程可以运行在 Zabbix 代理端，减轻了大量预处理任务给 Zabbix 服务器带来的压力。

1.4 小结

本章讲述了 Zabbix 的多种组件构成，包括 Zabbix 服务器、Zabbix 代理、Zabbix java gateway、Zabbix 客户端（Zabbix agent）以及 Zabbix agent 2。这些组件分别担任不同的角色，组件之间通过分工协作来完成整体的监控任务。

Zabbix 服务器作为核心组件，总体上一直沿用多进程架构，但是在多进程的基础上仍然发生了多次系统架构的演变。从早期的 Zabbix 2.2 版本到最近的 Zabbix 5.0 版本，Zabbix 的进程种类数逐渐增加，功能也更加丰富；此外，Zabbix 服务器与 Zabbix 代理之间的功能分配也进行了一些调整，达到了更好的均衡。

第 2 章

Zabbix 进程间通信与协调

Zabbix 服务器、Zabbix 代理和 Zabbix 客户端都使用多进程架构来实现其完整的功能，每一个组件都将总任务拆分为多个子任务，并通过多组进程间的协调工作来完成这些子任务。同时，每一组进程包含一个或者多个进程，组内进程的数量可以进行调整，从而实现扩容。

无论是不同组的进程之间，还是同组内的进程之间，为了完成各自的任务，都需要采用合适的进程间通信与协调机制，这些进程可能位于同一操作系统，也可能分布在不同的操作系统中。本章重点从共性的层面讲解 Zabbix 各个进程之间实现通信与协调所采用的机制，具体包括 Zabbix 进程的分类及其创建过程、Zabbix 进程对信号的捕捉和处理、Zabbix 使用的共享内存结构、TCP/IP 套接字、基于 Unix 域套接字的进程间通信服务，以及锁与信号量。

如无明确说明，本章所述内容均基于 Zabbix 服务器组件。Zabbix java gateway 组件使用单个进程内的多线程架构，不涉及进程间通信问题，本章暂不进行讲解。

2.1 主进程和子进程的创建

主进程是 Zabbix 服务器、Zabbix 代理和 Zabbix 客户端启动时首先创建的进程，是一切工作的开端，该进程负责运行 main()入口函数。主进程所能完成的工作是有限的（但很重要），它的主要任务是进行值守化，并按照配置参数创建指定数量的子进程。随后，Zabbix 系统的具体工作交由子进程通过分工协作共同完成。本节讲述 Zabbix 服务器端主进程的启动和值守化、子进程的分类和创建、子进程从主进程继承的内容以及进程的回收。

2.1.1　主进程的启动和值守化

启动Zabbix服务器的过程其实就是运行zabbix_server可执行文件。同样地，启动Zabbix代理的过程是运行 zabbix_proxy 可执行文件，启动 Zabbix 客户端的过程则是运行zabbix_agent 可执行文件。这些可执行文件首先启动的进程就是各 Zabbix 组件的主进程。本节仅讲述 Zabbix 服务器端的内容。Zabbix 代理与 Zabbix 服务器类似，不再单独讲述。Zabbix 客户端的内容将在第 15 章讲述。

主进程首先做一些准备工作，包括监控项清单初始化、事件初始化和进程间通信服务环境检查，然后调用 daemon_start()函数将进程值守化（daemonize），并开始运行入口函数。将值守化过程放到主进程的范围内，其优点是此后创建的所有子进程本身就是值守化进程，不需要重复以前的值守化过程。而且，值守化的目的是减少进程外部的随机干预，对 Zabbix 进程来说，越早完成值守化，承担的外部风险就越小。至于为什么将部分任务放在进程值守化之前执行，是因为这些任务在必要时需要输出信息到控制终端（参见代码清单 2-1），而进程在值守化之后将失去控制终端。

代码清单 2-1　在进程值守化之前输出信息

```
[root@VM_0_2_centos ~]# /usr/local/sbin/zabbix_server
zabbix_server [30386]: Cannot initialize IPC services: Failed to stat the specified
path "/tmpf": [2] No such file or directory.
```

值守化进程的主要特点是没有任何控制终端，从而可以避免随机的外部介入，提高进程的稳定性。Zabbix 主进程的整个值守化过程由 daemon_start()函数完成，如代码清单 2-2 所示。

代码清单 2-2　主进程的值守化过程所使用的 daemon_start()函数

```
int daemon_start(int allow_root, const char *user, unsigned int flags)
{
    pid_t        pid;
    struct passwd    *pwd;
    if (0 == allow_root && 0 == getuid())
    {
        if (NULL == user)
            user = "zabbix";

        pwd = getpwnam(user);
        if (NULL == pwd)
        {
            zbx_error("user %s does not exist", user);
            zbx_error("cannot run as root!");
            exit(EXIT_FAILURE);
        }

        if (0 == pwd->pw_uid)
```

```
        {
            zbx_error("User=%s contradicts AllowRoot=0", user);
            zbx_error("cannot run as root!");
            exit(EXIT_FAILURE);
        }

        if (-1 == setgid(pwd->pw_gid))          //设置 groupid
        {
            zbx_error("cannot setgid to %s: %s", user, zbx_strerror(errno));
            exit(EXIT_FAILURE);
        }

#ifdef HAVE_FUNCTION_INITGROUPS
        if (-1 == initgroups(user, pwd->pw_gid))
        {
            zbx_error("cannot initgroups to %s: %s", user, zbx_strerror(errno));
            exit(EXIT_FAILURE);
        }
#endif

        if (-1 == setuid(pwd->pw_uid))     //设置 userid
        {
            zbx_error("cannot setuid to %s: %s", user, zbx_strerror(errno));
            exit(EXIT_FAILURE);
        }

#ifdef HAVE_FUNCTION_SETEUID
        if (-1 == setegid(pwd->pw_gid) || -1 == seteuid(pwd->pw_uid))
        {
            zbx_error("cannot setegid or seteuid to %s: %s", user,
            zbx_strerror(errno));
            exit(EXIT_FAILURE);
        }
#endif
    }
    //至此，完成用户切换过程，下面开始值守化
    umask(0002);     //进程创建的新文件模式将是 664（即 666&（~002））
    if (0 == (flags & ZBX_TASK_FLAG_FOREGROUND))
    {
        if (0 != (pid = zbx_fork()))//调用 zbx_fork()，子进程失去组首领（group leader）身份
            exit(EXIT_SUCCESS);

        setsid();           //子进程失去控制终端，但是仍然具有会话首领（session leader）身份
        signal(SIGHUP, SIG_IGN);          //忽略 SIGHUP 信号
        if (0 != (pid = zbx_fork()))      //调用 zbx_fork()，孙进程失去会话首领身份
            exit(EXIT_SUCCESS);

        if (-1 == chdir("/"))
            assert(0);

        zbx_redirect_stdio(LOG_TYPE_FILE == CONFIG_LOG_TYPE ? CONFIG_LOG_FILE :
        NULL);
    }
//实际上，到这里值守化过程已经完成，后面所做的工作是附带任务
    if (FAIL == create_pid_file(CONFIG_PID_FILE))      //创建 pid 文件，664 模式
```

```
        exit(EXIT_FAILURE);

    atexit(daemon_stop);
    parent_pid = (int)getpid();
    zbx_set_common_signal_handlers();
    set_daemon_signal_handlers();

    zbx_set_child_signal_handler();
    return MAIN_ZABBIX_ENTRY(flags);
}
```

如代码清单 2-2 所示，在 daemon_start()函数中，当启动用户不允许使用 root（参见 AllowRoot 参数）时，首先将进程用户切换到 zabbix 或者其他指定的用户，这个过程包括用户审查（通过 getpwnam()函数查找 passwd 记录实现），以及设置进程用户和用户组（调用 setgid()、initgroups()、setuid()、setegid()和 seteuid()函数）。一旦用户切换完毕，就开始正式进入值守化过程。

首先将 umask 设置为 0002，这意味着如果该进程创建新的文件，新文件的权限模式将是 664（即 666 & (~002)）。然后，作为组首领（group leader）的父进程派生（fork）一个子进程并退出父进程。此时，子进程失去了组首领的身份，但仍然属于原有的会话（session），所以还连接着控制终端，可以通过键盘和显示器进行控制。

随后在子进程中运行 setsid()函数，子进程因此失去控制终端，但是 setsid()使得子进程成为新建会话的会话首领（session leader），因此它仍然有机会重新绑定到一个控制终端（因为只有会话首领才可以绑定控制终端）。为了杜绝这种可能性，子进程在没有控制终端的情况下，再次派生一个孙进程，并退出子进程。此时，孙进程不再是会话首领，因此不可能绑定任何控制终端。

至此，进程完全失去了控制终端，但是 stdin、stdout 和 stderr 这 3 个文件描述符仍然存在。而由于控制终端失联，因此这 3 个文件都无法正常输入和输出。为了获取标准输出和错误输出，Zabbix 将 stdout 和 stderr 重定向到了指定的日志文件；对于 stdin，由于不需要进行输入，因此 stdin 重定向到了/dev/null 目录。

至此，主进程值守化完毕，是时候开始执行真正的任务了。

2.1.2　子进程的分类和创建

值守化完毕之时，Zabbix 服务器端只有一个进程在运行（在值守化过程中，每次派生之后都会退出原来的父进程），即主进程。在此之后，主进程会创建大量子进程，但是主进程不会退出，而是一直保持运行，直到 Zabbix 程序终止。

当主进程需要创建子进程时，它会调用 zbx_thread_start()函数来完成，该函数将调用 zbx_child_fork(thread)函数来派生一个子进程，并运行指定的（*handler）（thread_args）程序（可以接受参数传入）。zbx_thread_start()函数如代码清单 2-3 所示。

代码清单 2-3　主进程创建子进程所使用的 zbx_thread_start()函数

```
void    zbx_thread_start(ZBX_THREAD_ENTRY_POINTER(handler), zbx_thread_args_t
*thread_args, ZBX_THREAD_HANDLE *thread)
{
#ifdef _WINDOWS
    unsigned        thrdaddr;

    thread_args->entry = handler;

    if (0 == (*thread = (ZBX_THREAD_HANDLE)_beginthreadex(NULL, 0,
zbx_win_thread_entry, thread_args, 0, &thrdaddr)))
    {
        zabbix_log(LOG_LEVEL_CRIT, "failed to create a thread: %s",
        strerror_from_system(GetLastError()));
        *thread = (ZBX_THREAD_HANDLE)ZBX_THREAD_ERROR;
    }
#else
    zbx_child_fork(thread);          //thread 为 pid_t 类型

    if (0 == *thread)                //子进程
    {
        (*handler)(thread_args);     //子进程所运行的程序（入口函数）
        THIS_SHOULD_NEVER_HAPPEN;

    }
    else if (-1 == *thread)
    {
        zbx_error("failed to fork: %s", zbx_strerror(errno));
        *thread = (ZBX_THREAD_HANDLE)ZBX_THREAD_ERROR;
    }
#endif
}
```

在 Zabbix 5.0 版本中，Zabbix 服务器端共有 26 种子进程，其中有 3 种子进程使用同一个入口函数，即 poller 进程、unreachable poller 进程和 java poller 进程。各个子进程所对应的 zbx_thread_start()函数如表 2-1 所示。每一种子进程都有属于自己的特定任务，该任务可能由单独的一个进程完成，也可能由多个进程组成的进程族共同完成。由于监控数据本身具有相互独立的特点，因此进程族内部一般通过数据拆分来实现并行，即每个进程负责一批数据，多个进程同时工作，完成所有的数据处理。例如，对于多个同时运行的 java poller 进程，它们中的每一个进程都会从唯一的队列中读取需要处理的监控项数据来进行处理，而不必关心其他 java poller 进程的状态。

表 2-1　Zabbix 服务器端各个子进程的入口函数

子进程名称	入口函数
alert manager	zbx_thread_start (alert_manager_thread, &thread_args[1], &threads[i])

[1] &thread_args 参数的数据类型是 zbx_thread_args_t 结构体，它的 3 个成员分别为进程类型（process_type）、全局序号（server_num）以及同类进程内部序号（process_num）。

续表

子进程名称	入口函数
alerter	zbx_thread_start (alerter_thread, &thread_args, &threads[i])
alert syncer	zbx_thread_start(alert_syncer_thread, &thread_args, &threads[i])
configuration syncer	zbx_thread_start (dbconfig_thread, &thread_args, &threads[i])
history syncer	zbx_thread_start (dbsyncer_thread, &thread_args, &threads[i])
discoverer	zbx_thread_start (discoverer_thread, &thread_args, &threads[i])
escalator	zbx_thread_start(escalator_thread, &thread_args, &threads[i])
housekeeper	zbx_thread_start(housekeeper_thread, &thread_args, &threads[i])
http poller	zbx_thread_start(httppoller_thread, &thread_args, &threads[i])
ipmi manager	zbx_thread_start(ipmi_manager_thread, &thread_args, &threads[i])
ipmi poller	zbx_thread_start(ipmi_poller_thread, &thread_args, &threads[i])
icmp pinger	zbx_thread_start(pinger_thread, &thread_args, &threads[i])
lld manager	zbx_thread_start(lld_manager_thread, &thread_args, &threads[i])
lld worker	zbx_thread_start(lld_worker_thread, &thread_args, &threads[i])
poller unreachable poller java poller	zbx_thread_start(poller_thread, &thread_args, &threads[i])
preprocessing manager	zbx_thread_start(preprocessing_manager_thread, &thread_args, &threads[i])
preprocessing worker	zbx_thread_start(preprocessing_worker_thread, &thread_args, &threads[i])
proxy poller	zbx_thread_start(proxypoller_thread, &thread_args, &threads[i])
self-monitoring	zbx_thread_start(selfmon_thread, &thread_args, &threads[i])
snmp trapper	zbx_thread_start(snmptrapper_thread, &thread_args, &threads[i])
task manager	zbx_thread_start(taskmanager_thread, &thread_args, &threads[i])
timer	zbx_thread_start(timer_thread, &thread_args, &threads[i])
trapper	zbx_thread_start(trapper_thread, &thread_args, &threads[i])
vmware collector	zbx_thread_start(vmware_thread, &thread_args, &threads[i])

不同的进程族之间可能是相互独立的，也可能是流水线式的并行关系。例如在数据处理的上游，poller/trapper 进程负责收集数据，然后会将这些数据传递给预处理进程进行预处理，预处理之后的数据则由 history syncer 进程负责计算并存储。这种流水线式的并行作业简化了每一进程族所需完成的任务，从而在提高开发效率的同时降低进程之间的耦合度。

Zabbix 服务器主进程会创建大量的子进程，这些子进程分为不同的类别，每个类别可以有一个或者多个进程。例如，java poller 进程就是一类，该类进程可以有多达 1 000 个进程。子进程由主进程按照固定的顺序创建出来，每个子进程都有自己的类别内编号和全局编号，例如某个 java poller 进程在该类别内是第 99 号进程，在所有 Zabbix 进程中可能是第 603 号进程。

假设一个 Zabbix 服务器启动了所有类型的进程，那么将有 27 种类型的进程。其中 17 种进程的数量是可配置的，另外 10 种进程的数量不可配置，各类进程的创建顺序和数量如表 2-2 所示。可见，在主进程之后第一个创建的进程是 configuration syncer，该进程的作用是同步配置信息缓存（ConfigCache）。这一进程的特殊之处在于，它会推迟其他子进程的启动时间，因为在 configuration syncer 完成 ConfigCache 的首次加载之前，Zabbix 主进程会保持等待（参见 4.1 节）。该等待机制由 DCconfig_wait_sync()函数实现，如代码清单 2-4 所示。

表 2-2　Zabbix 服务器各类进程的创建顺序和数量

启动次序	进程类型	数量下限	数量上限	是否可配置
0	主进程	1	1	否
1	configuration syncer	1	1	否
2	ipmi manager	0	1	否
3	housekeeper	1	1	否
4	timer	1	1 000	是
5	http poller	0	1 000	是
6	discoverer	0	250	是
7	history syncer	1	100	是
8	escalator	1	100	是
9	ipmi poller	0	1 000	是
10	java poller	0	1 000	是
11	snmp trapper	0	1	是
12	proxy poller	0	250	是
13	self-monitoring	1	1	否
14	vmware collector	0	250	是
15	task manager	1	1	否
16	poller	0	1 000	是
17	unreachable poller	0	1 000	是
18	trapper	0	1 000	是
19	icmp pinger	0	1 000	是
20	alert manager	1	1	否
21	alerter	1	100	是
22	preprocessing manager	1	1	否
23	preprocessing worker	1	1 000	是
24	lld manager	1	1	否
25	lld worker	1	100	是
26	alert syncer	1	1	否
	合计	15	10 161	

代码清单 2-4 configuration syncer 进程启动后的等待机制

```
void    DCconfig_wait_sync(void)
{
    struct timespec    ts = {0, 1e8};

    while (0 == config->sync_ts)     //等待该变量的通知
        nanosleep(&ts, NULL);
}
```

Zabbix 代理端的进程类型与 Zabbix 服务器有所不同，具体内容参见第 12 章。Zabbix 客户端的进程类型参见第 15 章。

如果按照表 2-2 中的数量下限创建子进程，Zabbix 服务器将启动 15 种进程以维持正常运行。如果以这种最简化的配置启动 Zabbix 服务器，一方面所有的 poller/trapper 进程都不存在，意味着 Zabbix 服务器不能从外部获取任何监控数据，也不能与任何 Zabbix 代理通信。但是 Zabbix 服务器可以获取自身的监控数据，因为 self-monitoring 进程还存在，意味着至少 zabbix[process,…]监控项和 zabbix[stats,…]监控项是可用的。另一方面，用于数据计算和告警处理的进程都存在，因此不会影响告警。至于 housekeeper 进程，它的存在并不是为了进行数据计算和告警，而是因为在命令行启动数据清理任务（./zabbix_server -R housekeeper_execute）时，需要 housekeeper 进程来完成该任务。总之，最简化的 Zabbix 服务器是一个只能监控自身的有限监控系统。

在使用最高配置时，Zabbix 服务器可以启动 10 161 个进程，数量庞大，已经超出了很多 Linux 操作系统允许的进程数量上限。此时，假设每个进程占用 2MB 内存，创建 10 161 个进程一共需要约 20GB 内存。另一方面，进程数量越多，进程间的切换就会越频繁，进程调度的开销也就越大。因此，在特定场景下如何确定最优的进程启动数量也是一个需要考虑的问题。

2.1.3 子进程从主进程继承的内容

子进程会继承主进程的几乎所有内容，包括用户地址空间和打开的文件描述符。本节主要考察在调用 fork()函数的时间点，主进程本身拥有哪些内容，这些内容都会被子进程所继承。

主进程所拥有的内容均来源于其在值守化前后所做的工作。值守化之前的准备工作在 2.1.1 节已经提及，主进程还有一些工作是在值守化之后完成的。值守化完成后，主进程依次调用了以下 15 个函数，并立即开始创建子进程。

- zbx_locks_create()函数，在共享内存中为互斥锁和读写锁分配空间。
- zabbix_open_log()函数，打开日志文件。
- zbx_coredump_disable()函数，如果启用了 SSL/TLS[1]加密，则关闭内核转存文件功能。

[1] SSL 表示安全套接字层（secure socket layer），TLS 表示传输层安全（transport layer security）协议。

- zbx_load_modules()函数，加载外部模块。
- init_database_cache()函数，共享内存初始化 HistoryCache 和 HistoryIndexCache。
- init_configuration_cache()函数，共享内存初始化 ConfigCache。
- init_selfmon_collector()函数，共享内存初始化 collector 变量，用于内部监控。
- zbx_vmware_init()函数，共享内存初始化 VMwareCache。
- zbx_vc_init()函数，共享内存初始化 ValueCache。
- zbx_create_itservices_lock()函数，创建 itservice 互斥锁。
- zbx_history_init()函数，初始化数据存储接口，实现数据存入关系数据库或者存入 Elasticsearch 搜索引擎。
- zbx_export_init()函数，检查数据输出目录是否有效，但是未打开文件。
- DBcheck_capabilities()函数，检查 postgresql 数据库是否支持压缩。
- zbx_db_check_instanceid()函数，检查当前实例是否已在数据库中注册。
- zbx_tcp_listen()函数，建立对 TCP 端口的监听，当启用 trapper 进程时调用。

主进程在此过程中所做的工作主要是加载外部模块、打开文件、初始化共享内存和打开套接字。这些工作之所以放到主进程中完成，是因为这些资源是所有进程共享的，每个子进程在创建之初就需要使用它们；如果把这些工作放到某个子进程中去完成，则无法控制其运行顺序，可能导致其他子进程已经开始运行而这些资源还没有就位。

综上所述，主进程在创建子进程之前所拥有的内容主要是各种共享内存、各种日志文件描述符和一个套接字。为了验证这一结论，我们可以修改 Zabbix 源码，使其在创建子进程之前休眠 1 小时，并趁这个时间检查主进程的资源状态。在作者所用测试环境中，检查结果如代码清单 2-5 所示。

代码清单 2-5　作者所用测试环境中的资源状况

```
[root@VM_0_15_centos ~]# ipcs -m -u -p
#此时 Zabbix 服务器主进程（pid 20573）停留在创建子进程之前的那一刻
------ Shared Memory Creator/Last-op PIDs --------
shmid       owner       cpid        lpid
11894789    root        20573       20573
11927558    root        20573       20573
11960327    root        20573       20573
11993097    root        20573       20573
12025866    root        20573       20573
12058635    root        20573       20573
12091404    root        20573       20573

[root@VM_0_15_centos ~]# ipcs -m
#可见，主进程共持有 7 个共享内存
#这些共享内存分别用于 5 种缓存、内部监控 collector 变量和各种锁
------ Shared Memory Segments --------
key        shmid      owner      perms      bytes      nattch     status
0x00000000 11894789   root       600        576        1          dest
0x00000000 11927558   root       600        41943040   1          dest
0x00000000 11960327   root       600        20971520   1          dest
```

```
0x00000000 11993097   root        600         20971520   1          dest
0x00000000 12025866   root        600         8388608    1          dest
0x00000000 12058635   root        600         14544      1          dest
0x00000000 12091404   root        600         20971520   1          dest

[root@VM_0_15_centos ~]# ll /proc/20573/fd
total 0
lr-x------ 1 root root 64 May  3 21:06 0 -> /dev/null
l-wx------ 1 root root 64 May  3 21:06 1 -> /tmp/zabbix_server.log
l-wx------ 1 root root 64 May  3 21:06 2 -> /tmp/zabbix_server.log
#进程 ID 文件，在值守化过程中创建并保持打开状态
l-wx------ 1 root root 64 May  3 21:06 3 -> /tmp/zabbix_server.pid

lrwx------ 1 root root 64 May  3 21:06 4 -> socket:[92379638]
```

此时如果检查主进程的用户地址空间，会发现结果如代码清单 2-6 所示。可供子进程继承的内容可以概括为所有全局变量和静态变量、7 个共享内存、6 个文件描述符（有两个文件描述符指向同一个文件）和堆栈。

代码清单 2-6　主进程的用户地址空间

```
[root@VM_0_15_centos ~]# cat /proc/20573/maps
00400000-005ca000 r-xp 00000000 fd:01 1187844
/usr/local/sbin/zabbix_server         #代码区
007ca000-007cb000 r--p 001ca000 fd:01 1187844
/usr/local/sbin/zabbix_server         #数据区（已初始化的全局和静态变量）
007cb000-007d5000 rw-p 001cb000 fd:01 1187844
/usr/local/sbin/zabbix_server         #BSS 区（未初始化的全局和静态变量）
007d5000-007dc000 rw-p 00000000 00:00 0
0137b000-0139c000 rw-p 00000000 00:00 0                          [heap] #堆区
0139c000-013ca000 rw-p 00000000 00:00 0                          [heap] #堆区
7f4ef4e56000-7f4ef4e62000 r-xp 00000000 fd:01 140013
/usr/lib64/libnss_files-2.17.so
7f4ef4e62000-7f4ef5061000 ---p 0000c000 fd:01 140013
/usr/lib64/libnss_files-2.17.so
7f4ef5061000-7f4ef5062000 r--p 0000b000 fd:01 140013
/usr/lib64/libnss_files-2.17.so
7f4ef5062000-7f4ef5063000 rw-p 0000c000 fd:01 140013
/usr/lib64/libnss_files-2.17.so
7f4ef5063000-7f4ef5069000 rw-p 00000000 00:00 0
7f4ef5069000-7f4ef6469000 rw-s 00000000 00:04 12091404           /SYSV00000000
(deleted)        #共享内存 1
7f4ef6469000-7f4ef6c69000 rw-s 00000000 00:04 12025866           /SYSV00000000
(deleted)        #共享内存 2
7f4ef6c69000-7f4ef8069000 rw-s 00000000 00:04 11993097           /SYSV00000000
(deleted)        #共享内存 3
7f4ef8069000-7f4ef9469000 rw-s 00000000 00:04 11960327           /SYSV00000000
(deleted)        #共享内存 4
7f4ef9469000-7f4efbc69000 rw-s 00000000 00:04 11927558           /SYSV00000000
(deleted)        #共享内存 5
# 此处省略许多行，其内容为各种共享库的映射地址
7f4efdf8e000-7f4efdf96000 rw-p 00000000 00:00 0
7f4efdf9b000-7f4efdf9f000 rw-s 00000000 00:04 12058635           /SYSV00000000
(deleted)        #共享内存 6
```

```
7f4efdf9f000-7f4efdfa0000 rw-s 00000000 00:04 11894789          /SYSV00000000
(deleted)        #共享内存7
7f4efdfa0000-7f4efdfa1000 rw-p 00000000 00:00 0
7f4efdfa1000-7f4efdfa2000 rw-p 00000000 00:00 0
7f4efdfa2000-7f4efdfa3000 r--p 00021000 fd:01 139988
/usr/lib64/ld-2.17.so
7f4efdfa3000-7f4efdfa4000 rw-p 00022000 fd:01 139988
/usr/lib64/ld-2.17.so
7f4efdfa4000-7f4efdfa5000 rw-p 00000000 00:00 0
7fffb4b59000-7fffb4b7a000 rw-p 00000000 00:00 0                [stack]  #栈区
7fffb4b80000-7fffb4b82000 r-xp 00000000 00:00 0                [vdso]  #内核
ffffffffff600000-ffffffffff601000 r-xp 00000000 00:00 0        [vsyscall]  #内核
#主进程打开的6个文件描述符
[root@VM-0-15-centos ~]# ls -l /proc/20573/fd/
total 0
lr-x------ 1 root root 64 Nov 16 23:15 0 -> /dev/null
l-wx------ 1 root root 64 Nov 16 23:15 1 -> /tmp/zabbix_server.log
l-wx------ 1 root root 64 Nov 16 23:15 2 -> /tmp/zabbix_server.log
l-wx------ 1 root root 64 Nov 16 23:15 3 -> /tmp/zabbix_server.pid
lrwx------ 1 root root 64 Nov 16 23:15 4 -> socket:[284580649]
#通过smaps文件查看地址空间的具体信息
[root@VM_0_15_centos ~]# cat /proc/20573/smaps
00400000-005ca000 r-xp 00000000 fd:01 1187844
/usr/local/sbin/zabbix_server
Size:               1832 kB
Rss:                   0 kB
Pss:                   0 kB
#省略部分行
VmFlags: rd ex mr mw me dw sd
007ca000-007cb000 r--p 001ca000 fd:01 1187844
/usr/local/sbin/zabbix_server
Size:                  4 kB
Rss:                   4 kB
Pss:                   4 kB
#以下省略
```

2.1.4　进程的回收

在Linux系统中，如果试图杀死任何Zabbix子进程（发送SIGTERM信号），会发现根本无法终止相应的子进程，但是如果杀死主进程，则会同时终止主进程和所有子进程。出现这种情况是因为所有Zabbix子进程都屏蔽了SIGTERM信号，只能处理SIGHUP信号和SIGUSR2信号，而Zabbix服务器的主进程保留了处理SIGTERM信号以及其他信号的能力。当我们向主进程发送SIGTERM信号时，主进程在处理该信号的过程中，会向所有子进程发送SIGHUP信号或者SIGUSR2信号，从而间接地终止了子进程。主进程和子进程对信号的捕捉与处理参见2.2节。

Zabbix服务器处理进程终止信号时分为两种情况，一种是正常退出，一种是异常退出。正常退出是指主进程直接接收可处理的终止信号，此时主进程会按照预定的流程终止所有子进程，然后销毁各种资源并退出；异常退出是指子进程先于主进程终止，然后主进程接收子进程终止时触发的 SIGCHLD 信号，此时主进程不再按照预定程序终止子进程，而是通知子进程立刻终止，主进程再销毁各种资源并退出。

在特殊情况下，如果主进程被 kill -9 命令强制终止，所有子进程将被 init 进程接管，子进程仍然可以正常运行，并且发挥应有的作用。从这个现象来看，Zabbix 服务器的主进程对于 Zabbix 监控数据处理功能并不是必需的，它只是以信号管理者的角色存在。缺少主进程的一大问题在于无法使用运行时管理操作（即 housekeeper 操作，参见代码清单 2-7），因为该操作本质上是向主进程发送信号，显然只有当主进程存在时，该信号才能被捕获。无法处理信号的另外一个后果是不能完成善后工作，包括将缓存的历史数据和趋势数据写入数据库。

代码清单 2-7 使用运行时执行管理操作

```
[root@VM_0_2_centos tmp]# /usr/local/sbin/zabbix_server -R housekeeper_execute
zabbix_server [6569]: cannot send command to PID [29229]: [3] No such process
```

Zabbix 服务器主进程正常退出时，首先需要等待所有子进程都终止，这个过程如果能够顺利完成的话，主进程将开始释放各种资源。所释放的资源基本都是主进程在创建子进程之前持有的，即所谓的“善始善终”。

2.2 信号捕捉与处理

信号是进程感知并处理各种异常和外部请求的重要机制。虽然 Linux 操作系统含有对各种信号的默认处理程序，但是这些处理程序未必完全适合 Zabbix。因此，Zabbix 服务器主进程和子进程为多种信号注册了专门的处理函数，同时对部分信号进行了屏蔽，以避免进程响应不当。本节讲述 Zabbix 进程能够处理哪些信号，以及具体如何接收信号和处理信号。

2.2.1 Zabbix 进程处理的信号类型

Linux 操作系统本身支持 62 种信号，但是 Zabbix 进程只会处理其中的 13 种信号，其他信号都由操作系统的默认动作处理。Zabbix 所处理的 13 种信号包括：

- SIGINT，编号 2，由用户通过“Ctrl+C”组合键触发，该信号被发送到当前进程；
- SIGQUIT，编号 3，类似于 SIGINT，但是由用户通过“Ctrl+\”组合键控制；
- SIGHUP，编号 1，当终端失去连接时触发，操作系统默认会终止收到该信号的进程；
- SIGTERM，编号 15，用于终止程序，该信号可以被阻塞、处理和忽略，常常被用于优雅地终止进程；
- SIGUSR2，编号 12，用户自定义信号，专门用于进程间通信，其默认动作是终止进程；

- SIGILL，编号 4，进程运行过程中试图执行非法的 CPU 指令；
- SIGFPE，编号 8，发生致命性算术错误（包括浮点异常、除零和溢出等）时触发该信号；
- SIGSEGV，编号 11，发生分段错误时触发该信号，一般会导致程序异常终止；
- SIGBUS，编号 7，发生总线错误，常见于访问内存地址未对齐时，该信号会导致进程终止；
- SIGALRM，编号 14，当 alarm()函数设置的闹钟时间已到时向预定进程发送该信号，进程接收该信号后执行预定的操作；
- SIGUSR1，编号 10，用户自定义信号，参见 2.2.2 节；
- SIGPIPE，编号 13，当进程尝试向一个缺少对端进程的管道或者套接字写入数据时触发该信号；
- SIGCHLD，编号 17，子进程停止或者退出时，父进程会收到该信号。

在主进程值守化过程中，Zabbix 服务器调用 zbx_set_common_signal_handlers()函数来设置每个进程都会使用的 10 种信号，这些信号可分为 3 类：第一类是终止进程信号，包括 SIGINT、SIGQUIT、SIGHUP、SIGTERM 和 SIGUSR2；第二类是致命错误信号，包括 SIGILL、SIGFPE、SIGSEGV 和 SIGBUS；第三类是 ALARM 信号，即 SIGALRM。这 3 类信号分别由 3 个不同的函数进行处理：终止进程信号由 terminate_signal_handler()函数处理，进行必要的退出准备，然后退出进程；致命错误信号由 fatal_signal_handler()函数处理，记录各种错误日志；ALARM 信号由 alarm_signal_handler()函数处理，设置一个静态标识的值。

除了以上 10 种信号，Zabbix 服务器还会对 SIGUSR1 和 SIGPIPE 两个信号进行处理。SIGUSR1 是 Zabbix 自定义的信号，用于处理运行时管理命令（参见 2.2.2 节）。SIGPIPE 信号的存在是因为 Zabbix 进程之间需要通过套接字进行通信，当套接字通信异常时，往往会触发 SIGPIPE 信号，Zabbix 服务器对该信号的处理步骤是将其记录到日志文件中，然后忽略。set_daemon_signal_handlers()函数负责为这两个信号注册处理函数，SIGUSR1 信号由 user1_signal_handler()函数处理，SIGPIPE 信号由 pipe_signal_handler()函数处理。

最后，Zabbix 服务器会调用 zbx_set_child_signal_handler()函数来设置 SIGCHLD 信号的处理程序，该信号指定由 child_signal_handler()函数处理。SIGCHLD 信号只能由子进程触发并由父进程捕获，而对 Zabbix 服务器来说，只有一个父进程，也就是主进程。

综上所述，在主进程值守化过程中，Zabbix 共对 13 种信号进行了注册，即 Zabbix 使用的所有信号都在此时注册，意味着此后创建的所有子进程对信号进行处理的函数是一致的，区别只是在处理过程中会判断信号的捕获进程，据此执行不同的逻辑。

2.2.2　信号处理函数

每种信号所触发的处理函数由 sigaction()函数注册到 Zabbix 系统内核中。这一注册动作除了出现在主进程中，还会出现在采集监控数据时所使用的管道进程中。当以管道的方式运行监控数据采集程序时，管道的写入端进程需要实现对 SIGILL、SIGFPE、SIGSEGV 和 SIGBUS 这 4 种信号的处理。

Zabbix 服务器中的信号处理函数共有 7 个，每个函数可处理一组信号。

- terminate_signal_handler()函数，处理 SIGINT、SIGQUIT、SIGHUP、SIGTERM 和 SIGUSR2 信号。
- fatal_signal_handler()函数，处理 SIGILL、SIGFPE、SIGSEGV 和 SIGBUS 信号。
- alarm_signal_handler()函数，处理 SIGALRM 信号。
- user1_signal_handler()函数，处理 SIGUSR1 信号。
- pipe_signal_handler()函数，处理 SIGPIPE 信号。
- child_signal_handler()函数，处理 SIGCHLD 信号。
- metric_thread_signal_handler()函数，处理 SIGILL、SIGFPE、SIGSEGV 和 SIGBUS 信号。该函数仅限 Zabbix 客户端采集监控数据时使用。

值得一提的是，SIGUSR1 信号是 Zabbix 管理员经常使用的 zabbix_server 命令行工具的基础。我们所执行的 Zabbix 运行时命令都依赖于该信号的应用。

SIGUSR1 信号的应用

Zabbix 服务器定义了一个名为 zbx_sigusr_send()的函数，该函数的作用是从 pid 文件（默认为/tmp/zabbix_server.pid）获取主进程 ID，并向主进程发送 SIGUSR1 信号。当我们使用 zabbix_server 命令的-R 参数执行运行时管理操作时，实际上就是通过这一函数向 Zabbix 主进程发送 SIGUSR1 信号（该信号会附带一个 32 位的整数，作为附加信息）。

zabbix_server 提供了 5 种运行时管理操作，包括 log_level_decrease、log_level_increase、housekeeper_execute、config_cache_reload 和 snmp_cache_reload。假设当前 DebugLevel 为 4，此时如果执行./zabbix_server -R log_level_decrease 命令，则意味着向主进程发送了 SIGUSR1 信号，然后查看日志文件，会看到主进程所接收的信号的详细信息，如代码清单 2-8 所示。

代码清单 2-8 调整日志级别时的日志记录

```
[root@VM_0_2_centos tmp]# /usr/local/sbin/zabbix_server -R log_level_decrease
zabbix_server [14866]: command sent successfully
[root@VM_0_2_centos tmp]# tail -n 200 /tmp/zabbix_server.log
 ………
 #14730 号进程为主进程
 14730:20200504:102152.041 Got signal
 [signal:10(SIGUSR1),sender_pid:14866,sender_uid:0,value_int:33026(0x00008102)].
 14730:20200504:102152.041 the signal was redirected to process pid:14734
 14730:20200504:102152.041 the signal was redirected to process pid:14735
 ………
 14734:20200504:102152.041 Got signal
 [signal:10(SIGUSR1),sender_pid:14730,sender_uid:501,value_int:33026(0x00008102)].
 14734:20200504:102152.041 log level has been decreased to 3 (warning)
```

```
14735:20200504:102152.041 Got signal
[signal:10(SIGUSR1),sender_pid:14730,sender_uid:501,value_int:33026(0x00008102)].
14735:20200504:102152.041 log level has been decreased to 3 (warning)
............
```

可见，各个进程接收的 SIGUSR1 信号附带了一个值为 33026(0x00008102)的整数。实际上该整数的长度为 32 位，与 Zabbix 服务器所调用的管理操作类型（由低 8 位表示）、目的进程类型（由中 8 位表示）以及目的进程 ID/序号（由高 16 位表示）有关。如果执行./zabbix_server -R log_level_increase 操作，则该值为 33025(0x00008101)。

观察代码清单 2-8 所示的日志记录会发现，日志文件中出现了多个进程的 Got signal 记录，这是因为 Zabbix 服务器主进程在处理 SIGUSR1 信号时会调用 sigqueue()系统函数，将该信号转发到指定的目的进程。子进程接收父进程转发的信号后，会进一步调用 user1_signal_handler()函数进行处理，但是子进程不会再转发信号，而是执行实质性的操作，例如修改全局变量 zbx_log_level 的值。

如果传入的 SIGUSR1 信号所附的信息不是 log_level_increase 或者 log_level_decrease 操作，那么主进程会根据信号类型，将其转发到不同的子进程进行具体处理，比如：

- housekeeper_execute 操作，被转发到 housekeeper 进程，该进程调用 zbx_housekeeper_sigusr_handler()函数进行处理；
- Zabbix 代理端的 config_cache_reload 操作，被转发到 configuration syncer 进程，该进程调用 zbx_proxyconfig_sigusr_handler()函数进行处理；
- Zabbix 服务器端的 config_cache_reload 操作，被转发到 configuration syncer 进程，该进程调用 zbx_dbconfig_sigusr_handler()函数进行处理；
- snmp_cache_reload 操作，由 discoverer 进程、task manager 进程、poller 进程和 trapper 进程处理。

2.2.3 信号的触发与接收

Zabbix 服务器自身不会主动发送除 SIGUSR1 之外的信号，除 SIGUSR1 之外的信号都由用户或者操作系统触发，Zabbix 进程只负责接收和处理信号。因此，在没有手工执行管理操作命令的情况下，如果日志中出现了信号处理的记录信息，这些信号最可能是系统触发的。

总之，信号可以在 Zabbix 的不同进程之间传递，也可能来自 Zabbix 进程之外。无论来自何处，Zabbix 进程时刻准备着接收信号，并在接收信号后立即调用相应的函数进行处理。

2.2.4 用日志跟踪信号

Zabbix 进程首先接收信号，然后调用信号处理函数。如果信号处理函数不强制立刻终止进程，那么函数在运行过程中都会写日志，所写的日志记录格式一般如下所示，日志级别至多为 4 级。当需要追查某个信号时，可以从日志文件中查找，但前提是将日志的 DebugLevel 设置为 4。

```
Got signal [signal:<sig_num> ……
```

SIGCHLD 有所不同，其处理函数记录的日志内容为：

```
One child process died (PID:<pid>……
```

2.3　Zabbix 的共享内存

2.1 节提到，Zabbix 服务器主进程负责对共享内存进行初始化，之后这些共享内存被子进程所继承，最终的结果是所有 Zabbix 服务器进程都可以访问这些共享内存。

Zabbix 使用的共享内存往往容量很大，例如，ValueCache 的规模最大可以达到 64GB。在这些内存空间中存储着大量长短不一、类型迥异的数据，每个 Zabbix 进程随时可能向共享内存申请空间或者释放所占用的空间。如何组织和管理如此大规模的内存空间，以达到高效利用空间的目的，这是本节所讲述的内容。

2.3.1　共享内存结构——内存池

Zabbix 的共享内存管理模式实际上就是一个内存池的概念，即先创建一个内存池，然后在需要时从内存池申请内存，不再使用时则将内存归还内存池。内存池以块（chunk）和桶（bucket）为管理单元。本节讲述块和桶的组织结构以及如何访问共享内存。

1. 块结构

块（chunk）是 Zabbix 共享内存的基本构成单位，所有的块都是 8 对齐的（8-aligned）。块可以处于空闲状态（即空闲块，free chunk）或者占用状态（即占用块，used chunk）。每个块都由头部和尾部的管理字节加上中间的用户数据（user data）字节构成，如图 2-1 所示。无论是空闲块还是占用块，其头部和尾部的管理字节大小都是 8B（共 64 位），其中低 63 位用于表示用户数据的字节数，最高位的 1 位为标志位用于表示状态（是否被占用：1 代表占用，0 代表空闲）。因此，理论上说 Zabbix 能够管理的最大内存是$(2^{63}-1)$B。（如果是 32 位系统，则最大内存是$(2^{31}-1)$B。）

占用块是已经分配出去的内存，事实上已经脱离了内存池的管理范围。与占用块不同的是，对空闲块来说，Zabbix 分配内存时需要对所有空闲块进行搜索，因此需要有一种能够将所有空闲块组织在一起的结构。空闲块的用户数据部分设计了两个指针（见图 2-2），分别指向前一个空闲块（*previous）和后一个空闲块（*next），从而使一组空闲块构成了一个双向链表。这样的双向链表不只有一个，而是有多个，Zabbix 在构建空闲块的双向链表时总是将大小相同的空闲块组织在一个链表中，构成一个桶（bucket，参见本节中的“桶结构”小节）。因此，完整的空闲块实际上是由多个桶组成的。

占用块		
B B B B B B B B	B B B B B B B B B B B B B B B B B B B B B B B B	B B B B B B B B
块大小（8B）	用户数据（24B+）	块大小（8B）

图 2-1 占用块结构

空闲块				
B B B B B B B B	B B B B B B B B	B B B B B B B B	B B B B B B B B B B B B B B B B B B B B	B B B B B B B B
块大小（8B）	*previous（8B）	*next（8B）	空闲内存	块大小（8B）

图 2-2 空闲块结构

值得说明的是，共享内存在初始化的时候只是一个很大的块（位于一个桶中），只不过其中的*previous 和*next 指针均为 null（空值），如图 2-3 所示。当有程序申请内存时，Zabbix 会从原始块中分割出一小块进行分配。随着分配和回收的不断进行，单个原始块逐渐被分割为大量的小块，分散在不同的桶中。至于如何避免内存碎片问题，参见 2.3.2 节。

原始块				
B B B B B B B B	B B B B B B B B	B B B B B B B B	B B B B B B B B B B B B B B B B B B B B	B B B B B B B B
块大小（8B）	*previous（null）	*next（null）	非常大的空闲内存	块大小（8B）

图 2-3 原始块结构

与空闲块不同的是，占用块在分配之后就不再具有*previous 和*next 指针域。因此，当 Zabbix 需要访问占用块的邻居时，需要根据头部和尾部的“块大小”域计算内存偏移量，从而进行定位和访问。

2. 桶结构

本节中的“块结构”小节提到，一组差不多大小的空闲块构成的双向链表称为一个桶（bucket）。桶结构的设计是为了解决内存分配大小不一致的问题，这样一来，当需要分配特定大小的内存时，直接从对应的桶中取出一个块就可以，不需要进行内存的分割或者合并。桶的作用就是将不同大小的空闲块组织在一起备用。

Zabbix 的每个内存池都包含固定的 30 个桶，每个桶内的空闲块有固定的大小，如果将桶依次编号为 0～29 号，则每个桶中的空闲块大小如表 2-3 所示。可见，最小的空闲块大小为 24B，按照 8B 的步长递增，所有超过 256B 的块都被放置在 29 号桶中，“块结构”小节中提到的原始块也在 29 号桶中。随着内存的不断分配和回收，最初只存在于 29 号桶中的空闲块会逐渐分散在其他的桶中。当每个桶中都存在空闲块时，如果有新的内存分配申请，则直接从对应的桶中分配能够覆盖申请内存大小的块。因此，即使申请的内存大小小于 24B，也会分配 24B 的内存。

表 2-3 每个桶中的空闲块大小

桶号	空闲块大小（B）	桶号	空闲块大小（B）
0	24	15	144
1	32	16	152
2	40	17	160
3	48	18	168
4	56	19	176
5	64	20	184
6	72	21	192
7	80	22	200
8	88	23	208
9	96	24	216
10	104	25	224
11	112	26	232
12	120	27	240
13	128	28	248
14	136	29	256+

所有的桶组织成一个长度为 30 的指针数组，因此可以根据申请内存的大小，按照表 2-3 的对应关系计算出所在桶的索引号。

3. 访问共享内存

Zabbix 服务器使用了 7 个共享内存来存储不同用途的数据，例如配置信息存储在 ConfigCache 共享内存中，趋势数据存储在 TrendCache 中。每个共享内存中都存在本节的“桶结构”小节提到的桶指针数组，并且每个进程都可以访问所有 7 个共享内存。

Zabbix 使用 zbx_mem_info_t 结构体（下文称为 mem_info 结构体）来定义共享内存，该结构体的定义如代码清单 2-9 所示，其中包含的**buckets 指针成员为由所有空闲块构成的桶指针数组。进行共享内存初始化的过程实际上就是创建 mem_info 结构体变量的过程，由 zbx_mem_create()函数实现。从这个意义上来说，mem_info 结构体变量就是共享内存的句柄，通过此变量才可以访问共享内存，并向共享内存申请内存，想要归还内存时也需要通过该变量访问，销毁共享内存也是对该变量的操作。将在第 3 章中讲述的共享内存哈希集结构所使用的内存分配函数也是通过该结构体来实现内存分配的。

代码清单 2-9　mem_info 结构体定义

```
typedef struct
{
    void           **buckets;          //空闲块构成的桶指针数组
    void           *lo_bound;          //整个共享内存的低地址（8 对齐）
    void           *hi_bound;          //整个共享内存的高地址（8 对齐）
    zbx_uint64_t     free_size;        //空闲块的用户数据区大小合计
    zbx_uint64_t     used_size;        //占用块的用户数据区大小合计
    zbx_uint64_t     orig_size;
    zbx_uint64_t     total_size;
    int        shm_id;

    char           allow_oom;          //当内存不足时是否强制退出程序
    const char     *mem_descr;
    const char     *mem_param;
}
zbx_mem_info_t;
```

总之，Zabbix 以块为单位来管理共享内存，将其组织成多个桶，以实现高效的内存管理。mem_info 结构体则是访问共享内存的句柄，对共享内存的任何操作都需要通过 mem_info 结构体实现。

2.3.2　共享内存的分配与释放

完整的内存管理应该至少包含分配、释放和再分配 3 个功能。Zabbix 定义了 3 个内存管理函数：__mem_malloc()、__mem_free()和__mem_realloc()，分别用于共享内存的分配、释放和再分配。这 3 个函数的传入参数包括 mem_info 结构体、请求内存的大小（size）和原内存指针（释放或者再分配时）。本节讲述这 3 个内存管理函数如何通过 mem_info 结构体实现对共享内存的块和桶的操作，并在此过程中保持共享内存的良好结构。

1. 内存分配

__mem_malloc()函数负责从 mem_info 中申请内存并分配，其工作过程包含如下步骤。

（1）根据请求的内存大小，将其向上规整为 8 的整数倍并且不小于 24，查找能够满足其要求并且非空的桶（从小到大查找）。假设请求 56B 的内存，则从 4 号桶开始向后查找（参见 2.3.1 节的“桶结构”小节），如果为空则继续查找下一个桶，直到查找到非空的桶[1]。

（2）如果查找的结果是 29 号桶，则逐个检查桶内的块的大小是否能满足需求，如果满

[1] 新分配的块总是位于桶（双向链表）的头部（除了 29 号桶）。

足要求，则将该块作为目标块。

（3）暂时将目标块从桶中剔除（unlink）。

（4）从目标块的前部截取出满足所请求的内存大小的块，供请求方使用（返回之前将标志位标记设置为 1 并修改块大小值），剩余的部分则作为新的块加入合适的桶中。

（5）如果剩余部分不足以再分配 24B 的内存，则不进行截取，而是作为整体全部返回请求方。因此，如果块出现剩余，则剩余部分的大小都在 24B 及以上。

2. 内存释放

__mem_free()函数负责释放已经分配的内存。由于分配内存时，内存块已经从桶中移除，因此，释放内存的过程也就是将内存块重新加入桶中的过程。需要指出的是，这些待释放的内存最初都是从桶中分配出去的，因此其大小都是 8 的整数倍，并且不小于 24B。

在将内存块归还桶之前，还需要检查当前块在物理地址上的前一个块和后一个块是否为空闲块，如果其中任意一个块处于空闲状态，则将当前块与空闲块合并为一个块，然后归还至桶中，在此过程中需要将相邻的空闲块从原来的链表中摘除。这一策略可以避免大量内存碎片导致内存无法分配的情况出现，因为将内存组织成尽可能大的连续块，可以同时满足不同大小的内存申请，而如果所有内存都是小块，则大内存的申请将无法被满足。Zabbix 检查完自身的相邻块以后就会终止检查，不会再检查相邻块的邻居。如果检查结果是前后块都处于占用状态，则直接将当前块归还至桶中。

3. 内存再分配

__mem_realloc()函数的作用是为原有内存指针重新分配一个指定大小的新块，其工作过程包含如下步骤。

（1）根据指针地址，计算当前块的大小。

（2）如果请求的新内存大小不超过当前块的大小，则尽量使用当前块，避免分配新块。

（3）如果请求的新内存大小实在太小（小于当前内存大小的 1/4），为了避免浪费内存，则从当前块的前部截取指定大小的内存作为新块返回，剩余的部分归还至桶中。

（4）如果请求的内存大小超过当前块的大小，意味着需要分配新块，或者将当前块与后一个空闲块合并以后再分配。

（5）如果当前块的后一个块为空闲，并且当前块与之合并以后能够满足要求，则将二者合并，然后从中截取指定大小的内存，剩余的部分放入桶中。

在以上过程中，不需要变更指针地址。但是，如果以上条件都不满足，则只能重新申请一个大块，然后将数据复制到新块中，返回新块地址，并将当前块归还至桶中。在内存剩余空间较少的情况下，重新申请一个块可能会失败，此时 Zabbix 会尝试先释放当前块，然后调用__mem_malloc()函数，再次重新申请。

4. 各共享内存专用函数

基于以上的内存管理函数，Zabbix 为每个共享内存定义了专用管理函数，这些函数的名称中增加了共享内存的标志字符，目的是方便将该函数作为指针进行传递，例如将在第 3 章中讲到的哈希集的创建，就需要使用这样的函数指针。

Zabbix 使用参数宏来完成这些函数的定义，以 ConfigCache 共享内存为例，该共享内存的管理函数最终被定义为如下 3 个：

- __config_mem_malloc_func()；
- __config_mem_free_func()；
- __config_mem_realloc_func()。

与此类似，Zabbix 还为另外 5 个共享内存定义了专用内存函数，这 5 个共享内存包括 HistoryIndexCache、HistoryCache、TrendCache、ValueCache 和 VMwareCache。

2.3.3 共享内存状态的获取

zbx_mem_dump_stats()函数可以在日志中输出指定 mem_info 结构体中每个桶的空闲块个数，以及 mem_info 所代表的共享内存作为一个整体总共有多少个占用块，合计多少字节，以及总共有多少空闲块，合计多少字节。

对 ConfigCache 共享内存来说，Zabbix 进程每次同步配置信息时，都会将该共享内存的状态信息打印到日志文件中（DEBUG 级别为 4）。我们可以使用代码清单 2-10 中的命令调整 configuration syncer 进程的 DEBUG 级别并查看其日志文件。

代码清单 2-10　调整特定进程的日志级别

```
[root@VM_0_2_centos tmp]# /usr/local/sbin/zabbix_server -R
log_level_increase='configuration syncer'
zabbix_server [8327]: command sent successfully
[root@VM_0_2_centos tmp]# tail -f /tmp/zabbix_server.log|grep '^ 14734'
......
14734:20200504:201221.340 === memory statistics for configuration cache ===
14734:20200504:201221.340 free chunks of size     64 bytes:        1
14734:20200504:201221.340 free chunks of size     72 bytes:        1
14734:20200504:201221.340 free chunks of size     136 bytes:        1
14734:20200504:201221.340 free chunks of size >= 256 bytes:        2
14734:20200504:201221.340 min chunk size:         64 bytes
14734:20200504:201221.340 max chunk size:    8100864 bytes
14734:20200504:201221.340 memory of total size 8388232 bytes fragmented into 1358
chunks
14734:20200504:201221.340 of those,    8101488 bytes are in        5 free chunks
14734:20200504:201221.340 of those,     256184 bytes are in     1906 used chunks
14734:20200504:201221.340 ================================
......
```

根据代码清单 2-10 所示的日志内容可知，这是 ConfigCache 的统计信息，其总大小为

8 388 232B，即 CacheSize 的默认大小 8MB 减去 376B，损失的 376B 用于字节对齐和 zbx_mem_info_t 结构体中的各个成员，其中包括 30 个桶指针所占的 240B。该共享内存一共有 5 个空闲块，分布在 5 号桶（块大小为 64B 的桶）、6 号桶（72B）、14 号桶（136B），以及 29 号桶（256+B，两个块）。空闲块合计 8 101 488B，意味着 29 号桶的两个块占其中的 8 101 216B（8 101 488B－64B－72B－136B）。由于最大的块为 29 号桶中的大小为 8 100 864B 的块，因此 29 号桶中的第二个块的大小为 352B（8 101 216B－8 100 864B）。而占用块共有 1 906 个，合计 256 184B，即平均每个块占 134B 左右。你可能注意到总空间的大小（total size）要比空闲空间的大小（free size）与已用空间的大小（used size）的和还要大，这是因为总空间的大小中包含了每个块的头部和尾部的管理字节部分的 16B(2×8B) 的空间。

其他共享内存不会像 ConfigCache 一样周期性地输出状态信息日志，而是只在共享内存分配失败的时候输出，此时往往是共享内存耗尽的时候。

2.3.4 Zabbix 共享内存举例

代码清单 2-11 所示的代码为某测试 Zabbix 服务器使用的共享内存状态，可以看到共有 7 个共享内存。其中有 5 个共享内存的大小超过 128KB，包括 ConfigCache、HistoryCache、HistoryIndexCache、TrendCache 和 ValueCache，这部分共享内存都是在配置文件中设置其大小的。另外两个共享内存为 collector 共享内存和 mutex 共享内存，字节数比较小，分别用于 Zabbix 自身监控所用到的 collector 变量和所有进程共用的各种锁的定义。

代码清单 2-11 某测试 Zabbix 服务器使用的共享内存状态

```
[root@VM_0_2_centos tmp]# ipcs -m -p

------ Shared Memory Creator/Last-op --------
shmid      owner     cpid      lpid
2523136    zabbix     11309     11309
2555905    zabbix     11309     11309
2588674    zabbix     11309     11309
2621443    zabbix     11309     11309
2654212    zabbix     11309     11309
2686981    zabbix     11309     11309
2719750    zabbix     11309     11309

[root@VM_0_2_centos tmp]# ipcs -m

------ Shared Memory Segments --------
key        shmid      owner      perms      bytes      nattch     status
0x00000000 2523136    zabbix     600        576        34         dest  #各种锁
0x00000000 2555905    zabbix     600        131072     34         dest
0x00000000 2588674    zabbix     600        131072     34         dest
0x00000000 2621443    zabbix     600        131072     34         dest
0x00000000 2654212    zabbix     600        262144     34         dest
```

```
0x00000000 2686981    zabbix     600       10288      34        dest   #collector
0x00000000 2719750    zabbix     600       131072     34        dest
```

2.4　TCP/IP 套接字

在 Zabbix 中，TCP/IP 套接字（socket）主要用于分布在不同主机的各种 Zabbix 模块之间的通信，包括分布在不同主机上的 Zabbix 服务器、Zabbix 代理和 Zabbix 客户端之间的通信。每个模块中有特定的进程负责通过 TCP/IP 套接字进行远程通信。

2.1 节讲过 Zabbix 服务器的子进程从主进程继承的内容，其中有一个资源就是 Zabbix 服务器监听的 TCP/IP 套接字。

TCP/IP 套接字通信端点分为服务器端和客户端，服务器端时刻监听某个端口，并接收客户端发送来的请求；客户端则不需要监听端口，而是主动向服务器端发起连接请求，并在建立连接以后发送数据到服务器端。Zabbix 服务器既可以作为服务器端，也可以作为客户端，或者二者兼而有之，Zabbix 代理和 Zabbix 客户端也是同理。

本节主要讲述 Zabbix 各个进程如何使用套接字来完成通信。

2.4.1　zbx_socket_t 结构体

无论是作为服务器端还是作为客户端，Zabbix 都是使用 zbx_socket_t 结构体来管理套接字。作为服务器端时，由 trapper 进程提供服务，该进程创建一个 zbx_socket_t 变量，并使该变量在该进程的整个生命周期内保持存在，不进行回收。该变量由 trapper 进程从主进程继承而来，当需要接收连接时，会从该变量选取可用的套接字进行连接。作为客户端时，Zabbix 进程（poller 类进程）会为每次通信创建临时的 zbx_socket_t 变量，并在通信结束后回收该变量。zbx_socket_t 结构体定义如代码清单 2-12 所示。

代码清单 2-12　zbx_socket_t 结构体定义

```
typedef struct
{
    ZBX_SOCKET           socket;             //整型，当前已建立连接的套接字
    ZBX_SOCKET           socket_orig;
    size_t               read_bytes;         //接收缓存的字节数
    char                 *buffer;            //接收缓存
    char                 *next_line;         //指向下一行的开端
#if defined(HAVE_GNUTLS) || defined(HAVE_OPENSSL)
    zbx_tls_context_t        *tls_ctx;
#endif
    unsigned int             connection_type;      //连接类型：未加密、预共享密钥或者证书
    int             timeout;             //超时时间，由 alarm() 函数发送的 SIGALRM 信号实现
    zbx_buf_type_t           buf_type;     //缓存类型，使用 buf_stat 或者 buffer 作缓存
```

```
    unsigned char          accepted;    //当前已接受的连接，0 或者 1
    int              num_socks;         //监听的套接字数量
    ZBX_SOCKET           sockets[ZBX_SOCKET_COUNT];       //len:256，监听的套接字
    char                 buf_stat[ZBX_STAT_BUF_LEN];      //len:2048
    ZBX_SOCKADDR             peer_info;                   //对端域名
    char                 peer[MAX_ZBX_DNSNAME_LEN + 1];   //len:256，对端名称
    int              protocol;
}
zbx_socket_t;
```

可见，该结构体既可以使用 sockets[]数组成员保存所有正在监听的套接字，又可以使用 buf_stat 缓存接收的数据，还可以使用 peer_info 成员保存对端域名。当服务器端成功接收某个连接时，可以用 socket 成员保存该连接。当客户端发起某个连接时，也是使用 socket 成员保存所发起的连接。

2.4.2 作为服务器端的套接字

对 Zabbix 服务器或者 Zabbix 代理来说，trapper 进程作为服务器端进程接受连接，并收发数据。Zabbix 客户端使用 listener 进程作为服务器端（参见第 15 章）。

服务器端套接字建立监听的过程为依次调用 socket()、bind()和 listen()函数，成功建立监听以后，服务器端需要做的就是循环调用 accept()函数来接收连接请求并进行通信。

Zabbix 服务器主进程负责调用 zbx_tcp_listen()函数建立监听，在此过程中，Zabbix 可以根据配置文件中的 ListenIP 和 ListenPort 参数值，创建一个或者多个套接字并绑定到指定地址进行监听。（监听的套接字保存在 zbx_socket_t 结构体中的 socket 成员数组中。）当子进程继承了主进程的资源以后，每个子进程拥有一个或者多个处于打开状态的套接字。

trapper 进程的主要任务就是循环调用 zbx_tcp_accept()函数，从所有监听的套接字中选取连接请求并进行处理，连接成功的套接字会被记录在 s->socket 成员中。socket 成员只有一个，说明每个进程在同一时刻只能处理一个套接字连接，但是 trapper 进程最多允许启动 1 000 个进程，因此最多可以同时处理 1 000 个连接。

在从多个监控套接字中选取连接请求的时候，Zabbix 使用了 select()函数实现的多路复用。当 Zabbix 服务器主机存在多个网卡或者使用多个虚拟 IP 地址时，可以同时监听多个地址，此时就需要多路复用发挥作用。

总之，当作为服务器端的套接字时，每个 trapper 进程监听一个或者多个端口，并使用 select()函数的多路复用功能来处理多个端口。

2.4.3 作为客户端的套接字

在 Zabbix 服务器和 Zabbix 代理中，poller 类进程（参见第 7 章）作为客户端向 Zabbix 客户端、Zabbix 代理或者其他监控对象发起连接。这些进程在需要时调用 zbx_tcp_connect()

函数，临时创建新的套接字，并在使用完毕后立刻销毁该套接字（临时套接字是 zbx_socket_t 类型的变量）。这种通信方式的优点是不需要维护连接池，并且两次连接之间相互独立，不会互相干扰。

Zabbix 服务器共有 7 种 poller 类进程，如果将其进程数量全都设置为最大值，在不考虑 proxy poller 进程的情况下，则合计为 6 000 个进程。假设每个连接的响应时间为 0.1 秒，则每秒可以采集 60 000 个值。但是在现实情况中，往往只有一种或者两种 poller 类进程得到利用，如果只使用其中一种 poller 类进程，则每秒只能采集 10 000 个值。这种吞吐量方面的限制使得 Zabbix 服务器较少被用于直接采集监控数据，而是通过 Zabbix 代理进行扩容。另外，临时建立连接并且用后销毁的方式使得大量时间消耗于 TCP 连接的 3 次握手和 4 次挥手，导致了较多的性能损失。

上述套接字都使用传输控制协议（Transmission Control Protocol，TCP），其实 Zabbix 也会使用用户数据报协议（User Datagram Protocol，UDP）的套接字，但是只在处理 net.udp.service 监控项时使用，此时 Zabbix 作为客户端。由于不需要作为服务器端使用 UDP，因此 Zabbix 并没有使用 UDP 的套接字监听端口。

2.5　基于 Unix 域套接字的进程间通信服务

在 5.0 版本的 Zabbix 服务器中有 4 个管理者进程，分别为预处理管理者（preprocessing manager）、底层发现管理者（lld manager）、ipmi 管理者（ipmi manager）和告警管理者（alert manager），它们需要与各自对应的工作者进程进行通信。对于这种通信需求，Zabbix 自己构建了一种基于 Unix 域套接字（Unix domain socket，UDS）和 Libevent 的进程间通信（Interprocess Communication，IPC）服务。相对于共享内存，这种通信方式不需要处理访问冲突和进程间同步，简化了开发工作。进程间通信服务是一种可保持持久连接并嵌入了事件处理函数的进程间通信机制，其本质上是一个 UDS 连接池。这种连接池机制避免了管理者进程和工作者进程重建连接，从而任何时候都可以向对方发送消息。

本节讲述进程间通信服务的工作机制以及 Zabbix 进程如何实现这种进程间通信服务。

2.5.1　Libevent 库在进程间通信服务中的应用

Libevent 库提供了一种事件驱动的回调机制，可用于开发网络服务器中的事件驱动模块。在 Zabbix 服务器中，Libevent 是必需的，因为它用于进程间通信服务，而进程间通信服务是 4 种管理者进程所必需的。

进程间通信服务使用了 Libevent 库提供的多种函数，包括 event_set()、event_add()、

event_free()、event_base_set()、event_base_loop()和 evtimer_add()等，这些函数可用于为 UDS 的读写事件设置回调函数。在进程间通信服务环境中，管理者进程是服务器端，工作者进程是客户端，Libevent 提供的事件驱动机制全都位于服务器端，客户端是发起请求的一方，并没有使用事件驱动机制。

进程间通信服务的工作机制与 TCP/IP 套接字类似：首先创建监听套接字，然后调用 accept()函数从监听套接字队列中获取新的连接请求，并创建连接套接字进行数据收发。进程间通信服务在接受（accept）连接请求阶段和数据收发阶段分别注册了事件回调函数。在接受阶段回调函数的作用是将新接受的连接加入连接池，并为新连接注册回调函数；在数据收发阶段回调函数的作用是从已连接的套接字中读取数据并写入该连接的读缓冲区，或者将该连接的写缓冲区数据写入套接字。

2.5.2　进程间通信服务的数据结构及其工作过程

进程间通信服务的数据结构定义如代码清单 2-13 所示，这些数据结构主要存在于每个管理者进程中。数据结构设计的核心是 zbx_ipc_service_t 结构体，它存储了监听套接字描述符、Libevent 事件定义以及客户端连接池。通过该结构体，管理者就可以接受并读取新连接。

代码清单 2-13　进程间通信服务的数据结构定义

```
typedef struct
{
    int          fd;      //管理者进程所监听的套接字描述符
    struct event_base    *ev;
    struct event         *ev_listener;     //监听套接字读事件
    struct event         *ev_timer;        //超时事件

    char    *path;
    zbx_vector_ptr_t     clients;          //已连接客户端（资源池），向量

    //当前有已接收消息的套接字（即套接字缓存非空）
    zbx_queue_ptr_t      clients_recv;     //队列，先进先出
}
zbx_ipc_service_t;    //管理者进程在启动之初就会对其初始化

typedef struct
{
    int     fd;        //已连接套接字的文件描述符

//已连接套接字接收数据的缓冲区
    unsigned char    rx_buffer[ZBX_IPC_SOCKET_BUFFER_SIZE];     //缓冲区，大小为 4KB
    zbx_uint32_t     rx_buffer_bytes;
    zbx_uint32_t     rx_buffer_offset;
}
zbx_ipc_socket_t;
```

```
struct zbx_ipc_client      //该结构即连接池中的连接
{
    zbx_ipc_socket_t    csocket;            //已连接套接字，其中包含了缓冲区
    zbx_ipc_service_t   *service;           //所属的进程间通信服务

    zbx_uint32_t        rx_header[2];       //消息中的编码字段和尺寸字段
    unsigned char       *rx_data;           //消息体
    zbx_uint32_t        rx_bytes;
    zbx_queue_ptr_t     rx_queue;
    struct event        *rx_event;

    zbx_uint32_t        tx_header[2];       //消息中的编码字段和尺寸字段
    unsigned char       *tx_data;           //消息体
    zbx_uint32_t        tx_bytes;
    zbx_queue_ptr_t     tx_queue;
    struct event        *tx_event;

    zbx_uint64_t        id;
    unsigned char       state;
    zbx_uint32_t        refcount;
};
```

进程间通信服务的工作过程如图 2-4 所示。从服务器端进程的角度来说，来自客户端进程的新的连接请求首先进入监听套接字，此时会触发读事件回调函数，该函数用于接受该请求，创建已连接套接字并为已连接套接字注册读写事件回调函数，最后将其放入连接池。

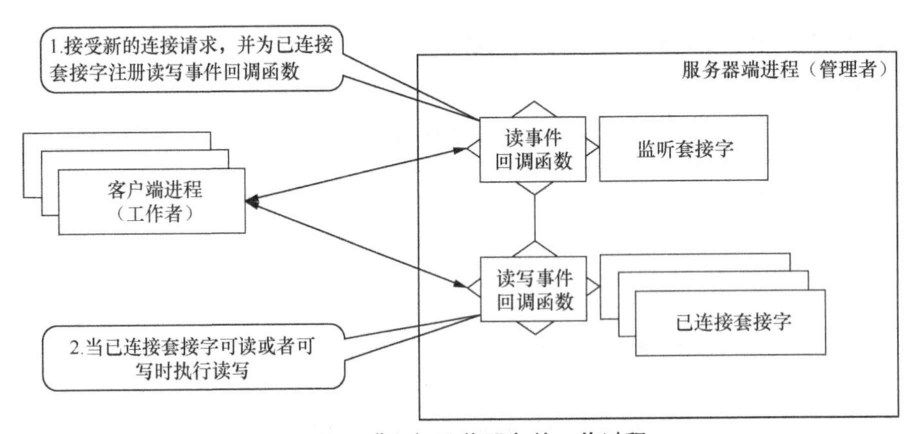

图 2-4　进程间通信服务的工作过程

此时客户端进程可以通过已连接套接字与服务器端进程通信，当已连接的套接字接收客户端进程发来的数据时，则触发读写事件回调函数，将数据放入缓冲区。

对客户端进程来说，其发起的任何连接都会被保持，除非出现异常，否则不会中断连接。在服务器端进程中，处理进程间通信服务消息的过程包括以下 3 个步骤：

（1）从连接池中选出一个可用连接（当前有数据的连接）；

（2）从可用连接的缓冲区读取消息；

（3）根据消息类型进行相应处理。

2.5.3 进程间通信服务的初始化

进程间通信服务并没有像 TCP/IP 套接字那样，由主进程创建再由子进程继承，而是由服务器端进程创建，主进程只负责相关的环境检查工作，包括检查文件目录是否存在以及其权限，也就是 2.1 节提到的主进程在值守化之前进行的工作。这种情况下存在一个文件，即客户端进程可能在进程间通信服务创建成功之前访问它，解决此问题的方法是允许客户端进程在 60 秒内不断重试，如果 60 秒以后进程间通信服务仍然创建不成功，则客户端进程退出，进而触发主进程的 SIGCHLD 信号（参见 2.2 节）。

服务器端进程在特定的路径上启动进程间通信服务，创建一个 AF_UNIX 类型的套接字（SOCK_STREAM 工作模式）并建立监听。创建套接字之前，服务器端进程会调用 umask(077)将文件掩码设置为 077，待函数退出前再将掩码恢复为以前的值。这意味着，所创建的套接字文件模式为 700（即 077 的掩码值），也就是说，如果 Zabbix 进程的启动用户同时启动了其他进程，那么这些进程也可以对该套接字进行读写。

2.5.4 进程间通信服务的通信协议

进程间通信时，除了需要收发消息，还需要能够彼此理解对方发送的消息内容，这就是通信协议所要解决的问题。在进程间通信服务的通信方面，Zabbix 使用编码（code）-大小（size）-数据（data）这 3 部分组成的字节序列作为消息，其中编码和大小部分都是 int32 类型，数据部分则长度不固定。进程可以根据大小（size）接收完整的消息，在解析消息时则根据编码值决定如何对数据部分的数据进行反序列化。根据进程需要完成的任务不同，Zabbix 定义了 4 组编码（每个服务器端进程对应一组编码）来表示每一种消息。每一组编码的含义将在后面具体介绍相关进程时展开讲述。

2.5.5 从日志查看进程间通信服务消息

如果想查看进程间通信服务消息的具体内容，从 Zabbix 日志中可以看到部分输出消息（当日志级别为 TRACE 时），如代码清单 2-14 所示。但是遗憾的是，消息中最重要的数据部分是以 16 进制的形式表示的，不便于对消息格式的理解。实际上数据中的内容是由连续的多个字段组成的，只不过其中缺乏关键信息，导致无法确定各个字段的边界，Zabbix 只好将其输出为 16 进制的字节。如果要将数据中的内容转换为人工可读的格式，就需要修改源码。

代码清单 2-14 在日志级别为 TRACE 时查看进程间通信服务日志

```
[root@VM-0-2-centos zabbix-5.0.0]# /usr/local/sbin/zabbix_server -R
log_level_increase='preprocessing manager'
zabbix_server [23227]: command sent successfully
[root@VM-0-2-centos zabbix-5.0.0]# tail -f /tmp/zabbix_server.log|grep 'ipc'|grep
'size:'
  2693:20200624:161942.351 zbx_ipc_service_recv() code:2 size:79 data:f2 71 00 00
00 00 00 00 | 00 00 00 00 00 00 00 01 | 9e 0c f3 5e fa 2c ef 14 | 01 00 00 00 00
00 00 00 | 00 00 00 00 00 00 00 00 | 00 00 00 00 00 00 00 00 | 00 00 00 00 00 09
00 00 | 00 30 2e 37 36 30 30 30 | 30 00 00 00 00 00 08 00 | 00 00 00 00 00 00 00
```

为了方便分析和理解预处理进程相关的进程间通信服务消息格式，作者修改了相关的源码，从而实现以人工可读的形式输出完整的消息内容。这一修改主要发生在 preprocessing.c 文件中。修改源码并重新编译以后，可以在日志文件中看到进程间通信服务的消息格式，如代码清单 2-15 所示，其中数据部分的每一个括号内部是一个字段，包括数据类型和数据本身。

代码清单 2-15 将进程间通信服务日志转换为可读格式

```
[root@VM-0-2-centos tmp]# tail -f /tmp/zabbix_server.log|grep 'packed data'
  7169:20200624:233525.194 preprocessor_pack_value() packed data:
code:2(preproc_request) size:81
data(itemid-valueType-flags-state-error-tsMarker-..-resultMarker-..............):(int64
:29185)(char:3)(char:)(char:)(strlen:0)(char:1)(int:1593012925)(int:193976090)(char:1)
(int64:0)(int64:0)(double:0)(strlen:0)(strlen:11)(string:1591513522)(strlen:0)
(int:8)(int:0)(char:)
  7182:20200624:233525.194 zbx_preprocessor_pack_task() packed data:
code:2(preproc_request) size:84
data(itemid-valueType-tsMarker-..-[value]-[history]-[steps]):(int64:29185)(char:3)(char:
1)(int:1593012925)(int:193976090)(char:1)(strlen:11)(string:1591513522)(int:1)(int:0)(ch
ar:1)(strlen:11)(string:1591513522)(int:1593010055)(int:266269709)(int:1)(char:20)(strle
n:3)(string:1h)(char:)(strlen:1)(string:)
```

2.6 锁与信号量

Zabbix 的多个进程需要访问同一个共享内存，在此过程中需要使用锁来避免访问冲突。Zabbix 4.0 使用 libpthread 多线程库提供的互斥锁和读写锁替换了 Zabbix 3.0 中使用的信号量。这一转换提高了资源的使用效率，并且读写锁可以实现多个进程同时读的功能。

2.6.1 互斥锁的应用

针对需要避免访问冲突的资源，Zabbix 定义了 13 个互斥锁，每个互斥锁对应一个资源。当多个进程读或者写同一个资源时，每个进程都需要首先获得互斥锁，并在操作完毕后释放互斥锁，从而保证同一时刻只有一个进程访问该资源。互斥锁本质上是一个整数，该整数只能取有限的几个值（取决于其状态），当值为 0 时代表未锁定，可供使用，否则代表已锁定。互斥锁只能由加锁的进程来释放，即“解铃还须系铃人”。

1. 互斥锁的初始化

互斥锁的数据结构定义以及 13 个互斥锁各自的索引号如代码清单 2-16 所示。

代码清单 2-16 互斥锁的种类和数量

```
typedef struct
{
    pthread_mutex_t    mutexes[ZBX_MUTEX_COUNT];     //长度：13
    pthread_rwlock_t   rwlocks[ZBX_RWLOCK_COUNT];    //长度：1
}
zbx_shared_lock_t;

static zbx_shared_lock_t    *shared_lock;     //容纳所有互斥锁的变量

typedef enum
{
    ZBX_MUTEX_LOG = 0,           //log_access，日志访问锁，在打开日志文件时创建
    ZBX_MUTEX_CACHE,             //cache_lock，在初始化 HistoryCache 时创建
    ZBX_MUTEX_TRENDS,            //trends_lock，在初始化 TrendCache 时创建
    ZBX_MUTEX_CACHE_IDS,         //cache_ids_lock，在初始化 HistoryIndexCache 时创建
    ZBX_MUTEX_SELFMON,           //sm_lock，在初始化自身监控 collector 变量时创建
    ZBX_MUTEX_CPUSTATS,          //cpustats_lock，由 Zabbix 客户端主进程创建
    ZBX_MUTEX_DISKSTATS,         //diskstats_lock，由 Zabbix 客户端主进程创建
    ZBX_MUTEX_ITSERVICES,        //itservices_lock，由 Zabbix 服务器主进程创建
    ZBX_MUTEX_VALUECACHE,        //vc_lock，在初始化 ValueCache 时创建
    ZBX_MUTEX_VMWARE,            //vmware_lock，在初始化 VMwareCache 时创建
    ZBX_MUTEX_SQLITE3,           //sqlite_access，在启用 SQLite 的情况下才会创建
    ZBX_MUTEX_PROCSTAT,          //collector->procstat->lock，仅用于 Zabbix 客户端
    ZBX_MUTEX_PROXY_HISTORY,     //proxy_lock，仅由被动模式的 Zabbix 代理进程创建
    ZBX_MUTEX_COUNT
}
zbx_mutex_name_t;
```

2.1 节讲到，主进程在值守化之后、创建子进程之前，会在共享内存中为互斥锁分配空间并创建锁。因为所有进程都需要访问这些锁，所以必然要将其放在共享内存中。在典型的 Zabbix 服务器中，需要使用的互斥锁一般只有 8 个，即日志访问锁、HistoryCache 锁、TrendCache 锁、HistoryIndexCache 锁、自身监控 collector 变量锁、ValueCache 锁、itservice 锁和 VMwareCache 锁。

2. 临界区的互斥执行

Zabbix 进程在临界区的头部和尾部添加加锁（LOCK）和解锁（UNLOCK）语句，以实现临界资源的互斥访问。如代码清单 2-17 所示，当访问 HistoryCache 中的监控项数据时，首先运行 LOCK_CACHE 语句进行加锁，此时如果 HistoryCache 锁被其他进程占有，则当

前进程须等待，直到对方解锁并且自己获得锁。在结束对数据的访问后则需要运行 UNLOCK_CACHE 语句进行解锁，以便给其他进程访问 HistoryCache 的机会。

代码清单 2-17　加、解 HistoryCache 锁示例

```
LOCK_CACHE;      //加锁，实际上是调用 pthread_mutex_lock()函数
hc_pop_items(&history_items);
UNLOCK_CACHE;   //解锁，实际上是调用 pthread_mutex_unlock()函数
```

其他互斥锁的使用与 HistoryCache 锁类似。其他常用的加锁、解锁语句以及其针对的锁有以下几种：

- LOCK_LOG 和 UNLOCK_LOG，日志访问锁；
- LOCK_TRENDS 和 UNLOCK_TRENDS，TrendCache 锁；
- LOCK_CACHE_IDS 和 UNLOCK_CACHE_IDS，HistoryIndexCache 锁；
- LOCK_SM 和 UNLOCK_SM，自身监控 collector 变量锁；
- zbx_mutex_lock(vc_lock)和 zbx_mutex_unlock(vc_lock)，ValueCache 锁；
- LOCK_ITSERVICES 和 UNLOCK_ITSERVICES，itservice 锁。
- zbx_mutex_lock(vmware_lock)和 zbx_mutex_unlock(vmware_lock)，VMwareCache 锁；

2.6.2　读写锁的应用

除了使用互斥锁，Zabbix 还使用了读写锁，主要是为了更高效地访问 ConfigCache 数据。在所有的缓存中，ConfigCache 是访问压力最大的缓存，几乎每个进程都需要访问该缓存。应用读写锁可以支持多个进程同时读的功能，从而提高访问效率。

读写锁与互斥锁同属 zbx_shared_lock_t 结构体成员，所以读写锁的初始化是与互斥锁一起完成的。不过读写锁的创建是在主进程初始化 ConfigCache 的过程中实现的。相较于互斥锁的加、解锁，读写锁的加、解锁要多一种操作，共有以下 3 种：

- RDLOCK_CACHE，加读锁，实际上是调用 pthread_rwlock_rdlock()函数；
- WRLOCK_CACHE，加写锁，实际上是调用 pthread_rwlock_wrlock()函数；
- UNLOCK_CACHE，解锁，实际上是调用 pthread_rwlock_unlock()函数，需要与互斥锁中的 UNLOCK_CACHE 区分开。虽然二者的宏名相同，但是二者出现在不同的源码文件中，内容不同，如下所示。

```
#define UNLOCK_CACHE  zbx_mutex_unlock(cache_lock)//互斥锁，用于 HistoryCache 的访问
#define UNLOCK_CACHE  if (0 == sync_in_progress) zbx_rwlock_unlock(config_lock)
//读写锁，用于 ConfigCache 缓存的访问
```

2.6.3　信号量的应用

当操作系统不支持 libpthread 时，则意味着无法使用互斥锁和读写锁。在这种情形下，

Zabbix 提供了一种降级服务方式，即通过信号量实现进程间互斥。实际上，Zabbix 3.0 版本使用的就是信号量，而非互斥锁或读写锁。信号量在性能表现上要弱于 libpthread 锁，尤其是相对 ConfigCache 访问使用的读写锁。

2.7 小结

Zabbix 服务器采用多进程架构，在其启动过程中由主进程负责创建不同种类的子进程来提供最终服务。每个进程都注册多个信号处理函数，从而可以处理多种来自操作系统或者由用户发送的信号。

Zabbix 服务器端的众多进程在运行过程中需要访问各种类型的数据，Zabbix 将这些数据组织成特定的结构并放到共享内存中，使得众多进程可以访问相同的数据。每一个共享内存进一步划分为块和桶形式的更小单元进行管理。这种管理方式在提高内存使用效率的同时，也降低了内存管理开销。

Zabbix 的不同组件之间通过 TCP/IP 套接字进行通信，从而实现分布式部署。Zabbix 服务器内部的某些进程之间还会采用基于 Unix 域套接字的进程间通信服务的通信方式，相对于共享内存方式，该方式减少了进程间协调的开销（不需要加锁和解锁）。

当多个进程访问共享内存中的同一个数据时，需要使用锁或者信号量来实现进程间协调，避免访问冲突。Zabbix 默认使用 libpthread 所提供的互斥锁和读写锁。当没有 libpthread 时，则降级为使用信号量。

第 3 章

数据结构设计

Zabbix 设计了多种数据结构来完成不同的任务。了解数据结构有助于理解 Zabbix 的性能表现和内存使用。本章介绍 Zabbix 使用的 7 种数据结构类型，即向量、哈希集、哈希映射、二叉堆、队列、链表以及 zbx_json 和 zbx_json_parse 结构。

从使用的广泛程度来讲，这 7 种数据结构中使用比较广泛的是向量、哈希集、二叉堆以及 zbx_json 和 zbx_json_parse 结构，因此本章重点讲述这几种结构，另外 3 种仅进行简单介绍。

3.1 向量

Zabbix 向量（vector）本质上是一个可扩展数组，数组中每个元素的类型须相同，因此在创建向量时必须确定要存储的数据类型。Zabbix 支持的元素类型共有 13 种，包括 uint64、ptr_pair、uint64_pair、vc_item_weight、history_record、variant、json_element、str_uint64_pair、id_xmlnode、str、ptr、macros_prototype 和 vmware_datastore。向量在 Zabbix 中得到了广泛的应用，对源码的统计结果表明，其中使用最多的是 uint64 和 ptr 类型的向量。

3.1.1 向量的数据结构定义

向量的结构体由一个带参数的宏 ZBX_VECTOR_DECL 来定义，如代码清单 3-1 所示。

代码清单 3-1 向量的数据结构定义

```
#define ZBX_VECTOR_DECL(__id, __type)                          \
typedef struct                                                 \
{                                                              \
    __type          *values;                                   \
    int         values_num;                                    \
    int         values_alloc;                                  \
    zbx_mem_malloc_func_t  mem_malloc_func;                    \
    zbx_mem_realloc_func_t mem_realloc_func;                   \
    zbx_mem_free_func_t mem_free_func;                         \
}                                                              \
zbx_vector_ ## __id ## _t;
```

由代码清单 3-1 可知，向量结构体中的*values 成员用于实际存储元素，两个整型成员分别用于计量该向量的元素数量（values_num）和容量（values_alloc），而 3 个内存分配函数指针决定了该向量的元素将存储在什么位置。默认情况下，如果不指定函数指针，则向量将使用进程私有的堆内存（通过 malloc 函数族分配）。必要的时候，通过显式地指定内存分配函数，可以将向量分配到共享内存的特定缓存空间中（例如 ConfigCache）。

由于 Zabbix 需要支持的类型很多，因此，为了简化代码，Zabbix 使用带有参数的宏来实现对所有种类向量的结构体定义，以及实现对应的操作函数定义，以 uint64 类型的向量为例，其向量结构体如代码清单 3-2 所示。

代码清单 3-2 unit64 类型的向量的数据结构定义

```
ZBX_PTR_VECTOR_DECL(str, char *)          //定义 zbx_vector_str_t 结构体
ZBX_VECTOR_DECL (uint64, zbx_uint64_t)    //定义 zbx_vector_uint64_t 结构体

ZBX_PTR_VECTOR_IMPL(str, char *)          //定义 zbx_vector_str_t 结构体的操作函数
ZBX_VECTOR_IMPL(uint64, zbx_uint64_t)     //定义 zbx_vector_uint64_t 结构体的操作函数
```

3.1.2 向量支持的操作

因为向量在 Zabbix 中的应用最为广泛，所以其支持的操作种类也最为丰富，包括容量预留、创建、销毁、附加、删除、排序、去重、查找、相异、容量扩展、清理和清除等。每一种操作由对应的函数实现，当需要执行某种操作时，调用对应的函数即可。向量的操作及其对应的函数共有 18 种，具体如下所示。

- 容量预留，由__vector_ ## __id ## _ensure_free_space()函数实现，确保向量至少有一个元素的剩余空间，如果向量被占满，将向量扩展为当前的 1.5 倍大小；如果向量数组为空，则新建一个可容纳 32 个元素的向量。
- 创建，由 zbx_vector_ ## __id ## _create()函数实现，创建一个空向量并初始化。
- 销毁，由 zbx_vector_ ## __id ## _destroy()函数实现，释放向量内存，将所有成员置为 0 或者 NULL（空值）。
- 附加，由 zbx_vector_ ## __id ## _append()函数实现，附加一个元素到向量尾部。

- 间接附加，由 zbx_vector_ ## __id ## _append_ptr()函数实现，附加一个指针所指向的元素到向量尾部。
- 数组附加，由 zbx_vector_ ## __id ## _append_array()函数实现，将一个指定的元素数组附加到向量尾部。
- 覆盖式删除，由 zbx_vector_ ## __id ## _remove_noorder()函数实现，删除一个元素，用向量中最后一个元素覆盖所删除的元素。
- 原序删除，由 zbx_vector_ ## __id ## _remove()函数实现，删除一个元素，保持向量中元素的次序不变。
- 排序，由 zbx_vector_ ## __id ## _sort()函数实现，使用快速排序法对向量中*values成员的值进行排序。
- 去重，由 zbx_vector_ ## __id ## _uniq()函数实现，在单调有序的向量中，去掉值相同的元素，使得每个元素唯一。
- 查找最接近索引，由 zbx_vector_ ## __id ## _nearestindex()函数实现，使用二分法在有序向量中查找目标值，当查找成功时，返回目标值的索引号；当查找失败时，返回与目标值最接近的索引号（比目标值大的元素）。
- 二分查找，由 zbx_vector_ ## __id ## _bsearch()函数实现，使用二分法在向量的*values成员中查找指定的值，如果成功，返回目标元素在*values 中的索引号；如果失败，返回−1。
- 线性查找，由 zbx_vector_ ## __id ## _lsearch()函数实现，对单调递增向量，从左侧开始逐一比较并查找指定的值，当元素值大于目标值时停止查找，并将结果索引号存储在参数中。
- 全局查找，由 zbx_vector_ ## __id ## _search()函数实现，在无序向量中查找指定的元素，查找成功则返回索引号，否则返回 FAIL。
- 相异，由 zbx_vector_ ## __id ## _setdiff()函数实现，对两个单调有序的向量，将其中一个向量中的与另一个向量重叠的元素删除，使得该向量的所有元素都不会出现在另一个向量中。
- 容量扩展，由 zbx_vector_ ## __id ## _reserve()函数实现，将 values 成员指向的内存容量扩充为指定的大小。
- 清理，由 zbx_vector_ ## __id ## _clear()函数实现，将 values_num 成员的值置为 0。
- 清除，由 zbx_vector_ ## __id ## _clear_ext()函数实现，将 values_num 成员置为 0，并调用指定函数释放各个元素占用的内存。

向量的容量扩展由容量预留操作实现，每次添加新元素时，Zabbix 都会尝试调用 ensure_free_space()函数来扩展数组，该函数如代码清单 3-3 所示。

代码清单 3-3　向量的容量扩展函数

```
#define ZBX_VECTOR_ARRAY_GROWTH_FACTOR 3/2
```

```
......
static void __vector_ ## __id ## _ensure_free_space(zbx_vector_ ## __id ## _t *vector)
                                    \
{                                                     \
    if (NULL == vector->values)                       \
    {                                                 \
        vector->values_num = 0;                       \
        vector->values_alloc = 32;                    \
        vector->values = (__type *)vector->mem_malloc_func(NULL,
        vector->values_alloc * sizeof(__type));       \
    }                                                 \
    else if (vector->values_num == vector->values_alloc)      \
    {                                                         \
        vector->values_alloc = MAX(vector->values_alloc + 1, vector->values_alloc *
        ZBX_VECTOR_ARRAY_GROWTH_FACTOR);                      \
        vector->values = (__type *)vector->mem_realloc_func(vector->values,
        vector->values_alloc * sizeof(__type));               \
    }                                                         \
}
```

由代码清单 3-3 可知，向量的初始容量是 32，此后会按需扩展，每次将容量扩展为原来的 1.5 倍。那么，如何实现向量的收缩呢？答案是 Zabbix 不会收缩向量，只会销毁向量。

3.1.3 向量的应用场景

Zabbix 对向量的使用可能出现在任何需要进行批量操作的地方，几乎每一个进程都涉及大量向量。向量可以作为函数内部的局部变量使用，也可以作为全局变量使用。

此外，在共享内存的 ConfigCache 中，有很多配置信息以向量的形式存在。

3.2 哈希集

哈希集（hashset）的优势在于对特定对象的查找速度快，它对主键进行哈希计算后，将哈希结果作为存储地址，从而实现以 $O(1)$的时间复杂度进行查找。Zabbix 的各进程在工作过程中经常需要根据某个 ID（标识）在大量数据中找到目标元素。哈希集在实现各项功能时是不可缺少的，而且数据量越大，越需要哈希集。

3.2.1 哈希集的数据结构定义

Zabbix 的哈希集所使用的数据结构定义如代码清单 3-4 所示。Zabbix 哈希集实际上属于链式哈希表，即一个哈希集中包含一组连续的槽位（slot），每个槽位中存储一个链表，链表中的元素是实际存储的数据（struct zbx_hashset_entry_s 类型）。哈希（hash）值为 32 位无符号整数，因此最多支持 2^{32} 个槽位。由于使用了动态数组，因此哈希集中存储的元素实际上是一串连续的字节，是类型无关的，也就是可以存储任何类型的数据。哈希集与向量在这一点上是不同的，向量在创建时需要有确定的类型，而哈希集不需要。在实际应用中，Zabbix 往往先创建一个哈希集指针，当需要添加元素时再确定类型。

内存分配函数（mem_malloc_func）、内存释放函数（mem_free_func）和内存重分配函数（mem_realloc_func）也定义在结构体中，当需要为元素分配空间时，必须使用这 3 个函数。在实际应用中，这 3 个函数往往决定了所分配的空间属于哪个共享内存。（也有例外，此时分配在进程的私有内存中。）这种结构设计加强了内存管理的可靠性。

进程运行时往往需要对哈希集中的元素进行遍历，为此 Zabbix 定义了一个哈希集迭代器（zbx_hashset_iter_t），如代码清单 3-4 所示。当需要遍历哈希集时，对迭代器进行操作即可。迭代器成员包括哈希集指针、整型的槽位索引号和哈希集当前元素指针，意味着迭代器总是指向某个元素，并保存该元素所在槽位的索引号。

代码清单 3-4　哈希集及其迭代器的数据结构定义

```
/* hashset */

#define ZBX_HASHSET_ENTRY_T     struct zbx_hashset_entry_s

ZBX_HASHSET_ENTRY_T
{
    ZBX_HASHSET_ENTRY_T *next;
    zbx_hash_t      hash;       //32 位无符号整数，uint32_t
#if SIZEOF_VOID_P > 4
    char            padding[sizeof(void *) - sizeof(zbx_hash_t)];
#endif
    char            data[1];    //动态数组，任意数据类型，哈希计算的对象
};

typedef struct
{
    ZBX_HASHSET_ENTRY_T **slots;     //二级指针，指向一个数组，数组中的元素是链表
    int         num_slots;           //当前拥有槽位数
    int         num_data;            //当前拥有元素数
    zbx_hash_func_t    hash_func;                    //哈希函数指针，用于计算哈希值
    zbx_compare_func_t compare_func;                 //比较函数指针，用于元素间的比较
    zbx_clean_func_t   clean_func;                   //清理函数指针，设置为 NULL，未使用
    zbx_mem_malloc_func_t  mem_malloc_func;          //内存分配函数，用于分配空间
    zbx_mem_realloc_func_t mem_realloc_func;         //内存重分配函数，用于调整分配空间
    zbx_mem_free_func_t    mem_free_func;            //内存释放函数，用于释放空间
}
zbx_hashset_t;

typedef struct
{
    zbx_hashset_t       *hashset;     //所遍历的哈希集指针
```

```
    int         slot;                   //当前槽位索引号
    ZBX_HASHSET_ENTRY_T *entry;         //当前元素指针
}
zbx_hashset_iter_t;                     //哈希集迭代器，用于遍历哈希集的元素
```

3.2.2 哈希集支持的操作

创建哈希集结构是为了让其发挥加快查找速度的作用，要实现预期的作用，就需要支持多种操作，包括创建、添加元素、扩展、搜索和遍历、删除元素、销毁等。

创建哈希集时，除了设置各个成员函数，还需要对槽位进行初始化，具体过程如代码清单 3-5 所示。槽位初始化的过程实际上是创建一个指针数组的过程，该数组的长度由传入的长度参数决定。哈希集一旦初始化完毕就可以添加元素，也就是为新元素分配槽位。Zabbix 采用哈希值取余法分配槽位，如果当前有 11 个槽位，新元素的哈希值为 29，则其槽位索引号为 7（29%11）。

对于链式哈希表，当发生哈希冲突时，可以将元素添加到链表中。理论上说，即使是槽位数为 1（数组长度为 1）的哈希集也能够容纳无限的元素，此时哈希集退化为单向链表。但是，为了发挥哈希集的优势，我们不希望发生这种情况。因此，当频繁发生哈希冲突时，需要扩展槽位数量，从而降低链表长度，最好使所有链表长度不超过 1。这就需要设计一种扩展槽位数的机制。

代码清单 3-5 哈希集槽位初始化过程

```
static int    zbx_hashset_init_slots(zbx_hashset_t *hs, size_t init_size)
{
    hs->num_data = 0;

    if (0 < init_size)
    {
        hs->num_slots = next_prime(init_size); //取素数

        if (NULL == (hs->slots = (ZBX_HASHSET_ENTRY_T **)hs->mem_malloc_func(NULL,
        hs->num_slots * sizeof(ZBX_HASHSET_ENTRY_T *)))) //为指针数组分配空间
            return FAIL;

        memset(hs->slots, 0, hs->num_slots * sizeof(ZBX_HASHSET_ENTRY_T *));
    }
    else
    {
        hs->num_slots = 0;
        hs->slots = NULL;
    }

    return SUCCEED;
}
```

Zabbix 哈希集通过负载因子（元素数/槽位数）来触发扩展，每当发生哈希冲突时就会

检查当前的负载因子是否超过 80%，如果超过则将槽位数扩展为原来的 1.5 倍，意味着负载因子降为原来的 2/3。理论上讲，当负载因子下降时，哈希冲突的概率也会随之下降。扩展操作由 zbx_hashset_reserve()函数实现，具体过程是新建一个槽位数组，经重新计算槽位索引号，将旧槽位数组中的链表指针移动到新的槽位数组中。

完成必要的扩展后，就可以将新元素加入哈希集中了。在 Zabbix 的链式哈希表中，槽位的指针总是指向链表的头节点。而添加新元素时，如果目的槽位非空，新元素将加入链表的头部，成为头节点。

设计哈希集的主要目的是实现快速查找，所以哈希集必然支持搜索操作。一般来说，搜索哈希集时会提供一个精确的目标值，搜索时首先根据目标值计算哈希值（具体计算方法见 3.2.3 节），然后得到目的槽位索引号，再遍历目的槽位中的链表，直到找到目标值时结束。

有时存在这样一种情况，即不知道目标的精确值，或者只知道目标的某个属性值，但该属性不在哈希函数的计算范围内。还有一种情况是不需要查找特定的目标，而需要对所有元素执行特定的运算。此时就需要遍历哈希集，对元素进行逐个检查。Zabbix 哈希集可以通过迭代器实现遍历，该迭代器的工作机制为：首先由 zbx_hashset_iter_reset()函数完成初始化，然后循环调用 zbx_hashset_iter_next()函数逐个检查各槽位中的非空元素，当所有槽位都访问完毕时结束遍历。

3.2.3　哈希函数及关键字

毫无疑问，哈希函数是哈希集能够正常工作的关键，这直接关系到哈希效率的高低以及哈希分布是否均衡。另外一个与哈希函数相关的问题就是关键字的选择。存储在哈希集中的元素可以是任何数据类型或者结构体，其数据长度可能只有几字节，也可能有几百字节。为了方便进行哈希计算，无论元素的数据结构有多长，Zabbix 总是将关键字放在结构体的头部位置（第一个成员），如此一来就可以直接将整个元素传递给哈希函数来进行哈希计算。假设某个哈希函数期望的关键字是 uint64 类型的，那么它只需要读取该元素的前 8B 进行计算。

Zabbix 经常使用的哈希函数有如下两种，可用于对地址、string、uint64 和 uint64_pair 等类型的关键字进行哈希计算。这两种函数的具体代码如代码清单 3-6 所示。

- zbx_hash_modfnv()，对地址和 string 类型的关键字进行哈希计算。
- zbx_hash_splittable64()，对 uint64 类型的关键字进行哈希计算，可用于具有整型主键的元素，例如 item 和 host（主键为 itemid 和 hostid）；

可见，两种哈希函数都是通过对关键字进行位运算来实现快速高效的哈希。

代码清单 3-6 Zabbix 使用的两种哈希函数

```
/* 改良版 FNV[1]哈希函数 */
zbx_hash_t zbx_hash_modfnv(const void *data, size_t len, zbx_hash_t seed)
{
    const uchar    *p = (const uchar *)data;

    zbx_hash_t    hash;

    hash = 2166136261u ^ seed;

    while (len-- >= 1)
    {
        hash = (hash ^ *(p++)) * 16777619u;
    }

    hash += hash << 13;
    hash ^= hash >> 7;
    hash += hash << 3;
    hash ^= hash >> 17;
    hash += hash << 5;

    return hash;
}
/* 哈希函数，源自 Java 8 中的 SplittableRandom 生成器 */
zbx_hash_t    zbx_hash_splittable64(const void *data)
{
    zbx_uint64_t    value = *(const zbx_uint64_t *)data;

    value ^= value >> 30;
    value *= __UINT64_C(0xbf58476d1ce4e5b9);
    value ^= value >> 27;
    value *= __UINT64_C(0x94d049bb133111eb);
    value ^= value >> 31;

    return (zbx_hash_t)value ^ (value >> 32);
}
```

3.2.4 哈希集的应用场景

哈希集几乎应用于 Zabbix 的每一个缓存中。在 ConfigCache 中，几乎每一种配置信息都使用哈希集结构存储，几乎所有配置信息都具有与数据库中的主键相一致的唯一 ID，这些 ID 自然地成为哈希集的关键字。在 ValueCache 和 TrendCache 中，每个监控项作为元素存储于哈希集中。在 HistoryIndexCache 中，哈希集用作快速获取监控值的索引。

另外，在预处理进程、LLD 进程和 alerter 进程等进程之中，哈希集也得到了广泛的使用。

[1] FNV 是哈希算法的名称，由 3 个发明人 Glenn Fowler、Landon Curt Noll 和 Phong Vo 的姓氏组成。

3.3 哈希映射

哈希映射（hashmap）主要用在3.4节即将讲到的二叉堆结构中，其作用是存储两个关键字之间的对应关系。在二叉堆结构中，哈希映射建立了元素关键字与元素在二叉堆数组中的索引号之间的对应关系。这一结构设计大幅改善了二叉堆在查找操作上的表现。

3.3.1 哈希映射的数据结构定义

哈希映射的数据结构定义如代码清单3-7所示，可以看出它与哈希集类似，区别在于哈希映射中的槽位存储的不是链表，而是数组，数组的元素是zbx_hashmap_entry_s类型（键值对，用于表示两个关键字之间的对应关系）的。哈希映射的使用范围仅限于在二叉堆结构中用作索引。

代码清单3-7　哈希映射的数据结构定义

```
#define ZBX_HASHMAP_ENTRY_T    struct zbx_hashmap_entry_s
#define ZBX_HASHMAP_SLOT_T struct zbx_hashmap_slot_s

ZBX_HASHMAP_ENTRY_T
{
    zbx_uint64_t   key;      //哈希计算时的关键字，只要该值相同就会落入同一个槽位
    int      value;          //在实际应用中，该成员存储的是二叉堆数组的索引号
};

ZBX_HASHMAP_SLOT_T
{
    ZBX_HASHMAP_ENTRY_T    *entries;
    int          entries_num;           //已使用的数组长度
    int          entries_alloc;         //可容纳的元素数量，初始值为6，成倍扩展
};

typedef struct
{
    ZBX_HASHMAP_SLOT_T    *slots;
    int           num_slots;            //槽位数
    int           num_data;             //存储的元素总数
    zbx_hash_func_t     hash_func;      //哈希函数，zbx_hash_splittable64
    zbx_compare_func_t  compare_func;
    zbx_mem_malloc_func_t  mem_malloc_func;
    zbx_mem_realloc_func_t mem_realloc_func;
    zbx_mem_free_func_t mem_free_func;
}
zbx_hashmap_t;
```

3.3.2 哈希映射支持的操作

在实际应用中，Zabbix 哈希映射的初始槽位数是固定的 512 个。槽位的扩展也是根据负载因子（元素数/槽位数）决定的，但是与哈希集不同的是，哈希映射需要等到负载因子超过 5（对于哈希集则是超过 0.8）时才会进行扩展，意味着平均每个槽位最多存储 5 个元素，在这种情形下发生哈希冲突的概率也会更高。在槽位数扩展之前，发生哈希冲突的元素只能通过扩展槽位内的数组长度来获得空间。槽位中的数组长度初始值为 6，当空间不足时会成倍扩展，每次扩展为原来长度的 2 倍。

如果把哈希映射用作索引，那么必然需要实现通过该结构查找特定关键字的功能。查找的过程是根据关键字计算哈希值，然后遍历目的槽位中的数组进行比较，直到查找成功或者失败。

添加和修改元素的操作由同一个 zbx_hashmap_set()函数实现，其工作过程是在哈希映射中查找目标关键字，如果查找成功则将对应的值（value）修改为新的值，如果查找失败则添加整个键值对。

3.4 二叉堆

二叉堆结构主要用于排序。在 Zabbix 的工作过程中，经常需要频繁地对大量数据按照时间进行排序，从而快速地获取时间戳最小的元素。对于这一类问题，Zabbix 主要使用二叉堆的小根堆结构来解决，当需要获取最小值时，直接访问根节点即可。当在添加或者删除元素后重新排序时，调整二叉堆的时间复杂度很小。

3.4.1 二叉堆的数据结构定义

在实际使用中，Zabbix 二叉堆作为小根堆使用，其结构定义如代码清单 3-8 所示。可见，二叉堆实际上由一个数组构成，与哈希集和哈希映射不同的是，该数组中直接存储元素本身，而不需要再使用链表或者下层数组结构。

二叉堆的元素由 zbx_binary_heap_elem_t 结构体定义，其成员包括一个整型的键（key）和一个 void 指针，因此元素的数据可以是任何类型，这一点与向量是不同的，向量需要事先规定好数据类型。

代码清单 3-8　二叉堆的数据结构定义

```
/* 二叉堆（小根堆）*/

#define ZBX_BINARY_HEAP_OPTION_EMPTY    0
#define ZBX_BINARY_HEAP_OPTION_DIRECT   (1<<0)

typedef struct
{
    zbx_uint64_t        key;
    const void      *data;
}
zbx_binary_heap_elem_t;

typedef struct
{
    zbx_binary_heap_elem_t     *elems;    //数组指针
    int          elems_num;               //已有元素数量
    int          elems_alloc;             //可容纳元素数量
    int          options;                 //是否启用哈希映射结构
    zbx_compare_func_t compare_func;
    zbx_hashmap_t       *key_index;       //哈希映射结构

    zbx_mem_malloc_func_t  mem_malloc_func;
    zbx_mem_realloc_func_t mem_realloc_func;
    zbx_mem_free_func_t mem_free_func;
}
zbx_binary_heap_t;
```

如代码清单 3-8 所示，二叉堆结构体成员中有一个哈希映射类型的成员*key_index，该成员的作用是快速定位特定关键字所在的二叉堆数组索引号。options 成员可以决定是否启用该哈希映射结构，当 options 的低位为 1 时，说明需要启用该哈希映射结构，否则不启用。此外，该哈希映射结构实际上是一个唯一索引——哈希映射索引，它除了用于提高元素查找速度，还能够保证二叉堆中关键字的唯一性。如果启用了哈希映射索引，那么二叉堆中不允许出现重复的关键字，这通过每次添加新元素时判断是否存在重复关键字来实现。如果没有启用哈希映射索引，那么二叉堆中允许出现重复的关键字。

3.4.2　二叉堆支持的操作

二叉堆需要支持创建元素、添加元素、更新元素和删除元素等操作。

首次创建的二叉堆是一个空堆，即元素数为 0。但是如果启用了哈希映射索引，那么*key_index 成员会被创建为一个含有 512 个槽位的哈希映射结构。在这种情形下，新二叉堆中最占空间的其实是它的索引。二叉堆的创建由代码清单 3-9 中的函数实现。

代码清单 3-9　二叉堆的创建过程

```
void    zbx_binary_heap_create_ext(zbx_binary_heap_t *heap, zbx_compare_func_t
compare_func, int options,
```

```
                    zbx_mem_malloc_func_t mem_malloc_func,
                    zbx_mem_realloc_func_t mem_realloc_func,
                    zbx_mem_free_func_t mem_free_func)
{
    heap->elems = NULL;
    heap->elems_num = 0;
    heap->elems_alloc = 0;
    heap->compare_func = compare_func;
    heap->options = options;

    if (HAS_DIRECT_OPTION(heap))    //如果启用哈希映射索引
    {
        heap->key_index = (zbx_hashmap_t *)mem_malloc_func(NULL,
        sizeof(zbx_hashmap_t));
        zbx_hashmap_create_ext(heap->key_index, 512,
                    ZBX_DEFAULT_UINT64_HASH_FUNC,
                    ZBX_DEFAULT_UINT64_COMPARE_FUNC,
                    mem_malloc_func,
                    mem_realloc_func,
                    mem_free_func);
    }
    else
        heap->key_index = NULL;

    heap->mem_malloc_func = mem_malloc_func;
    heap->mem_realloc_func = mem_realloc_func;
    heap->mem_free_func = mem_free_func;
}
```

从初始的空堆到最后稳定存储大量元素的堆的过程也就是不断添加新元素，不断对数组进行扩展的过程。当添加元素时，Zabbix 会首先判断二叉堆数组的剩余空间是否能够容纳至少一个元素，如果空间不够则进行数组扩展，这个机制与前面的哈希集和哈希映射类似，具体扩展策略如代码清单 3-10 所示。在扩展路径方面，二叉堆首次扩展时总是将大小扩容为 32，此后的每次扩展都将大小增加到原来的 1.5 倍，因此并不是每次添加新元素时都执行扩展。在达到扩展临界点以前，新添加的元素只能在实际占用的空间范围内进行排序。

代码清单 3-10 二叉堆的扩展过程

```
static void __binary_heap_ensure_free_space(zbx_binary_heap_t *heap)
{
    int tmp_elems_alloc = heap->elems_alloc;

    if (NULL == heap->elems)
    {
        heap->elems_num = 0;
        tmp_elems_alloc = 32;           //初始大小总是为 32
    }
    else if (heap->elems_num == heap->elems_alloc)
        tmp_elems_alloc = MAX(heap->elems_alloc + 1, heap->elems_alloc *
        ARRAY_GROWTH_FACTOR);           //ARRAY_GROWTH_FACTOR 值为 1.5
```

```
        if (heap->elems_alloc != tmp_elems_alloc)
        {
            heap->elems = (zbx_binary_heap_elem_t *)heap->mem_realloc_func(heap->elems,
            tmp_elems_alloc * sizeof(zbx_binary_heap_elem_t));//将元素存储空间扩展到目标大小

            if (NULL == heap->elems)
            {
                THIS_SHOULD_NEVER_HAPPEN;
                exit(EXIT_FAILURE);
            }

            heap->elems_alloc = tmp_elems_alloc;
        }
    }
```

如果需要在二叉堆中查找特定的关键字，通过哈希映射索引可以快速查找到该关键字所在的索引号，通过索引号可以进一步在二叉堆中定位到该元素。假设二叉堆的元素总数为 512×5=2 560 个，此时哈希映射索引的负载因子为 5，查找关键字的索引号平均需要 2.5 次比较。而如果没有哈希映射索引，则需要逐层搜索二叉堆，每次成功查找平均需要 5 次比较操作。

取根节点是对二叉堆最重要的操作，而根节点永远位于数组的 0 号索引位置。但是取根节点之前，需要判断二叉堆是否为空堆，即元素数量是否为 0。

在很多情况下，取得根节点之后就会将该节点从二叉堆中删除，此时需要对二叉堆重新排序。重新排序的方法是将尾节点元素移动到根节点，然后调用__binary_heap_bubble_down()函数，将该节点移动到其应该在的位置。在启用了哈希映射索引的情况下，每次对节点的移动都伴随着索引的更新。从这个角度来说，哈希映射索引的存在增加了操作步骤。

3.4.3　二叉堆的应用场景

二叉堆在 Zabbix 中得到了广泛使用。在 ConfigCache 中，需要为每种 poller 进程维护一个待处理监控项二叉堆，以保证时间最早的监控项最先得到处理。在告警（alert）进程族中，alert manager 进程持有一个本地的二叉堆，用于保证所有告警的处理顺序，时间最早的最先处理。ipmi manager 进程和 lld manager 进程也持有类似的二叉堆结构。

3.5　队列

Zabbix 使用的队列（queue）结构是先进先出（First In First Out，FIFO）队列。队列的作用是在提供一种缓存机制的同时，保证先到的数据先处理。

3.5.1 队列的数据结构定义

Zabbix 使用的队列结构定义如代码清单 3-11 所示，可见队列由一个循环数组实现，该数组中的元素是指针。换句话说，Zabbix 队列就是指针数组。使用指针数组的优势在于可以构造任何数据类型的队列。相对于本章所述的其他结构，队列结构是比较简单的。

队列结构体中的 head_pos 成员和 tail_pos 成员用于存储头节点和尾节点在数组中的索引号，该值随着出队和入队操作而变化。从缓存功能的角度来考虑，队列容纳的数据量并不确定，有可能增加或者减少，因此队列数组具有扩展和收缩的能力，而 alloc_num 成员表示当前队列数组的总长度。本节所称的队列长度表示当前队列中元素的数量，而队列数组长度是指数组已经分配的总长度。

代码清单 3-11 队列的数据结构定义

```
/* FIFO（先进先出型）指针队列 */

typedef struct
{
    void    **values;           //指针的指针，实际是指针数组
    int alloc_num;              //已分配的空间长度
    int head_pos;               //头节点索引号
    int tail_pos;               //尾节点索引号
}
zbx_queue_ptr_t;

#define zbx_queue_ptr_empty(queue) ((queue)->head_pos == (queue)->tail_pos ?
SUCCEED : FAIL)             //队列判空
```

3.5.2 队列支持的操作

队列支持的操作包括创建队列、入队、出队、扩展、收缩和删除元素等。

与二叉堆的创建类似，队列在初次创建时是一个空数组，长度为 0，没有任何元素。所有元素都在后续的入队出队过程中添加，随着入队元素数的增加，队列数组的长度可能会扩展。入队的时候，Zabbix 首先检查队列数组空间是否足够，若空间不足则进行扩展，首次扩展后长度为 2，之后的每次扩展都变为原来长度的 1.5 倍。入队总是发生在头部，出队总是发生在尾部，头节点的索引号总是大于或等于尾节点的索引号（当没有发生循环时）。当头节点索引号与尾结点索引号相同时，说明队列是空的。

在某个时间段，当入队数量远大于出队数量时，队列的长度会变得很长，但是这种情况一般不会持续很久，队列的长度最终会降低。为了避免浪费过多空间，Zabbix 提供了对收缩操作的支持，当执行收缩操作时，用于存储队列元素的数组的长度收缩为“元素数量+1”。

3.5.3　队列的应用场景

Zabbix 对队列的应用并不多，主要用于进程间通信服务在通信时保证先到的消息先处理，以及在 alert manager 进程和 lld manager 进程中保证先完成任务的工作进程先分配任务。

3.6　链表

链表结构主要用于需要频繁进行添加和删除操作的数据。Zabbix 在多种场景中用到链表结构，但是只在预处理进程中对链表进行了明确的结构定义。因此，本节介绍预处理进程中使用的链表结构，其他进程中使用的链表与此并无本质区别，不再赘述。

3.6.1　链表的数据结构定义

预处理进程使用的链表的数据结构定义如代码清单 3-12 所示，可知它是一个具有头指针和尾指针的单向链表。对比 3.5 节的队列结构会发现，链表可以作为改良版的队列使用，支持高效的头部出队和尾部入队操作，并且链表更加灵活，不需要进行扩展和收缩操作。

为了实现对链表中所有元素的遍历，Zabbix 还定义了一个迭代器。

代码清单 3-12　链表的数据结构定义

```
typedef struct list_item
{
    struct list_item    *next;
    void            *data;              //数据指针
}
zbx_list_item_t;

typedef struct
{
    zbx_list_item_t      *head;         //头指针
    zbx_list_item_t      *tail;         //尾指针
}
zbx_list_t;

typedef struct
{
    zbx_list_t      *list;              //遍历的目标链表
    zbx_list_item_t     *current;       //当前节点地址
    zbx_list_item_t     *next;          //下一个节点地址
}
zbx_list_iterator_t;                    //链表的迭代器，用于遍历链表元素
```

3.6.2 链表支持的操作

之所以采用链表结构，是因为链表结构在保持各节点次序的同时，不需要使用连续的存储空间，从而可以灵活地添加和删除节点。

链表结构支持以下操作：

- 创建，由 zbx_list_create()函数实现，创建一个不含任何元素的空链表；
- 头部附加，由 zbx_list_prepend()函数实现，在链表的头部附加一个新元素；
- 尾部附加，由 zbx_list_append()函数实现，在链表的尾部附加一个新元素；
- 插入，由 zbx_list_insert_after()函数实现，在链表的指定元素之后插入新元素；
- 弹出，由 zbx_list_pop()函数实现，返回链表头部的一个元素，并将该元素出队；
- 探寻，由 zbx_list_peek()函数实现，返回链表头部元素，但是不出队；
- 销毁，由 zbx_list_destroy()函数实现，从头部开始依次删除链表中的所有元素。

可见，尽管以上操作可以将新元素附加到链表中的任何位置，但是获取元素的操作只能从头部进行。如果想要获取头部之外的其他元素，则需要遍历链表，进行自定义查找。

3.6.3 链表的应用场景

在 preprocessing manager 进程中，链表用于存储待处理的任务队列。当有新的任务到来时，进程将其加入链表的头部、尾部或者中间位置。加入位置根据任务类型的不同而不同。当任务完成以后，将其从链表中删除。

除了用于 preprocessing manager 进程，链表在其他进程中也得到了应用，但是其数据结构和操作与本节中所定义的并不相同。本节的链表结构是一种通用型结构，可以存储任何类型的数据，而其他进程所定义的链表往往是基于具体的数据类型构建的。但是，使用链表的最终目的是一样的，都是为了组织和动态管理一组元素。

3.7 zbx_json 和 zbx_json_parse 结构

zbx_json 结构本质上是一个字符数组，主要用于 Zabbix 各组件之间的跨主机通信，这些通信协议都是基于 JSON 的，在通信过程中需要频繁进行 JSON 字符串的处理。zbx_json_parse 结构用于对 JSON 字符串进行解析，以获取所需要的参数值。

3.7.1 zbx_json 和 zbx_json_parse 结构的数据结构定义

zbx_json 和 zbx_json_parse 结构体的定义如代码清单 3-13 所示。zbx_json 结构不仅定义了 JSON 字符串的存储方式，而且能够维护 JSON 数据的状态。存储方式由缓冲区指针 *buffer、buf_stat[]、buffer_allocated 和 buffer_size 4 个成员决定，而状态信息则由 buffer_offset、status 和 level 3 个成员决定。这种定义方式决定了 zbx_json 结构是开放式的，可以在任意时刻对该数据结构添加 JSON 成分。

zbx_json_parse 结构由一组指针构成，分别指向 JSON 字符串的起点和终点。基于此结构，可以使用解析函数对整个 JSON 字符串进行解析，从而获取特定的对象和值。

代码清单 3-13 zbx_json 和 zbx_json_parse 的数据结构定义

```
typedef enum
{
    ZBX_JSON_EMPTY = 0,
    ZBX_JSON_COMMA
}
zbx_json_status_t;

#define ZBX_JSON_STAT_BUF_LEN 4096

struct zbx_json
{
    char                *buffer;
    char                buf_stat[ZBX_JSON_STAT_BUF_LEN];    //长度为 4KB 的字符数组
    size_t              buffer_allocated;           //*buffer 成员已分配内存的总大小
    size_t              buffer_size;                //*buffer 成员当前已使用的大小
    size_t              buffer_offset;              //当前进行操作的 buffer 偏移量
    zbx_json_status_t   status;
    int         level;
};

struct zbx_json_parse
{
    const char     *start;
    const char    *end;
};
```

3.7.2 zbx_json 和 zbx_json_parse 结构支持的操作

zbx_json 结构支持的操作有初始化、容量扩展、添加对象、添加数组、添加字符串、添加整数、添加浮点数和关闭等。

初始化和容量扩展的函数定义如代码清单 3-14 所示。可见，初始化的过程就是为 buffer 成员分配指定长度的内存空间，然后在 JSON 字符串中添加一个空对象。而对 buffer 成员的空间进行扩展时，初始容量为 1 024B，此后的每次扩展将变为原来的 2 倍。

在空间容量能够满足要求的情况下，可以为 JSON 字符串添加各种成分。但是这种添加过程并不是随意的，由于每次添加成分都伴随着字符串的移动以及偏移量 buffer_offset 的变化，而每次添加的成分都将位于当前偏移量的位置，因此添加成分的次序决定了最终构成的 JSON 字符串是什么样的。此外，JSON 对象的嵌套层次由 level 成员控制，通过 addobject 操作可以嵌套一个内层对象，通过 close 操作则可以跳出到上一层对象。

代码清单 3-14 zbx_json 结构的初始化和容量扩展

```
/*初始化函数*/
void    zbx_json_init(struct zbx_json *j, size_t allocate)
{
    assert(j);

    j->buffer = NULL;
    j->buffer_allocated = 0;              //初始长度为 0
    j->buffer_offset = 0;
    j->buffer_size = 0;
    j->status = ZBX_JSON_EMPTY;
    j->level = 0;
    __zbx_json_realloc(j, allocate);      //分配内存
    *j->buffer = '\0';                    //字符串置为空

    zbx_json_addobject(j, NULL);
}
/*容量扩展函数*/
static void __zbx_json_realloc(struct zbx_json *j, size_t need)
{
    int realloc = 0;

    if (NULL == j->buffer)
    {
        if (need > sizeof(j->buf_stat))
        {
            j->buffer_allocated = need;
            j->buffer = (char *)zbx_malloc(j->buffer, j->buffer_allocated);
        }
        else
        {
            j->buffer_allocated = sizeof(j->buf_stat);
            j->buffer = j->buf_stat;
        }
        return;
    }

    while (need > j->buffer_allocated)
    {
        if (0 == j->buffer_allocated)
            j->buffer_allocated = 1024;       //初始分配容量为 1024B
        else
            j->buffer_allocated *= 2;         //每次扩展为原来的 2 倍
        realloc = 1;
    }
```

```
    if (1 == realloc)
    {
        if (j->buffer == j->buf_stat)
        {
            j->buffer = NULL;
            j->buffer = (char *)zbx_malloc(j->buffer, j->buffer_allocated);
            memcpy(j->buffer, j->buf_stat, sizeof(j->buf_stat));
        }
        else
            j->buffer = (char *)zbx_realloc(j->buffer, j->buffer_allocated);
    }
}
static void __zbx_json_addobject(struct zbx_json *j, const char *name, int object)
{
    size_t len = 2;
    char   *p, *psrc, *pdst;

    assert(j);

    if (ZBX_JSON_COMMA == j->status)
        len++; /* , */

    if (NULL != name)
    {
        len += __zbx_json_stringsize(name, ZBX_JSON_TYPE_STRING);
        len += 1; /* : */
    }

    __zbx_json_realloc(j, j->buffer_size + len + 1/*'\0'*/);

    psrc = j->buffer + j->buffer_offset;
    pdst = j->buffer + j->buffer_offset + len;

    memmove(pdst, psrc, j->buffer_size - j->buffer_offset + 1/*'\0'*/);

    p = psrc;

    if (ZBX_JSON_COMMA == j->status)
        *p++ = ',';

    if (NULL != name)
    {
        p = __zbx_json_insstring(p, name, ZBX_JSON_TYPE_STRING);
        *p++ = ':';
    }

    *p++ = object ? '{' : '[';        //可以添加单个对象(用{}表示)或者对象数组(用[]表示)
    *p = object ? '}' : ']';

    j->buffer_offset = p - j->buffer;
    j->buffer_size += len;
    j->level++;                       //每次添加 JSON 对象都意味着 level 增加
    j->status = ZBX_JSON_EMPTY;
}
```

zbx_json_parse 结构支持初始化、定位下一元素、判空和对象计数等操作。其中初始化（见代码清单 3-15）和定位下一元素操作是最基本的，初始化用于给结构体的两个成员赋值，而定位下一元素操作所做的就是从指定位置开始逐字符搜索 JSON 字符串，直到发现下一个成分（参数名）。

代码清单 3-15 zbx_json_parse 结构的初始化

```
int zbx_json_open(const char *buffer, struct zbx_json_parse *jp)
{
    char    *error = NULL;
    int len;

    SKIP_WHITESPACE(buffer);
    if ('\0' == *buffer)
        return FAIL;

    jp->start = buffer;         //设置起点指针
    jp->end = NULL;

    if (0 == (len = zbx_json_validate(jp->start, &error)))
    {
        if (NULL != error)
        {
            zbx_set_json_strerror("cannot parse as a valid JSON object: %s", error);
            zbx_free(error);
        }
        else
        {
            zbx_set_json_strerror("cannot parse as a valid JSON object \"%.64s\"",
            buffer);
        }

        return FAIL;
    }

    jp->end = jp->start + len - 1;        //设置终点指针
    return SUCCEED;
}
```

3.7.3 zbx_json 和 zbx_parse 结构的应用场景

几乎任何跨 Zabbix 组件的 TCP/IP 套接字通信都会使用 zbx_json 和 zbx_parse 结构。Zabbix 服务器端和 Zabbix 代理端的 trapper 进程和 poller 进程之间进行的每一次通信都意味着执行 JSON 操作，因为它们之间的通信都需要构造和解析 JSON 字符串。而 Zabbix 客户端的 active checks 进程与 Zabbix 服务器之间的通信也通过 JSON 格式协议进行。

3.8 小结

本章介绍了 Zabbix 使用的主要的数据结构，以及每一种数据结构所支持的操作。

向量在内存中使用数组结构存储数据，占用空间小，并且可以直接用索引号访问数据，该结构在 Zabbix 中的使用最为广泛，可用于处理任何需要批量处理的数据。

哈希集结构通过哈希计算实现对元素的按地址访问，可以实现单步查找。该结构主要用于处理需要进行频繁查找并具有唯一 ID 的数据。

哈希映射与二叉堆（小根堆）组合使用，主要用于对一组数据进行快速排序，可以直接通过访问根节点来获得最小的元素。Zabbix 主要按照时间戳进行排序，因此该结构主要用于处理需要频繁排序以获取最小时间戳元素的数据。

Zabbix 使用的队列为先进先出类型（First In First Out，FIFO），主要用在进程间通信服务的通信过程中。链表结构则主要用于处理需要频繁进行添加和删除操作的数据。

zbx_json 结构和 zbx_json_parse 结构主要用于进程间通信。因为 Zabbix 各组件之间的通信协议使用 JSON 格式，所以对 JSON 字符串的处理是必不可少的。与通信协议有关的数据存储和操作都使用这两种结构实现。

第 4 章

数据缓存

Zabbix 服务器处理监控数据的能力非常强大，可以在短时间内处理巨量的监控数据。在实际应用中，Zabbix 服务器每秒需要处理的数据可能多达 10 万个。几乎每个数据都需要经历网络接收、预处理和数据计算与入库等环节。在这个过程中，Zabbix 服务器既需要读取数据库中的数据，又需要临时保存中间计算结果，还需要将监控数据写入数据库中。如果每秒只需要处理一个数据，直接访问数据库进行操作是能够满足要求的。但是，当我们需要每秒执行数万次这样的循环操作时，就需要认真地设计新的方案了。

Zabbix 的解决方案是使用数据缓存：将需要读取的数据事先加载到缓存中，通过读取缓存中的数据来实现高速访问。当需要将数据写入数据库时，Zabbix 同样先把数据写入缓存，再批量刷写到数据库中。数据计算过程中生成的中间结果（例如趋势数据）也先保存在缓存中，待需要的时候再批量写入数据库。

Zabbix 一共使用了 6 种缓存，包括配置信息缓存（ConfigCache）、历史数据缓存（HistoryCache）、历史数据索引缓存（HistoryIndexCache）、趋势数据缓存（TrendCache）、监控值缓存（ValueCache）和 VMware 缓存（VMwareCache）。考虑到 VMwareCache 较少被使用，本章仅介绍前 5 种缓存。

4.1 ConfigCache 和 configuration syncer 进程

配置信息缓存（ConfigCache）本质上是一个共享内存块，该内存块在 Zabbix 服务器启动时由主进程创建，其大小由 CacheSize 参数决定，并且在整个生命周期中保持不变。ConfigCache 中存储的是 Zabbix 运行过程中所需要的配置信息，这些信息来自数据库的 items、 hosts、interface、triggers、functions、expressions 和 hostgroups 等表。可以说，所有能够通过 Zabbix 前端页面的"Configuration"菜单进行配置的信息都会加载到 ConfigCache 中。

理论上，缓存数据可以加载到共享内存或者各进程的私有内存中。由于 ConfigCache 中的数据是很多个进程都需要使用的，因此 Zabbix 选择将其全部加载到共享内存中。这一加载过程由 configuration syncer 进程专门处理。

ConfigCache 并非简单地原样加载数据库中的数据，而是以特定的结构形式加载这些数据，目的是满足 Zabbix 处理大量监控数据的需要。例如，items 表中的数据是以哈希集结构进行加载的，从而 Zabbix 可以以 $O(1)$的时间复杂度查找到某个 itemid 所对应的数据。除了哈希集结构，ConfigCache 中还有很多数据使用了向量结构和二叉堆结构进行组织。每一种数据结构的选择都与所进行的数据操作以及操作频率有关。向量用于小规模数据的查找和排序，哈希集用于大量数据的快速查找，而二叉堆用于大量数据的快速排序（按时间排序）。Zabbix 数据结构的相关内容参见第 3 章。

Zabbix 运行过程中还会对 ConfigCache 中的数据进行更新，如果发生了更新操作，configuration syncer 进程会负责将这些更新的内容同步到数据库中。configuration syncer 进程相对独立，它按照自己的周期在数据库和 ConfigCache 之间进行数据同步，周期时长由 CacheUpdateFrequency 参数决定，缓存数据的任何修改和其他进程的运行状态都不会影响其同步周期。

下面先介绍 ConfigCache 的数据结构，再讲述缓存的加载过程和读写操作。

4.1.1 ConfigCache 的数据结构定义

Zabbix 服务器端的各个进程通过全局变量 config 来访问 ConfigCache 中的数据，该变量为 ZBX_DC_CONFIG 结构体类型。在 Zabbix 5.0 中，该结构体的数据结构定义如代码清单 4-1 所示。

代码清单 4-1 ZBX_DC_CONFIG 结构体的数据结构定义

```
typedef struct
{
    int          availability_diff_ts;     //仅用于 Zabbix 代理端
    int          proxy_lastaccess_ts;
    int          sync_ts;
    int          item_sync_ts;
    unsigned int     internal_actions;

    unsigned char      maintenance_update;          //由 timer 进程更新
    zbx_uint64_t       *maintenance_update_flags;   //由 timer 进程更新

    char            *session_token;            //令牌（token），用于表征当前运行组件的身份
    zbx_hashset_t   items;
    zbx_hashset_t   items_hk;
    zbx_hashset_t   template_items;
```

```
    zbx_hashset_t   prototype_items;
    zbx_hashset_t   numitems;
    zbx_hashset_t   snmpitems;
    zbx_hashset_t   ipmiitems;
    zbx_hashset_t   trapitems;
    zbx_hashset_t   dependentitems;
    zbx_hashset_t   logitems;
    zbx_hashset_t   dbitems;
    zbx_hashset_t   sshitems;
    zbx_hashset_t   telnetitems;
    zbx_hashset_t   simpleitems;
    zbx_hashset_t   jmxitems;
    zbx_hashset_t   calcitems;
    zbx_hashset_t   masteritems;
    zbx_hashset_t   preprocitems;
    zbx_hashset_t   httpitems;
    zbx_hashset_t   functions;     //运算函数
    zbx_hashset_t   triggers;      //触发器
    zbx_hashset_t   trigdeps;      //触发器依赖关系
    zbx_hashset_t   hosts;
    zbx_hashset_t   hosts_h;
    zbx_hashset_t   hosts_p;
    zbx_hashset_t   proxies;
    zbx_hashset_t   host_inventories;
    zbx_hashset_t   host_inventories_auto;

    zbx_hashset_t   ipmihosts;
    zbx_hashset_t   htmpls;
    zbx_hashset_t   gmacros;
    zbx_hashset_t   gmacros_m;
    zbx_hashset_t   hmacros;
    zbx_hashset_t   hmacros_hm;
    zbx_hashset_t   interfaces;
    zbx_hashset_t   interfaces_snmp;
    zbx_hashset_t   interfaces_ht;
    zbx_hashset_t   interface_snmpaddrs;
    zbx_hashset_t   interface_snmpitems;
    zbx_hashset_t   regexps;
    zbx_hashset_t   expressions;
    zbx_hashset_t   actions;
    zbx_hashset_t   action_conditions;
    zbx_hashset_t   trigger_tags;
    zbx_hashset_t   host_tags;
    zbx_hashset_t   host_tags_index;
    zbx_hashset_t   correlations;
    zbx_hashset_t   corr_conditions;
    zbx_hashset_t   corr_operations;
    zbx_hashset_t   hostgroups;
    zbx_vector_ptr_t    hostgroups_name;
    zbx_hashset_t   preprocops;
    zbx_hashset_t   maintenances;
    zbx_hashset_t   maintenance_periods;
    zbx_hashset_t   maintenance_tags;
#if defined(HAVE_GNUTLS) || defined(HAVE_OPENSSL)
    zbx_hashset_t   psks;               //数据来自 hosts 表
```

```
#endif
    zbx_hashset_t       data_sessions;    //用于记录数据发送方的进度 ID
    /* 以下 3 个成员为二叉堆结构（按时间戳排序的小根堆） */
    zbx_binary_heap_t  queues[ZBX_POLLER_TYPE_COUNT];     //poller 序列，参见第 7 章
    zbx_binary_heap_t  pqueue;            //proxy poller 序列，参见第 7 章
    zbx_binary_heap_t  timer_queue;       //时间触发器序列，由 history syncer 进程使用，
                                           参见图 9-4
    ZBX_DC_CONFIG_TABLE    *config;       //数据来自数据库中的 config 表
    ZBX_DC_STATUS          *status;       //统计信息，包括主机、监控项和触发器数据
    zbx_hashset_t          strpool;       //用于存储字符串，供其他成员引用，以减少空间占用
    char        autoreg_psk_identity[HOST_TLS_PSK_IDENTITY_LEN_MAX];
    char        autoreg_psk[HOST_TLS_PSK_LEN_MAX];
}
ZBX_DC_CONFIG;        //全局变量 config 的数据类型
```

ZBX_DC_CONFIG 结构体中所有成员的数据最初均来自数据库。在 ConfigCache 初始化时（参见 2.1 节），主进程负责为 config 变量及其所有成员向共享内存申请空间（参见 2.3 节）。ConfigCache 初始化完成以后，Zabbix 主进程会创建并启动 configuration syncer 进程，目的是让该进程完成对 ConfigCache 的首次加载[1]，由于首次加载不需要比较数据库中的数据与缓存数据的区别，因此将数据全量加载到缓存中即可。需要注意的是，在 configuration syncer 进程完成首次加载之前，主进程会保持等待，而不会创建其他子进程，只有当首次加载完成以后，主进程才会继续工作，而 configuration syncer 进程完成首次加载以后，会通过 config->sync_ts 变量通知主进程。这样安排是因为主进程所创建的其他子进程需要使用 config 变量，虽然 configuration syncer 进程是第一个启动的（参见 2.1 节），但是并不能保证它在其他子进程工作之前完成首次加载，如果其他进程需要使用 config 变量时，configcration syncer 进程却尚未加载该变量的数据，config 变量的进程就会崩溃，无法继续运行。

在现实情况中，每个 Zabbix 系统的配置项数量及其比例千差万别。在典型的 Zabbix 监控系统中，监控项（item）的数量是最多的，有可能达到主机（host）数量的一百或者几百倍；触发器（trigger）和运算函数（function）的数量仅次于监控项，其中触发器数量可能为监控项数量的 50%左右，而运算函数数量与触发器数量直接相关，一般为触发器数量的 1～2 倍；接口（interface）的数量则与主机数量相关，至少为主机数量的 1 倍。ConfigCache 中的所有配置项都需要频繁地进行访问，因此 Zabbix 在进行数据结构设计时需要考虑每一种配置项的数据量和数据操作频率。

从代码清单 4-1 所示的 config 变量的结构体定义可以看到，该结构体中的大部分成员都是哈希集类型的，而在所有的哈希集类型成员之中，与监控项相关的成员是最多的，共有 19 个，包括 items、items_hk、template_items、prototype_items、numitems、snmpitems、ipmiitems、trapitems、dependentitems、logitems、dbitems、sshitems、telnetitems、simpleitems、jmxitems、calcitems、masteritems、preprocitems 和 httpitems。之所以设置数量如此多的成

[1] 在 Zabbix 4.4 版本之前，ConfigCache 的首次加载由主进程负责完成。从 4.4 版本开始，改为由 configuration syncer 进程负责，而主进程在首次加载完成之前保持等待。

员来存储监控项信息，是因为 Zabbix 支持的监控项有多种类型，每一种监控项都有其特殊的属性（字段），如果将所有属性都定义到同一个结构体中，会产生大量成员的值为空值的现象，浪费内存。如果每一种监控项单独构建一个哈希集，并且只保留其特有的属性，同时由 config->items 成员保存所有监控项共有的属性，那么就可以节约大量的内存空间。由代码清单 4-2 中的结构体定义可知，config->items 成员使用的结构体 ZBX_DC_ITEM 只有 30 个属性。而实际上数据库中的 items 表字段数量超过 50 个，二者的字段数量差异较大。与此同时，采用每一种监控项单独构建一个哈希集的方案使得每一种监控项的哈希集中的元素数量也大大减少，遍历某一特定类型的监控项所消耗的时间也大大减少。并且，这种根据监控项类型分别创建哈希集的方式与监控数据采集进程的分类也相适应，因为由不同种类的进程来处理不同类型的监控项时，可以减少数据访问冲突，实现更高的并行度。

代码清单 4-2　监控项的数据结构定义

```
typedef struct
{
    zbx_uint64_t        itemid;
    zbx_uint64_t        hostid;
    zbx_uint64_t        interfaceid;
    zbx_uint64_t        lastlogsize;
    zbx_uint64_t        valuemapid;
    const char      *key;
    const char      *port;
    const char      *error;
    const char      *delay;
    ZBX_DC_TRIGGER      **triggers;
    int         nextcheck;
    int         lastclock;
    int         mtime;
    int         data_expected_from;
    int         history_sec;
    unsigned char       history;
    unsigned char       type;
    unsigned char       value_type;
    unsigned char       poller_type;
    unsigned char       state;
    unsigned char       db_state;
    unsigned char       inventory_link;
    unsigned char       location;
    unsigned char       flags;
    unsigned char       status;
    unsigned char       queue_priority;
    unsigned char       schedulable;
    unsigned char       update_triggers;
    zbx_uint64_t        templateid;
    zbx_uint64_t        parent_itemid;
}
ZBX_DC_ITEM;
```

触发器和运算函数也是哈希集类型的，但是并没有像监控项那样分类存储，这是因为触发器和运算函数用于对监控数据的计算，虽然它们所计算的监控数据可能来自不同类型的监控项，但是数据本身并没有任何区别。并且单个触发器所计算的数据可以来自不同类型的多个监控项，因此不便进行分类。触发器和运算函数主要由 history syncer 进程访问（参见第 9 章）。

除监控项之外，主机和接口相关的哈希集也比较多，共有 8 个，分别为 hosts、hosts_h、hosts_p、interfaces、interfaces_ht、interface_snmpaddrs、interface_snmpitems 和 interfaces_snmp。观察这些哈希集的区别会发现，hosts 哈希集中存储的是全量的主机信息，它使用 hostid 作为关键字来进行哈希计算，因此可以根据 hostid 直接查找到目标主机，但是无法通过主机名称进行直接查找。而 hosts_h 和 hosts_p 正是使用主机名称作为关键字所构造的哈希集（见代码清单 4-3 和代码清单 4-4），从而实现了按照主机名称字符串查找对应的主机或者代理（proxy，只是一种特殊类型的主机）。这一设计在 trapper 进程处理接收的监控数据时非常有用，因为在这种情形下，原始数据中没有 hostid，而只有主机名称，因此需要根据主机名称查找到目标主机。

代码清单 4-3　hosts_h 和 hosts_p 哈希集中的元素类型

```
typedef struct
{
    const char   *host;          //主机名称字符串
    ZBX_DC_HOST *host_p;
}
ZBX_DC_HOST_H;
```

代码清单 4-4　hosts_h 和 hosts_p 使用__config_host_h_hash 函数进行哈希计算

```
CREATE_HASHSET_EXT(config->items_hk, 100, __config_item_hk_hash,
__config_item_hk_compare);
CREATE_HASHSET_EXT(config->hosts_h, 10, __config_host_h_hash,
__config_host_h_compare);
CREATE_HASHSET_EXT(config->hosts_p, 0, __config_host_h_hash,
__config_host_h_compare);
```

在接口信息缓存方面，与 hosts 哈希集稍有不同的是，interfaces_ht 使用 hostid 和 type 的组合作为关键字进行哈希计算，当一个主机存在多种类型的接口时，这种设计方法支持快速查找特定类型的所有接口。interface_snmpaddrs 哈希集使用简单网络管理协议（Simple Network Management Protocol，SNMP）地址作为关键字进行哈希计算，方便了对 snmp trapper 数据的处理，SNMP 设备在主动发送数据时并不知道自己的接口 ID，所以 Zabbix 服务器接收的此类数据只含有一个 SNMP 地址，Zabbix 服务器需要根据该地址查找对应的接口 ID。interface_snmpitems 哈希集则是为了方便 snmp trapper 进程根据上一步查找到的接口 ID 进一步查找对应的监控项。至此，snmp trapper 监控数据找到了其所属的监控项，可以进行数据存储。至于 interfaces_snmp 哈希集，它是从 Zabbix 5.0 版本才开始出现的，存储的是 SNMP 接口信息，而在 Zabbix 5.0 版本之前，这些信息是存储在监控项相关的哈希集中的。以上 4 个哈希集成员的元素类型和哈希函数如代码清单 4-5 和代码清单 4-6 所示。

代码清单 4-5 interfaces_ht、interface_snmpaddrs、interface_snmpitems 和 interfaces_snmp 元素类型

```
typedef struct
{
    zbx_uint64_t    interfaceid;
    const char   *community;
    const char   *securityname;
    const char   *authpassphrase;
    const char   *privpassphrase;
    const char   *contextname;
    unsigned char   securitylevel;
    unsigned char   authprotocol;
    unsigned char   privprotocol;
    unsigned char   version;
    unsigned char   bulk;
    unsigned char   max_succeed;
    unsigned char   min_fail;
}
ZBX_DC_SNMPINTERFACE;    //自 Zabbix 5.0 版本开始，SNMP 相关信息从监控项移至接口中

typedef struct
{
    zbx_uint64_t        hostid;
    ZBX_DC_INTERFACE    *interface_ptr;
    unsigned char       type;
}
ZBX_DC_INTERFACE_HT;

typedef struct
{
    const char      *addr;
    zbx_vector_uint64_t interfaceids;
}
ZBX_DC_INTERFACE_ADDR;

typedef struct
{
    zbx_uint64_t        interfaceid;
    zbx_vector_uint64_t itemids;
}
ZBX_DC_INTERFACE_ITEM;
```

代码清单 4-6 interfaces_ht 和 interfaces_snmpaddrs 使用的哈希函数

```
CREATE_HASHSET_EXT(config->interfaces_ht, 10, __config_interface_ht_hash,
__config_interface_ht_compare);
CREATE_HASHSET_EXT(config->interface_snmpaddrs, 0,
__config_interface_addr_hash, __config_interface_addr_compare);
```

在处理监控数据时，Zabbix 往往需要按照时间戳对大量数据进行排序，因此 Zabbix 使用了大量二叉堆结构。在 config 变量中，二叉堆类型的成员有 3 个，分别是 queues 数组、pqueue 和 timer_queue，三者合计存储了 7 个二叉堆。

config->queues 成员是包含 5 个元素的数组，每个元素都是一个二叉堆，每个二叉堆都

有其所服务的进程，所服务的进程依次为：

- poller 进程，使用 config->queues[0]对待处理的监控项排序；
- unreachable poller 进程，使用 config->queues[1]对待处理的监控项排序；
- impi manager 或 impi poller 进程，使用 config->queues[2]对待处理的监控项排序；
- icmp pinger 进程，使用 config->queues[3]对待处理的监控项排序；
- java poller 进程，使用 config->queues[4]对待处理的监控项排序。

以上 5 种进程都是以轮询（poll）方式采集监控数据的进程（参见 7.2 节），在这些进程采集监控数据时需要确定下一个要处理的监控项是哪一个。由于监控项都是按照一定的时间周期进行数据采集的，因此这一问题演变为获取下次采集时间（nextcheck 时间戳）最小的监控项。如果多个监控项具有相同的 nextcheck 时间戳，则进一步通过其他属性来决定先后顺序。由于 Zabbix 二叉堆都是小根堆，因此当需要获取下一个监控项时，只需要摘取根节点。处理完以后，对 nextcheck 时间戳重新赋值并加入二叉堆重新排序。

config->pqueue 二叉堆也是按照 nextcheck 时间戳构造的小根堆，被 proxy poller 进程用于决定下一个进行通信的代理。

config->timer_queue 二叉堆由 history syncer 进程使用，用于决定何时对那些与时间相关的触发器表达式（即 nodata()、time()、now()、date()、dayofweek()和 dayofmonth()函数）进行运算。Zabbix 规定这些表达式需要以 30 秒为周期触发重算，所以 history syncer 进程摘取根节点并计算以后，会将该元素的 nextcheck 值增加 30 秒，并归还至二叉堆重新排序。

也就是说，Zabbix 为每一种 poller 进程分配了一个二叉堆，用于数据收集任务的调度。而 icmp pinger 进程类似于 poller 进程，也需要对大量任务进行时间调度，所以也安排了一个二叉堆。history syncer 进程需要对大量与时间有关的触发器表达式函数进行运算，这些触发器都由 timer_queue 成员进行排序。与 poller 进程不同，trapper 进程不需要自己调度任务，只需要被动接收对方发送的数据，因此不需要使用二叉堆。

3.1 节讲到，向量本质上是一个可扩展数组，支持元素的增加、删除、排序和查找。config->hostgroups_name 成员数据类型设计为指针向量，目的是实现 hostgroup 名称的分层嵌套功能。在实现这一功能的过程中，需要对该向量进行增加删除、排序和查找。

4.1.2　ConfigCache 的初始化和首次加载

在 Zabbix 服务器中，主进程负责对 ConfigCache 中的 config 变量进行初始化，这一过程在创建子进程之前完成，也就是说在 ConfigCache 初始化完成时，Zabbix 实际上只有一个进程，即主进程。

ConfigCache 初始化的第一步并不是创建共享内存，而是创建读写锁（参见 2.6 节）。创建读写锁以后就可以创建共享内存，并为 config 变量的各个成员分配内存。如果不出意外，初始化过程就这样结束了。

初始化过程在 Zabbix 代理端和 Zabbix 服务器端基本是一样的，唯一的区别是 Zabbix 代理端需要创建一个长度为 32 的字符串，作为令牌（token）赋值给 config->session_token，而 Zabbix 服务器端不需要给该成员赋值。该令牌用于 Zabbix 代理端与 Zabbix 服务器端之间进行通信时的身份验证。

初始化完毕，ConfigCache 就做好了准备，可以进行数据的首次加载了。首次加载由 configuration syncer 进程负责，具体过程分为多个步骤，每个步骤加载一类数据，对应 config 变量中的一个成员。每个步骤的操作过程基本一样，都是先从数据库表中批量查询出所需要的数据，然后遍历数据集中的记录，将其逐个添加到 config 成员的哈希集、二叉堆或者向量中。

ConfigCache 数据的首次加载与 4.1.3 节即将讲到的数据同步是有区别的。首次加载不需要考虑数据库中的数据与缓存数据之前的差别，只需要将数据全量插入 config 变量的各成员中。而下文讲的数据同步是从数据库查询出数据以后，还需要对比数据库中的数据与缓存数据的区别，仅对那些需要增加、删除或者修改的数据进行操作，对于那些没有变化的数据，则不进行操作。相对于全量更新模式，这种增量操作模式极大地减少了对 ConfigCache 的写操作（因为配置信息一般不会有大的变化），从而减少了读写锁的持有时间，对除 configuration syncer 之外的进程来说，就不需要长时间等待独占锁的释放，提高了运行效率。这一模式的缺点是增加了读取缓存的步骤，即使最终结果是不进行任何数据修改，也需要扫描所有缓存数据并进行比较。

4.1.3 configuration syncer 进程

configuration syncer 进程是唯一的，它在启动之后会进行 ConfigCache 的首次加载。首次加载工作是一次性完成的，一旦完成了首次加载，configuration syncer 进程就会进入增量同步阶段。该进程循环调用 DCsync_configuration()函数和 DCupdate_hosts_availability()函数进行数据同步。显然该进程不可能持续不断地进行数据同步，那样的话对数据库会造成持续的压力，因此 configuration syncer 进程在每个循环的最后会休眠一定时长，时长由 CacheUpdateFrequency 参数设定。

DCsync_configuration()函数的主要作用是将几十种配置信息同步到 ConfigCache 中。其使用 struct zbx_dbsync 结构体来管理和描述同步过程，每一种配置信息同步都有对应的变量，具体的结构体和变量定义如代码清单 4-7 所示。

代码清单 4-7 ConfigCache 同步过程中使用的结构体和变量定义

```
struct zbx_dbsync      //ConfigCache 同步过程中使用的结构体
{
    unsigned char             mode;
    int                 columns_num;
    int                 row_index;       //当前正在处理的行的索引号
    zbx_vector_ptr_t          rows;  //其中的元素为 zbx_dbsync_row_t 类型
    DB_RESULT             dbresult;  //从数据库查询得到的结果集
```

```
    zbx_dbsync_preproc_row_func_t  preproc_row_func;    //对原始数据进行加工的函数
    char                 **row;      //加工后的结果集
    zbx_vector_ptr_t         columns;     //用于临时存储加工后的结果
    zbx_uint64_t    add_num;
    zbx_uint64_t    update_num;
    zbx_uint64_t    remove_num;
};

typedef struct
{
    unsigned char   tag;
    zbx_uint64_t    rowid;          //主键字段 ID
    char         **row;
}
zbx_dbsync_row_t;

//以下为变量声明，每一个变量都有一组对应的处理函数
    zbx_dbsync_t    config_sync, hosts_sync, hi_sync, htmpl_sync, gmacro_sync,
    hmacro_sync, if_sync, items_sync,template_items_sync, prototype_items_sync,
    triggers_sync, tdep_sync, func_sync, expr_sync, action_sync, action_op_sync,
    action_condition_sync, trigger_tag_sync, host_tag_sync, correlation_sync,
    corr_condition_sync, corr_operation_sync, hgroups_sync, itempp_sync,
    maintenance_sync, maintenance_period_sync, maintenance_tag_sync,
    maintenance_group_sync, maintenance_host_sync, hgroup_host_sync;
    zbx_dbsync_t   autoreg_config_sync;
```

对每一种配置信息来说，其同步过程分为两步。以 hosts_sync 变量为例，第一步是查询数据库中对应的表，并将查询结果与缓存数据进行比较，找出数据库中的哪些数据需要在缓存中进行增加、修改或删除，比较的结果（修改集，changeset）记录在 hosts_sync->rows 成员中；第二步是将 hosts_sync->rows 成员中的数据更新到缓存中，更新缓存前需要对 ConfigCache 进行加写锁（WRLOCK_CACHE）操作，更新后需要进行解锁（UNLOCK_CACHE）操作。

由于每一种配置信息所使用的表结构和字段含义都不同，因此 Zabbix 定义了多个变量，每个变量都有一组对应的处理函数，以完成该种配置信息的对比和更新。

config 变量中的某些成员之间需要保持数据的一致性（因为数据存在一定的冗余），在配置信息同步过程中，Zabbix 使用变量来标记有哪些信息需要进行一致性更新，变量所使用的标记如代码清单 4-8 所示。例如，当 trigger_depends 表发生更新时，需要遍历 config->trigdeps 成员，对触发器之间的依赖关系进行修改；当 hosts、items、functions 和 triggers 等表发生更新时，需要在 config->items 成员和 config->triggers 成员之间修改关联关系，并将符合条件的触发器添加到 timer_queue 二叉堆中。

代码清单 4-8 update_flags 标记

```
#define ZBX_DBSYNC_UPDATE_HOSTS           __UINT64_C(0x0001)
#define ZBX_DBSYNC_UPDATE_ITEMS           __UINT64_C(0x0002)
#define ZBX_DBSYNC_UPDATE_FUNCTIONS           __UINT64_C(0x0004)
#define ZBX_DBSYNC_UPDATE_TRIGGERS        __UINT64_C(0x0008)
#define ZBX_DBSYNC_UPDATE_TRIGGER_DEPENDENCY    __UINT64_C(0x0010)
```

```
#define ZBX_DBSYNC_UPDATE_HOST_GROUPS        __UINT64_C(0x0020)
#define ZBX_DBSYNC_UPDATE_MAINTENANCE_GROUPS    __UINT64_C(0x0040)
```

如果仔细分析 config 变量中的成员与数据库中的表的对应关系，结果将如表 4-1 所示（按照数据同步的先后顺序排列）。

表 4-1 ConfigCache 数据来源表

变量名称	数据来源表名称
config_sync	config
autoreg_config_sync	config_autoreg_tls
htmpl_sync	hosts_templates
gmacro_sync	globalmacro
hmacro_sync	hostmacro
host_tag_sync	host_tag
hosts_sync	hosts
hi_sync	host_inventory
hgroups_sync	hstgrp
hgroup_host_sync	hosts_groups 和 hosts
maintenance_sync	maintenances
maintenance_tag_sync	maintenance_tag
maintenance_group_sync	maintenances_groups
maintenance_host_sync	maintenances_hosts
maintenance_period_sync	maintenances_windows 和 timeperiods
if_sync	interface 和 interface_snmp
items_sync	items、hosts、item_discovery 和 item_rtdata
template_items_sync	items 和 hosts
prototype_items_sync	items
itempp_sync	item_preproc、items 和 hosts
func_sync	hosts、items、functions 和 triggers
triggers_sync	hosts、items、functions 和 triggers
tdep_sync	trigger_depends、triggers、hosts、items 和 functions
expr_sync	regexps 和 expressions
action_sync	actions
action_op_sync	actions 和 operations
action_condition_sync	actions 和 conditions
trigger_tag_sync	trigger_tag、triggers、hosts、items 和 functions
correlation_sync	correlation
corr_condition_sync	correlation、corr_condition、corr_condition_tag、corr_condition_tagvalue、corr_condition_group 和 corr_condition_tagpair
corr_operation_sync	correlation 和 corr_operation

上文提到，configuration syncer进程还会调用DCupdate_hosts_availability()函数。此函数的作用是一方面在ConfigCache中更新主机的4种客户端可用性信息（对应hosts表中的available、snmp_available、available和jmx_available字段），另一方面将已经重置的客户端可用性信息通过update语句更新到数据库中。可见，configuration syncer进程不仅读数据库，还会写数据库。只是，写数据库是在缓存数据同步完成以后进行的。

4.1.4　实时导出ConfigCache数据

在DebugLevel为5的情况下，Zabbix服务器端和Zabbix代理端的ConfigCache数据可以输出到日志中。这一功能实际上通过DCdump_configuration()函数实现，configuration syncer进程在每次完成配置信息同步之后都会调用该函数（前提是DebugLevel为5）。因此，通过调整DebugLevel并且执行运行时管理任务config_cache_reload，就可以在日志文件中获取ConfigCache数据。具体过程如代码清单4-9所示。

代码清单4-9　在日志文件中查看ConfigCache数据

```
$ /usr/local/sbin/zabbix_server -R log_level_increase='configuration syncer'
  #####多次执行log_level_increase操作，直到DebugLevel为5#####
$ /usr/local/sbin/zabbix_server -R config_cache_reload
$ tail -f /tmp/zabbix_server.log|grep '^  29756'  ## 29756为configuration syncer
                                                   进程ID
```

4.2　HistoryCache和HistoryIndexCache

如何将大量涌入Zabbix服务器的监控数据快速写入数据库是一个需要解决的重要问题。最原始的监控数据需要经过预处理进程进行预处理，生成的结果就是需要存入数据库的数据。每个监控项对应一个数字或者一个字符串，可能每秒有多达10万条这样的数据。Zabbix的策略是由预处理进程暂时将数据写入历史数据缓存（HistoryCache）和历史数据索引缓存（HistoryIndexCache）中，然后由另外一种进程——history syncer将这两个缓存中的数据批量写入数据库。这样避免了频繁地对数据库进行直接访问，从而提高了数据写入数据库的速度。

HistoryCache和HistoryIndexCache中的数据是相关联的，具体地说，HistoryCache只作为内存空间使用，事实上所有待处理的监控值（历史数据）都存储在HistoryCache中，但是其中的数据不能被直接访问，只能通过历史数据索引中的指针间接访问。HistoryIndexCache采用哈希集和二叉堆双重结构，当需要写入监控值时，首先在HistoryCache中为监控值分配空间，然后将监控值的地址作为新元素添加到HistoryIndexCache中。

4.2.1 数据结构与共享内存的区别

首先明确一点，HistoryCache 和 HistoryIndexCache 都是共享内存的概念，实际上可以将任何数据存入其中。之所以将其命名为 HistoryCache 和 HistoryIndexCache，是因为在这两块共享内存中主要缓存的是历史数据和历史数据的索引结构。但是有一点例外，HistoryIndexCache 作为共享内存，除了缓存历史数据的索引结构（通过全局静态变量 cache 访问），还存储了名为 ids 的静态变量，这一变量的作用是存储数据库中各个表的最大主键 ID（例如 items 表中的最大 itemid），参见 4.2.2 节中的结构体定义。

对 HistoryCache 的初始化实际上只是创建一个共享内存，此外什么事情都没有做。而对 HistoryIndexCache 的初始化，除了创建共享内存，还为静态变量 cache 和 ids 在共享内存中分配了空间，并创建了所需要的哈希集和二叉堆结构（即 history_items 和 history_queue 成员，参见 4.2.2 节）。

4.2.2 HistoryCache 和 HistoryIndexCache 的数据结构定义

HistoryIndexCache 中存储了 ids 和 cache 两个静态变量的数据结构。ids 变量的数据结构定义如代码清单 4-10 所示，其结构比较简单，只是一个存储表名以及该表对应的最大主键 ID 的数组，它的整个结构都存储在 HistoryIndexCache 中。

代码清单 4-10 HistoryIndexCache 中的 ids 变量的数据结构定义

```
typedef struct
{
    char          table_name[ZBX_TABLENAME_LEN_MAX];  //表名
    zbx_uint64_t    lastid;           //数据库中的表的最大主键 ID
}
ZBX_DC_ID;

typedef struct
{
    ZBX_DC_ID  id[ZBX_IDS_SIZE];
}
ZBX_DC_IDS;

static ZBX_DC_IDS  *ids = NULL;      //同样在 HistoryIndexCache 中分配内存
```

cache 变量的数据结构相对复杂一些，其定义如代码清单 4-11 所示，该结构体中包含 history_items 和 history_queue 两个成员，分别为哈希集结构和二叉堆结构，而且这两个结构中的数据是互相关联的。

history_items 哈希集的作用是根据 itemid 快速查找到该监控项下的值。该哈希集的元素是 zbx_hc_item_t 类型的，由其定义可知，该类型实际上是一个链表，因此当同一个监控项有多个值需要进行缓存时，每个值构成了链表中的一个元素。如果再考虑哈希集本身也是链式哈希表，那么就构成了双层链表。

然而，哈希集是无序结构，Zabbix 进程在访问历史数据时需要首先处理时间戳最小的数据，这在无序的哈希集结构中只能通过遍历实现，其代价显然是不可接受的。history_queue 成员的设计就是为了解决这一难题，该成员是一个二叉堆结构，通过该结构对哈希集中的所有元素进行排序，就能够保证二叉堆的根节点总是我们需要的数据。history_queue 所使用的二叉堆没有启用哈希映射索引（参见 3.3 节），这是因为该结构与 history_items 结构是一体的，当需要随机查找监控项时，使用 history_items 哈希集即可。

所以，最终的工作机制是，当某个监控值需要缓存时，该值首先以单节点链表的形式被存储到 HistoryCache 中，然后在 HistoryIndexCache 中为该监控项创建一个 zbx_hc_item_t 结构体元素（头指针和尾指针都是同一个监控值的地址），该元素首先编入 history_items 哈希集结构中，再编入 history_queue 二叉堆结构中。此后如果再有同一个监控值需要缓存，那么首先仍然以单节点方式将该监控值存入 HistoryCache，然后需要从哈希集获取目标监控项，并将该节点编入目标监控项的链表中。

代码清单 4-11　HistoryIndexCache 中的 cache 变量的数据结构定义

```
typedef struct
{
zbx_uint64_t history_counter;
zbx_uint64_t history_float_counter;
zbx_uint64_t history_uint_counter;
zbx_uint64_t history_str_counter;
zbx_uint64_t history_log_counter;
zbx_uint64_t history_text_counter;
zbx_uint64_t notsupported_counter;
}
ZBX_DC_STATS;

typedef struct
{
    zbx_hashset_t       trends;               //趋势数据索引，参见 4.3 节
    ZBX_DC_STATS        stats;                //统计信息

    zbx_hashset_t       history_items;        //历史数据索引的哈希集结构
    zbx_binary_heap_t   history_queue;        //历史数据索引的二叉堆结构

    int         history_num;
    int         trends_num;
    int         trends_last_cleanup_hour;
    int         history_num_total;
    int         history_progress_ts;
}
ZBX_DC_CACHE;

static ZBX_DC_CACHE     *cache = NULL;     //在 HistoryIndexCache 中分配内存

typedef struct zbx_hc_data
```

```
{
    history_value_t value;
    zbx_uint64_t    lastlogsize;
    zbx_timespec_t  ts;
    int     mtime;
    unsigned char   value_type;
    unsigned char   flags;
    unsigned char   state;

    struct zbx_hc_data  *next;
}
zbx_hc_data_t;          //该结构体的数据存储在 HistoryCache 中

typedef struct
{
    zbx_uint64_t    itemid;
    unsigned char   status;

    zbx_hc_data_t   *head;
    zbx_hc_data_t   *tail;
}
zbx_hc_item_t;      //该结构体的数据存储在 HistoryIndexCache 中
```

进一步分析 zbx_hc_item_t 结构体会发现，该链表的每个元素都代表了监控项的一次采集值，链表的头指针为*head 成员，尾指针为*tail 成员。按照规则，当有新的值需要加入链表时，总是加入头节点，因此，一般来说头节点的时间戳是最大的，尾节点的时间戳则最小。当二叉堆进行排序时，总是以尾节点的时间戳排序。

从更广的视角来看，history_items 哈希集中的元素数量不会超过当前系统的监控项总数，而 history_queue 二叉堆中的元素数量总是与 history_items 哈希集中的元素数量一致，因此其数量也不会超过监控项总数。另外，HistoryCache 和 HistoryIndexCache 并非持续存储，其中的数据一旦成功写入数据库，就会被从缓存中清理掉。

4.2.3 将监控值写入缓存

在 Zabbix 服务器端和 Zabbix 代理端，需要写入缓存的监控值来源于预处理进程，准确地说是 preprocessing manager 进程。该进程首先将预处理完毕的监控值写入本地进程的静态变量 item_values 数组，待必要时将其中的值批量写入缓存。item_values 的定义如代码清单 4-12 所示。

代码清单 4-12 静态变量 item_values 的定义

```
static dc_item_value_t  *item_values = NULL;
static size_t       item_values_alloc = 0, item_values_num = 0;
```

item_values 中存储的元素数量不会超过 256 个，因为一旦元素数达到 256，预处理进程就会将其中的数据刷写到 HistoryCache 中，具体逻辑如代码清单 4-13 所示。写入缓存的具体过程在4.2.2节已经讲过，不再赘述。

代码清单4-13　将item_values数据刷写到HistoryCache中

```
static dc_item_value_t  *dc_local_get_history_slot(void)
{
    if (ZBX_MAX_VALUES_LOCAL == item_values_num)    //256
        dc_flush_history();

    if (item_values_alloc == item_values_num)
    {
        item_values_alloc += ZBX_STRUCT_REALLOC_STEP;   //step==8
        item_values = (dc_item_value_t *)zbx_realloc(item_values, item_values_alloc
* sizeof(dc_item_value_t));
    }

    return &item_values[item_values_num++];
}
```

奇怪的是，虽然preprocessing manager进程只有一个，但是其写入缓存的过程仍然使用了锁。经研究发现，这是因为在特定情况下，configuration syncer进程同步配置信息时会生成伪造的历史数据，这些数据也需要写入HistoryCache中，具体代码如下：

```
dc_flush_history();   /*配置错误的监控项会生成伪造的历史数据，以将监控项状态更新为NOTSUPPORTED*/
```

4.2.4　HistoryCache数据的读取

HistoryCache中的监控值终究要写入数据库，该过程由history syncer进程负责，该进程的具体工作机制参见第9章。在Zabbix服务器端，成功写入数据库的数据会复制到监控值缓存（ValueCache）中，所以存在于ValueCache中的数据一定是已经成功写入数据库的。history syncer进程将历史数据写入数据库时，以1 000个监控值和500个触发器为一批，批量地进行数据同步。从HistoryCache中选取目标值的过程就是从history_queue二叉堆中读取根节点的过程，其代码如代码清单4-14所示。

代码清单4-14　从HistoryCache中选取目标值的具体过程

```
static void hc_pop_items(zbx_vector_ptr_t *history_items)
{
    zbx_binary_heap_elem_t *elem;
    zbx_hc_item_t       *item;

    while (ZBX_HC_SYNC_MAX > history_items->values_num && FAIL ==
zbx_binary_heap_empty(&cache->history_queue))
    {
        elem = zbx_binary_heap_find_min(&cache->history_queue); //取history_queue
                                                                 //二叉堆根节点
        item = (zbx_hc_item_t *)elem->data;
        zbx_vector_ptr_append(history_items, item);          //添加到本地向量

        zbx_binary_heap_remove_min(&cache->history_queue);     //删除根节点重新排序
```

```
        }
    }
```

但是，前面讲到 history_queue 中的元素其实是链表，由于并非所有节点都符合时间顺序要求，因此 history syncer 进程在处理时不可以将链表的所有节点都写入数据库。实际的处理方式是只处理尾节点，剩余的节点将归还至 history_queue 并重新排队。

需要说明的是，由于 Zabbix 代理端没有 ValueCache，因此 Zabbix 代理端没有将数据复制到 ValueCache 的过程。

4.2.5 ids 变量

ids 变量的作用是存储数据库表的当前最大主键 ID。虽然数据库本身有一个名为 ids 的表，用于存储最大 ID，但是当进程需要频繁获得最大 ID 时，通过访问数据库来获取是不现实的。因此 Zabbix 在共享内存中为那些需要频繁使用的 ID 设计了此变量，以存储最大值，当需要使用最大 ID 时，可以调用 DCget_nextid()函数获得。

4.3 TrendCache

趋势数据（TrendCache）是指 Zabbix 为数值型的监控项计算的每小时的统计值，包括最大值、最小值、平均值和个数。这些统计值在写入数据库之前会暂存在趋势数据缓存（TrendCache）中并实时更新。每次有新数据到来时实时更新，是为了使统计结果总是保持为最新的，从而可以随时将其写入数据库中。统计值的更新工作由 history syncer 进程完成。

4.3.1 TrendCache 的数据结构定义

TrendCache 的数据结构由 ZBX_DC_CACHE 结构体中的 cache->trends 成员哈希集（参见 4.2.2 节）定义。该哈希集使用 itemid 作为关键字进行哈希计算，各元素为 ZBX_DC_TREND 结构体类型，TrendCache 的数据结构定义如代码清单 4-15 所示。

代码清单 4-15 TrendCache 的数据结构定义

```
typedef union
{
    double        dbl;
    zbx_uint128_t   ui64;
}
value_avg_t;

typedef struct
```

```
{
    zbx_uint64_t    itemid;
    history_value_t value_min;  //新值 < value_min ? 新值 : value_min
    value_avg_t value_avg;      //=((value_avg × num)+新值)/(num+1)
    history_value_t value_max;  //新值 > value_max ? 新值 : value_max
    int      clock;
    int      num;               //每次加 1
    int      disable_from;
    unsigned char  value_type;
}
ZBX_DC_TREND;     //cache->trends 哈希集元素

typedef union
{
    double      dbl;
    zbx_uint64_t    ui64;
    char        *str;
    char        *err;
    zbx_log_value_t *log;
}
history_value_t;
```

统计值的实时更新规则有一点例外，即对于整型的监控项，Zabbix 不会在每次更新数据时直接计算平均值，而是仅累计加和，直到需要将监控值写入数据库时才使用最终的和除以个数，得出平均值。对于双精度浮点型的监控项，Zabbix 会正常地计算平均值，即每次有新数据到来时，都会计算截至目前的平均值。而对于最大值、最小值和个数，无论是整型还是双精度浮点型的监控项，都会进行性地计算。

4.3.2　TrendCache 数据的写入和读取

history syncer 进程在处理趋势数据时，如果 trends 哈希集中不存在所处理的监控项，就需要在哈希集中添加该监控项，该过程由 DCget_trend()函数完成，如代码清单 4-16 所示。

代码清单 4-16　向 trends 哈希集添加监控项

```
static ZBX_DC_TREND *DCget_trend(zbx_uint64_t itemid)
{
    ZBX_DC_TREND    *ptr, trend;

    if (NULL != (ptr = (ZBX_DC_TREND *)zbx_hashset_search(&cache->trends, &itemid)))
        return ptr;

    memset(&trend, 0, sizeof(ZBX_DC_TREND));
    trend.itemid = itemid;

    return (ZBX_DC_TREND *)zbx_hashset_insert(&cache->trends, &trend,
sizeof(ZBX_DC_TREND));    //在 trends 哈希集中添加一个新监控项
}
```

一旦哈希集中添加了监控项，后续就可以持续对该监控项的趋势数据进行更新。当需要将趋势数据写入数据库时（具体规则参见 9.1.2 节），history syncer 进程首先将读取的 TrendCache 数据存储到一个临时变量中，然后构造 SQL 语句并运行，将趋势数据批量写入数据库。

4.4 ValueCache

监控值缓存（ValueCache）只在 Zabbix 服务器端存在，因为只有 Zabbix 服务器需要对监控值（value）进行计算，而 Zabbix 代理只负责传输监控数据，不需要进行计算。

ValueCache 本质上是数据库中的历史数据表的缓存，其中存储的是监控值，Zabbix 使用这些值来计算触发器表达式（例如 last(#3)、sum(300)和 percentile(#100,3600,95)）、计算型监控项以及聚合监控项的结果。因此，共有两种进程需要访问 ValueCache，即 history syncer 进程和 poller 进程，前者用于计算触发器表达式，后者用于计算计算型监控项和聚合监控项。之所以设计缓存，是因为这两种进程需要频繁而快速地查询大量历史监控值，缓存的应用可以减少 Zabbix 进程直接访问数据库的次数，从而提高访问速度。本节将讲述 ValueCache 的数据结构，以及 Zabbix 如何写入、淘汰和读取缓存的监控值。

4.4.1 ValueCache 的数据结构定义

ValueCache 的顶层数据结构为 zbx_vc_cache_t 结构体，用于访问 ValueCache 的静态指针变量*vc_cache 即该结构体的类型，其定义如代码清单 4-17 所示。可见，实际存储监控值的成员是名为 items 的哈希集，该哈希集使用 itemid 作为关键字，所有元素都是 zbx_vc_item_t 类型的，也就是说监控值是以监控项为单位进行管理的，每个监控项可以缓存多个监控值，在逻辑上形成一个时间序列。而另外一个名为 strpool 的哈希集成员，其作用与 ConfigCache 中的 strpool 类似，用于存储监控值中的字符串（str、text 和 log 类型）。

代码清单 4-17 ValueCache 的数据结构定义

```
typedef struct
{
    zbx_uint64_t    hits;      //命中次数，用于衡量缓存的性能

    zbx_uint64_t    misses;    //脱靶次数，用于衡量缓存性能

    int      mode;   //缓存操作模式（正常模式或者低内存模式），当 ValueCache 内存不足并且
                     //无法释放内存时会置为低内存模式，并在日志中打印提示信息

    int      mode_time;
    int      last_warning_time;
```

```
    size_t      min_free_request;     //最小释放内存，该值为ValueCache内存的5%
    zbx_hashset_t  items;             //缓存的监控值，元素类型为zbx_vc_item_t
    zbx_hashset_t  strpool;           //缓存的字符串（用于str、text和log类型的监控项）
}
zbx_vc_cache_t;

static zbx_vc_cache_t  *vc_cache = NULL;
```

zbx_vc_item_t结构体的数据结构定义如代码清单4-18所示，分析该结构体会发现，在ValueCache中，每个监控项的监控值以块（chunk）和槽（slot）的结构进行组织，每个块可以包含多个槽，每个槽只能存储一个监控值。每个监控项的所有块又进一步构成一个双向链表，头节点指针指向最新监控值所在的块，尾节点指针指向最旧监控值所在的块。图4-1为ValueCache的数据结构示意图，从左侧*tail指向的尾节点到右侧*head所指向的头节点，每一个块（chunk）中的监控值都比前一个块中的监控值更新（即时间戳更大或者相等）。与此同时，具体到每个块内部的槽（slot），其监控值也是从左到右递增，即右侧槽位的监控值的时间戳比左侧的更大（或者相等）。

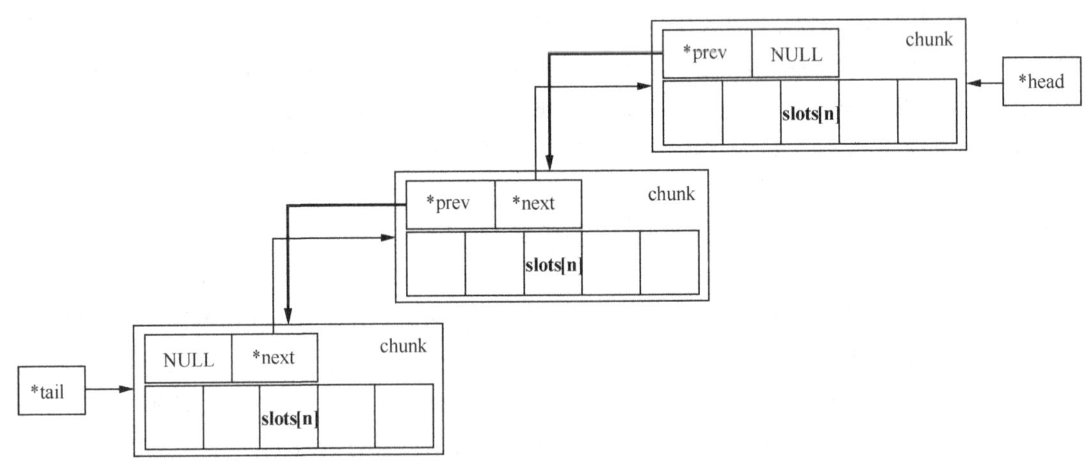

图4-1　ValueCache的数据结构示意图

代码清单4-18　zbx_vc_item_t结构体的数据结构定义

```
typedef struct
{
    zbx_uint64_t    itemid;          //用作哈希集的关键字
    unsigned char   value_type;
    unsigned char   state;           //标识字段，可以是0、"待删除""待清理"三者之一
    unsigned char   status;
    unsigned char   range_sync_hour;
    int     values_total;
    int     last_accessed;
    int     refcount;          //表示当前有多少个进程在访问该监控项
    int     active_range;      //该值决定了在缓存中保留多少秒的数据（超出部分将淘汰）
    int     daily_range;
    int     db_cached_from;    //当前已缓存数据的起始时间戳，用于判断数据覆盖范围
```

```
    zbx_uint64_t    hits;       //该监控项数据的命中次数
    zbx_vc_chunk_t  *head;      //双向链表的头节点指针，指向缓存中最新的监控数据块
    zbx_vc_chunk_t  *tail;      //双向链表的尾节点指针，指向缓存中最旧的监控数据块
}
zbx_vc_item_t;    //items哈希集中的元素为zbx_vc_item_t类型

typedef struct zbx_vc_chunk
{
    struct zbx_vc_chunk *prev;  //指向前一个块（时间戳更小的块），尾节点的该值为NULL（空值）
    struct zbx_vc_chunk *next;  //指向后一个块（时间戳更大的块），头节点的该值为NULL（空值）
    int         first_value;
    int         last_value;
    int         slots_num;      //当前块拥有的槽位数，每个槽可以存储一个监控值
    zbx_history_record_t   slots[1];     //槽位，可扩展数组
}
zbx_vc_chunk_t;         //块结构体

typedef struct
{
    zbx_timespec_t  timestamp;     //时间戳，用于淘汰规则计算
    history_value_t value;
}
zbx_history_record_t;
```

Zabbix 采用块和槽的双层结构，而不是直接将槽构造为双向链表，其目的是克服双向链表的某些缺点，同时也是出于对监控值的应用场景和数据本身特点的考虑。双向链表的缺点之一是，当需要查找任意元素时，必须从头节点或者尾节点开始逐个遍历，此时如果链表的元素很多，则查找过程变得很耗时。采用块和槽双层结构设计减少了节点数量，降低了查找的复杂度。另外，Zabbix 进程访问缓存中的监控值时，往往会查询在时间上连续的多个值，将块中的槽设计为数组结构可以一定程度上实现连续存储和连续查找。在块的级别上保留双向链表设计，则可以方便进行监控值的添加和删除。总之，这一结构权衡了多种因素，是一种比较完善的设计。

那么，Zabbix 如何决定每个块中容纳的槽数呢？实际上，槽的数量在每个块中并不相同，具体槽数在每次创建新块时根据监控项所缓存的监控值的数量计算得出，具体的计算方法如代码清单 4-19 所示。

首先，计算监控值数量的平方根 n（取整）作为候选槽数，然后检查 n 值是否能满足以下条件：

（1）将块的数量控制在 32 个以内；

（2）每个块的大小不超过 64KB；

（3）每个块的槽数不得少于 2 个。

如果不能满足这 3 个条件，则调整 n 值，使之在满足条件（2）和条件（3）的基础上尽可能满足条件（1），调整后的 n 值即为槽数。

如果某个监控项将要缓存 121 个监控值，那么新建块的槽数将是 11 个，此时将需要 11 个块来容纳所有监控值。如果只缓存一个监控值，则槽数为 2（槽数下限为 2）。

代码清单 4-19 块中容纳槽数的计算规则

```
static int  vch_item_chunk_slot_count(zbx_vc_item_t *item, int values_new)
{
    int nslots, values;

    values = item->values_total + values_new;     //即将达到的监控值总数
    nslots = zbx_isqrt32(values);
    if ((values + nslots - 1) / nslots + 1 > 32)
        nslots = values / 32;                     //尽可能使块的数量不超过 32 个

    if (nslots > (int)ZBX_VC_MAX_CHUNK_RECORDS)
        nslots = ZBX_VC_MAX_CHUNK_RECORDS;        //最大槽位数应保证单个块的大小不超过 64KB
    if (nslots < (int)ZBX_VC_MIN_CHUNK_RECORDS)
        nslots = ZBX_VC_MIN_CHUNK_RECORDS;        //最小槽位数为 2

    return nslots;
}
```

4.4.2 ValueCache 数据的写入

在 Zabbix 服务器首次启动或者重新启动后，主进程会负责对 ValueCache 进行初始化，但是此时并不会加载监控值数据，真正的加载过程由后面创建的子进程完成。

ValueCache 数据的写入包括两个步骤：第一步是当缓存中缺少所需的监控项时，在 items 哈希集中创建对应监控项的数据结构；第二步是将所需要的监控值添加到对应监控项的双向链表中。在这一过程中，Zabbix 需要决定对哪些监控项和监控值进行缓存，以及按照怎样的顺序排列监控值。

ValueCache 数据的写入有主动加载和被动加载两种模式。主动加载模式是指 Zabbix 服务器端的 history syncer 进程接收新的监控值以后，如果对应的监控项存在于缓存中，则直接将此监控值写入 ValueCache（从 HistoryCache 复制到 ValueCache 中，参见 4.2 节）。被动加载模式是指当 Zabbix 进程试图从 ValueCache 中获取某些数据却没有命中时，它会先将所需的数据从数据库中读出并加载到缓存中，再从缓存读取。当然，如果缓存能够命中，就不需要从数据库加载。Zabbix 服务器端的 history syncer 进程和 poller 进程都有能力运行被动加载模式，history syncer 进程在计算触发器表达式时需要访问 ValueCache，poller 进程在计算计算型监控项和聚合监控项时也需要访问缓存，在访问过程中可能触发被动加载。

缓存的监控值所构成的双向链表既可以在头节点添加新元素，也可以在尾节点添加新元素。对于主动加载模式，由于新接收的监控值一般总是最新的，因此 Zabbix 会将其附加到头节点。对于被动加载模式，因为从数据库中查询出的数据是已经过期的，并不是最新数据，所以 Zabbix 按照监控值的时间戳从大到小进行排序，然后依次附加到尾节点。

对于单个监控项，一般监控值序列的时间戳是单调递增的。不过，当网络传输发生故障或者被监控主机的时间设置出现问题时，有可能新接收的监控值已经过期，即时间戳小于上一个监控值的时间戳。在这种情况下，Zabbix 不会简单地将监控值附加到链表的头节点，而是遍历各个节点，将其插入符合排序规则的位置。

1. 主动加载模式

HistoryCache 中的监控值写入数据库以后，会由 zbx_vc_add_values()函数将监控值从 HistoryCache 复制到 ValueCache 中。但并不是所有的监控项都会进行这一步骤，只有已经存在于 ValueCache 中的监控项才会进行复制。如果监控项不存在于 ValueCache 中，说明不需要使用该数据，从而不需要复制。

zbx_vc_add_values()函数的具体工作过程包括以下 4 个步骤：

（1）查询 ValueCache 中是否存在对应 itemid 的监控项，如果存在则继续，否则退出；

（2）将缓存中对应监控项的引用计数加 1（类似于信号量，避免多进程的访问冲突）；

（3）调用 vch_item_add_value_at_head()函数，将监控值插入缓存中对应双向链表的头节点（或者中间位置）；

（4）将引用计数减 1。

可见，主动加载模式不需要创建新的监控项结构（双向链表），它只需要在已有的双向链表中添加元素。反过来说，只有被动加载模式才会创建新的监控项结构，即任意监控项的 ValueCache 第一次加载时一定是被动模式加载。下面就开始讲解被动加载模式。

2. 被动加载模式

history syncer 进程和 poller 进程都通过 zbx_vc_get_values()函数查询 ValueCache 数据，如果查询失败，则会从数据库读取数据并加载到缓存中，必要时会为新的监控项创建双向链表。如果加载失败，则略过缓存，直接从数据库中读取数据来使用。

zbx_vc_get_values()函数的源码如代码清单 4-20 所示。从函数的参数列表可知，监控值的查询范围由 itemid、seconds、count 和 ts 共同决定，其中 seconds 代表从截止时间往前回溯的秒数（决定了起始时间），count 代表需要返回的监控值的数量，ts 代表监控值的截止时间戳。在返回结果之前，该函数会判断缓存中的监控值是否能够覆盖所设定的查询范围，如果能够覆盖，则直接从缓存中获取数据，如果不能覆盖，则尝试从数据库补充数据到缓存中，以使其能够覆盖。

需要说明的是，即使某个表达式设置为仅计算某个时间段之前的值，在加载监控值时仍然会包含该时间点之后的数据。例如，avg(#10,1h)表达式只计算 1 小时之前的 10 个值，但在加载 ValueCache 时，仍然会将最近 1 小时内的数据加载进来。这么做的原因是，随着时间的推移，最近 1 小时内的数据会逐渐得到应用，并且可以保证主动加载模式加载的数据与被动加载模式加载的数据保持连续，不会出现间断。

代码清单 4-20 查询 ValueCache 时所使用的 zbx_vc_get_values()函数

```
int zbx_vc_get_values(zbx_uint64_t itemid, int value_type,
zbx_vector_history_record_t *values, int seconds,
```

```
        int count, const zbx_timespec_t *ts)
{
    const char  *__function_name = "zbx_vc_get_values";
    zbx_vc_item_t   *item = NULL;
    int     ret = FAIL, cache_used = 1;

    zabbix_log(LOG_LEVEL_DEBUG, "In %s() itemid:" ZBX_FS_UI64 " value_type:%d
seconds:%d count:%d sec:%d ns:%d",__function_name, itemid, value_type, seconds,
count, ts->sec, ts->ns);
    vc_try_lock();

    //允许在未启用ValueCache的情况下通过访问数据库获取数据
    //这种降级服务为Zabbix提供了一种无缓存情形下的生存策略
    if (ZBX_VC_DISABLED == vc_state)
        goto out;

    if (ZBX_VC_MODE_LOWMEM == vc_cache->mode)
        vc_warn_low_memory();

    if (NULL == (item = (zbx_vc_item_t *)zbx_hashset_search(&vc_cache->items,
&itemid)))
    {
        if (ZBX_VC_MODE_NORMAL == vc_cache->mode)
        {
            zbx_vc_item_t  new_item = {.itemid = itemid, .value_type = value_type};

            if (NULL == (item = (zbx_vc_item_t *)zbx_hashset_insert(&vc_cache->items,
        &new_item, sizeof(zbx_vc_item_t))))
                goto out;
        }
        else
            goto out;
    }
    vc_item_addref(item);

    if (0 != (item->state & ZBX_ITEM_STATE_REMOVE_PENDING) || item->value_type !=
value_type)
        goto out;

    ret = vch_item_get_values(item, values, seconds, count, ts);
out:
    if (FAIL == ret)
    {
        if (NULL != item)
            item->state |= ZBX_ITEM_STATE_REMOVE_PENDING;

        cache_used = 0;
        vc_try_unlock();
        ret = vc_db_get_values(itemid, value_type, values, seconds, count, ts);

        vc_try_lock();
        if (SUCCEED == ret)
            vc_update_statistics(NULL, 0, values->values_num);
    }
```

```
    if (NULL != item)
        vc_item_release(item);

    vc_try_unlock();
    zabbix_log(LOG_LEVEL_DEBUG, "End of %s():%s count:%d cached:%d",
            __function_name, zbx_result_string(ret), values->values_num,
cache_used);
    return ret;
}
```

4.4.3 ValueCache 数据的淘汰

ValueCache 中持续不断地有新的值添加进来，为了避免内存耗尽，必然需要不断地删除不需要的旧数据。这就要求设计一种可靠的数据淘汰机制。

ValueCache 在每次执行主动加载和被动加载之后都会检查是否需要进行数据淘汰，具体的淘汰过程由 vc_item_release()函数实现，如代码清单 4-21 所示。这种淘汰机制的设计能够保证任何过期数据都有机会被及时淘汰。

代码清单 4-21 ValueCache 数据的淘汰机制

```
static void vc_item_release(zbx_vc_item_t *item)
{
    if (0 == (--item->refcount))      //引用计数为 0 时才可以淘汰
    {
        if (0 != (item->state & ZBX_ITEM_STATE_REMOVE_PENDING))
        {
            vc_remove_item(item);
            return;
        }

        if (0 != (item->state & ZBX_ITEM_STATE_CLEAN_PENDING))
            vch_item_clean_cache(item);

        item->state = 0;
    }
}
```

淘汰 ValueCache 数据的具体过程包含以下两个步骤。

（1）检查该监控项的引用计数（refcount 成员），只有当引用计数为 0 时才会执行淘汰动作。

（2）检查状态值（state 成员），如果状态为“待删除”，则将该监控项从缓存中删除；如果状态为“待清理”，则删除该监控项缓存的过期监控值，即从双向链表结构的块和槽中删除。

现在问题的关键变成了如何判断哪些监控值是过期的。这一判断过程依赖于缓存数据结构中的一个重要成员——active_range，我们可以将其理解为监控值在缓存中的存活周期。如果某个监控值的时间戳已经超出了允许的存活时间，则淘汰该数据。这一规则在缓存清理函数 vch_item_clean_cache()中实现，如代码清单 4-22 所示。例如，如果某个监控值的时间戳是 1594101500，并且 active_range 为 60 秒，那么在 1594101560 时间点以后，该监控值就会被淘汰。按照 Zabbix 的规则，active_range 的值最小为 60 秒，并且会根据表达式函数的修改而随时发生变化。

总之，缓存数据的写入和淘汰遵循不同的规则，写入数据时只需要保证数据能够满足计算要求，不会考虑监控值的时间范围。淘汰数据时则只考虑监控值的时间范围。这种策略既满足了计算要求，又保证了过期数据得到及时清理。

特别地，当按照监控值的个数来获取数据时，为了避免全表扫描，Zabbix 会首先尝试从最近 1 小时内的数据进行查找，如果获取的监控值的数量不能达到要求，则进一步扩大查询范围为 1 天，如有必要，则继续扩大为 1 周甚至 1 月。在此过程中，Zabbix 进程会更新监控值的存活周期（active_range 成员），从而可以在淘汰数据时采用一致的策略。

代码清单 4-22　ValueCache 数据的清理

```
static void vch_item_clean_cache(zbx_vc_item_t *item)
{
    zbx_vc_chunk_t  *next;

    if (0 != item->active_range)
    {
        zbx_vc_chunk_t  *tail = item->tail;
        zbx_vc_chunk_t  *chunk = tail;
        int     timestamp;

        //时间范围起点，在该时间点之前的数据都将被清理掉
        timestamp = time(NULL) - item->active_range;

        while (NULL != chunk && chunk->slots[chunk->last_value].timestamp.sec <
    timestamp && chunk->slots[chunk->last_value].timestamp.sec !=
    item->head->slots[item->head->last_value].timestamp.sec)
        {
            if (NULL == (next = chunk->next))
                break;

            if (next->slots[next->first_value].timestamp.sec !=
        next->slots[next->last_value].timestamp.sec)
            {
                while (next->slots[next->first_value].timestamp.sec ==
                       chunk->slots[chunk->last_value].timestamp.sec)
                {
                    vc_item_free_values(item, next->slots, next->first_value,
                next->first_value);
                    next->first_value++;
                }
            }

            item->db_cached_from = chunk->slots[chunk->last_value].timestamp.sec + 1;

            vch_item_remove_chunk(item, chunk);
```

```
            chunk = next;
        }

        if (tail != item->tail)
            item->status = 0;
    }
}
```

4.4.4 ValueCache 数据的读取

当 history syncer 进程或者 poller 进程需要从 ValueCache 中读取数据时，成功查询到的监控值会被构造为一个 zbx_vector_history_record_t 类型的向量，该向量中的元素按照时间戳从大到小的顺序排列，即最新的监控值在前面，最旧的监控值在后面。

4.5 小结

本章介绍了 Zabbix 中空间最大的几个共享内存（即 ConfigCache、HistoryCache、HistoryIndexCache、TrendCache 和 ValueCache）中所存储的数据。这些数据存储在共享内存中，可以被所有进程访问。随着监控项数量的增加，这些缓存所需要的存储空间也会增加。这些缓存的命中率对于系统运行的性能至关重要，为了保证命中率，应在配置文件中进行设置，为这些缓存分配足够的共享内存空间。

ConfigCache 中存储所有需要的配置信息数据，几乎所有进程都需要访问该缓存中的数据，以获得被监控主机信息、监控项信息和触发器信息等。

HistoryCache 和 HistoryIndexCache 结合起来共同发挥作用，它们用于存储经过预处理之后的监控数据。HistoryIndexCache 将监控数据组织成哈希集和二叉堆结构，从而提高数据访问速度。

TrendCache 用于临时存储趋势数据，以及对趋势数据进行计算和更新。该缓存中的数据会按照一定的规则刷写到数据库中。

ValueCache 中存储的也是监控数据，用于计算触发器表达式、计算型监控项和聚合监控项。与 HistoryCache 和 HistoryIndexCache 不同的是，这些数据是已经存储到数据库中的，也就是说 ValueCache 是 Zabbix 进程读取数据库时所使用的缓存，而非写入数据库时所使用的缓存。此外，只有那些需要使用的数据才会写入 ValueCache。

第5章

套接字通信与加密

本章所讲的通信协议——Zabbix协议（Zabbix protocol，ZBXP）是Zabbix自定义的一种应用层协议，该协议基于TCP所提供的传输服务，消息内容采用JSON格式。该协议的目的是实现Zabbix各个组件之间对消息内容的相互理解。

加密是通信安全的基础，Zabbix提供基于传输层安全（Transport Layer Security，TLS）协议的加密机制，本章将对此进行简单介绍。

5.1 TCP/IP套接字通信的过程

关于TCP/IP套接字通信，第2章中曾有简单讲解。本节将对这部分内容展开做详细解析。为方便理解，下面将 zbx_socket_t 结构体的数据结构定义再次列出，如代码清单 5-1 所示。

代码清单 5-1 zbx_socket_t 结构体的数据结构定义

```
typedef struct
{
    ZBX_SOCKET          socket;         //整型，当前已建立连接的套接字
    ZBX_SOCKET          socket_orig;
    size_t              read_bytes;     //接收缓存的字节数
    char                *buffer;        //接收缓存
    char                *next_line;     //指向下一行的开端
#if defined(HAVE_GNUTLS) || defined(HAVE_OPENSSL)
    zbx_tls_context_t      *tls_ctx;
#endif
    unsigned int           connection_type;   //连接类型：未加密、预共享密钥或者证书
```

```
    int                timeout;        //超时时间，由 alarm()函数发送的 SIGALRM 信号实现
    zbx_buf_type_t            buf_type;    //缓存类型，使用 buf_stat 或者 buffer 作缓存
    unsigned char             accepted;    //当前已接受的连接，0 或者 1
    int                num_socks;           //监听的套接字数量
    ZBX_SOCKET            sockets[ZBX_SOCKET_COUNT];      //len:256，监听的套接字
    char                  buf_stat[ZBX_STAT_BUF_LEN];     //len:2048
    ZBX_SOCKADDR              peer_info;                  //对端地址
    char                  peer[MAX_ZBX_DNSNAME_LEN + 1];  //len:256，对端名称
    int                protocol;
}
zbx_socket_t;             //该类型的变量名称一般命名为 s（下文使用 s 作为变量名）
```

Zabbix 服务器、Zabbix 代理和 Zabbix 客户端都只在主进程中建立网络监听，此后创建的所有子进程都继承了所监听的套接字，理论上说任何子进程都有权限对这些套接字进行读写。但是，访问套接字必须通过文件描述符，而文件描述符位于 zbx_socket_t 类型变量中，主进程在创建子进程时未必会将该变量传递给子进程的执行函数。实际上，Zabbix 服务器主进程只在创建 trapper 进程时将该变量传递给了执行函数，传递过程如代码清单 5-2 所示，其他进程并没有获得此变量，因此在运行过程中，只有 trapper 进程有能力接受连接。同样地，在 Zabbix 客户端只有 listener 进程可以接受连接。

代码清单 5-2 创建 trapper 进程时执行函数所接收的变量

```
case ZBX_PROCESS_TYPE_TRAPPER:
    thread_args.args = &listen_sock;     //zbx_socket_t 变量，监听的套接字
    zbx_thread_start(trapper_thread, &thread_args, &threads[i]);
    break;
```

5.1.1 多路复用与接受连接过程

显然，接受连接操作只会发生在服务器端（监听端，例如 trapper 进程）。如果考虑到 Zabbix 允许同时监听多个套接字，而每个监听的套接字都有一个连接请求队列，我们就会明白，需要有一种机制从众多的队列中发现并选择需要优先处理的连接，这就是 Zabbix 接收新连接时使用 select()函数所实现的多路复用。

确定了需要处理的连接以后，就可以调用 accept()函数接受该连接，调用的结果是生成一个连接套接字（不同于监听套接字），至此连接正式建立。该连接套接字将存储在 s->socket 成员中，在关闭连接之前，Zabbix 进程都会使用该成员变量进行数据的收发。

对监听端来说，建立连接后的第一件事是接收数据。在使用连接套接字接收数据时，会出现另外一个问题——如何判断所接收的请求是 TLS 握手请求还是常规的未加密消息。解决方法是判断消息的长度及其第一个字符，按照 TLS 握手协议，在 TLS 握手过程中，客户端发送到服务器端的第一条消息为 Client hello 消息，其第一字节固定为 0x16，表示该消息内容为握手消息。因此，Zabbix 首先判断第一字节是否为 0x16，如果是，说明是 TLS 握手请求；如果不是，说明是未加密消息。如果是 TLS 握手消息，则先建立加密通道然后

返回；如果不是，则直接返回。至此，Zabbix 完成了整个接受连接过程。

对于 Zabbix 的监听进程（例如 trapper 进程），单个进程同一时间只能持有一个连接套接字，也就是说只有将当前的连接套接字关闭以后，才能够接受下一个连接。所以 trapper 进程的工作就是不断地接受连接、收发数据、关闭连接，以及再接受连接的过程。

5.1.2 接收缓存与发送缓存

Zabbix 进程从套接字接收的数据是无结构的字节流，并不能保证每次接收的数据都是完整的消息，它很有可能只是消息的一部分。此时为了获取完整的消息，需要连续多次地接收数据并将其放入一个缓存中，待数据接收完毕时就可以在缓存中得到完整的消息。对单个 Zabbix 进程来说，同一时间只能从一个连接接收数据，所以每个进程只需要一个接收缓存，这个缓存就是 s->buffer 成员。当需要从某个连接接收数据时，Zabbix 进程会循环多次调用 read()函数，从套接字获取字节串并将其连续地码放到 buffer 成员中，直到 read()函数返回 0（到达消息终点）。此时，s->buffer 成员获得了完整的消息，可供 Zabbix 进程处理。一般来说，Zabbix 进程关闭连接时会将 buffer 清空，以备下次使用。

与接收缓存不同的是，发送缓存不在 zbx_socket_t 结构体内进行，而是由进程自己定义的临时变量作为缓存。进程准备好缓存以后，当需要发送其中的消息时，进程会多次循环地调用 write()函数，将消息分批按照顺序发送出去。相应地，对端会同时读取数据并放入接收缓存。

任何的数据收发过程都是在连接已经成功建立之后，对监听端来说就是在调用 accept()函数之后，对客户端来说则是在调用 connect()函数之后。

5.1.3 超时机制

当建立连接或者收发较大量的数据时，这一过程可能消耗很长时间，从而导致进程无法处理其他任务。所以，超时机制是非常必要的。Zabbix 利用由 alarm()函数触发的 SIGALRM 信号实现超时中断。其作用过程是：在开始连接、接收和发送数据之前，先调用 alarm()函数，指定其在 timeout（指定的超时秒数）之后生成 SIGALRM 信号，再开始实际的连接和收发操作，如果上述操作等到 timeout 时间点尚未完成，SIGALRM 信号将立即中断其操作并返回错误，如果在 timeout 时间点之前完成操作，则立即取消 SIGALRM 信号的生成。

超时机制并非存在于 Zabbix 执行的每一个套接字操作中，具备超时机制的套接字操作所使用的 timeout 值也不相同。例如 trapper 进程在接收数据时，会使用配置文件的 TrapperTimeout 参数作为超时时间；trapper 进程在响应来自 Zabbix 客户端的监控项清单请求时，发送数据的超时时间由配置文件的 Timeout 参数决定；Zabbix 客户端向 Zabbix 服务器或 Zabbix 代理请求建立连接时也存在超时机制：采用配置文件 Timeout 参数或者不超过 60 秒。

5.1.4 关闭连接

此处所述关闭连接是指客户端进程运行的 zbx_tcp_close()函数（参见代码清单 5-3）和服务器端进程运行的 zbx_tcp_unaccept()函数（参见代码清单 5-3）所做的操作，操作内容包括关闭连接、关闭套接字、取消 SIGALRM 信号生成以及释放接收缓存。客户端进程需要关闭连接，因为客户端进程（例如 poller 进程）所使用的 zbx_socket_t 结构体变量是临时变量，每次建立连接之前该变量都是空值，只在连接建立过程中获得内容（为 s->socket 成员赋值）。客户端进程如果在收发数据以后不关闭连接，则 s 变量中存储的 buffer 空间无法释放，从而导致内存溢出。服务器端进程需要关闭连接，因为该类进程只持有一个 zbx_socket_t 类型变量，关闭连接的目的是将该变量清空，以便在处理下一个连接时使用。

代码清单 5-3 客户端和服务器端关闭连接的过程

```
void    zbx_tcp_close(zbx_socket_t *s)
{
    zbx_tcp_unaccept(s);
    zbx_socket_timeout_cleanup(s);     //取消 SIGALRM 信号计划
    zbx_socket_free(s);                //清空缓存 s->buffer
    zbx_socket_close(s->socket);       //关闭套接字
}

void    zbx_tcp_unaccept(zbx_socket_t *s)
{
#if defined(HAVE_GNUTLS) || defined(HAVE_OPENSSL)
    zbx_tls_close(s);
#endif
    if (!s->accepted) return;

    shutdown(s->socket, 2);          //停止收发
    zbx_socket_close(s->socket);     //关闭套接字
    s->socket = s->socket_orig;
    s->socket_orig = ZBX_SOCKET_ERROR;
    s->accepted = 0;
}
```

5.2 ZBXP

在了解了套接字通信过程以后，下面继续讲述这些套接字通信的消息内容。Zabbix 的各个进程通过套接字接收或者发送消息，这些消息必须遵守共同的规范才能够互相理解。

按照 Zabbix 的设计，所有的 ZBXP 消息都由头部和消息体组成，消息体是有一定长度的字节序列，紧跟在头部的后面，而头部则由 4 部分字段组成，具体如代码清单 5-4 所示。

代码清单 5-4　ZBXP 通信消息格式

```
<PROTOCOL> - "ZBXD" (4 bytes).
<FLAGS> -the protocol flags, (1 byte). 0x01 - Zabbix communications protocol, 0x02
- compression).
<DATALEN> - data length (4 bytes). 1 will be formatted as 01/00/00/00 (four bytes,
32 bit number in little-endian format).
<RESERVED> - reserved for protocol extensions (4 bytes).
```

可见，头部的总长度为 13 字节，Zabbix 各进程接收消息时通过头部的 DATALEN 字段来控制接收的总字节数。而成功接收消息以后，只需要对 13 字节以后的消息体进行处理。

本节主要讲述 Zabbix 各个组件之间传输的 ZBXP 消息的类型以及作用。

5.2.1　ZBXP 通信测试工具

为了方便测试，作者按照 ZBXP 规范开发了一个工具，用于发送和接收测试消息。该工具接收两个参数，分别为目标地址和消息字符串，具体使用方法如代码清单 5-5 所示。本节所述的测试均使用该工具完成。

代码清单 5-5　ZBXP 测试工具的使用方法

```
[root@VM_0_15_centos tmp]# ./a.out 172.11.1.1:10051 '{"request":"proxy
data","host":"Zabbix proxy"}'
====================message to send===================================
ZBXD   1  46   0   0   0   0   0   0   0{"request":"proxy data","host":"Zabbix proxy"}
=====================================================================
====================message received=================================
ZBXD   1  22   0   0   0   0   0   0   0{"response":"success"}
=====================================================================
```

5.2.2　服务器-代理的 ZBXP

Zabbix 服务器与 Zabbix 代理之间的 ZBXP 通信使二者的分工协作成为可能，在通信协议的支持下，二者可以分别部署在不同的主机上。

Zabbix 服务器与 Zabbix 代理之间首先需要能够传输配置信息和监控数据信息，这样 Zabbix 代理才能够代替 Zabbix 服务器完成监控数据的收集，并将数据返还 Zabbix 服务器。Zabbix 服务器还需要随时了解 Zabbix 代理服务的状态，这一需求由二者之间的定时心跳消息实现。此外，当告警事件发生时，有些任务需要由 Zabbix 代理来具体执行，此时就需要在二者之间传输任务信息。

本节介绍 Zabbix 服务器与 Zabbix 代理之间的代理配置（proxy config）和代理数据（proxy data）消息。

1. proxy config 消息

代理配置(proxy config)消息可以由 Zabbix 服务器或者 Zabbix 代理发起(取决于 Zabbix 代理的工作模式)。当 Zabbix 服务器主动发送 proxy config 消息时，将由 proxy poller 进程负责与 Zabbix 代理建立连接并发送配置信息。当由 Zabbix 代理发起请求时，将由 configuration syncer 进程负责建立与 Zabbix 服务器的连接并发送消息。

无论是哪一方主动发起请求，proxy config 消息的最终目的都是将 Zabbix 服务器端的配置信息（存储在数据库中）同步到 Zabbix 代理端。之所以要进行同步，是因为 Zabbix 代理需要将这些信息加载到 ConfigCache 中来完成监控数据的收集。对 Zabbix 代理来说，只要消息是符合规范的，其中的配置信息就会加载到数据库和缓存，并用于采集监控数据。

从 Zabbix 服务器的角度来说，proxy config 消息中的数据都是从数据库查询得到的，并非来自缓存。使用此数据来源保证了配置信息总是最新的；而如果从缓存中获取数据的话，最新的配置信息可能尚未同步到缓存中，这是因为配置信息更新到缓存中需要一定的周期，最长需要 3 600 秒。

Zabbix 代理虽然是 Zabbix 服务器的代理，但是它需要完成的工作要远比 Zabbix 服务器少。功能的减少意味着所需要的配置信息也少，在这种情形下，为了最大程度地降低配置信息同步的负载，Zabbix 只会同步那些必要的信息，而不需要的字段和表不会出现在 proxy config 消息中。也就是说，有些表完全不需要同步到 Zabbix 代理端，需要同步的表中也有可能只同步一部分字段。在 dbschema.c 文件中定义了所有的表结构，其中字段属性中的 flags 成员用于标识是否需要同步到 Zabbix 代理端。以 globalmacro 表为例，其结构定义如代码清单 5-6 所示，该表只有 globalmacroid（主键 ID 必须同步）、macro 和 value 3 个字段需要同步，description 和 type 字段在 Zabbix 代理端不会使用，因此不需要同步到 Zabbix 代理端。

代码清单 5-6 数据库表对应的数据结构

```
//dbschema.c 文件的部分内容
......
    {"globalmacro", "globalmacroid",     0,
        {
        {"globalmacroid",   NULL,    NULL,    NULL,  0,  ZBX_TYPE_ID,   ZBX_NOTNULL,
    0},
        {"macro",   "",    NULL,    NULL,    255,    ZBX_TYPE_CHAR,    ZBX_NOTNULL |
    ZBX_PROXY, 0},
        {"value",   "",    NULL,    NULL,    255,    ZBX_TYPE_CHAR,    ZBX_NOTNULL |
    ZBX_PROXY, 0},
        {"description", "", NULL,    NULL,    ZBX_TYPE_SHORTTEXT_LEN,
    ZBX_TYPE_SHORTTEXT,ZBX_NOTNULL,   0},
        {"type",    "0",   NULL,    NULL,    0,   ZBX_TYPE_INT,    ZBX_NOTNULL,    0},
        {0}
        },
        "macro"
    },
```

```
......

//以下为表和字段的数据结构定义（dbschema.h 文件）
typedef struct
{
    const char  *name;
    const char  *default_value;
    const char  *fk_table;
    const char  *fk_field;
    unsigned short  length;
    unsigned char   type;
    unsigned char   flags; //标志位，标志是否需要同步到 Zabbix 代理端以及是否允许 NULL 值
    unsigned char   fk_flags;
}
ZBX_FIELD;

typedef struct
{
    const char  *table;       //表名
    const char  *recid;       //主键 ID 字段名称
    unsigned char   flags;
    ZBX_FIELD   fields[ZBX_MAX_FIELDS];
    const char  *uniq;
}
ZBX_TABLE;
```

同理，有些表中的所有字段在 Zabbix 代理端都不使用，因此整个表完全不需要同步。根据 Zabbix 5.0 的源码可知，需要进行同步的表只有代码清单 5-7 中所列的 22 个表。

代码清单 5-7　Zabbix 5.0 中需要同步的数据库表

```
static const char  *proxytable[] =
{
    "globalmacro",
    "hosts",
    "interface",
    "interface_snmp",
    "hosts_templates",
    "hostmacro",
    "items",
    "item_rtdata",
    "item_preproc",
    "drules",
    "dchecks",
    "regexps",
    "expressions",
    "hstgrp",
    "config",
    "httptest",
    "httptestitem",
    "httptest_field",
    "httpstep",
    "httpstepitem",
    "httpstep_field",
    "config_autoreg_tls",
```

```
        NULL
    };
```

我们可以构造一个 proxy config 请求消息并发送到 Zabbix 服务器端，从而获取配置信息，具体测试过程如代码清单 5-8 所示。（消息体 JSON 串之前的 ZBXD 和紧跟着的 9 个数字为消息头[1]。）

代码清单 5-8 proxy config 请求测试

```
[root@VM_0_15_centos tmp]# ./a.out '172.11.1.1:10051' '{"request":"proxy
config","host":"Zabbix proxy","version":"5.0.1"}'
===================message to send===================================
ZBXD   1  66    0    0    0    0    0    0    0{"request":"proxy config","host":"Zabbix
proxy","version":"5.0.1"}
=====================================================================
====================message received=================================
ZBXD   1 131  95    0    0    0    0    0    0{
"globalmacro":{
    "fields":["globalmacroid","macro","value"],
    "data":[[2,"{$SNMP_COMMUNITY}","public"],[3,"{$PWD}","TEST"]]},
"hosts":{
    "fields":["hostid","host","status","available","ipmi_authtype",……],
    "data":[[10001,"Template OS Linux by Zabbix agent",3,0,……]]},
"interface":{
    "fields":["interfaceid","hostid","main","type","useip",……],
    "data":[[1,10084,1,1,1,"172.21.0.15","","10050"]]},
……
"config_autoreg_tls":{
    "fields":["autoreg_tlsid","tls_psk_identity","tls_psk"],
    "data":[[1,"",""]]}
}
=====================================================================
```

被动模式下的 Zabbix 代理可以接收来自多个 Zabbix 服务器的 proxy config 消息，具体的服务器地址清单由配置文件参数设置。即使存在这一限制，我们仍然可以在任一合法服务器所在的主机上自行构造 proxy config 消息并发送到 Zabbix 代理，示例如代码清单 5-9 所示。在 Zabbix 5.0 中，Zabbix 服务器对 Zabbix 代理的响应消息默认会采用压缩格式（如果操作系统支持 zlib 的话）。

代码清单 5-9 向被动模式下的 Zabbix 代理发送 proxy config 请求

```
[root@VM-0-2-centos tmp]# ./a.out '172.21.0.15' '{"request":"proxy
config","data":{"globalmacro":{
"fields":["globalmacroid","macro","value"],
"data":[[12,"test","test"],[13,"test2","test"]]}}}
'
====================message to send===================================
ZBXD   1 145    0    0    0    0    0    0    0{"request":"proxy
config","data":{"globalmacro":{
```

[1] 按照 ZBXP 通信消息格式（参见代码清单 5-4），消息体前面的 4 个字符为固定的“ZBXD”，此后紧跟着的 9 个数字为 9B 的十进制整数形式。

```
"fields":["globalmacroid","macro","value"],
"data":[[12,"test","test"],[13,"test2","test"]]}}}

====================================================================
====================message received================================
ZBXD   3  47   0    0    0  40    0    0    0{"response":"success","version":"5.0.0"}
====================================================================
```

2. proxy data 消息

Zabbix 代理接收监控数据以后，需要通过某种方式将监控数据传输到 Zabbix 服务器。代理数据（proxy data）消息就是为了这一需求而设计的。与 proxy config 消息类似，proxy data 消息也可以由 Zabbix 服务器或者 Zabbix 代理发起，这取决于 Zabbix 代理是主动模式还是被动模式。无论哪一方发起请求，消息体中的监控数据总是来源于 Zabbix 代理，所以消息体的构造总是在 Zabbix 代理端完成，具体地说是由 Zabbix 代理端的 data sender 进程或者 trapper 进程完成。

与 proxy config 消息不同的是，proxy data 消息传输过程中会使用 Zabbix 代理端的 session 字符串来表明自身的身份。该 session 字符串在每个 Zabbix 代理启动时随机生成，并驻留在缓存中的 config->session_token。如果消息体中缺少 session 字符串，Zabbix 服务器在处理该消息时会直接忽略，而不是拒绝处理。代码清单 5-10 为测试消息，可见即使没有设置 session 字符串，仍然能够成功。

代码清单 5-10　proxy data 请求测试

```
[root@VM-0-2-centos tmp]# ./a.out '172.11.1.1' '{"request":"proxy
data","host":"Zabbix proxy","history
data":[{"itemid":29186,"clock":1591722446,"ns":366666789,"value":"1591722446"}],"version
":"5.0.0","clock":1591722446,"ns":467027330}'
====================message to send==================================
ZBXD    1 187   0    0    0    0    0    0    0{"request":"proxy data","host":"Zabbix
proxy","history
data":[{"itemid":29186,"clock":1591722446,"ns":366666789,"value":"1591722446"}],
"version":"5.0.0","clock":1591722446,"ns":467027330}
====================================================================
====================message received================================
ZBXD    1  22   0    0    0    0    0    0    0{"response":"success"}
====================================================================
```

5.2.3　客户端-服务器的通信协议

Zabbix 客户端与 Zabbix 服务器之间的通信协议同样适用于 Zabbix 客户端与 Zabbix 代理之间，此处的客户端-服务器（agent-server）同时也代表了客户端-代理（agent-proxy）。客户端-服务器通信主要是为了实现监控项信息和监控值的传输。监控项信息需要从 Zabbix 服务器传输到 Zabbix 客户端，而监控值需要从 Zabbix 客户端传输到 Zabbix 服务器，前者通过 active checks 消息实现，后者通过 agent data 消息实现。

1. active checks 消息

主动检查（active checks）消息由 Zabbix 客户端主动向 Zabbix 服务器发送，Zabbix 服务器接收消息后，会根据消息中的 host 值查找对应主机的主动监控项列表，并回复给 Zabbix 客户端。代码清单 5-11 为某测试 Zabbix 服务器返回的 active checks 消息，可见每个监控项只返回了 4 个属性，即 key、delay、lastlogsize 和 mtime。

代码清单 5-11　active checks 消息测试

```
[root@VM-0-2-centos tmp]# ./a.out '172.11.1.1' '{"request":"active
checks","host":"Zabbix server"}'
====================message to send==================================
ZBXD   1  50   0   0   0   0   0   0   0{"request":"active checks","host":"Zabbix
server"}
=====================================================================
====================message received=================================
ZBXD   1 174   0   0   0   0   0   0
0{"response":"success","data":[{"key":"system.cpu.util[,idle]","delay":60,
"lastlogsize":0,"mtime":0},{"key":"vm.memory.size[available]","delay":60,
"lastlogsize":0,"mtime":0}]}
=====================================================================
```

可是，在 Web 页面上设置主动客户端（active agent）监控项时会出现十几个属性，未传输的那些属性是否会对监控数据采集造成影响呢？实际上，未传输的那些属性都是在 Zabbix 服务器端进行处理的，Zabbix 客户端采集数据时并不需要这些属性。例如数据类型属性，对 Zabbix 客户端来说，所有的结果都是以字符串的形式处理的，数据类型都是在数据传输到 Zabbix 服务器端之后转换的。

2. agent data 消息

客户端数据（agent data）消息的作用是将 Zabbix 客户端采集的监控数据传输到 Zabbix 服务器或者 Zabbix 代理。具体来说，该消息由 Zabbix 客户端的 active checks 进程负责发送到 Zabbix 服务器。实际上，这种消息只会出现在主动客户端监控项中，被动客户端（passive agent）监控项通过另一种更为精简的协议进行数据传输。

该消息的测试过程如代码清单 5-12 所示。与 proxy data 的工作机制一样，Zabbix 客户端服务启动时也会生成一个随机的 session 字符串，并在整个运行周期内保持不变。所有的 agent data 消息中都会附加该 session 字符串，而 Zabbix 服务器或者 Zabbix 代理会通过该 session 字符串来识别是哪个 Zabbix 客户端在发送数据。

代码清单 5-12　agent data 消息测试

```
[root@VM-0-2-centos tmp]# ./a.out '172.21.0.2' '{"request":"agent
data","session":"19688d8c24cad4397e949e0e569373ab","data":[{"host":"Zabbix
server","key":"vm.memory.size[available]","value":"1568825344","clock":1591797723,
"ns":963673331}],"clock":1591797728,"ns":965183344}'
====================message to send==================================
ZBXD   1 226   0   0   0   0   0   0   0{"request":"agent
```

```
data","session":"19688d8c24cad4397e949e0e569373ab","data":[{"host":"Zabbix
server","key":"vm.memory.size[available]","value":"1568825344","clock":1591797723,
"ns":963673331}],"clock":1591797728,"ns":965183344}
================================================================
====================message received=================================
ZBXD  1 90  0  0  0  0  0  0  0{"response":"success","info":"processed: 1;
failed: 0; total: 1; seconds spent: 0.000289"}
================================================================
```

在处理被动客户端监控项时，每次采集数据都需要由 Zabbix 服务器向 Zabbix 客户端发送请求消息，然后等待 Zabbix 客户端返回结果。这种情况造成的结果就是数据传输更加频繁，每次传输的数据量很小。此时如果仍然使用 JSON 格式的消息，会造成较多的消息冗余，增加数据传输的负载。基于以上考虑，Zabbix 使用了一种精简格式的消息协议。

5.2.4　Web 应用-服务器的通信协议

Zabbix Web 应用使用 PHP 语言开发，可以独立部署在单独的主机上。在某些情形下，Web 应用需要通过 ZBXP 与 Zabbix 服务器通信，具体的实现方法是使用 PHP 提供的 fsockopen()函数建立 TCP 连接，并通过该连接向 Zabbix 服务器发送请求并接收响应。这也是 Web 应用需要配置 Zabbix 服务器地址和端口号的原因——为了与之建立套接字连接。具体来说，Web 应用主要向 Zabbix 服务器发送 alert.send、item.test、preprocessing.test、expressions.evaluate 和 queue.get 等消息。需要注意的是，所有这些消息都是通过 TCP 传输的，而不是通过超文本传送协议（Hypertext Transfer Protocol，HTTP）传输的。

alert.send 消息是用于媒体类型测试的，典型的消息格式如代码清单 5-13 所示，sessionid 的参数名为 sid，与服务器-代理之间的消息不同，后者使用 session 作为参数名。触发该消息的发送时使用的前端页面如图 5-1 所示。

代码清单 5-13　alert.send 消息测试

```
[root@VM-0-2-centos tmp]# ./a.out '172.21.0.2'
'{"request":"alert.send","sid":"82fe8a6214bf0d111ebc8658bfeedeb1","data":
{"sendto":"bgy.cn@outlook.com","subject":"Test subject","message":"This is the
test message from Zabbix","mediatypeid":"4"}}'
====================message to send==================================
ZBXD  1 196  0  0  0  0  0  0
0{"request":"alert.send","sid":"82fe8a6214bf0d111ebc8658bfeedeb1","data":{"sendto":
"bgy.cn@outlook.com","subject":"Test subject","message":"This is the test
message from Zabbix","mediatypeid":"4"}}
================================================================
====================message received=================================
ZBXD  1 146  0  0  0  0  0  0
0{"response":"failed","info":"cannot connect to SMTP server \"mail.example.com\":
gethostbyname() failed for 'mail.example.com': [1] Unknown host"}
================================================================
```

图 5-1 触发 alert.send 消息的发送时使用的前端页面

alert.send 消息由 Zabbix 服务器端的 trapper 进程处理，也就是说 trapper 进程可以作为一个告警消息发送模块来发挥作用。（其实它还需要 alert 进程族的配合，参见第 10 章。）

item.test 消息的作用是立即获取监控项的返回值，由 Zabbix 服务器端的 trapper 进程接收并处理。item.test 消息的典型格式如代码清单 5-14 所示。当用户进行前端页面操作时触发该消息的发送，具体页面位置如图 5-2 所示。

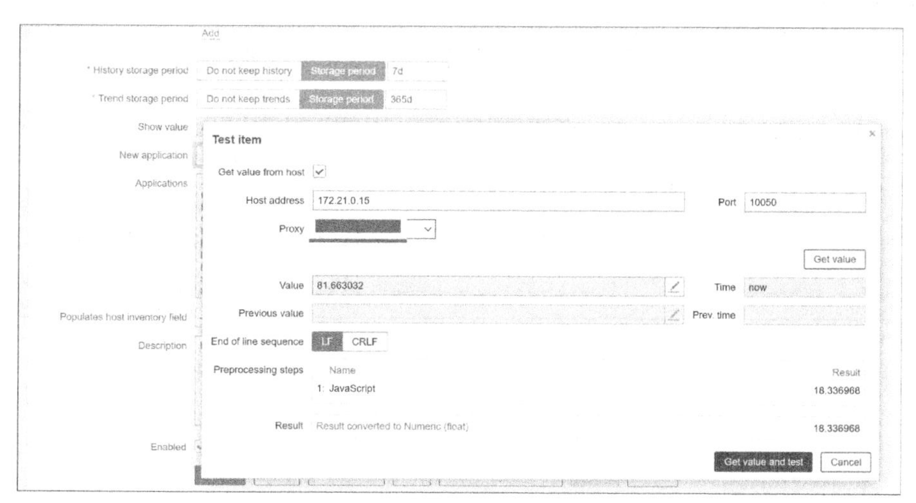

图 5-2 触发 item.test 消息的发送时使用的前端页面

代码清单 5-14 item.test 消息测试

```
[root@VM-0-2-centos tmp]# ./a.out '172.11.1.1'
'{"request":"item.test","data":{"type":"0","proxy_hostid":"10324","key":
"vm.memory.size[pavailable]","interface":{"address":"172.11.1.11","port":"10050"},
"host":{"tls_connect":"1"}},"sid":"82fe8a6214bf0d111ebc8658bfeedeb1"}'
====================message to send==================================
ZBXD   1 222   0   0   0   0   0   0
```

```
0{"request":"item.test","data":{"type":"0","proxy_hostid":"10324","key":
"vm.memory.size[pavailable]","interface":{"address":"172.11.1.11","port":"10050"},
"host":{"tls_connect":"1"}},"sid":"82fe8a6214bf0d111ebc8658bfeedeb1"}
====================================================================
====================message received================================
ZBXD   1  52   0    0    0    0    0    0
0{"response":"success","data":{"result":"81.085154"}}
====================================================================
```

preprocessing.test 消息用于对预处理规则进行测试，该消息格式如代码清单 5-15 所示。触发此种消息的发送时使用的前端页面如图 5-3 所示。

代码清单 5-15　preprocessing.test 消息测试

```
[root@VM-0-2-centos tmp]# ./a.out '172.21.0.2' '{"request":"preprocessing.test",
"data":{
"value":"{\"data\":{\"test\":\"10\"}}",
"steps":[{"type":"12","error_handler":"0","error_handler_params":"","params":"$.d
ata.test"},{"type":"1","error_handler":"2","error_handler_params":"-1","params":"8"}],
"single":false,
"value_type":"3"},
"sid":"82fe8a6214bf0de58ebc8658bfeedeb1"}'
====================message to send==================================
ZBXD   1  70   1    0    0    0    0    0    0{"request":"preprocessing.test",
"data":{
"value":"{\"data\":{\"test\":\"10\"}}",
"steps":[{"type":"12","error_handler":"0","error_handler_params":"","params":"$.d
ata.test"},{"type":"1","error_handler":"2","error_handler_params":"-1","params":"8"}],
"single":false,
"value_type":"3"},
"sid":"82fe8a6214bf0de58ebc8658bfeedeb1"}
====================================================================
====================message received================================
ZBXD   1  87   0    0    0    0    0    0
0{"response":"success","data":{"steps":[{"result":"10"},{"result":"80"}],"result"
:"80"}}
====================================================================
```

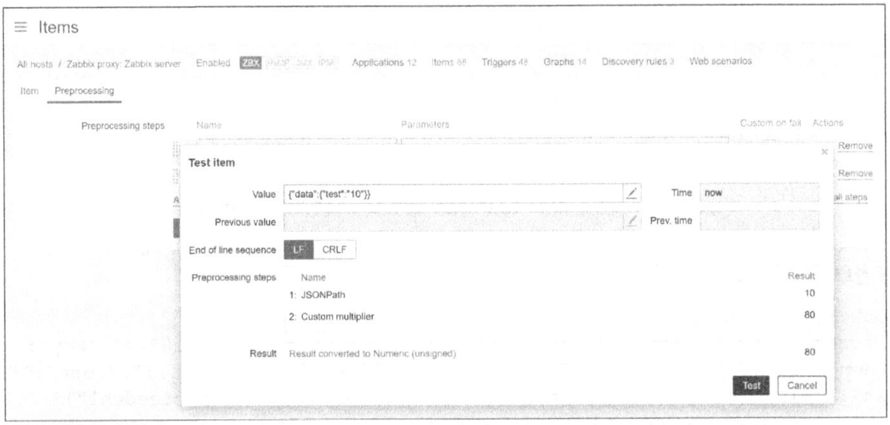

图 5-3　触发 processing.test 消息的发送时使用的前端页面

Zabbix 5.0 版本的 Web 应用提供了表达式测试功能，如图 5-4 所示。该功能实际上通过向 Zabbix 服务器发送 expressions.evaluate 消息实现，所发送的消息格式如代码清单 5-16 所示。

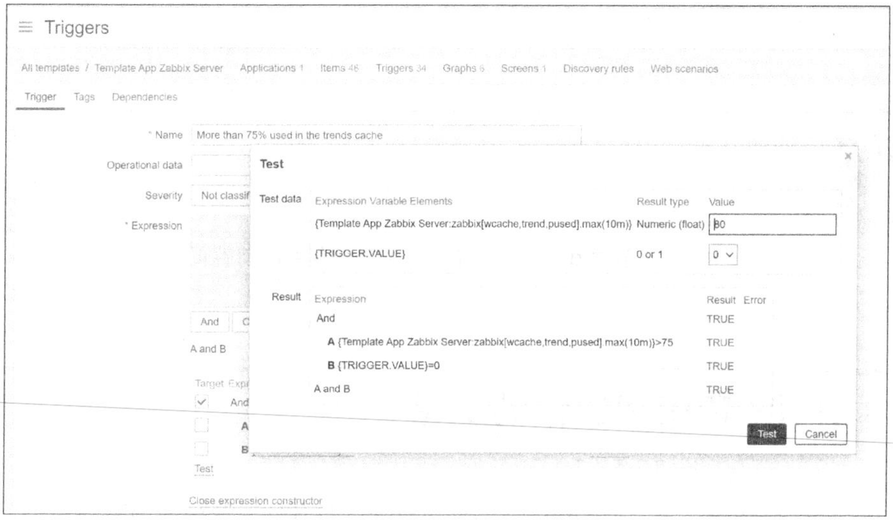

图 5-4 Zabbix 5.0 中触发 expressions.evaluate 消息的发送时使用的前端页面

代码清单 5-16 expressions.evaluate 消息测试

```
[root@VM-0-2-centos tmp]# ./a.out '172.21.0.2'
'{"request":"expressions.evaluate","sid":"82fe8a6214bf0d111ebc8658bfeedeb1",
"data":{"expressions":["80>75 and 0=0","80>75","0=0"]}}'
====================message to send==================================
ZBXD   1 130   0   0   0   0   0   0
0{"request":"expressions.evaluate","sid":"82fe8a6214bf0d111ebc8658bfeedeb1",
"data":{"expressions":["80>75 and 0=0","80>75","0=0"]}}
=====================================================================
====================message received=================================
ZBXD   1 136   0   0   0   0   0   0
0{"response":"success","data":[{"expression":"80>75 and 0=0","value":1},
{"expression":"80>75","value":1},{"expression":"0=0","value":1}]}
=====================================================================
```

queue.get 消息用于支持前端页面的监控项延迟队列的展示，该消息格式如代码清单 5-17 所示。其中的 type 参数支持 details、overview by proxy 和 overview 3 种。该消息返回数据用于 Zabbix Web 前端页面的展示，具体页面位置如图 5-5 所示。

代码清单 5-17 queue.get 消息测试

```
[root@VM-0-2-centos tmp]# ./a.out '172.11.1.1'
'{"request":"queue.get","type":"details","sid":"82fe8a6214bf0d111ebc8658bfeedeb1",
"limit":"1000"}'
====================message to send==================================
ZBXD   1  96   0   0   0   0   0   0
```

```
0{"request":"queue.get","type":"details","sid":"82fe8a6214bf0d111ebc8658bfeedeb1",
"limit":"1000"}
===================================================================
====================message received================================
ZBXD   1 121   0   0   0   0   0   0
0{"response":"success","data":[{"itemid":31188,"nextcheck":1594458571},{"itemid":
31209,"nextcheck":1594458571}],"total":2}
===================================================================
```

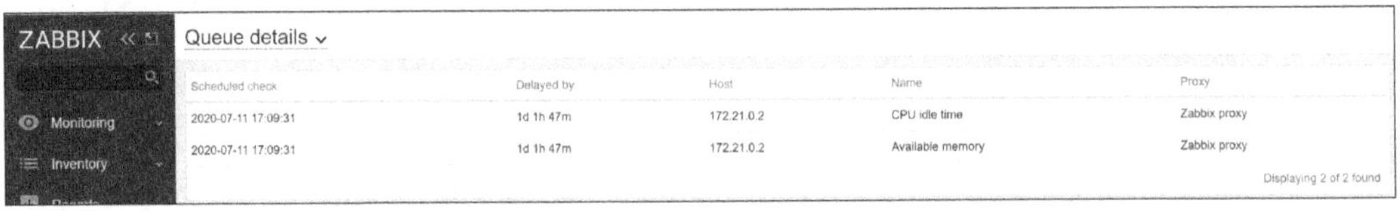

图 5-5　触发 queue.get 消息的发送时使用的前端页面

5.3　TCP/IP 套接字通信的加密

Zabbix 使用传输层安全（Transport Layer Secure，TLS）协议实现加密通信，TLS 加密的过程实际上是在 TCP 连接成功之后先建立一个非对称加密的通信渠道，并在此渠道中协商出一份对称加密的秘钥，此后双方的通信都使用这一对称密钥进行加密和解密。可以说，TLS 通信其实是在 TCP 通信之上增加一个加密层。

TLS 连接是在已经建立的套接字连接的基础上加上加密和解密机制。前面的 5.1.1 节提到，Zabbix 服务器或者 Zabbix 代理建立套接字连接以后会根据接收数据的第一字节来判断是否建立加密通道。如果需要加密，则调用 zbx_tls_accept()函数建立加密通道，以 GnuTLS[1]下的预共享密钥（Pre-Shared Key，PSK）加密为例，具体过程包含以下 9 个步骤。

（1）调用 gnutls_init()函数，对当前会话进行初始化，每个会话在使用之前都必须进行初始化。

（2）调用 gnutls_psk_allocate_server_credentials()函数，为所需要的结构体（证书结构体）分配内存。

（3）调用 gnutls_psk_set_server_credentials_function()函数，设置一个回调函数，用于获取用户的用户名和密码。

（4）调用 gnutls_credentials_set()函数，为指定的认证算法设置所需的证书（对 PSK 认证来说，即用户名和密码）。

（5）调用 gnutls_priority_set()函数，为证书、密钥和算法设置优先级，该设置决定了可

[1] Gnn TLS 是实现了 SSL、TLS 等安全通信协议 API 的一个库。

使用什么级别的证书和密钥。

（6）调用 gnutls_global_set_log_function()函数，为加密过程设置日志输出函数，用于将信息输出到 Zabbix 日志文件中。

（7）调用 gnutls_global_set_audit_log_function()函数，设置审计日志函数，用于输出一些关键信息。

（8）调用 gnutls_transport_set_int()函数，为数据传输函数设置参数。

（9）调用 gnutls_handshake()函数，开始加密握手过程。

加密通道在每次建立连接的过程中都需要重新加载，在关闭连接时则需要拆除通道。而无论是 Zabbix 进程的客户端还是监听端，都会频繁地建立连接和关闭连接，所以就意味着需要频繁地建立加密通道。这正是使用加密机制会导致通信效率下降的原因。

在套接字通信过程中，不加密的传输使用 read()函数或 write()函数，而加密传输需要使用 SSL_write()或 SSL_read()函数，或者使用 gnutls_record_send()函数或 gnutls_record_recv()函数，如代码清单 5-18 所示。因此，在加密通信模式下进行的通信操作与在非加密模式下是完全不同的。

代码清单 5-18 TLS 加密通信的读写函数

```
#if defined(HAVE_GNUTLS)
#   define ZBX_TLS_WRITE(ctx, buf, len)    gnutls_record_send(ctx, buf, len)
#   define ZBX_TLS_READ(ctx, buf, len) gnutls_record_recv(ctx, buf, len)
......
#elif defined(HAVE_OPENSSL)
#   define ZBX_TLS_WRITE(ctx, buf, len)    SSL_write(ctx, buf, (int)(len))
#   define ZBX_TLS_READ(ctx, buf, len) SSL_read(ctx, buf, (int)(len))
......
#endif
```

5.4 小结

本章讲述 Zabbix 各组件之间的 TCP/IP 套接字通信机制与具体通信过程，包括通信机制所使用的数据结构和通信协议规范。为了保障跨主机通信的安全，Zabbix 支持加密通信。Zabbix 使用安全传输层（TLS）协议实现加密通信。

第 6 章

Zabbix 日志及其应用

Zabbix 服务器、Zabbix 代理和 Zabbix 客户端都有各自的日志文件。日志可以输出非常有用的信息，对于定位 Zabbix 的故障和跟踪系统运行状态非常有帮助。

本章介绍 Zabbix 日志记录的格式和日志的分级，该介绍基于 Zabbix 服务器日志。Zabbix 代理日志和 Zabbix 客户端日志与之类似，在此不再赘述。

6.1 日志输出

Zabbix 可以将日志输出到文件、标准输出或者系统日志中。根据输出目的的不同，其记录格式也不同，对日志锁的应用也不同。

6.1.1 日志输出函数

__zbx_zabbix_log()函数用于实际输出日志，日志类型可能是文件、控制台、系统或未定义。对于文件类型的日志，其输出日志的过程分为以下 4 步：

（1）调用 lock_log()函数加互斥锁；

（2）调用 rotate_log()函数尝试进行日志文件滚动；

（3）调用 fopen()函数打开日志文件；

（4）调用 fprintf()函数和 vfprintf()函数输出日志。

写入时间和日志内容后，调用 fclose()函数关闭文件并释放互斥锁。因此，日志文件中的每一条记录都需要打开和关闭文件。

实际上，Zabbix 的具体源码中主要使用 zabbix_log()函数间接调用日志输出函数__zbx_zabbix_log()。例如 server.c 文件中的服务启动函数所输出的第一行日志使用下面的语句：

```
zabbix_log(LOG_LEVEL_INFORMATION, "Starting Zabbix Server. Zabbix %s
(revision %s).",ZABBIX_VERSION, ZABBIX_REVISION);
```

6.1.2 日志记录格式

通过日志输出函数__zbx_zabbix_log()的源码可以分析得出日志记录的格式。__zbx_zabbix_log()函数的源码如代码清单 6-1 所示。

代码清单 6-1 底层的日志输出函数

```
void    __zbx_zabbix_log(int level, const char *fmt, ...)
......
            fprintf(log_file,
                    "%6li:%.4d%.2d%.2d:%.2d%.2d%.2d.%03ld ",
                    zbx_get_thread_id(),
                    tm.tm_year + 1900,
                    tm.tm_mon + 1,
                    tm.tm_mday,
                    tm.tm_hour,
                    tm.tm_min,
                    tm.tm_sec,
                    milliseconds, ehbx_log_levels[level == 127 ? 0 : level]
                    );

            va_start(args, fmt);
            vfprintf(log_file, fmt, args);
            va_end(args);

            fprintf(log_file, "\n");
......
```

当日志输出到文件或者标准输出 stdout 时，其格式如下（□表示两个空格，▯表示 1 个空格）：

```
□3456:2015.01.21:09.10.01.099▯<log_message>\n
```

例如，Zabbix 服务器服务启动时输出的第一行日志一般如下所示：

```
1077:20200905:121546.989 Starting Zabbix Server. Zabbix 5.0.1 (revision c2a0b03480).
```

即最左侧为进程 ID，占 6 位、右对齐，后面依次为年、月、日、时、分、秒、毫秒以及日志记录内容，并且日志记录与时间之间用一个空格分开。

需要注意的是，有些日志记录本身也包含换行符，如代码清单 6-2 所示。

代码清单 6-2 包含换行符的日志记录

```
27883:20200611:231018.772 End of zbx_substitute_functions_results()
```

```
 27883:20200611:231018.772 End of substitute_functions()
 27883:20200611:231018.772 In evaluate() expression:'0/1>1.5
and 0.05>0
and 0.05>0'
```

以某测试服务器为例，当日志输出到系统日志（syslog）时，其输出格式为：

```
<日期> <时:分:秒> <主机名> <进程名称[进程 ID]>: <日志内容>
```

如果使用 tail 命令实时查看具体日志内容，其结果可能如代码清单 6-3 所示。每一行的第一部分为日期和时间，而 VM-0-2-centos 为主机名，zabbix_server 为进程名称，[31782] 为进程 ID，结尾部分为日志内容。

代码清单 6-3 输出到 syslog 的日志

```
[root@VM-0-2-centos log]# tail -f /var/log/messages |more
Jun 11 23:54:56 VM-0-2-centos zabbix_server[31782]: In zbx_ipc_service_recv()
timeout:1
Jun 11 23:54:56 VM-0-2-centos zabbix_server[31793]: query [txnlev:1] [select
a.alertid,a.mediatypeid,a.sendto,a.subject,a.message,a.status,a.retries,e.source,
e.object,e.objectid,a
.parameters,a.eventid,a.p_eventid from alerts a left join events e on
a.eventid=e.eventid where alerttype=0 and a.status=3 order by a.alertid]
Jun 11 23:54:56 VM-0-2-centos zabbix_server[31793]: query [txnlev:1] [commit;]
Jun 11 23:54:56 VM-0-2-centos zabbix_server[31793]: End of am_db_get_alerts():
SUCCEED alerts:0
Jun 11 23:54:56 VM-0-2-centos zabbix_server[31793]: In am_db_flush_results()
```

6.1.3 日志锁

当日志输出到文件或者 stdout 时，因为日志文件是唯一的，所以需要使用互斥锁来避免冲突。日志锁通过将大量运行的进程协调为串行模式来写日志，在避免访问冲突的同时也牺牲了并行化的收益。但是当日志输出到系统日志时，Zabbix 调用 syslog()这一系统函数来完成日志输出操作，该操作是原子的，所以不需要加锁。

日志锁是 Zabbix 使用的 13 种互斥锁中的一个，其内容已在 2.6 节介绍过。对于同一个 Zabbix 组件的所有进程，日志文件或者 stdout 是唯一的，因此需要使用互斥锁来保证同一个时间只有一个写日志（进程对日志只写不读）。

与其他锁一样，Zabbix 使用的互斥锁为 pthreads 互斥锁。pthreads 是一种并行化多线程编程接口标准，该标准提供了 3 大类功能，包括线程管理、互斥锁和条件变量。因为 Zabbix 主要使用多进程架构，所以并没有使用 pthreads 提供的线程管理功能，而是仅仅使用 pthreads 提供的互斥锁来实现多进程之间的同步。当系统不支持 pthreads 时，互斥锁将会退化为信号量。考虑到 pthreads 互斥锁的性能优于信号量，在可能的情况下应使用互斥锁。

理论上，在日志文件中看到的每一条日志都曾经执行过加锁和解锁的操作。当我们将日志级别调高时，不仅增加了日志写入量，也增加了加锁和解锁的开销。代码清单 6-4 为在 Linux 操作系统下对日志进行加锁和解锁的函数源码。

代码清单 6-4 日志文件访问时的加锁与解锁过程

```
static void lock_log(void)
{
    sigset_t    mask;

    sigemptyset(&mask);
    sigaddset(&mask, SIGUSR1);
    sigaddset(&mask, SIGUSR2);
    sigaddset(&mask, SIGTERM);
    sigaddset(&mask, SIGINT);
    sigaddset(&mask, SIGQUIT);
    sigaddset(&mask, SIGHUP);

    if (0 > sigprocmask(SIG_BLOCK, &mask, &orig_mask))
        zbx_error("cannot set sigprocmask to block the user signal");

    zbx_mutex_lock(log_access);
}

static void unlock_log(void)
{
    zbx_mutex_unlock(log_access);

    if (0 > sigprocmask(SIG_SETMASK, &orig_mask, NULL))
        zbx_error("cannot restore sigprocmask");
}
```

6.2 日志级别

Zabbix 的日志划分为 6 个级别，分别代表不同的严重度。

6.2.1 日志级别的划分

关于日志级别，需要首先明确两个概念，即输出门限级别和日志记录级别。输出门限级别是指允许输出的日志记录所具有的最高级别，即低于或等于该级别的日志记录都会输出到文件中，高于该级别的日志则不会输出。日志记录级别是指一条日志记录本身的级别，代表了日志事件的严重程度。Zabbix 的日志级别划分为 6 个等级(0 级～5 级)，分别为 INFO、CRITICAL、ERROR、WARNING、DEBUG 和 TRACE。日志输出门限级别由配置文件中的 DebugLevel 参数指定，比如将 DebugLevel 设置为 WARNING 级别，则从 INFO 到 WARNING 级别的日志记录都会输出到文件中。

6.2.2　在日志记录中添加日志级别

Zabbix 日志记录本身不包括日志级别字符串和进程类型，为了便于进行日志监控和分析，我们可以简单地修改 log.c 源码文件，以在日志记录中显示日志级别和进程类型名，具体修改内容如代码清单 6-5 所示。

代码清单 6-5　修改源码以添加日志级别

```
/* 1.
**修改 src/zabbix_server/server.c、src/zabbix_proxy/proxy.c
**以及 src/zabbix_agent/zabbix_agentd.c 文件中的以下变量定义
**/

unsigned char  process_type = ZBX_PROCESS_TYPE_UNKNOWN;
/** 将上面的变量修改为 extern 类型:
extern unsigned char process_type;
**/

/* 2.
**修改 Zabbix 5.0 版本的 src/libs/zbxlog/log.c 文件
**/
static char     log_filename[MAX_STRING_LEN];
static int      log_type = LOG_TYPE_UNDEFINED;
static zbx_mutex_t  log_access = ZBX_MUTEX_NULL;
int         zbx_log_level = LOG_LEVEL_WARNING;
//添加下面两个变量定义
static char * ehbx_log_levels[6] =
{"INFO","CRITICAL","ERROR","WARNING","DEBUG","TRACE"};
unsigned char  process_type = 255;
......
        if (NULL != (log_file = fopen(log_filename, "a+")))
        {
            long        milliseconds;
            struct tm   tm;

            zbx_get_time(&tm, &milliseconds, NULL);
//修改 fprintf 函数，实现在日志文件输出中添加日志级别标志和进程类别
            fprintf(log_file,
                    "%6li:%.4d%.2d%.2d:%.2d%.2d%.2d.%03ld %-8s [%s] ",
                    zbx_get_thread_id(),
                    tm.tm_year + 1900,
                    tm.tm_mon + 1,
                    tm.tm_mday,
                    tm.tm_hour,
                    tm.tm_min,
                    tm.tm_sec,
                    milliseconds,
                    ehbx_log_levels[level == 127 ? 0 : level],
    process_type == 255 ? "unknown" :get_process_type_string(process_type)
    );
    ......
```

```
    if (LOG_TYPE_CONSOLE == log_type)
    {
        long        milliseconds;
        struct tm   tm;

        LOCK_LOG;

        zbx_get_time(&tm, &milliseconds, NULL);
        //修改 fprintf 函数，实现在标准输出日志中添加日志级别标志和进程类别
        fprintf(stdout,
                "%6li:%.4d%.2d%.2d:%.2d%.2d%.2d.%03ld %-8s [%s] ",
                zbx_get_thread_id(),
                tm.tm_year + 1900,
                tm.tm_mon + 1,
                tm.tm_mday,
                tm.tm_hour,
                tm.tm_min,
                tm.tm_sec,
                milliseconds,
                ehbx_log_levels[level == 127 ? 0 : level],
        process_type == 255 ? "unknown" :get_process_type_string(process_type)
                );
```

修改以后重新编译安装，可以看到日志文件中开始显示日志级别，如代码清单 6-6 所示。

代码清单 6-6 日志级别的添加位置

```
[root@VM-0-2-centos tmp]# tail -f /tmp/zabbix_server.log
26852:20200715:012311.902 WARNING  [history syncer] exporting history:
itemid[31210],key[vm.memory.size[pavailable]],value[40.402655]
26873:20200715:012312.876 WARNING  [alerter] failed to send email: Support for SMTP
authentication was not compiled in
26874:20200715:012312.899 WARNING  [alerter] failed to send email: Support for SMTP
authentication was not compiled in
……
```

6.2.3 日志相关代码的统计

在 Zabbix 5.0 的 C 语言源码部分（不含 Java 语言的 Zabbix java gateway 部分），zabbix_log()函数负责所有的日志输出。如果使用 zabbix_log 关键字搜索源码文件，会返回 3 375 行结果，具体命令如代码清单 6-7 所示。在所有的 3 375 行结果中，INFO 级别出现 77 次，CRITICAL 级别出现 269 次，ERROR 级别出现 118 次，WARNING 级别出现 373 次，DEBUG 级别出现 2 224 次，TRACE 级别出现 314 次。

代码清单 6-7 日志相关代码的统计数据

```
[root@VM_0_15_centos src]# grep -r -h 'zabbix_log(LOG_LEVEL'|wc -l
3396
[root@VM_0_15_centos src]# grep -r -h 'zabbix_log(LOG_LEVEL'|grep
'zabbix_log(LOG_LEVEL_INFORMATION,'|wc -l
```

```
77
[root@VM_0_15_centos src]# grep -r -h 'zabbix_log(LOG_LEVEL'|grep
'zabbix_log(LOG_LEVEL_CRIT,'|wc -l
269
[root@VM_0_15_centos src]# grep -r -h 'zabbix_log(LOG_LEVEL'|grep
'zabbix_log(LOG_LEVEL_ERR,'|wc -l
118
[root@VM_0_15_centos src]# grep -r -h 'zabbix_log(LOG_LEVEL'|grep
'zabbix_log(LOG_LEVEL_WARNING,'|wc -l
373
[root@VM_0_15_centos src]# grep -r -h 'zabbix_log(LOG_LEVEL'|grep
'zabbix_log(LOG_LEVEL_DEBUG,'|wc -l
2224
[root@VM_0_15_centos src]# grep -r -h 'zabbix_log(LOG_LEVEL'|grep
'zabbix_log(LOG_LEVEL_TRACE,'|wc -l
314
```

在 DEBUG 级别出现的 2 224 次中，有 1 608 次用于记录函数的开始和结束（即 In %s() 和 End of %s()），意味着至少有 804 个函数存在这种起止日志（成对出现），而用于输出其他信息的为 616 次。实际上函数的开始日志和结束日志也可能出现在 TRACE 级别的日志中，但是数量比较少，只有约 30 个函数中存在这种情况。

Zabbix 5.0 的 C 语言源码中共定义了大概 5 600 个函数，其中有大约 1 100 个函数用于数据库的升级，其他的常规函数约有 4 500 个。更多的统计结果表明，在所有函数中，有超过一半的函数根本没有 zabbix_log 语句。这意味着即使将日志级别设置为 TRACE，大多数的函数也不可能在日志中输出任何信息。

6.3　小结

日志是进行缺陷追踪以及获取 Zabbix 运行状态和进度的重要渠道。Zabbix 可以输出多个级别的日志记录。本章讲述了 Zabbix 日志的输出函数、日志记录格式、日志输出过程以及日志级别的划分。

第二部分

Zabbix 服务器端的各个进程

理解了底层工作机制之后，我们在第二部分将具体介绍 Zabbix 的每一种进程。这些进程被分为不同的种类，每一种进程负责相应的任务，包括收集原始监控数据、对原始监控数据进行预处理、将预处理后的监控数据同步到数据库、对监控数据进行计算以生成事件、计算和获取内部监控数据，以及对数据库中的数据进行清理等。通过这一部分的学习，读者将能够理解 Zabbix 为什么要设计如此多的进程、每一种进程如何工作以及该进程如何与其他进程通信和协作。

第7章

trapper 类和 poller 类进程——监控数据的收集

Zabbix 服务器的重要任务之一就是被动接收由 Zabbix 代理和各种 Zabbix 客户端发送的监控数据，以及主动向 Zabbix 代理、Zabbix java gateway 和 Zabbix 客户端等数据源请求数据，其中被动接收数据由 trapper 类进程实现，主动请求数据则由 poller 类进程实现。

trapper 类进程通过监听 TCP 套接字来捕获符合通信协议的原始监控数据，poller 类进程则使用 ConfigCache 作为输入，根据缓存信息实现完善的任务调度。trapper 类和 poller 类进程的下游是预处理进程，这两类进程需要将收集到的原始监控数据发送到预处理进程。trapper 类进程和 poller 类进程都会在进程内部维护一个静态变量 cached_message，用于暂存待发送的监控数据，并在各种必要的时机将该变量中的消息发送到预处理进程。

7.1 trapper 类进程

trapper 类进程的作用是接收其他组件发送来的监控数据和请求消息并进行处理，它包括 trapper 进程和 snmp trapper 进程两种进程，二者之间的区别在于前者通过 TCP 通信协议获得输入，后者通过读取 trap 文件（cached_message 配置参数）获得输入。

相比于 poller 进程主动获取数据，trapper 进程是被动获取数据，即作为一个监听端等待其他组件向其发送数据和请求消息。至于 snmp trapper 进程，虽然它会主动读取 trap 文件，但是 trap 文件中的数据是 snmp trapper 进程通过监听接收的，trap 文件只作为监控数据的缓存而存在。因此，从整体意义上说，snmp trapper 进程仍然是被动获取数据。

7.1.1 trapper 进程

trapper 进程由配置文件中的 StartTrappers 参数决定其启动数量（允许启动 0～1 000 个进程）。Zabbix 服务器端和 Zabbix 代理端都可以启动 trapper 进程，只是 Zabbix 代理端的 trapper 功能比 Zabbix 服务器端要少一些，本章主要介绍 Zabbix 服务器端的 trapper 进程。

Zabbix 服务器端的 trapper 进程负责接收来自 Zabbix 客户端、Zabbix 代理、zabbix_sender 及其他外部进程发来的请求并进行处理，按照 Zabbix 5.0 的通信协议规范，trapper 进程只能接收 JSON 格式字符串的请求。

trapper 进程会根据 JSON 串中的 request 参数来调用不同的处理函数，一共可以处理 15 种请求，其类型在源码中由 15 个宏定义，如表 7-1 所示。对 trapper 进程来说，所有的输入都来自 TCP 通信（不考虑信号处理）。当启动多个 trapper 进程时，每个进程都具备处理所有 15 种请求的能力，具体每个请求由哪个进程处理，取决于该请求被哪个 trapper 进程读取（从套接字读取）。

表 7-1 trapper 进程可处理的 15 种请求类型

宏名	request 参数值	消息接收方
ZBX_PROTO_VALUE_PROXY_CONFIG	"proxy config"	主动代理不支持
ZBX_PROTO_VALUE_AGENT_DATA	"agent data"	服务器或代理支持
ZBX_PROTO_VALUE_SENDER_DATA	"sender data"	服务器或代理支持
ZBX_PROTO_VALUE_PROXY_TASKS	"proxy tasks"	仅被动代理支持
ZBX_PROTO_VALUE_PROXY_DATA	"proxy data"	主动代理不支持
ZBX_PROTO_VALUE_PROXY_HEARTBEAT	"proxy heartbeat"	仅服务器支持
ZBX_PROTO_VALUE_GET_ACTIVE_CHECKS	"active checks"	服务器或代理支持
ZBX_PROTO_VALUE_COMMAND	"command"	仅服务器支持
ZBX_PROTO_VALUE_GET_QUEUE	"queue.get"	仅服务器支持
ZBX_PROTO_VALUE_GET_STATUS	"status.get"	仅服务器支持
ZBX_PROTO_VALUE_ZABBIX_STATS	"zabbix.stats"	服务器或代理支持
ZBX_PROTO_VALUE_ZABBIX_ALERT_SEND	"alert.send"	仅服务器支持
ZBX_PROTO_VALUE_PREPROCESSING_TEST	"preprocessing.test"	仅服务器支持
ZBX_PROTO_VALUE_EXPRESSIONS_EVALUATE	"expressions.evaluate"	仅服务器支持
ZBX_PROTO_VALUE_ZABBIX_ITEM_TEST	"item.test"	仅服务器支持

可见，trapper 进程不仅能够完成原始监控数据的接收，还可以完成很多其他请求的处

理，包括配置信息请求、任务请求、active checks 请求、状态信息请求和告警发送请求等。

1. trapper 进程工作机制

总体而言，trapper 进程所做的事情就是循环从 TCP 套接字读取请求消息，然后根据消息类型调用不同的函数进行处理，处理完毕后关闭该套接字连接。即每个循环处理一个请求，每个请求的处理都是在新的连接中进行通信的。

trapper 进程从主进程继承了套接字文件描述符，因此可以对套接字执行读写操作。因为 trapper 进程涉及远程通信，所以如果启用了加密传输（使用--with-openssl 或--with-gnutls 进行编译），trapper 进程会通过 zbx_tls_init_child()函数建立加密环境。考虑到其他组件发送来的消息可能是加密或者没有加密的，trapper 进程要同时具备处理这两种消息的能力。它的应对方式是，在接收消息时先读取消息的第一字节，如果该字节为\x16（加密握手消息），则视其为加密消息，否则视其为非加密消息。

由于 trapper 进程在处理某些请求时需要使用数据库中的数据，因此在准备阶段会调用 DBconnect()函数建立数据库连接，并一直保持该连接。

在信号处理方面，trapper 进程允许捕获运行时控制信号（通过命令参数-R snmp_cache_reload），因此还会为该信号注册一个处理函数。

另外，对于被动模式下的 Zabbix 代理，因为其没有 configuration syncer 进程，配置信息同步的工作将由 trapper 进程完成，所以如果当前进程是 trapper 进程中的第一个进程，那么它还将负责配置信息的首次同步。以上步骤完成以后就可以开始接收 TCP 连接请求。

trapper 进程循环进行数据接收、数据处理和关闭套接字的过程。在数据接收期间，进程视为空闲状态，进程标题显示为“waiting for connection”（等待连接）；在数据处理和关闭套接字期间，进程视为繁忙状态，进程标题显示为“processing data”（处理数据）。因此 Zabbix 内部监控所显示的 trapper 进程空闲率并不代表什么都没有发生，进程可能在等待数据到来，也可能正在接收数据。

分析 trapper 进程的 main()函数源码发现，其主要逻辑是首先调用 zbx_tcp_accept()函数进行数据接收，如果数据接收成功，则依次调用 update_selfmon_counter()函数和 process_trapper_child()函数，前者的作用是更新 Zabbix 性能监控的一些指标值，后者的作用是实际处理接收的数据。

trapper 进程对多种请求类型的处理能力在源码中表现为 process_trap()函数中所定义的一系列 if-else 语句，如代码清单 7-1 所示。可见，如果想要对 trapper 进程的请求处理能力进行扩展，只需要增加一条 if-else 语句，然后开发对应的请求处理函数即可。

代码清单 7-1　process_trap()函数中定义的 if-else 语句

```
static int  process_trap(zbx_socket_t *sock, char *s, zbx_timespec_t *ts)
{
```

```
......
if (SUCCEED == zbx_json_value_by_name(&jp, ZBX_PROTO_TAG_REQUEST, value,
sizeof(value), NULL))
{
    if (0 == strcmp(value, ZBX_PROTO_VALUE_PROXY_CONFIG))
    {
        if (0 != (program_type & ZBX_PROGRAM_TYPE_SERVER))
        {
            send_proxyconfig(sock, &jp);
        }
        else if (0 != (program_type & ZBX_PROGRAM_TYPE_PROXY_PASSIVE))
        {
            zabbix_log(LOG_LEVEL_WARNING, "received configuration data from server"
                    " at \"%s\", datalen " ZBX_FS_SIZE_T,
                    sock->peer, (zbx_fs_size_t)(jp.end - jp.start + 1));
            recv_proxyconfig(sock, &jp);
        }
        else if (0 != (program_type & ZBX_PROGRAM_TYPE_PROXY_ACTIVE))
        {
            active_passive_misconfig(sock);
        }
    }
......
    else if (0 == strcmp(value, ZBX_PROTO_VALUE_ZABBIX_ITEM_TEST))
    {
        if (0 != (program_type & ZBX_PROGRAM_TYPE_SERVER))
            zbx_trapper_item_test(sock, &jp);
    }
    else
        zabbix_log(LOG_LEVEL_WARNING, "unknown request received from \"%s\": [%s]",
    sock->peer, value);
}
......
}
```

2. 处理 proxy config 请求

代理配置（proxy config）请求的作用是将 Zabbix 服务器的配置信息传输到 Zabbix 代理。proxy config 请求可以由 Zabbix 代理发送到 Zabbix 服务器，也可以由 Zabbix 服务器发送到 Zabbix 代理（被动模式）。虽然在主动模式下 Zabbix 代理不能接收此请求，但是它可以向 Zabbix 服务器发送此请求。

对 Zabbix 服务器来说，接收该请求以后需要从数据库查询配置信息，并构造 JSON 格式消息回复给 Zabbix 代理。如果使用了大量主动代理，而每个 Zabbix 代理都会按照设定的频率向 Zabbix 服务器发送该请求，则意味着 Zabbix 服务器需要处理大量的 proxy config 请求，数据库的访问量也随之增加，而主动代理接收回复消息以后需要将数据加载到缓存并写入数据库。

对被动代理来说，它只是监听来自 Zabbix 服务器端的 proxy config 消息，一旦接收消息，就会将其中的 proxy config 信息加载到缓存并写入数据库，处理过程与主动代理无异。

3. 处理 agent data 和 sender data 请求

将这两种请求放到一起讲是因为二者的处理过程非常类似，唯一的区别在于对监控项的验证过程：agent data 要求监控项属于主动客户端（active agent）类型，而发送者数据（sender data）要求监控项属于 Zabbix trapper 类型。本节以 agent data 请求的处理过程为例进行讲述。

agent data 请求的处理最终由 process_client_history_data()函数完成。观察代码清单 7-2 所示的 agent data 字符串会发现，其数据部分的结构是一个数组，而每个值都具有 host、key、value、id、clock 和 ns 共 6 个参数，其中 host 参数的值往往是一样的，因为单个请求由单个主机（host）发送。

代码清单 7-2　agent data 消息结构

```
24434:20200705:121513.117 trapper got '{"request":"agent
data","session":"644389d50b30cad7740345adcd6aefa9","data":[{"host":"Zabbix server",
"key":"system.cpu.util[,idle]","value":"97.645291","id":1134869,"clock":1593922509,
"ns":117053015},{"host":"Zabbix server","key":"vm.memory.size[available]","value":
"1565278208","id":1134870,"clock":1593922509,"ns":117110776},{"host":"Zabbix server",
"key":"system.cpu.util[,idle]","value":"97.695776","id":1134871,"clock":1593922511,
"ns":117294208},{"host":"Zabbix server","key":"vm.memory.size[available]","value":
"1570086912","id":1134872,"clock":1593922511,"ns":117342743}],"clock":1593922513,
"ns":117598961}'
```

我们注意到，JSON 消息中所有监控值的 value 参数都是字符串类型的，它是如何转换为监控项所定义的类型的呢？这个转换过程发生在预处理进程中，预处理进程收到监控值的时候，value 参数还是字符串类型的，在整个预处理过程中随时会根据操作步骤的要求进行类型转换。当预处理完全结束的时候，如果类型不符合监控项的类型设置，那么预处理管理进程会先将结果转换为设置的类型，再写入缓存。预处理过程发生在预处理进程中。

在处理 agent data 请求的过程中，trapper 进程的作用在于验证数据的有效性，包括监控项状态、监控项类型和主机状态等，为了完成这些工作，它必须要访问 ConfigCache。

相对于 proxy data，单个 agent data 请求中包含的监控值数量更少，因此处理时间一般来说也更短。不同的是，proxy data 中的监控值是经过 Zabbix 代理的预处理的（从 Zabbix 5.0 版本开始），因此不需要再发送到预处理进程，而是直接存入缓存或者进行底层发现处理。

4. 处理 proxy data 请求

代理数据（proxy data）请求可能由 Zabbix 服务器或者被动模式下的 Zabbix 代理来处理。如果是 Zabbix 服务器，说明它接收了一批来自 Zabbix 代理的监控值，此时需要将数据写入缓存或者进行 LLD 处理；如果是被动代理，说明它接收了 Zabbix 服务器发送的数据请求，此时需要做的是将监控数据回复给 Zabbix 服务器。这是两种不同的处理方式：接收或者发送。如果是接收，将由 zbx_recv_proxy_data()函数处理，如果是发送，则由 zbx_send_ proxy_data()函数处理。

与 agent data 相比，proxy data 中除了包含监控值（history data 参数，见代码清单 7-3），必要时还包括主机可用性（host availability）、自动注册（auto registration）、发现数据（discovery data）和 tasks 信息，这是因为 Zabbix 代理有很多 Zabbix 客户端所不具备的功能。此外，从 Zabbix 5.0 开始，Zabbix 代理具有了预处理的能力，所以 proxy data 中的监控值其实是已经预处理过的，不需要在 Zabbix 服务器端再次预处理。

代码清单 7-3 proxy data 消息结构

```
### Zabbix 服务器接收的 proxy data 消息 ###
23079:20200705:145752.042 trapper got '{"request":"proxy data","host":"Zabbix
proxy","session":"c6d4ee9315f6f3183da4768ff354d399","history data":[{"id":8230154,
"itemid":30941,"clock":1593932261,"ns":422902350,"value":"0.020334157996407632"},
{"id":8230155,"itemid":30942,"clock":1593932262,"ns":423073043,"value":"0"},{"id"
:8230156,"itemid":30943,"clock":1593932263,"ns":423245326,"value":"0"},{"id":8230157,
"itemid":30945,"clock":1593932265,"ns":423487150,"value":"0"},{"id":8230158,"itemid":
31036,"clock":1593932266,"ns":432109513,"value":"1"},{"id":8230159,"itemid":30947,
"clock":1593932267,"ns":426211317,"value":"0.17205781142463869"},{"id":8230160,
"itemid":30949,"clock":1593932269,"ns":426422126,"value":"0"},{"id":8230161,"itemid":
31010,"clock":1593932270,"ns":426551863,"value":"0"},{"id":8230162,"itemid":30950,
"clock":1593932270,"ns":426580233,"value":"0.016943409013893594"}],"version":"5.0.0",
"clock":1593932272,"ns":37206942}'

### Zabbix 代理接收的 proxy data 消息 ###
14547:20200705:150101.389 trapper got '{"request":"proxy data"}'
```

Zabbix 服务器接收该消息的处理过程包含以下步骤。

（1）验证发送端 Zabbix 代理的有效性和合法性。

（2）处理 Zabbix 代理与 Zabbix 服务器之间的通信延迟。

（3）处理主机可用性（host availability）数据，该过程中会更新缓存以及数据库中的主机信息。

（4）处理历史数据（history data），具体过程与处理 agent data 请求基本一致（除了历史数据不需要进行预处理）。

（5）处理网络发现数据（discovery data），按照所设定的发现规则和检查方法进行处理。

（6）处理自动注册（auto registration）数据，更新或者插入数据库中的 autoreg_host 表，随即生成自动注册事件，并处理事件。

（7）处理 tasks 数据，在数据库中的任务相关的表中插入数据。

（8）发送响应消息给 Zabbix 代理。

5. 处理其他请求

由于其他请求与监控数据的收集并不直接相关，因此不在此处展开讲述。相关内容请参见第 5 章、第 10 章和第 15 章。

7.1.2　snmp trapper 进程

snmp trapper 进程由配置参数 StartSNMPTrapper 决定其启动数量（允许 0 或 1 个进程）。该进程的工作方式是循环调用 get_latest_data()和 read_traps()函数，从 trap 文件（文件路径由 SNMPTrapperFile 配置参数决定）中读取数据，然后调用 parse_traps()函数进行解析处理。

get_latest_data()函数的工作过程包括以下 4 个步骤。

（1）尝试以只读方式打开配置的 snmp trap 文件（默认使用/tmp/zabbix_traps.tmp）。

（2）调用 read_traps()函数读取监控数据。

（3）调用 parse_trap()进行数据解析，获取结果。

（4）调用 process_trap()函数处理监控结果，并发送到预处理进程进行处理。

一方面，snmp trapper 进程每次读取 snmp trap 文件时，需要知道上次访问的位置，以避免重复读取数据；另一方面，随着监控数据的增加，snmp trap 文件会发生滚动，此时 snmp trapper 进程需要能够判断文件是否已经发生滚动，如果确实发生了滚动，则需要读取所有剩余数据，并打开新的 snmp trap 文件。

为了解决以上问题，Zabbix 会在数据库中保存最后一次访问 snmp trap 文件时的文件大小（globalvars 表的 snmp_lastsize 字段），每次访问文件时根据实际文件大小的变化情况判断其是否发生了滚动。

snmp trapper 进程的这种监控数据采集方式称为 SNMP traps，该方式实际上是由 Zabbix 之外的 snmptrapd 进程捕获由 SNMP 设备主动上送的数据，并将这些捕获的数据临时转存到指定的文件中，而 Zabbix 服务器端或 Zabbix 代理端的 snmp trapper 进程通过读取该指定文件来获得监控数据。

除了 snmp trapper 进程，另外一种获取 SNMP 类型监控数据的方式是通过 poller 进程，具体参见 7.2.2 节。

7.2　poller 类进程

poller 类进程是指以主动方式获取原始监控数据的进程，包括 poller 进程、unreachable poller 进程、ipmi manager/poller 进程、icmp pinger 进程、java poller 进程、proxy poller 进程和 http poller 进程，一共有 7 种（参见表 2-1），它们各自负责采集不同类型的监控项数据。与 trapper 类进程不同的是，poller 类进程需要自己执行监控数据采集逻辑，每一种监控项都需要调用不同的函数进行处理才能得到监控数据，而 trapper 类进程可以直接接收监控数据。从这个角度来说，对于同样数量的监控任务，使用 poller 工作方式要比使用 trapper

工作方式的负载更高。

7.2.1 poller 类进程的工作过程

poller 类进程首先需要解决的问题是如何调度数据采集过程，以保证大量数据采集任务的执行顺序和间隔是正确且准确的。此外，每一种进程都并非唯一的，所以还要保证多进程之间的协调，避免冲突。

Zabbix 的解决方案是通过 ConfigCache 中定义的 6 个二叉堆结构来确定数据采集任务的执行顺序和间隔，这些二叉堆都是按照时间戳排序的小根堆，最先需要处理的监控项总是位于根节点。这些二叉堆定义在 config->queues 数组和 config->pqueue 变量中，每个二叉堆对应一种 poller 类进程，具体关系如图 7-1 所示。从图 7-1 中可以看到，http poller 进程是一个例外，缓存中没有与之对应的二叉堆队列，它通过数据库中的表进行调度控制。http poller 的特殊性源于其所执行的数据采集逻辑是有状态的，当多次为同一个监控项采集数据时，需要使用最初获取的会话和 cookie 等信息，这就要求监控项每次采集数据时都调度到同一个进程中。通过数据库控制调度过程，可以使用取余法，根据 httptestid 将监控项分配到固定的进程，如代码清单 7-4 所示。

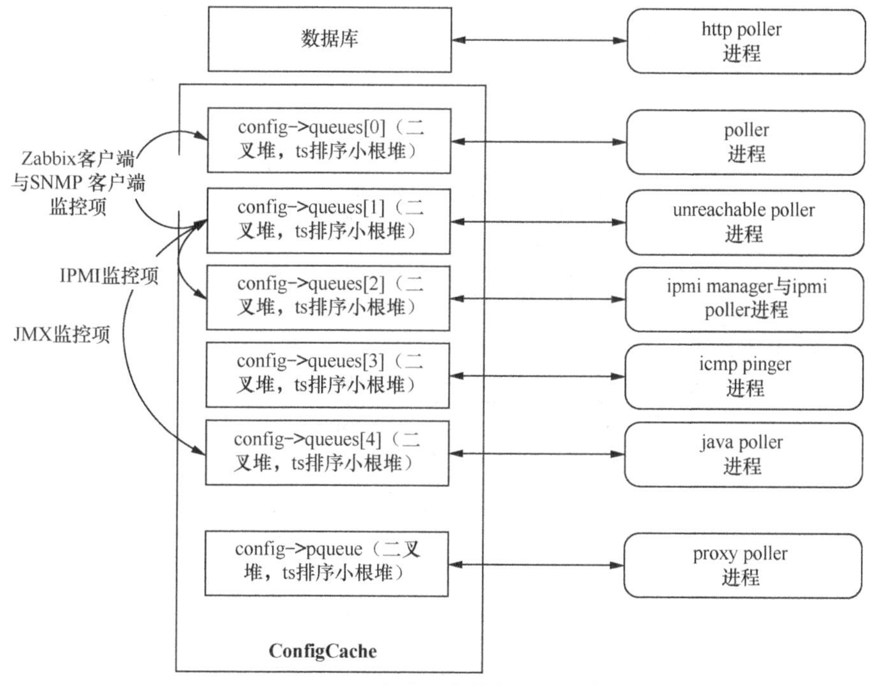

图 7-1 poller 类进程的数据采集调度机制

至于多进程之间的冲突问题，解决方法是使用 ConfigCache 互斥锁，即在访问二叉堆之前加锁，在访问结束以后解锁，从而保证同一时间只有一个进程在访问。

代码清单 7-4　使用取余法将监控项分配到固定的进程

```
    result = DBselect(
            "select
h.hostid,h.host,h.name,t.httptestid,t.name,t.agent,t.authentication,t.http_user,
t.http_password,t.http_proxy,t.retries,t.ssl_cert_file,t.ssl_key_file,t.ssl_key_
password,t.verify_peer,t.verify_host,t.delay"
            " from httptest t,hosts h"
            " where t.hostid=h.hostid"
                " and t.nextcheck<=%d"
                " and " ZBX_SQL_MOD(t.httptestid,%d) "=%d"
                " and t.status=%d"
                " and h.proxy_hostid is null"
                " and h.status=%d"
                " and (h.maintenance_status=%d or h.maintenance_type=%d)",
            now,
            CONFIG_HTTPPOLLER_FORKS, httppoller_num - 1,
            HTTPTEST_STATUS_MONITORED,
            HOST_STATUS_MONITORED,
            HOST_MAINTENANCE_STATUS_OFF, MAINTENANCE_TYPE_NORMAL);
```

ConfigCache 中的二叉堆队列的创建过程如代码清单 7-5 所示。

代码清单 7-5　创建 ConfigCache 中的二叉堆队列

```
for (i = 0; i < ZBX_POLLER_TYPE_COUNT; i++)
{
    switch (i)
    {
        case ZBX_POLLER_TYPE_JAVA:
            zbx_binary_heap_create_ext(&config->queues[i],
                    __config_java_elem_compare,
                    ZBX_BINARY_HEAP_OPTION_DIRECT,
                    __config_mem_malloc_func,
                    __config_mem_realloc_func,
                    __config_mem_free_func);
            break;
        case ZBX_POLLER_TYPE_PINGER:
            zbx_binary_heap_create_ext(&config->queues[i],
                    __config_pinger_elem_compare,
                    ZBX_BINARY_HEAP_OPTION_DIRECT,
                    __config_mem_malloc_func,
                    __config_mem_realloc_func,
                    __config_mem_free_func);
            break;
        default:
            zbx_binary_heap_create_ext(&config->queues[i],
                    __config_heap_elem_compare,
                    ZBX_BINARY_HEAP_OPTION_DIRECT,
                    __config_mem_malloc_func,
                    __config_mem_realloc_func,
                    __config_mem_free_func);
            break;
    }
```

```
}

zbx_binary_heap_create_ext(&config->pqueue,
                __config_proxy_compare,
                ZBX_BINARY_HEAP_OPTION_DIRECT,
                __config_mem_malloc_func,
                __config_mem_realloc_func,
                __config_mem_free_func);
```

一般来说，某种类型的监控项对应固定种类的 poller 进程，也就是会加入固定的二叉堆中。但是，当监控项或者主机状态发生变化时，该类监控项所属的二叉堆队列可能发生变化，从 unreachable poller 二叉堆移动到其他的二叉堆，或者相反。这是 unreachable poller 进程与其他 poller 类进程的不同之处，它只负责探测那些异常状态的监控项。

unreachable poller 进程是对 poller 进程的一种补充，用于对那些处于异常状态的监控项进行探测，单独设置此进程是因为这些异常监控项具有独立的采集频率，其频率区别于正常状态下的监控项。所以，一旦某个监控项的状态变为异常，就会脱离 poller 进程的服务范围，转而由 unreachable poller 进程负责。这一转移过程通过在两个二叉堆之间移动元素来实现。当监控项所属的主机处于 unreachable 状态时，该监控项将从 poller 进程或者 java poller 进程转移到 unreachable poller 进程，当主机状态恢复以后，则转移回最初的进程中。

poller 类进程在每个采集循环的开始都需要先从二叉堆中选取符合条件的监控项，选取监控项的数量因进程类型而异，poller 进程和 unreachable poller 进程只选取一个监控项，java poller 进程会选取不超过 32 个监控项，而 icmp pinger 进程会选取至多 128 个监控项。获取监控项以后，进程立刻运行数据采集程序，并对采集的监控值进行处理：逐个遍历监控值，将监控值发送给预处理进程，每发送一个监控值就对 ConfigCache 中的二叉堆进行重新排序。

poller 进程与 unreachable poller 进程每次只从二叉堆中选取一个监控项来处理，这样做是因为每个监控项都有可能导致阻塞，每个进程单次只处理一个监控项可以避免对其他监控项的干扰。java poller 进程和 icmp pinger 进程每次处理多个监控项，是因为它们通过多线程的外部进程和批量 ping 工具完成数据采集，当前进程本身不会立刻阻塞。

poller 类进程从二叉堆选择目标时未必总能成功，因为有可能所有监控项都尚未到达采集数据的时间点。但是，一旦选中某个目标监控项，该监控项就会立即从二叉堆中移除，以避免被多个进程获取。不过，此时该监控项还不能确定是否应该由当前进程处理，因为如果其所属主机状态发生了变化，就有可能需要移动到其他二叉堆中，等待其他进程处理。当随后进行了适当检查，确认应该由当前进程处理时，才会真正采集数据。如果确认需要移动到其他二叉堆中，则随后执行移动操作。

7.2.2 poller 进程

poller 进程能够处理除 IPMI 类型之外的所有监控项的数据采集，包括 Zabbix 客户端

（Zabbix agent）监控项、简单检查（Simple check）监控项、SNMP 客户端（SNMP agent）监控项、Zabbix 内部（Zabbix internal）监控项、Zabbix 聚合（Zabbix aggregate）监控项、外部检查（External check）监控项、数据库监视（Database monitor）监控项、HTTP 客户端（HTTP agent）监控项、SSH 客户端（SSH agent）监控项、TELNET 客户端（TELNET agent）监控项、JMX 客户端（JMX agent）监控项以及计算型（Calculated）监控项，共 12 种，如图 7-2 所示。

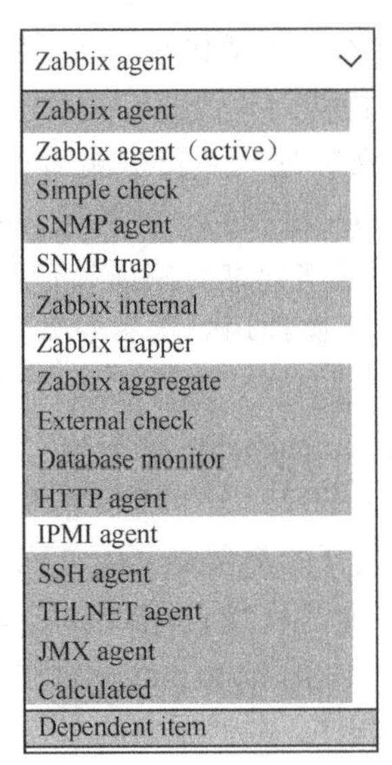

图 7-2　poller 进程支持的 12 种监控项类型

因为处理的监控项类型最多，相对于 java poller 和 icmp pinger 等单一任务进程，poller 进程的逻辑要复杂得多。

1. poller 进程的任务分配

Zabbix 服务器允许启动最多 1 000 个 poller 进程，每个进程都循环地从 config->queues[0] 二叉堆中获取数据。每个 poller 进程都支持图 7-2 所示的 12 种监控项类型，但在从二叉堆获取数据之前，poller 进程并不知道自己将会得到什么类型的监控项，可能是 12 种类型中的任意一种，所以一个进程每次处理的监控项往往各不相同，这一次是 Zabbix 客户端监控项，下一次可能就是简单检查监控项。

由于 poller 进程之间通过互斥锁进行协调，因此每个进程能够从二叉堆中读取到的监控项的数量取决于该进程获得锁的机会大小。一般来说，当多个进程同时请求锁时，它们有同等大小的机会获得锁。但是，除请求锁之外，进程还需要处理监控项，采集监控数据，如果某个进程将更大的时间片消耗在采集监控数据上，那么它请求锁的次数就会相对减少，从而处理的监控项数量也相对减少。

另一方面，处于二叉堆中的监控项事先并不知道将会被哪个 poller 进程选中，甚至同一个监控项的两次数据采集也不能保证由同一个进程处理。如果想知道每个监控项正在由哪个进程处理，可以通过日志查看详细记录（日志级别为 DEBUG），这是因为监控数据采集最终都是由 get_value()函数处理的（参见代码清单 7-6），该函数在运行时首先会在日志中记录所处理的监控项键。

代码清单 7-6　get_value()函数的日志输出语句

```
static int  get_value(DC_ITEM *item, AGENT_RESULT *result, zbx_vector_ptr_t
*add_results)
{
    int     res = FAIL;

    zabbix_log(LOG_LEVEL_DEBUG, "In %s() key:'%s'", __func__, item->key_orig);

    switch (item->type)
    {
        case ITEM_TYPE_ZABBIX:
            zbx_alarm_on(CONFIG_TIMEOUT);
            res = get_value_agent(item, result);
            zbx_alarm_off();
            break;
......
        case ITEM_TYPE_DB_MONITOR:
#ifdef HAVE_UNIXODBC
            res = get_value_db(item, result);
#else
            SET_MSG_RESULT(result, zbx_strdup(NULL, "Support for Database monitor
        checks was not compiled in."));
            res = CONFIG_ERROR;
#endif
            break;
......
        case ITEM_TYPE_HTTPAGENT:
#ifdef HAVE_LIBCURL
            res = get_value_http(item, result);
#else
            SET_MSG_RESULT(result, zbx_strdup(NULL, "Support for HTTP agent checks
        was not compiled in."));
            res = CONFIG_ERROR;
#endif
            break;
        default:
            SET_MSG_RESULT(result, zbx_dsprintf(NULL, "Not supported item type:%d",
        item->type));
            res = CONFIG_ERROR;
    }

    if (SUCCEED != res)
    {
        if (!ISSET_MSG(result))
            SET_MSG_RESULT(result, zbx_strdup(NULL, ZBX_NOTSUPPORTED_MSG));
```

```
        zabbix_log(LOG_LEVEL_DEBUG, "Item [%s:%s] error: %s", item->host.host,
    item->key_orig, result->msg);
    }

    zabbix_log(LOG_LEVEL_DEBUG, "End of %s():%s", __func__, zbx_result_string(res));

    return res;
}
```

2. Zabbix 客户端监控项的处理

poller 进程对 Zabbix 客户端（Zabbix agent）监控项进行处理的过程实际上就是以 TCP 套接字客户端的身份与作为服务器端的 Zabbix 客户端进行通信的过程。因此，当 poller 进程需要处理大量 Zabbix 客户端监控项时，会同时与很多 Zabbix 客户端建立 TCP 连接。（同一时刻每个进程最多建立一个连接，用后即关闭。）

poller 进程一旦从二叉堆获取了 Zabbix 客户端类型的监控项，就会调用 get_value_agent()函数进行处理，具体处理过程是：首先根据监控项的端口信息与 Zabbix 客户端建立 TCP 连接，然后按照通信协议将监控项 key 发送到 Zabbix 客户端，随机从该连接接收返回数据，在接收完成以后关闭连接。

可见，每一次对 Zabbix 客户端监控项的数据采集都需要建立连接和关闭连接，当采集频率很高或者次数很多时，会有大量开销消耗在建立和关闭连接上。相对而言，如果采用 trapper 进程方式，单个连接可以传输多个监控项的值，从而减少了开销。

在日志级别为 DEBUG 时，poller 进程每次处理 Zabbix 客户端监控项都会在日志中输出相关信息，可使用代码清单 7-7 所示的命令查看日志记录。

代码清单 7-7　Zabbix 客户端监控项处理过程的日志记录

```
[root@VM-0-2-centos ~]# tail -f /tmp/zabbix_server.log|grep -E 'get_value_agent|get value from agent result'
  7800:20200704:000927.472 In get_value_agent() host:'Zabbix server' addr:'172.21.0.15' key:'vfs.fs.discovery' conn:'unencrypted'
  7798:20200704:000927.472 In get_value_agent() host:'Zabbix server' addr:'172.21.0.15' key:'system.sw.packages' conn:'unencrypted'
  7799:20200704:000927.472 In get_value_agent() host:'Zabbix server' addr:'172.21.0.15' key:'system.hostname' conn:'unencrypted'
  7799:20200704:000927.475 get value from agent result: 'VM_0_15_centos'
  7799:20200704:000927.475 End of get_value_agent():SUCCEED
```

3. 简单检查监控项的处理

对简单检查（Simple check）监控项的处理由 get_value_simple()函数完成，处理过程包含以下 4 个步骤。

（1）解析监控项键。

（2）根据所设置的通信协议构造测试消息，并发送到指定端口。

（3）判断能否成功发送测试消息并收到响应，以及响应消息是否符合预期。

（4）返回结果。

在该类型的监控项处理过程中，也会输出 DEBUG 级别的日志，如代码清单 7-8 所示。

代码清单 7-8 简单检查监控项处理过程的日志记录

```
[root@VM-0-2-centos ~]# tail -f /tmp/zabbix_server.log|grep 'get_value_simple'
  7801:20200704:004846.693 In get_value_simple() key_orig:'net.tcp.service[ssh]'
addr:'172.21.0.2'
  7801:20200704:004846.709 End of get_value_simple():SUCCEED
  7798:20200704:004856.705 In get_value_simple() key_orig:'net.tcp.service[ssh]'
addr:'172.21.0.2'
  7798:20200704:004856.716 End of get_value_simple():SUCCEED
```

4. SNMP 客户端监控项的处理

SNMP 客户端（SNMP agent）监控项由 get_values_snmp()函数处理，其处理过程依赖于 net-snmp 库函数，因此需要包含相应的头文件，如代码清单 7-9 所示。

代码清单 7-9 SNMP 客户端监控项依赖的头文件

```
/** 处理 SNMP 客户端监控项时所用的头文件 **/
#include <net-snmp/net-snmp-config.h>
#include <net-snmp/net-snmp-includes.h>
```

其总体工作过程为：首先初始化并建立一个 SNMP 会话，然后根据所设置的各种属性，通过 SNMP 会话发送请求并获取返回结果。

5. Zabbix 内部监控项的处理

Zabbix 内部（Zabbix internal）监控项与其他类型监控项的相同之处是，它可以由 Zabbix 服务器端的 poller 进程处理，也可以由 Zabbix 代理端的 poller 进程处理，这取决于该监控项所属的主机由谁监控。但是与其他类型监控项不同的是，poller 进程在处理 Zabbix 内部监控项时不需要与主机进行通信，而是直接访问 poller 进程所在的 Zabbix 服务器或 Zabbix 代理端的共享内存或者数据库。共享内存中时刻维护着一组完备的内部监控指标，随时供 poller 进程使用。

poller 进程从二叉堆中获取 Zabbix 内部监控项后，会调用 get_value_internal()函数进行处理。处理的过程是：首先判断监控项键中的各个参数，然后根据参数的不同，从缓存或者数据库获取不同的数据，最后将结果返回 poller 进程进一步处理（发送到预处理进程）。

6. Zabbix 聚合监控项的处理

Zabbix 聚合（Zabbix aggregate）监控项是对一组主机的同一个监控项的值进行汇总计算。poller 进程调用 get_value_aggregate()函数对其进行处理，但是它只负责解析监控项键，具体的数据查询和统计工作需要进一步调用 evaluate_aggregate()函数来完成，其工作过程包含以下 4 个步骤。

（1）根据主机组名称，从数据库中查询所有符合条件的itemid。

（2）根据itemid，从ValueCache获得所需要的监控值。

（3）对监控值进行汇总计算。

（4）返回最终结果。

可见，聚合监控项不需要从监控对象处获取数据，而是从数据库和ValueCache获取，因此它只能由Zabbix服务器端的poller进程处理，而不能由Zabbix代理处理，这是因为ValueCache只存在于Zabbix服务器端。从这一点来说，它与后面讲的计算型监控项是一样的，计算型监控项也必须在Zabbix服务器端处理。而且只有当Zabbix服务器端启动了poller进程时才有机会处理，poller之外的进程不负责处理该监控项。聚合监控项的处理过程如代码清单7-10所示。

代码清单7-10　聚合监控项的处理过程的日志记录

```
[root@VM-0-2-centos ~]# tail -f /tmp/zabbix_server.log|grep 'evaluate_aggregate'
  7802:20200704:010217.521 In evaluate_aggregate() grp_func:1
itemkey:'system.cpu.util' item_func:5 param:'(null)'
  7802:20200704:010217.545 End of evaluate_aggregate():SUCCEED
```

7. 外部检查监控项的处理

外部检查（External check）监控项本质上就是由poller进程运行指定目录下的可执行文件。具体由get_value_external()函数处理，处理过程包含以下4个步骤。

（1）构造完整的shell命令。

（2）创建管道流（popen）来执行shell命令，并读取执行结果。

（3）关闭管道，等待进程结束。

（4）将结果返回poller进程。

这一过程的特点是需要创建新的进程，如果有大量的外部检查监控项需要执行，那么在其执行过程中可能会发现Zabbix服务器上的进程数大量增加，这些增加的进程就是正在运行的外部监控项。

8. 数据库监视监控项的处理

poller进程调用get_value_db()函数完成对数据库监视（Database monitor）监控项的处理，具体处理过程包含以下5个步骤。

（1）检查监控项键是否为db.odbc.select、db.odbc.get或db.odbc.discovery。

（2）通过调用unixODBC库函数建立开放数据库连接（Open Database Connectivity，ODBC）。

（3）通过ODBC运行查询语句。

（4）将查询结果转换为所需要的格式。

（5）关闭ODBC，释放资源。

该类型监控项的 3 个键在运行查询语句时所做的工作其实是一样的，只是对查询结果的处理方式不同。db.odbc.select 使用 zbx_odbc_query_result_to_string()函数进行结果处理，该函数只能返回查询结果中第一行的第一列，以字符串形式返回。db.odbc.get 使用 zbx_odbc_query_result_to_json()函数处理查询结果，将会返回一个 json 串（数组对象）。db.odbc.discovery 使用 zbx_odbc_query_result_to_lld_json()函数处理查询结果，将返回符合 LLD 规范的 JSON 串。

9. HTTP 客户端监控项的处理

poller 进程对 HTTP 客户端（HTTP agent）监控项的处理实际上是使用 libcurl 库函数发起 http 请求和接收 http 响应，因此要求在编译时启用--with-libcurl。具体处理过程由 get_value_http()函数完成，包含以下 4 个步骤。

（1）将所探查的 URL 转换为域名代码（punycode）。（所以 URL 是支持中文域名的。）

（2）替换各个参数中的宏（user macro 和 LLD macros 等）。

（3）调用 get_value_http()函数发送 HTTP 请求，获取返回结果（使用 libcurl 库函数）。

（4）向 preprocessing manager 进程发送数据，进行预处理。

至此，该监控项的本次工作完成。poller 进程向目标统一资源定位符（Uniform Resource Locator，URL）发送 HTTP 请求以及获取响应结果的过程需要 libcurl 库函数的参与，包括 curl_easy_init()函数、curl_easy_setopt()函数、curl_slist_append()函数和 curl_easy_perform()函数等。在任务结束时，会调用 curl_easy_cleanup()函数销毁当前使用的句柄（handle），意味着每次发送请求时，poller 进程都需要重新初始化一个 handle（curl_easy_init()），这种工作模式保证了每次请求都是相互独立的，不会互相干扰。

10. SSH 客户端与 TELNET 客户端监控项的处理

将这两种监控项放在一起进行讲述，是因为它们的处理过程非常类似。对 SSH 客户端（SSH agent）监控项的处理实际是由 poller 进程负责与目标主机建立安全外壳（Secure Shell，SSH）连接，并执行命令。对 TELNET 客户端（TELNET agent）监控项的处理本质上是由 poller 进程与目标主机建立 TCP 连接，并发送符合远程上机（Telnet）协议的消息。

11. 计算型监控项的处理

计算型（Calculated）监控项由 poller 进程调用 get_value_calculated()函数处理，其处理过程中最核心的部分是对表达式的解析和计算。该监控项的表达式与触发器表达式非常相似，所以处理过程也几乎相同。触发器表达式的计算过程参见 9.2 节。

由于表达式计算过程中需要访问 ValueCache 和数据库中的历史数据，因此该类型监控项只能被 Zabbix 服务器端的 poller 进程执行，因为 ValueCache 和历史数据只存在于 Zabbix 服务器端。

7.2.3　unreachable poller 进程

在网络通信良好并且各方服务正常的情况下，poller 进程所处理的 Zabbix 客户端和 SNMP 客户端监控项，以及下面将会讲到的 IPMI 进程处理的 IPMI 客户端（IPMI agent）监控项和 java poller 进程处理的 JMX 监控项，都能够成功执行并获取监控数据。

但是，当出现 agent 服务故障时，如果继续由原来的 poller 类进程处理对应的监控项，大量的连接超时就有可能引起整体服务水平下降。unreachable poller 进程就是对该问题的解决方案，当客户端（包括 Zabbix 客户端、SNMP 客户端、IPMI 客户端和 JMX 客户端）服务不可用时，对应的监控项会转移到 unreachable poller 队列中处理。当 unreachable poller 进程发现某个客户端已经恢复正常时，则将对应的监控项再转移回原始队列中。

根据图 7-1 可知，unreachable poller 进程从 config->queues[1]二叉堆中获取待处理的任务，如果对应的监控项仍然无法成功执行，则推迟到下一个周期进行探测。如果能够成功执行，则将其转移回原始的二叉堆队列。unreachable poller 进程对监控项的探测周期由配置文件中的 UnavailableDelay 参数决定。

一般情况下，由于大部分客户端状态是良好的，因此 unreachable poller 进程的负载并不高。但是，一旦发生大面积网络故障，会有大量监控项转移到 unreachable poller 进程的任务队列中，此时进程的负载会飙升。如果要降低负载，可以考虑增加 UnavailableDelay 参数值，或者增加 unreachable poller 进程的启动数量。

7.2.4　ipmi manager 进程和 ipmi poller 进程

ipmi manager 进程和 ipmi poller 进程用于获取 IPMI 客户端监控项数据，它们采用了管理者-工作者（manager-worker）多进程协作结构。ipmi manager 进程与 ipmi poller 进程之间采用进程间通信服务方式进行通信，前者向后者发送 IPMI 请求消息，后者向前者返回 IPMI 结果消息。ipmi manager 进程是唯一的，它使用 config->queues[2]二叉堆作为主要输入（见图 7-1）。在工作过程中，ipmi manager 进程需要循环地主动从该二叉堆队列中获取符合条件的监控项进行处理，处理的方式就是将监控项信息构造成 IPMI 请求消息并转发到 ipmi poller 进程，而 ipmi poller 进程处理完毕后会将 IPMI 结果消息返回 ipmi manager 进程。

除了处理缓存中的二叉堆队列，IPMI 进程还需要处理来自 trapper 进程的请求。当用户在 Web 前端页面发起对 IPMI 监控项的测试时，这一功能将通过向 Zabbix 服务器端的 trapper 进程发送 IPMI 请求来实现，而 trapper 进程自身无法完成该请求，需要转发给 IPMI 进程处理。

1. IPMI 消息的类型及其序列化

为了实现 IPMI 各进程的良好协作，Zabbix 共定义了 8 种 IPMI 消息，具体定义如代码清单 7-11 所示。

代码清单 7-11 IPMI 消息类型

```
#define ZBX_IPC_IPMI_REGISTER          1         //IPMI 注册请求
#define ZBX_IPC_IPMI_VALUE_RESULT      2         //IPMI 结果消息
#define ZBX_IPC_IPMI_COMMAND_RESULT     3        //IPMI 命令结果消息

#define ZBX_IPC_IPMI_VALUE_REQUEST     101       //IPMI 请求消息
#define ZBX_IPC_IPMI_COMMAND_REQUEST     102     //IPMI 命令请求消息
#define ZBX_IPC_IPMI_CLEANUP_REQUEST     103     //IPMI 清理消息

#define ZBX_IPC_IPMI_SCRIPT_REQUEST     201      //IPMI 脚本请求消息
#define ZBX_IPC_IPMI_SCRIPT_RESULT     301       //IPMI 脚本结果消息
```

IPMI 请求消息体中依次包括监控项 ID、接口地址、端口号、用户名、密码、传感器和键等。IPMI 结果消息体中依次包括时间戳、错误码和值本身。

2. IPMI 进程中的结构体定义

ipmi manager 进程和 ipmi poller 进程分工协作，共同完成 IPMI 监控项的处理工作，其中 ipmi manager 进程负责任务的管理和分配，ipmi poller 进程负责具体任务的执行。为了组织整个 IPMI 监控项处理工作的实施和管理，ipmi manager 进程设计了专门的结构体来维护各种状态信息，其中最核心的是 zbx_ipmi_manager_t 结构体，具体定义如代码清单 7-12 所示。

代码清单 7-12 IPMI 进程的数据结构定义

```
typedef struct
{
    zbx_ipc_client_t    *client;
    zbx_binary_heap_t   requests;   //该 ipmi poller 进程的请求队列
    zbx_ipmi_request_t  *request;   //该 ipmi poller 进程正在处理的请求
    int         hosts_num;          //该 ipmi poller 进程负责处理的主机（host）数量
}
zbx_ipmi_poller_t;

typedef struct
{
    zbx_uint64_t        hostid;     //主机 ID
    int         disable_until;
    int         lastcheck;
    zbx_ipmi_poller_t   *poller;    //主机绑定的 ipmi poller 进程
}
zbx_ipmi_manager_host_t;

typedef struct
{
    zbx_vector_ptr_t    pollers;            //所有 ipmi poller 进程
    zbx_hashset_t       pollers_client;     //ipmi poller 进程所用进程间通信服务的客户端
    zbx_binary_heap_t   pollers_load;       //小根堆二叉堆结构，以监控主机数量排序
    int         next_poller_index;
```

```
    //哈希集，进行 ipmi 监控的主机，每个主机由固定的 ipmi poller 进程监控
    zbx_hashset_t        hosts;
}
zbx_ipmi_manager_t;
```

可见，IPMI 监控项的处理是以主机（host）为基础的，所有包含了 IPMI 监控项的主机会被均衡地分配给 ipmi poller 进程，而每个主机所属的 ipmi poller 进程是固定的，这种机制避免了主机与多个 ipmi poller 进程建立连接，从而减轻了主机对连接进行管理的压力。在贯彻这一原则的基础上，当有新的 IPMI 请求需要处理时，ipmi manager 进程会根据 IPMI 请求所属的主机将任务分配给相应的ipmi poller进程。当有多个请求需要分配给同一个ipmi poller 进程时，ipmi manager 进程会首先将其加入等待队列（requests 二叉堆），然后逐个分配任务（前一个任务完成以后才会分配下一个任务）。

3. IPMI 进程中所有工作的交互过程

除了完成注册任务，IMPI 进程能够完成的功能还包括 IPMI 监控项处理、IPMI 脚本请求处理和 hosts 缓存清理，所有工作的交互过程如图 7-3 所示。

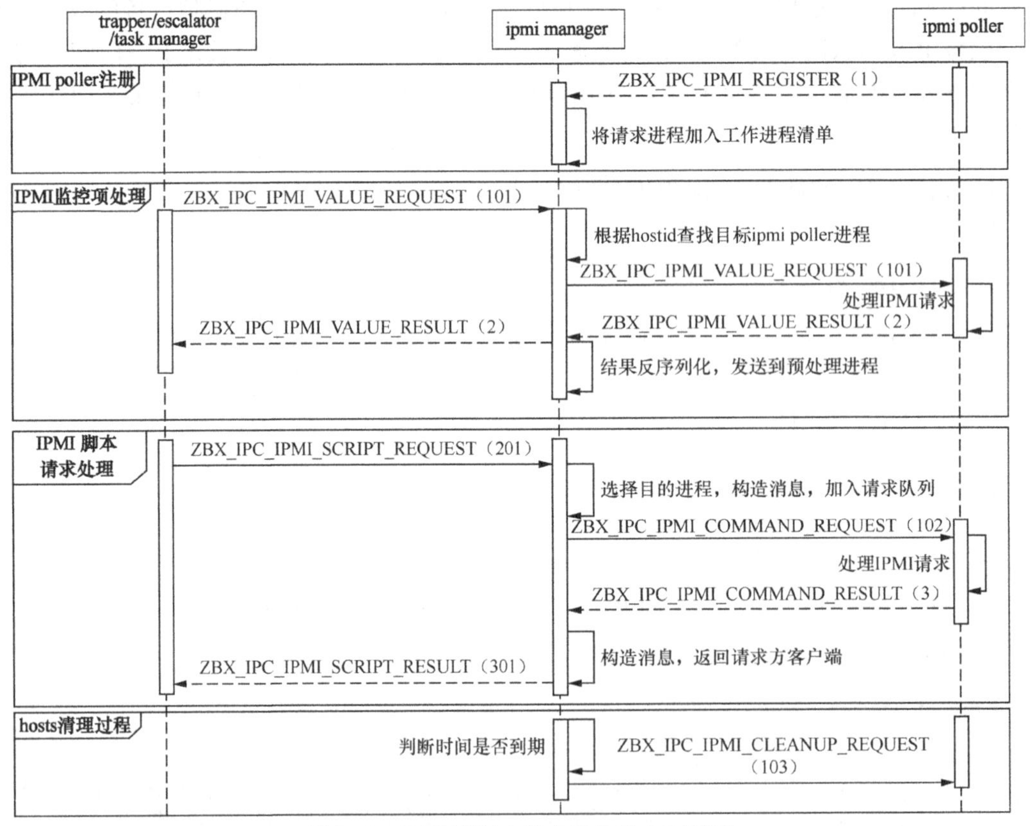

图 7-3 IPMI 进程中所有工作的交互过程

在处理 IPMI 监控项时，首先由 trapper 进程向 ipmi manager 进程发送 IPMI 请求消息（code 101），ipmi manager 进程根据请求消息的 hostid 查找到负责处理该主机监控项的 ipmi poller 进程，并将请求消息转发给该进程。ipmi poller 进程接收消息后进行具体的处理，并将处理结果以 IPMI 结果消息（code 2）的形式返还给 ipmi manager 进程。ipmi manager 进程在收到结果消息以后，一方面向 trapper 进程转发该结果，另一方面会将结果发送到预处理进程进行预处理。

在处理 IPMI 脚本请求时，由 escalator 进程或者 task manager 进程向 ipmi manager 进程发送 IPMI 脚本请求消息（code 201），ipmi manager 进程根据请求内容选择一个 ipmi poller 进程。与 IPMI 监控项处理过程不同的是，此时 ipmi manager 进程会根据请求内容重新构造一条 IPMI 命令请求消息（code 102）并发送到 ipmi poller 进程。ipmi poller 进程接收请求消息并进行具体的处理，将处理结果构造成 IPMI 命令结果消息（code 3）并返还给管理者进程，由管理者进程进一步加工为 IPMI 脚本结果消息（code 301）并返还给 escalator 进程或者 task manager 进程。

对 ipmi poller 进程来说，每个进程会维持一个 hosts 链表作为全局变量，链表中保存的是所有正在处理的主机信息（包括 IP、端口和用户名等）。但是链表需要定期清理，否则可能会无限增长。对该问题的解决方式是 ipmi manager 进程定期向所有 ipmi poller 进程发送 code 103 消息，触发清理过程。

7.2.5 icmp pinger 进程

icmp pinger 进程用于批量地针对多个主机执行 ping 命令以获取简单检查监控项的结果数据。该进程首先批量从 ConfigCache 的二叉堆中获取最多 128 个监控项，然后将该批次的所有监控项一起执行 ping 探测：通过 popen 建立管道流，执行 fping6 命令。执行完毕以后，读取并解析输出结果。

这种批量执行的方式减轻了单个 icmp ping 进程的压力，从而可以支持更频繁地进行 ping 探测。

7.2.6 java poller 进程

java poller 进程通过向 Zabbix java gateway 发送请求，间接地获取 JMX 客户端监控项的数据。与 poller 进程不同的是，java poller 进程一次处理多个 JMX 监控项（最多 32 个），具体处理过程由 get_values_java()函数完成。总体工作步骤是：首先构造符合 Zabbix java gateway 通信协议的 JSON 字符串，然后建立与 Zabbix java gateway 的连接并发送 JSON 字符串，最后接收响应消息，解析出需要的结果。我们将在第 14 章中对其进行详细讲述。

7.2.7　proxy poller 进程

proxy poller 进程只会出现在 Zabbix 服务器端，它用于与被动模式下的 Zabbix 代理进行数据交换（通过 TCP 连接实现）。由图 7-1 可知，proxy poller 进程不同于其他 poller 类进程，其任务队列来自 config->pqueue 成员，该队列中存储的是按照时间戳排序的待进行数据交换的 Zabbix 代理列表。proxy poller 每次只选择一个 Zabbix 代理，处理完毕以后再选择下一个。因此，在同一时间，同一个 proxy poller 进程只能与一个 Zabbix 代理进行通信。

Zabbix 服务器与被动代理之间的通信涉及以下 3 个方面的工作。在执行以下工作的过程中所使用的通信协议参见第 5 章。

- 请求 Zabbix 代理上送监控数据，该工作的执行周期由 ProxyDataFrequency 参数决定。接收监控数据以后，Zabbix 服务器会将数据发送到预处理管理进程进行处理。
- 将 Zabbix 服务器持有的配置信息发送到 Zabbix 代理中，执行周期由 ProxyConfigFrequency 参数决定。
- 在 Zabbix 服务器和 Zabbix 代理之间同步任务信息，包括将待执行任务发送到 Zabbix 代理以及接收 Zabbix 代理回复的任务执行结果，该工作的执行周期为固定的 1 秒，保证任务得到及时执行。

7.2.8　http poller 进程

首先需要指出的是，http poller 进程与 7.2.2 节所讲的 HTTP 客户端监控项并无关联。http poller 进程只负责处理 Web 应用场景（Web scenarios）任务（见图 7-4）。Web 应用场景任务属于 Web 监控功能，可以按照设定的顺序探测一系列 URL 地址，其配置信息存储在 httptest 表和 httpstep 表中，它事实上通过调用 libcurl 库函数来完成目标探测。而 HTTP 客户端是一种监控项类型，只允许探测单个 URL 地址，其配置信息存储在 items 表中，也由 libcurl 库函数来访问目标，不过这一过程由 poller 进程完成，探查过程所使用的协议为 HTTP 或者 HTTPS 协议，因此称为 HTTP 客户端。

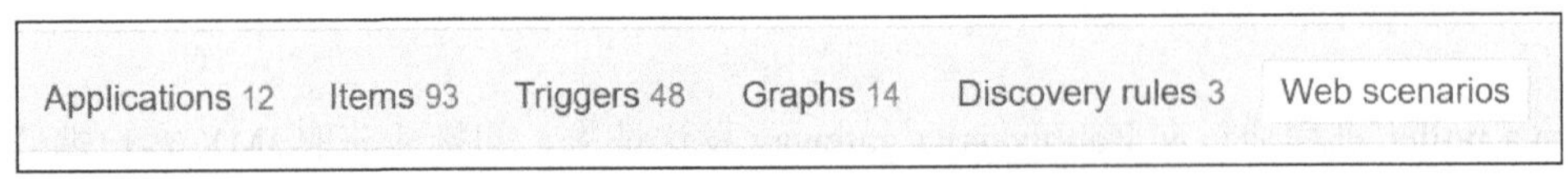

图 7-4　前端页面的"Web scenario"菜单

与 poller 进程不同的是，http poller 进程直接从数据库查询数据，而不是从 ConfigCache 读取。分析 http poller 进程源码可以发现，其主要工作是循环调用 process_httptests()函数，该函数通过数据库连接从 httptest 表和 hosts 表中获取已经到期的任务，然后遍历查询结果进行逐个处理，具体包括以下 4 个处理步骤。

（1）替换各个参数中的宏变量（user macro 和 macro）。

（2）查询数据库 httpstep 表，获取当前 httptest 的任务（step）清单。

（3）调用 curl_easy_init()函数来初始化一个句柄（handle），然后使用该句柄逐个处理任务清单中的任务，每个任务的返回值传递给 preprocessing manager 进程处理。

（4）当所有任务处理完毕以后，销毁所创建的句柄。

可见，如果某个 httptest 包含多个任务，则所有任务使用同一个句柄进行处理。

http poller 最多允许启动 1 000 个进程，如果每个进程都按照自己的节奏从 httptest 表读取数据，那么很有可能多个进程读取到相同的 httptest，导致在后面的任务执行过程中发生冲突。为了避免多个 http poller 进程读取到同一条 httptest 数据，Zabbix 采用了对 httptestid 取余的方式，实现了不同 http poller 进程之间的数据的相互隔离。httptestid 是 httptest 表的主键字段，是全局唯一的。

这种任务分配方式保证了每个 http poller 进程所读的数据是严格分离的，不可能重复，非常安全。但是，如果不同的 httptest 所消耗的资源不均等，就有可能出现进程之间负载不均衡的情况。另外，这种 httptest 与进程之间的固定搭配关系会导致在某个 http poller 进程发生故障时，有一批 httptest 无法执行，也无法转换到其他进程处理。从这个角度来说，7.2.2 节讲述的 poller 进程的任务分配方法更加灵活、更加均衡。

7.3 小结

Zabbix 支持推和拉两种收集监控数据的模式，在 Zabbix 服务器端表现为同时存在 trapper 类进程和 poller 类进程。trapper 类进程用于被动接收来自 Zabbix 客户端或者 Zabbix 代理的监控数据；poller 类进程用于主动发起连接并向被监控对象请求监控数据。

trapper 类进程包括纯 trapper 进程和 snmp trapper 进程，前者用于从 Zabbix 客户端和 Zabbix 代理接收监控数据，后者用于从 snmp trap 文件读取监控数据。

当采用拉的工作模式时，由于每种监控项的具体拉取方式存在较大区别，因此 poller 类进程进一步划分为多种进程，包括纯 poller 进程、unreachable poller 进程、ipmi manager 与 ipmi poller 进程、icmp pinger 进程、java poller 进程、proxy poller 进程和 http poller 进程。每一种 poller 进程负责拉取相应类型的监控数据。

第 8 章

预处理进程和 LLD 进程

预处理（preprocessing）进程是从 Zabbix 3.4 开始新增的一种进程类型，它用于对原始的监控数据进行各种形式的变换和计算，并通过共享内存，将输出结果传递到 history syncer 进程进行处理。在 Zabbix 的早期版本中，预处理进程只能运行在 Zabbix 服务器端，当数据量大时会给 Zabbix 服务器端造成较大的压力。因此从 Zabbix 4.2 版本开始，预处理进程可以同时运行在 Zabbix 服务器端和 Zabbix 代理端。在这种情况下，由 Zabbix 代理负责采集的监控数据在传输到 Zabbix 服务器端之前就已经完成了预处理，直接从 Zabbix 客户端传输到 Zabbix 服务器端的数据则需要由 Zabbix 服务器端完成预处理。

LLD 进程是从 Zabbix 5.0 开始出现的专门负责 LLD 规则（LLD rule）监控数据处理的进程，由于底层发现（Low Level Discovery，LLD）得到越来越多的应用，因此这类数据的处理压力随之增加，将这些工作交给单独的进程来处理将有利于性能的提升和将来的进一步扩展。

本章所述内容聚焦于预处理管理者（preprocessing manager）、预处理工作者（preprocessing worker）进程和底层发现管理者（lld manager）进程、底层发现工作者（lld worker）进程模块以及各进程之间的 Unix 域套接字通信（进程间通信服务）。这些进程在 Zabbix 整体架构中的位置如图 8-1 右上角的虚线框所示，准确的进程名称如代码清单 8-1 所示。可见，从数据流角度来说，预处理进程位于 poller/trapper 进程的下游，而 LLD 进程位于 preprocessing manager 进程的下游，预处理进程和 LLD 进程都需要访问共享内存中的缓存数据。

代码清单 8-1　预处理进程与 LLD 进程名称

```
[root@VM-0-2-centos ehbx]# ps -ef|grep preprocessing|grep -v grep
zabbix   12697 12666  0 Jun12 ?       00:01:07 /usr/local/sbin/zabbix_server:
preprocessing manager #1 [queued 0, processed 0 values, idle 5.005413 sec during
5.005512 sec]
zabbix   12698 12666  0 Jun12 ?       00:00:00 /usr/local/sbin/zabbix_server:
```

```
preprocessing worker #1 started
zabbix    12699 12666  0 Jun12 ?      00:00:00 /usr/local/sbin/zabbix_server:
preprocessing worker #2 started
zabbix    12700 12666  0 Jun12 ?      00:00:00 /usr/local/sbin/zabbix_server:
preprocessing worker #3 started

[root@VM-0-2-centos ~]# ps -ef|grep lld|grep -v grep
zabbix    13831 13796  0 11:04 pts/1    00:00:02 /usr/local/sbin/zabbix_server:
lld manager #1 [processed 0 LLD rules during 5.006184 sec]
zabbix    13832 13796  0 11:04 pts/1    00:00:12 /usr/local/sbin/zabbix_server:
lld worker #1 [processed 1 LLD rules, idle 19.831486 sec during 20.031575 sec]
zabbix    13833 13796  0 11:04 pts/1    00:00:12 /usr/local/sbin/zabbix_server:
lld worker #2 [processed 1 LLD rules, idle 19.803572 sec during 19.973014 sec]
```

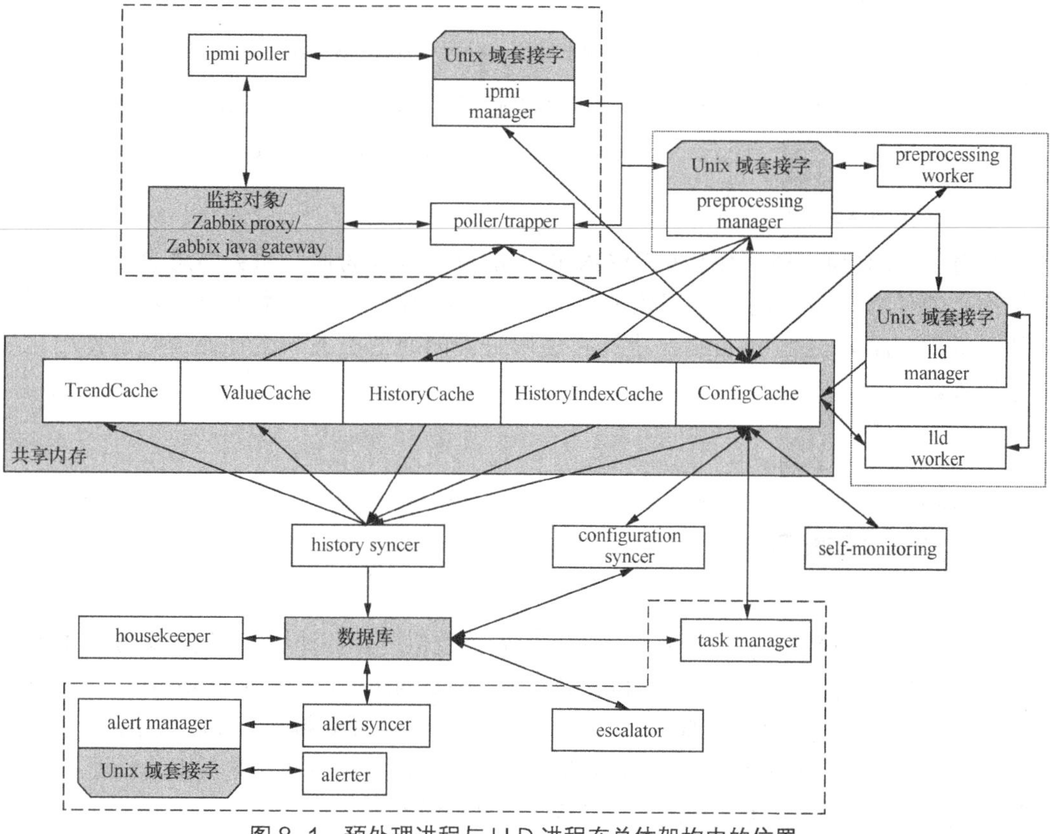

图 8-1 预处理进程与 LLD 进程在总体架构中的位置

8.1 进程间通信服务消息格式

第 2 章讲述了进程间通信服务的工作机制，本节讲述 Zabbix 5.0 通过进程间通信服务发送的消息的格式，这为消息发送方和接收方相互理解对方的消息内容提供了基础。

每一条进程间通信服务消息由编码（code）、大小（size）和数据（data）3 个成分组成，如代码清单 8-2 所示。其中 code 和 size 是固定长度的整数，分别代表消息类型和消息体长度，data 则由连续的不定数量的字段（field）组成，每个字段可以是数值型、字符型或者字符串。消息的发送方负责构造消息，也就是对数据进行序列化。在消息构造过程中，消息的 code 决定了其消息体（*data）中的字段序列分别是什么类型的，因此消息的接收方也可以根据 code 值决定如何对其反序列化。

代码清单 8-2　进程间通信服务消息的结构体定义

```
typedef struct
{
    zbx_uint32_t     code;      //接收方根据 code 值决定如何解析 data 的内容

    zbx_uint32_t     size;      //在接收消息时，通过 size 值保证消息完整接收

    unsigned char    *data;     //字节序列，其内容实际上是连续的数值和字符串
}
zbx_ipc_message_t;
```

相对于 TCP 通信时所使用的 JSON 格式消息，进程间通信服务消息更加紧凑，冗余很小，通信效率也更高，序列化和反序列化过程所消耗的成本更低。除了本章所讲的两类进程，IPMI 进程和 alerter 进程在使用进程间通信服务来进行通信时也使用这种消息格式。

8.2　预处理进程

预处理就是在最终存储监控数据之前对原始监控值进行各种加工，这是 Zabbix 提供的一种非常重要的功能。预处理过程由 preprocessing manager 进程和 preprocessing worker 进程协作完成，管理者进程负责通过进程间通信服务（Unix 域套接字）接收原始监控数据并将预处理任务分配给工作者进程，工作者进程则负责完成任务并将结果反馈给管理者进程。两种进程之间通过进程间通信服务（见 2.5 节）进行通信。

8.2.1　预处理工作总体框架

预处理各相关进程通过消息传递实现协作，其中管理者进程处于核心地位，它接收或者响应来自 poller 进程或 trapper 进程的消息，发送消息给工作者进程，并接收工作者进程的反馈消息。整个通信过程中所使用的消息共有 6 种（code 1～code6），具体含义如代码清

单 8-3 所示。

代码清单 8-3 预处理进程所处理的消息种类

```
/** 工作者进程发送到管理者进程 **/
#define ZBX_IPC_PREPROCESSOR_WORKER          1     //工作者注册请求

/** poller/trapper 进程发送到管理者进程，或者管理者进程转发给工作者进程 **/
#define ZBX_IPC_PREPROCESSOR_REQUEST         2     //监控数据预处理请求

/** 工作者进程发送到管理者进程 **/
#define ZBX_IPC_PREPROCESSOR_RESULT          3     //预处理结果

/** trapper 进程与管理者进程之间互传 **/
#define ZBX_IPC_PREPROCESSOR_QUEUE          4        //预处理队列请求

/** trapper 进程发送到管理者进程，或者管理者进程转发到工作者进程 **/
#define ZBX_IPC_PREPROCESSOR_TEST_REQUEST     5     //预处理测试请求（由 Web 服务发起）

/** 工作者进程发送到管理者进程，或者管理者进程转发到 trapper 进程 **/
#define ZBX_IPC_PREPROCESSOR_TEST_RESULT      6     //预处理测试结果
```

需要说明的是，在 Zabbix 5.0 中，Zabbix 代理也会负责预处理工作（但是不负责 LLD 处理）。所以，Zabbix 服务器接收的监控数据有可能是已经预处理完毕的（当数据来自 Zabbix 代理时），也有可能是原始的（当数据来自 Zabbix 客户端时），这种情况下 poller/trapper 进程将区别对待所接收的这两种数据：来自 Zabbix 客户端的数据将发送给 preprocessing manager 进程处理；来自 Zabbix 代理的数据则直接写入缓存或者发送到 lld manager 进程处理，如图 8-2 所示。

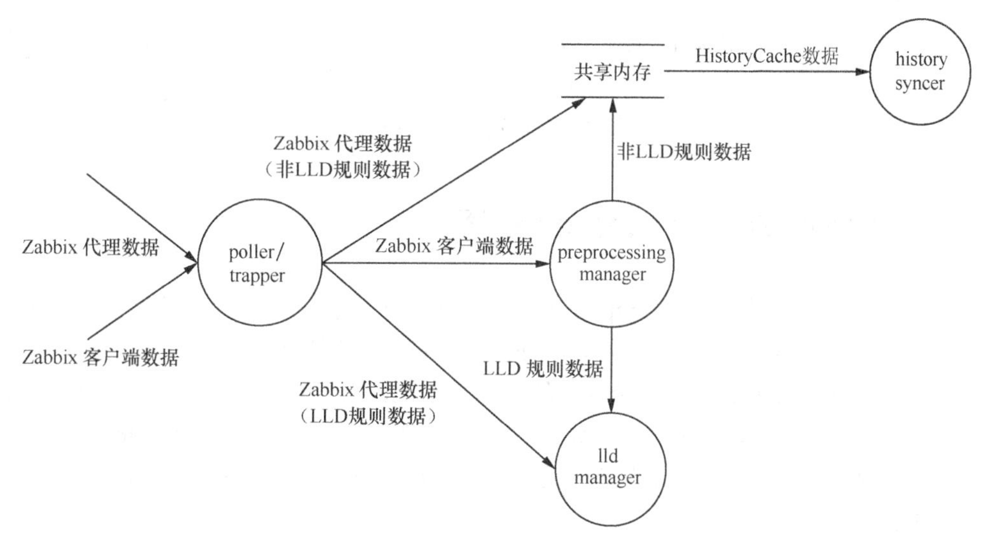

图 8-2 Zabbix 服务器对 Zabbix 代理数据与 Zabbix 客户端数据的区别对待

从功能的角度划分，预处理进程所做的工作可以细分为 4 类：工作进程注册、监控数据预处理、preprocessing_queue 监控项处理和预处理测试处理（由 Web 前端页面发起）。所有这 4 项工作的具体处理过程如图 8-3 所示。

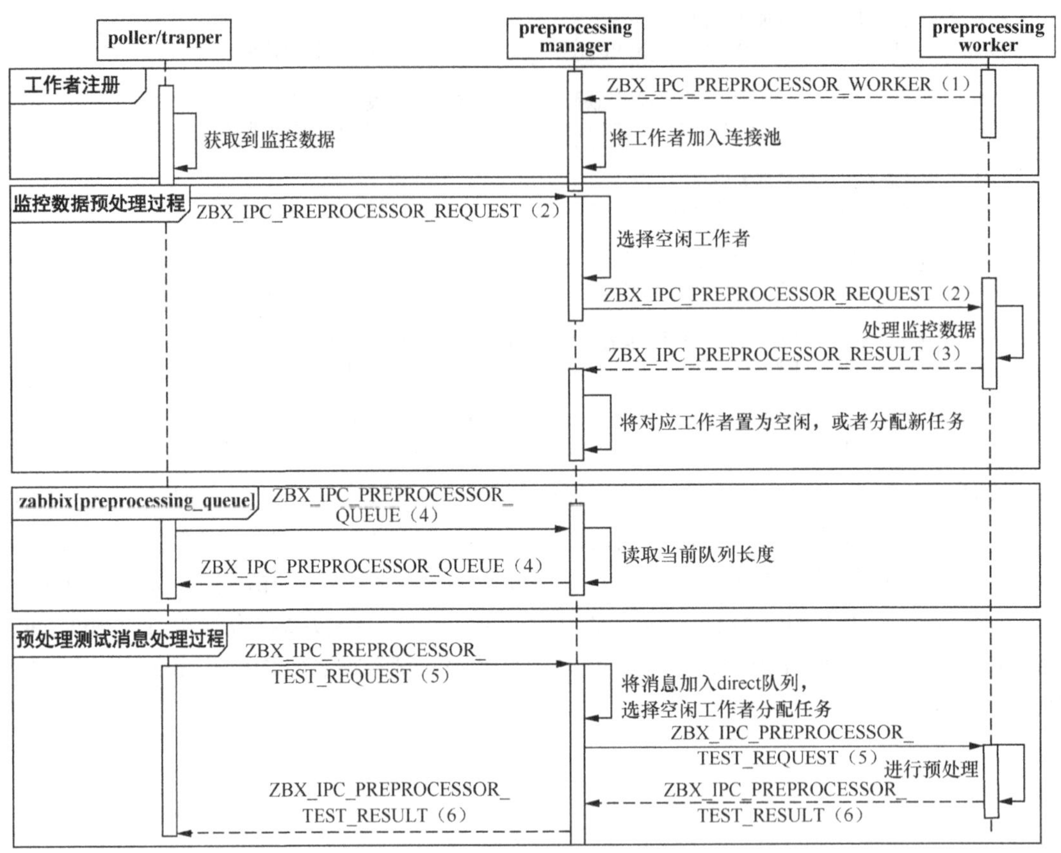

图 8-3　预处理工作过程

8.2.2　preprocessing manager 进程

Zabbix 中的预处理管理者（preprocessing manager）进程只有一个，该进程实际上扮演了服务器端的角色，它负责监听预处理所使用的 Unix 域套接字并处理由 poller/trapper 进程和 preprocessing worker 进程发送过来的消息。因此，对管理者进程来说，poller/trapper 进程以及 preprocessing worker 进程都属于它的客户端。区别在于，poller/trapper 进程只是要求管理者进程处理其请求，而不必接受管理者分配的任务，工作者进程则主要负责完成管理者分配的任务。

preprocessing manager 进程除了与上述进程通信外，还会向 lld manager 进程发送消息，因为原始监控数据中同时包含 LLD 规则监控项数据，这些数据在预处理完毕以后还需要进行 LLD 处理（由 lld manager 和 lld worker 进程完成），LLD 处理过程参见 8.3 节。

管理者进程通过代码清单 8-4 中所示的数据结构实现对众多客户端进程状态的维护以及对任务的管理。运行过程中，管理者进程定义了一个 zbx_preprocessing_manager_t 类型的变量，命名为 manager，该变量在整个生命周期中维护所需的状态信息。

代码清单 8-4 维护客户端进程状态所使用的数据结构

```
typedef struct
{
    zbx_ipc_client_t    *client;
    void               *task;
}
zbx_preprocessing_worker_t;

typedef struct
{
    zbx_preprocessing_worker_t *workers;  /* 工作者进程列表,数量同启动工作者进程的数量*/
    int                worker_count;          /* *workers 成员的元素数量 */
    zbx_list_t             queue;             /* 单向链表，监控值队列，头部入尾部出 */
    zbx_hashset_t              item_config;   /* 监控项配置信息缓存 */
    zbx_hashset_t              history_cache; /* 监控项前值缓存 */
    zbx_hashset_t              linked_items;  /* 队列中的关联监控项 */
    int                cache_ts;              /* 缓存时间戳 */
    zbx_uint64_t               processed_num; /* 已处理的监控值数量 */
    zbx_uint64_t               queued_num;    /* 队列中的监控值数量 */
    zbx_uint64_t               preproc_num;   /* 有预处理步骤的监控值数量 */
    zbx_list_iterator_t        priority_tail; /* 迭代器，遍历最后一个重点监控项 */

    zbx_list_t        direct_queue;     /* 需要立即处理的测试请求队列（code 5 消息）*/
}
zbx_preprocessing_manager_t;

zbx_preprocessing_manager_t    manager;      //全周期变量定义
```

管理者进程在启动时建立对指定进程间通信套接字的监听，之后会循环从进程间通信套接字读取数据并进行处理。管理者进程能够处理所有 6 种消息，即 code 1～code 6 的消息。code 1 消息内携带的数据为发送方进程的父进程 ID（由 getppid()函数获取），管理者进程通过调用 preprocessor_register_worker()函数完成该消息的处理。管理者进程根据消息中的进程 ID 判断发送方进程与自身是否属于同一个父进程，如果不是则说明该请求是非法的，会遭到拒绝，并记录 CRITICAL 级别的日志。如果该请求是合法的，管理者进程会立刻为空闲的工作者进程分配任务（向空闲工作者进程发送 code 2 消息）。实际上，管理者进程维护了两个链表（queue 成员和 direct_queue 成员），用于存储所有待处理或者正在处理的监控项，分配任务的过程就是从链表中找到第一个处于 QUEUED 状态的监控值，将其发送给空闲工作者进程处理。

需要说明的是，工作者进程注册成功以后就与管理者进程之间建立了持久的进程间通信套接字连接，管理者进程和工作者进程都不会中断该连接，如此一来也就避免了频繁重建连接。

code 2 消息是由 poller/trapper 进程发送过来的监控值，这些监控值可能需要执行预处理步骤，也可能不需要（当没有设置预处理步骤时）。无论是否存在预处理步骤，管理者进程都需要进行消息的反序列化，因为只有进行反序列化之后，才能知道发送过来的是哪个监控项的数据以及是否存在预处理步骤。反序列化以后，管理者进程并不是直接将消息转发给工作者进程，而是先将其存入管理者进程维护的队列中（manager.queue 成员）。对于那些没有设置预处理步骤的监控项，管理者进程将其视为已经完成了预处理，因此将状态直接修改为 DONE。需要执行预处理的则根据缓存中的配置信息设置预处理步骤，整个过程如图 8-4 所示。

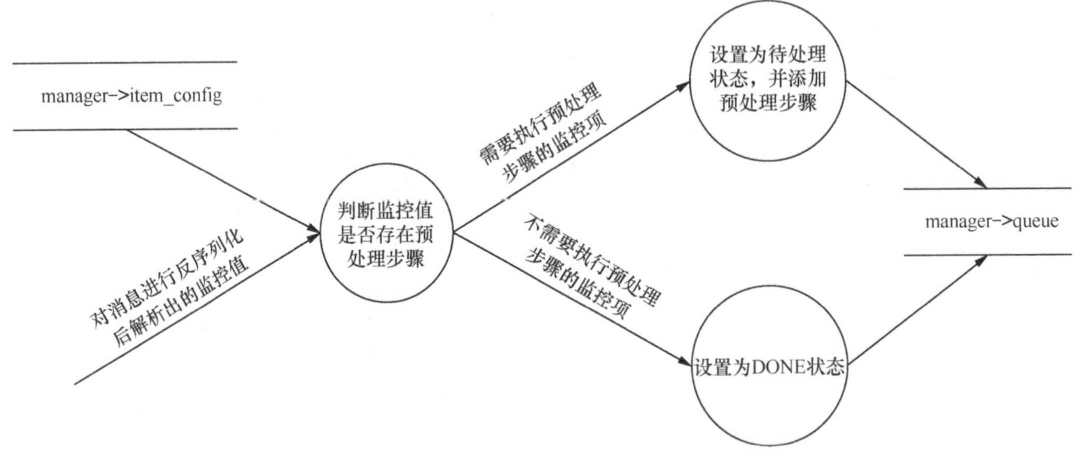

图 8-4　preprocessing manager 进程对 code 2 消息的处理

特别地，对监控项依赖关系的处理也由管理者进程实现。监控项依赖是指某个监控项使用另外一个监控项预处理后的值作为其原始值。因此，管理者进程在处理预处理后的结果时会检查该监控项是否存在依赖监控项，如果存在，则将此结果作为依赖监控项的原始输入，再次加入队列中。

预处理进程的最终目标是尽可能快速地对每个监控值进行处理，因此，在将 code 2 消息加入队列以后，会立即尝试把队列中的数据分配给工作者进程处理。分配任务的过程是：遍历 manager->workers 成员，如果某个成员没有正在处理的任务，即为空闲工作者进程，然后从 manager->queue 队列或者 manager->direct_queue 队列中选取一个待处理的任务，发送到空闲工作者进程（仍然为 code 2 消息）。但是本次发送的监控值未必是刚刚加入队列的值，因为当处理能力不足时，队列中可能有积压的旧数据，此时会先处理旧的数据。

在监控值的处理方面，poller/trapper 进程与 preprocessing manager 进程之间的通信是异步的、单向的，poller/trapper 进程只负责发送消息给 preprocessing manager 进程，而不等待响应，而管理者进程处理完消息也不会回复 poller/trapper 进程。有一个例外是后面会讲到的 code 4、code 5 和 code 6 消息。

预处理相关消息的序列化和反序列化过程参见源码中的以下函数：

- zbx_preprocessor_pack_task()与 zbx_preprocessor_unpack_task()；
- preprocessor_pack_value()与 zbx_preprocessor_unpack_value()；
- zbx_preprocessor_pack_result()与 zbx_preprocessor_unpack_result()；
- preprocessor_pack_test_request()与 zbx_preprocessor_unpack_test_request()；
- zbx_preprocessor_pack_test_result()与 zbx_preprocessor_unpack_test_result()。

code 3 消息来自工作者进程，其内容为预处理的结果值。按照 Zabbix 的设计，预处理之后的结果应该写入 HistoryCache 或者转发给 lld manager 进程处理，并且收到工作者进程的反馈说明该进程已经空闲下来了，此时至少有一个工作者进程处于空闲状态，所以为了充分利用进程资源，需要为其分配新任务。管理者进程的做法是先分配任务，后将结果写入 HistoryCache。具体操作是先写到本地全局变量 item_values 数组，再批量写入 HistoryCache。如果所属监控项为 LLD 规则，则将数据转发给 lld manager 进程。

在预处理监控值时，有可能需要使用前一个值，例如 simple change 和 discard unchanged，因此管理者进程还需要在 manager->history_cache 中缓存一份前值，并且在分配任务时将其随着消息一起发送到工作者进程。

code 4 消息由 trapper 进程发送，用于请求队列长度。trapper 进程在处理 zabbix.stats 请求（见第 5 章）时需要获取 preprocessing manager 进程的队列长度，即 manager->queued_num 成员。但是 trapper 进程自身不持有此数据，它只能向 preprocessing manager 进程发送消息请求此数据，而 preprocessing manager 进程接收消息后将此数据返回，仍然使用 code 4 消息。

code 5 消息与 code 2 消息类似，区别在于 code 5 消息最初由 Web 前端页面的测试请求发起（页面位置如图 8-5 所示），然后由 trapper 进程处理，trapper 进程转而向 preprocessing manager 进程发送请求消息。code 6 消息与 code 3 消息类似，它是对 code 5 消息的反馈。由于测试请求要求快速获得响应以避免长时间阻塞，因此，为了解决此问题，管理者进程在 manager 变量中定义了一个独立的 direct_queue 队列成员，对其中的数据总是会优先处理。

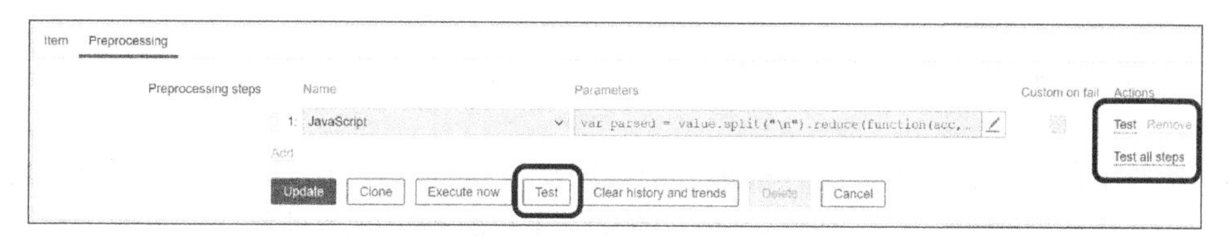

图 8-5 Web 前端页面发起预处理测试请求

8.2.3 preprocessing worker 进程

预处理工作者（preprocessing worker）进程的数量由配置参数 StartPreprocessors 决定，

允许 1～1 000 个进程。工作者进程负责读取管理者进程发送的进程间通信服务消息，并执行所获得的任务。工作者进程在启动之后首先向管理者进程发送注册请求消息（code 1 消息），然后开始循环地从进程间通信服务读取消息并进行处理。工作者进程只负责处理 code 2 和 code 5 消息。

在 Zabbix 5.0 中，预处理功能进一步加强，支持 9 类（25 种）预处理操作，而所有这些操作都需要由工作者进程实现，因此当大量使用比较消耗资源的操作时，工作者进程将承担较大的负载。在实际处理具体操作时，由一组 switch-case 语句实现，该语句位于 zbx_item_preproc()函数中，如代码清单 8-5 所示。

代码清单 8-5　不同种类的预处理任务调用不同的函数

```
int zbx_item_preproc(unsigned char value_type, zbx_variant_t *value, const
zbx_timespec_t *ts, const zbx_preproc_op_t *op, zbx_variant_t *history_value,
zbx_timespec_t *history_ts, char **error)
{
    int ret;

    switch (op->type)
    {
        case ZBX_PREPROC_MULTIPLIER:
            ret = item_preproc_multiplier(value_type, value, op->params, error);
            break;
        case ZBX_PREPROC_RTRIM:
            ret = item_preproc_rtrim(value, op->params, error);
            break;
......
        case ZBX_PREPROC_SCRIPT:
            ret = item_preproc_script(value, op->params, history_value, error);
            //由 JavaScript 嵌入式引擎 duktape 处理
            break;
......
        case ZBX_PREPROC_STR_REPLACE:
            ret = item_preproc_str_replace(value, op->params, error);
            break;
        default:
            *error = zbx_dsprintf(*error, "unknown preprocessing operation");
            ret = FAIL;
    }

    return ret;
}
```

预处理步骤可能有多个，这种情形下会按照次序执行。在处理完预处理逻辑以后，最终的结果值会被构造为 code 3 或者 code 6 消息，并发送到管理者进程。工作者进程每次只会处理一个值，只有完成当前任务以后才会接受下一个任务。

8.3 LLD 进程

LLD 进程包括 lld manager 进程和 lld worker 进程两种，其中管理者进程是唯一的，工作者进程可以启动多个。LLD 进程只能运行在 Zabbix 服务器端，它们位于预处理进程的下游，接收预处理进程发送的消息作为输入，而输出则是对各项监控配置的更新操作。

本质上，LLD 就是通过解析 LLD 规则监控项（一种特殊类型的监控项，其配置信息存储在 items 表中，其监控值不用于存储，只用于更新监控配置）返回的特殊格式的字符串，创建、更新或者删除监控项、触发器、图表或主机，使之与返回结果保持一致。由于 LLD 规则监控值会按照设定的频率进行更新，因此 Zabbix 可以随着数据的更新而动态调整监控对象、监控指标和监控参数等。从 Zabbix 4.2 开始，LLD 规则的监控值跟普通监控项一样可以进行预处理，在预处理结束以后，LLD 进程再对数据进行解析并更新配置信息，这一方式赋予用户更多对 LLD 规则数据进行处理的能力，从而增强了底层发现的功能。

在 Zabbix 4.2 之前，LLD 进程的工作内容由 trapper 类和 poller 类进程来处理，因为这两类进程本来就负责处理原始的监控数据，而 LLD 规则监控项实际上只是一种特殊类型的监控项。

8.3.1 进程间通信服务中的 LLD 消息

lld manager 与 lld worker 进程之间，以及其他相关进程与 lld manager 进程之间通过进程间通信服务（参见第 2 章）进行通信。通信过程中所使用的消息共有 5 种，具体定义如代码清单 8-6 所示。

代码清单 8-6 LLD 进程所处理的消息种类

```
                                                //lld worker 进程发送到 lld manager 进程
#define ZBX_IPC_LLD_REGISTER        1000        //工作者注册请求
#define ZBX_IPC_LLD_DONE        1001            //任务完成响应消息

/* manager -> LLD */                         //lld manager 进程发送到 lld worker 进程
#define ZBX_IPC_LLD_TASK          1100       //用于 LLD 任务分配

/* manager -> LLD */                         //preprocessing manager 进程发送到
                                             //lld manager 进程
#define ZBX_IPC_LLD_REQUEST       1200       //LLD 规则数据处理请求

/* poller -> LLD */                          //poller 进程发送到 lld manager 进程
#define ZBX_IPC_LLD_QUEUE         1300       //lld manager 队列长度
```

这些消息在 4 种不同的进程之间传递，具体交互过程如图 8-6 所示。4 种进程之间的协作除了能够完成底层发现的功能，还可以对外开放其性能指标数据（队列长度）。

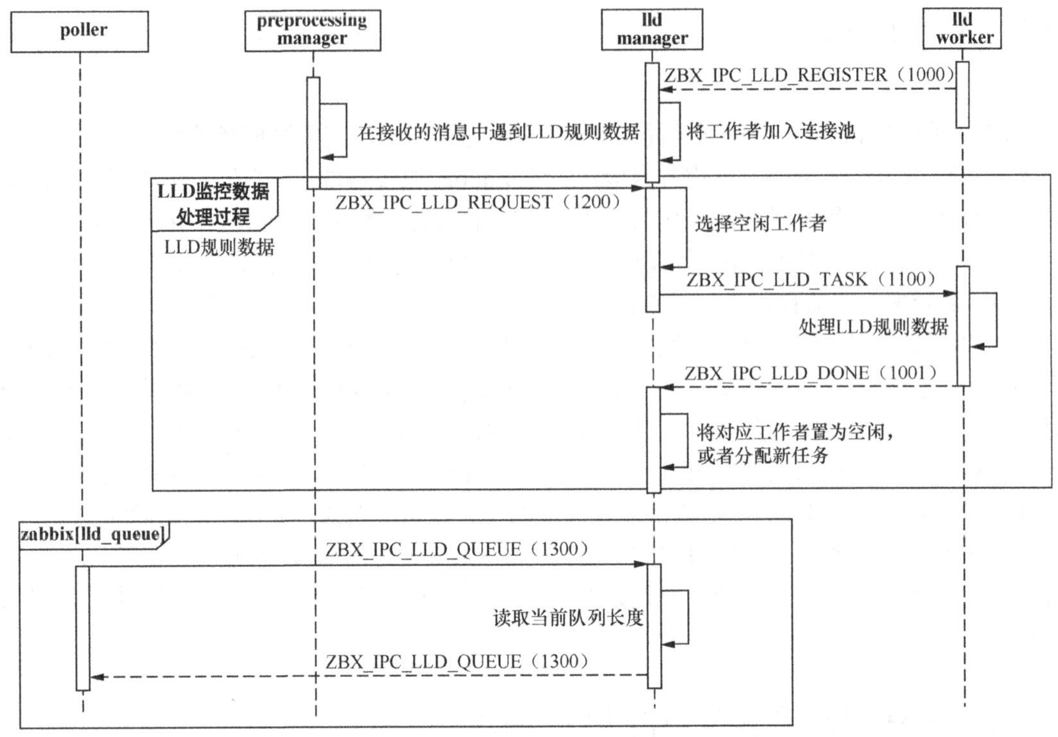

图 8-6　各进程通过进程间通信服务传递 LLD 消息的过程

8.3.2　LLD 原始数据的采集和预处理

LLD 规则监控项包括多种类型，在获取原始数据时由不同的进程来完成，其处理过程与普通监控项并无差异（参见第 7 章）。但是无论由哪种进程来处理，在获取原始数据以后都会调用 zbx_preprocess_item_value()函数，将数据构造为消息并发送到预处理进程，该函数的处理过程参见第 7 章。

在整个预处理过程中，LLD 规则监控值与普通监控值没有什么区别，但是在对预处理的最终结果进行处理时，LLD 规则监控值开始表现出其特殊性。preprocessing manager 进程会将最终结果构造为消息并发送到 lld manager 进程，而不是像普通监控项那样写入 HistoryCache。

8.3.3　lld manager 进程

lld manager 进程虽然只有一个，但是其需要完成的任务有多种，包括注册 lld worker

进程、接收其他进程发送的消息、给 lld worker 进程分配任务、处理 lld worker 进程返回的结果以及响应队列长度请求等。

lld manager 进程需要随时了解和更新所有 lld worker 进程的状态，那么它是如何做到的呢？lld manager 进程使用了多种数据结构来实现这一要求，其中最核心的结构是 zbx_lld_manager_t 和 zbx_lld_worker_t，二者的定义如代码清单 8-7 所示。

代码清单 8-7　使用多种数据结构来维护 lld worker 进程状态

```
typedef struct
{
    zbx_vector_ptr_t    workers;      //向量，元素数量等于 lld worker 进程的启动数量
    zbx_queue_ptr_t     free_workers;     //FIFO 队列，空闲的 lld worker 进程

//哈希集，方便根据进程间通信服务的套接字客户端查找到对应的 lld worker 进程
    zbx_hashset_t       workers_client;

//递增整数，表示下一个 workers 成员的索引，越早注册的工作者进程索引号越小
    int            next_worker_index;

    zbx_hashset_t       rule_index;         //根据 itemid 构造哈希索引，以提高查询效率

    zbx_binary_heap_t   rule_queue;         //LLD 规则二叉堆，按照时间戳排序的小根堆

    zbx_uint64_t        queued_num;         //表示二叉堆中的元素数量
}
zbx_lld_manager_t;

typedef struct
{
    zbx_ipc_client_t    *client;      //每个工作者进程持有一个进程间通信服务客户端
    zbx_lld_rule_t      *rule;        //分配给工作者进程的 LLD 规则，不超过一个
}
zbx_lld_worker_t;
```

在运行时，lld manager 进程会定义一个 zbx_lld_manager_t 类型的变量，在进程的整个生命周期内都使用该变量来维护和管理 lld worker 进程状态。

lld manager 进程无限循环地接收进程间通信服务消息，所接收的每个消息在日志级别为 TRACE 时会输出到 Zabbix 服务器日志文件中，如果想查看消息内容，可以使用代码清单 8-8 中的命令（其中的 24992 为 lld manager 进程 ID）。

代码清单 8-8　通过日志文件查看 lld manager 进程接收的消息

```
[root@VM-0-2-centos ~]# /usr/local/sbin/zabbix_server -R log_level_increase='lld
manager'    #多次执行 log_level_increase 操作，直到日志级别为 TRACE
zabbix_server [26339]: command sent successfully
[root@VM-0-2-centos ~]# tail -f /tmp/zabbix_server.log|grep '^ 24992'|grep
ipc_service_recv|grep code:
24992:20200625:222117.575 zbx_ipc_service_recv() code:1200 size:1590 data:17 72
00 00 00 00 00 00 | 1d 06 00 00 5b 7b 22 7b | 23 46 53 4e 41 4d 45 7d | 22 3a 22
2f 22 2c 22 7b | 23 46 53 54 59 50 45 7d | 22 3a 22 72 6f 6f 74 66 | 73 22 7d 2c
7b 22 7b 23 | 46 53 4e 41 4d 45 7d 22 | 3a 22 2f 73 79 73 22 2c | 22 7b 23 46 53
```

```
54 59 50 | 45 7d 22 3a 22 73 79 73 | 66 73 22 7d 2c 7b 22 7b | 23 46 53 4e 41 4d
45 7d | 22 3a 22 2f 70 72 6f 63 | 22 2c 22 7b 23 46 53 54 | 59 50 45 7d 22 3a 22 70
24992:20200625:222117.755 zbx_ipc_service_recv() code:1001 size:0 data:
24992:20200625:222127.592 zbx_ipc_service_recv() code:1200 size:1590 data:17 72
00 00 00 00 00 00 | 1d 06 00 00 5b 7b 22 7b | 23 46 53 4e 41 4d 45 7d | 22 3a 22
2f 22 2c 22 7b | 23 46 53 54 59 50 45 7d | 22 3a 22 72 6f 6f 74 66 | 73 22 7d 2c
7b 22 7b 23 | 46 53 4e 41 4d 45 7d 22 | 3a 22 2f 73 79 73 22 2c | 22 7b 23 46 53
54 59 50 | 45 7d 22 3a 22 73 79 73 | 66 73 22 7d 2c 7b 22 7b | 23 46 53 4e 41 4d
45 7d | 22 3a 22 2f 70 72 6f 63 | 22 2c 22 7b 23 46 53 54 | 59 50 45 7d 22 3a 22 70
24992:20200625:222127.768 zbx_ipc_service_recv() code:1001 size:0 data:
24992:20200625:222134.600 zbx_ipc_service_recv() code:1300 size:0 data:
```

接收消息以后，lld manager 根据消息类型进行不同的处理，共可以处理 4 种消息，其编码分别为 1000、1001、1200 和 1300，消息的含义参见 8.3.1 节。

code 1000 消息是工作者注册请求，该消息由 lld worker 进程在启动之后发送到管理者进程，该消息是一次性的，一个工作者进程一旦注册完成就不会再发送该消息。因为进程的启动顺序决定了管理者进程先于工作者进程启动，所以工作者进程发送消息时管理者进程已经就位（这并非绝对）。管理者进程接收该消息后所做的就是在 zbx_lld_manager_t 结构体的 workers、workers_client 和 free_workers 成员中分别添加一个新的元素。但是，在做完这些工作以后，管理者进程不会给工作者进程发送任何响应消息，而是直接关闭连接。

code 1001 消息是来自 lld worker 进程的消息，内容是告知管理者进程已经完成了此前分配的任务。这一消息的作用是通知管理者进程将此前分配给这一工作者进程的监控值从二叉堆队列中移除。同时，如果队列中还有其他待处理的任务，则继续给工作者进程分配任务。

code 1200 消息来自预处理进程，其内容是经过预处理的某个 LLD 规则监控项的字符串值。对于该消息，管理者进程所做的是将监控值添加到管理者结构体的 rule_queue 成员和 rule_index 成员中，然后从 rule_queue 成员中选择根节点并分配给指定的空闲工作者进程去处理。值得注意的是，由于 rule_queue 成员是有序的小根堆，而接收的值未必正好被添加到根节点上，因此分配给工作者进程处理的监控值有可能并非新接收的值。从这个意义上说，code 1200 消息本身只是触发了管理者进程来分配任务，但是所分配的任务与消息本身并无必然关系。另外，所有尚未处理完毕的消息都会暂存在 zbx_lld_manager_t 结构体变量中，如果暂存的数据量很大，意味着这些数据都无法得到及时处理。

code 1300 消息的处理方式比较简单，管理者进程会直接将管理者结构体中的 queued_num 成员的值（即 rule_queue 二叉堆的元素数）返回给请求方。

为了更清晰地理解 lld manager 进程接收消息和分配任务的过程，绘制其如图 8-7 所示的工作过程。图中的第 3 步给空闲工作者进程分配任务其实就是构造 code 1100 消息并发送到工作者端。

总而言之，由于管理者进程是唯一的，管理者进程与其他进程的进程间通信服务所进行的通信采用异步方式，发出消息以后不会等待响应，从而避免了阻塞。此外，单个工作者进程每次只分配一个任务而非批量分配，只有完成分配的任务以后才会继续分配下一个，这种策略保证了即使某个工作者进程出现故障，最多只会丢失一个任务。

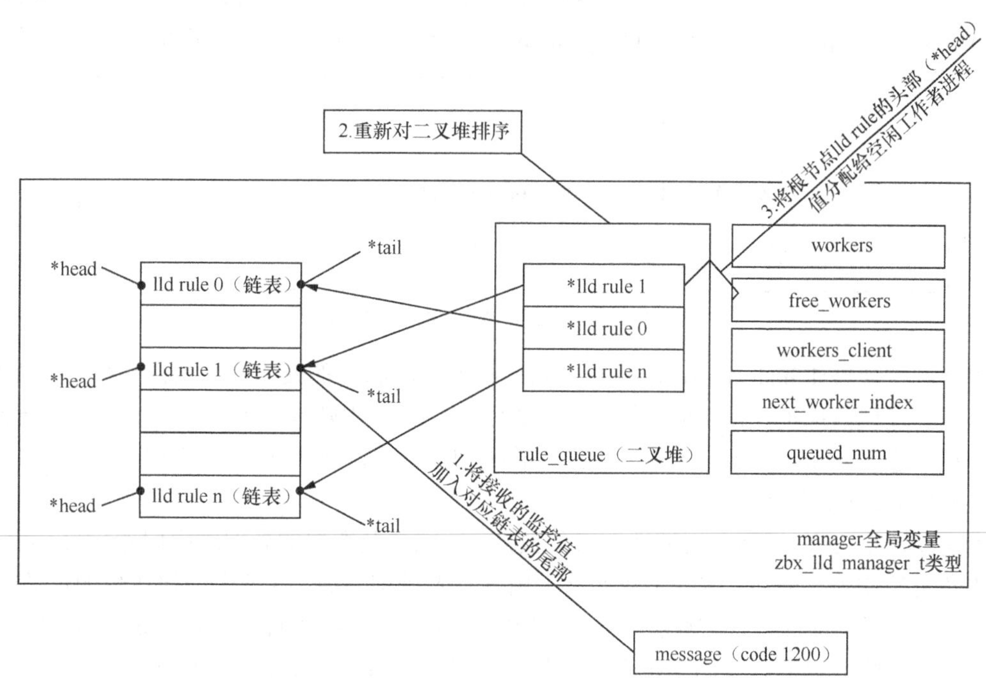

图 8-7　lld manager 进程接收消息和分配任务过程

8.3.4　lld worker 进程

lld worker 进程负责处理 lld manager 进程分配的任务，即接收并处理通过进程间通信服务发送过来的 code 1100 消息。总体的处理过程包括解析消息，验证 LLD 规则有效性（通过 ConfigCache），加载 filter、LLD macros 和 overrides，解析 LLD 消息的 JSON 数组，进行配置信息更新，以及根据 LLD 规则监控项状态生成内部事件。

lld worker 进程的工作机制是被动模式，即发出注册消息以后，并不会主动向管理者进程请求任务，而是等待管理者进程分配任务。

有这样一种可能，就是在 lld worker 进程处理监控值之前，该 LLD 规则监控项已经被删除了。因此在正式工作之前，需要查询 ConfigCache 中是否存在该 LLD 规则。如果不存在，则可以直接结束处理过程。

Zabbix 5.0 进一步加强了 LLD 的能力，它支持对 LLD 数据进行宏抽取、宏过滤和配置覆盖，这 3 项功能都由 lld worker 进程负责实现（参见图 8-8）。这些工作完成以后才会进入最终的配置更新阶段，包括更新监控项、触发器、图表和主机。更新过程并未访问缓存，而是大量访问数据库，最终更新结果也会写入数据库中。因此，这一更新方式与通过 Zabbix

Web API 执行的更新操作并无根本性的差别，只是 lld worker 进程运行在 Zabbix 服务器端，而 API 运行在 Web 服务器端。如需了解具体的更新步骤，可以在源码中查找 lld_update_items()函数、lld_update_triggers()函数、lld_update_graphs()函数和 lld_update_hosts()函数。

图 8-8　预处理进程与 lld worker 进程的分工

第 9 章将会讲述 history syncer 进程负责根据监控项状态的变化生成内部事件，从而使用户有机会发现监控项异常。但是根据图 8-2 可知，LLD 规则数据不会进入 HistoryCache，更没有机会进入 history syncer 进程。因此，根据 LLD 规则状态变化来生成内部事件的工作需要由 lld worker 进程完成。

考虑到每个 LLD 规则会周期性地采集数据，这就涉及数据的处理顺序问题。lld worker 进程不负责控制处理顺序，这一工作实际上由管理者进程完成，管理者进程在分配任务时，会保证只有当前一条 LLD 规则数据已经处理完毕以后，才会分配下一条 LLD 规则数据的任务。这一策略与以前版本的 Zabbix 不同，在以前的没有 LLD 进程的版本中，Zabbix 通过在 ConfigCache 中设置 LLD 规则锁来控制处理顺序。

在所有的处理工作完成以后，lld worker 进程向管理者进程发送一条 code 1001 消息，表明自己完成了任务，该消息的 data 部分其实是空的，因为此时管理者进程只需要知道消息类型。

8.4　小结

预处理进程和 LLD 进程处于 poller 类进程和 trapper 类进程的下游，负责处理 poller 类进程和 trapper 类进程获取的原始监控数据。

预处理进程按照用户设置的处理规则对数据进行变换和计算，处理之后的数据传递给 history syncer 进程处理。预处理进程通过进程间通信服务方式与上游进程通信。处理之后的数据写入共享内存，供下游进程使用。

LLD 进程与预处理进程不同，它不对数据进行变换和计算，而是按照监控数据的内容对配置信息进行更新。从 Zabbix 5.0 版本开始，LLD 进程作为独立进程存在，专门负责执行底层发现的功能。

第9章

history syncer 进程——监控数据的计算与入库

history syncer 进程是 Zabbix 服务器端最为核心的进程，它负责将监控数据（包括趋势数据）写入数据库和写入缓存、生成并处理事件，以及处理动作（action）并生成升级序列（escalation）等。如果没有 history syncer 进程，Zabbix 服务器将什么也做不了：既不能处理监控数据，又不能生成事件，也不能进行告警。history syncer 进程位于预处理进程的下游，它将预处理进程写入 HistoryCache 和 HistoryIndexCache 的数据作为输入。

9.1 history syncer 进程的工作机制

history syncer 进程的启动数量由配置文件中的 StartDBSyncers 参数控制，允许 1～100 个进程。history syncer 进程的作用是将 HistoryCache 和 HistoryIndexCache 中的监控值写入数据库中的 history 表和 trends 表，同时根据监控值计算触发器表达式，决定是否触发事件。该进程在 Zabbix 服务器端和 Zabbix 代理端都存在，但是有所不同，这一点体现在代码清单 9-1 所示的进程标题中。在 Zabbix 服务器端时，该进程既需要处理监控值（values），也需要处理触发器（triggers），在 Zabbix 代理端时，该进程只需要处理监控值，而不需要处理触发器，因为触发器表达式统一由 Zabbix 服务器端处理。本章讲述 Zabbix 服务器端的处理过程。

代码清单 9-1　Zabbix 服务器端和 Zabbix 代理端的 history syncer 进程的区别

```
//在 Zabbix 服务器端的 history syncer 进程状态（同时处理 values 和 triggers）
[root@VM-0-2-centos tmp]# ps -ef|grep zabbix_server|grep 'history syncer'
zabbix   31964 31957  0 Jun27 pts/0    00:00:20 /usr/local/sbin/zabbix_server:
history syncer #1 [processed 3 values, 1 triggers in 0.042027 sec, idle 1 sec]
zabbix   31965 31957  0 Jun27 pts/0    00:00:21 /usr/local/sbin/zabbix_server:
history syncer #2 [processed 0 values, 0 triggers in 0.000182 sec, idle 1 sec]

//在 Zabbix 服务器端的 history syncer 进程状态（只处理 values，不处理 triggers）
[root@VM_0_15_centos zabbix-5.0.1]# ps -ef|grep zabbix_proxy|grep 'history syncer'
zabbix   24444 24430  0 Jun24 ?    00:00:07 /usr/local/sbin/zabbix_proxy: history
syncer #1 [processed 1 values in 0.000009 sec, idle 1 sec]
zabbix   24445 24430  0 Jun24 ?    00:00:07 /usr/local/sbin/zabbix_proxy: history
syncer #2 [processed 3 values in 0.000017 sec, idle 1 sec]
```

9.1.1　监控值的同步过程

图 9-1 为 history syncer 进程对监控值进行同步的过程示意图。可见，同步过程以 history[] 数组为中心进行数据处理。

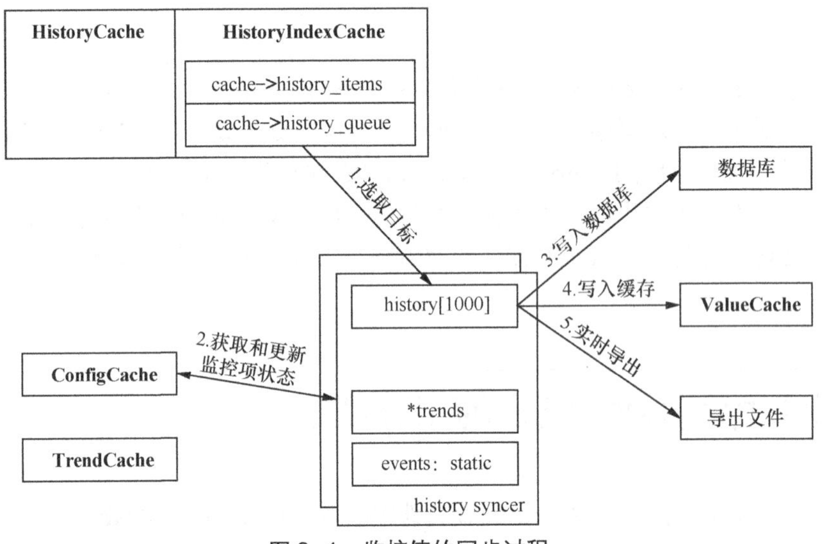

图 9-1　监控值的同步过程

在 HistoryCache 中，监控值以监控项为单位进行管理，每个监控项都有一个链表，用于存储该监控项所收集的一系列值，而每个监控值都位于这样的一个链表中。

4.2 节讲到，cache->history_queue 是一个小根二叉堆，时间戳最小的监控项总是位于根节点。在同步监控值时，history syncer 进程首先需要确定所同步的监控值的范围和顺序。具体做法是从 history_queue 二叉堆中依次获取时间戳最小的 1 000 个监控项。另外，考虑到 history syncer 进程并非唯一，为了避免多进程之间的访问冲突并提高处理效率，每个进程在访问该二叉堆时都需要先加锁，并且被选中的监控项都要暂时从二叉堆中移除，然后就会解锁。解锁意味着其他进程可以继续访问该二叉堆，这时已经不需要担心监控项被多个进程重复获取，因为被获取的监控项已暂时移除。移除之所以是暂时的，是因为这些监控项在处理完毕后还会再次被添加到二叉堆中，等待下一次处理。（一个监控项可能有多个值待处理，而本次只能处理一个。）

获取监控项即确定了监控值的范围和顺序，然后就可以进行实质性的工作，也就是将这些监控值写入数据库中，并且在成功写入数据库以后将之添加到 ValueCache 中。采用先写入数据库后写入缓存的顺序，部分原因是保证数据的一致性。如果先写入缓存，有可能导致告警事件先于监控值写入数据库，此时如果发生故障导致监控值写入数据库失败，那么最终结果就是发生了一个告警事件，但是并没有对应的监控值。

将监控值写入数据库是一个备受关注的问题，在实际应用中，用户除了需要将监控值存储到关系型数据库或者 ElasticSearch 搜索引擎，还需要能够将监控值存储到更多的非关系性数据库中，或者需要将监控值同时存储到多种不同类型的数据库中。对于这一需求，Zabbix 提供了加载扩展模块的解决方式，即用户可以开发自己的写入数据库模块，加载该模块以后就可以在 Zabbix 自身所写的库以外，将监控值写入多个目的库。不过，加载模块执行的写入数据库操作需要在处理完触发器以后进行，以避免告警事件的延迟。假设用户需要在 Zabbix 所写入的数据库之外将监控值写入 Prometheus 数据库和 InfluxDB 数据库，就可以分别开发两个模块并加载。

如果设置了 ExportDir 参数，在加载模块完成写入数据库以后，Zabbix 还会将数据写入指定目录下的文件中，数据内容包括 events、history 和 trends（以 JSON 格式）。实时导出的文件名和内容如代码清单 9-2 所示。

代码清单 9-2 实时导出的文件名及其内容

```
[root@VM-0-2-centos tmp]# ll *.ndjson
-rw-rw-r-- 1 zabbix zabbix 435 Jun 27 19:21 history-history-syncer-1.ndjson//history
……
-rw-rw-r-- 1 zabbix zabbix  0 Jun 27 19:20 history-main-process-0.ndjson//history
-rw-rw-r-- 1 zabbix zabbix  0 Jun 27 19:21 problems-history-syncer-1.ndjson//events
……
-rw-rw-r-- 1 zabbix zabbix  0 Jun 27 19:20 problems-main-process-0.ndjson//events
-rw-rw-r-- 1 zabbix zabbix  0 Jun 27 19:21 problems-task-manager-1.ndjson//events
-rw-rw-r-- 1 zabbix zabbix  0 Jun 27 19:21 trends-history-syncer-1.ndjson//trends
……
-rw-rw-r-- 1 zabbix zabbix   0 Jun 27 19:20 trends-main-process-0.ndjson//trends
[root@VM-0-2-centos tmp]# cat history-history-syncer-1.ndjson
{"host":{"host":"172.21.0.2","name":"172.21.0.2"},"groups":["Zabbix servers"],
"applications":["Zabbix server"],"itemid":30962,"name":"Zabbix trend write cache,
% used","clock":1593256862,"ns":30717371,"value":0.034904,"type":0}
{"host":{"host":"Zabbix server","name":"Zabbix server"},"groups":["Zabbix servers"],
"applications":["CPU"],"itemid":29162,"name":"CPU iowait time",
"clock":1593256862,"ns":32827428,"value":0.033339,"type":0}
{"host":{"host":"Zabbix server","name":"Zabbix server"},"groups":["Zabbix servers"],
"applications":["CPU"],"itemid":29165,"name":"CPU guest time",
```

```
"clock":1593256865,"ns":38422500,"value":0.000000,"type":0}
```

9.1.2 趋势数据的同步过程

趋势（trends）数据的同步发生在监控值已经成功写入数据库和 ValueCache 之后。趋势数据即数值型监控项每自然小时的统计值，包括最大值、最小值、平均值和个数。趋势数据与监控值的每次同步都密切相关，对一个数值型监控项来说，新的监控值意味着趋势数据中的任意一项统计值都可能发生变化。TrendCache 存储在 TrendCache 中（参见 4.3 节）。

趋势数据的同步过程如图 9-2 所示。可见，该同步过程围绕着*trends 指针所指向的数组进行。与监控值不同，趋势数据需要先进行计算，并将结果暂时放在缓存中，适当的时候再将结果写入数据库中。所以，趋势数据的同步可以分解为两项任务：第一，计算最新统计值；第二，将统计值写入数据库中。对于第一项任务，Zabbix 的策略是每次有新的监控值到来时都对趋势数据进行计算，这保证了缓存中的结果总是最新的，随时可以写入数据库。第二项任务涉及将统计值写入数据库的时机选择问题。在 Zabbix 3.0 中，所有统计值都在整点时统一写入数据库，这样造成的结果就是每隔一小时会出现 history syncer 进程的一个繁忙高峰，造成短时间的压力集中。所以从 Zabbix 3.2 开始，趋势数据写入数据库的策略修改为：

- 规则 1——跨过整点以后，第一次收到监控值时，将对应监控项前一小时的趋势数据写入数据库；
- 规则 2——如果某个监控项在本小时内持续没有收到新的监控值，那么在第 55 分钟时，将上一小时的趋势数据入库。

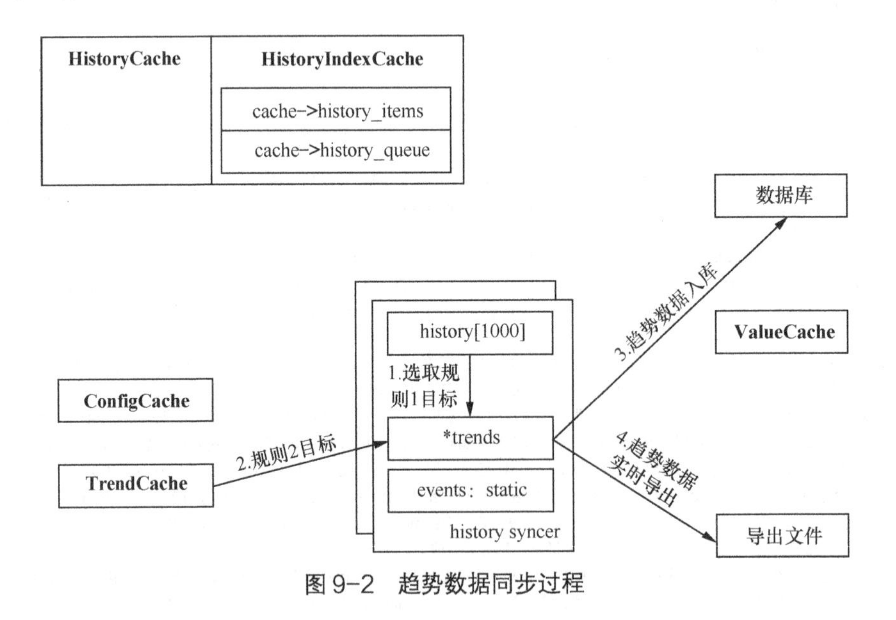

图 9-2　趋势数据同步过程

按照这一策略，如果是第 5 小时的趋势数据，那么最迟在 6:55 写入数据库，最早在 6:00 写入数据库（按照 Unix 时间戳计算时间）。

在具体实现该策略时，history syncer 进程先定义一个临时变量（*trends），然后从完成监控值同步的监控项（不超过 1 000 个）中选出符合规则 1 的趋势数据存入该临时变量，如果时间已经超过 55 分钟，则遍历 TrendCache，从中选出符合规则 2 的趋势数据并存入临时变量。经过这一步骤，所有需要同步的趋势数据都汇集到了临时变量中，随后再将临时变量中的趋势数据写入数据库。

需要说明的是，与监控值不同，趋势数据只支持写入关系数据库和实时导出文件，不支持写入 ElasticSearch 搜索引擎和通过加载模块自定义输出。这是因为趋势数据的入库函数仍然使用 SQL 语句完成，而不是通过接口函数完成。

9.1.3 事件的生成与处理

监控系统的核心任务之一是生成并处理事件，而事件总是与监控值相伴而生。为了以最快的速度生成和处理事件，避免延迟，Zabbix 将监控值的同步和事件的生成与处理放在同一个进程中。history syncer 进程负责在同步监控值的同时生成并处理事件。

当接收新的监控值时，监控项状态可能发生变化：从 NORMAL（正常）状态变为 NOTSUPPORTED（不支持），或者反之，这种变化会导致内部事件的发生。然后，如果该监控项设置了触发器，history syncer 进程还会计算触发器表达式，并根据表达式结果生成内部事件或者触发器事件。无论是内部事件还是触发器事件，事件的生成和处理都是相互独立的两个步骤，按照先生成后处理的顺序进行。

1. 事件生成规则

按照触发事件的源头来区分，由 history syncer 进程生成的事件可以分为两种：第一种，监控项触发的事件（内部事件）；第二种，触发器触发的事件（内部事件和触发器事件[1]）。其中，监控项触发的事件在监控值写入数据库之前生成，而触发器触发的事件则在监控值以及趋势数据成功写入数据库以后生成。

监控项触发的事件是指当监控项的状态发生变化（从 NOTSUPPORTED 变为 NORMAL，或者从 NORMAL 变为 NOTSUPPORTED）时会生成内部事件。这一过程最终由 calculate_item_update()函数实现，如代码清单 9-3 所示。可见，只要监控项状态发生变化，无论是从 NOTSUPPORTED 变为 NORMAL 还是反之，都会调用 zbx_add_event()函数来生成新的事件。

[1] 注意区分触发器事件和触发器触发的事件：触发器可以触发两种事件，而触发器事件只是其中的一种，另外一种是内部事件。

代码清单 9-3　calculate_item_update()函数的部分代码

```
if (h->state != item->state)     //当前状态发生变化
{
    flags |= ZBX_FLAGS_ITEM_DIFF_UPDATE_STATE;

    if (ITEM_STATE_NOTSUPPORTED == h->state)     //当前状态变为 NOTSUPPORTED
    {
        zabbix_log(LOG_LEVEL_WARNING, "item \"%s:%s\" became not supported: %s",
    item->host.host, item->key_orig, h->value.str);
          //生成内部事件，值为 NOTSUPPORTED
        zbx_add_event(EVENT_SOURCE_INTERNAL, EVENT_OBJECT_ITEM, item->itemid,
    &h->ts, h->state, NULL, NULL, NULL, 0, 0, NULL, 0, NULL, 0, NULL, h->value.err);

        if (0 != strcmp(item->error, h->value.err))
            item_error = h->value.err;
    }
    else
    {
        zabbix_log(LOG_LEVEL_WARNING, "item \"%s:%s\" became supported",
    item->host.host, item->key_orig);
          //生成内部事件，值为 NORMAL
        zbx_add_event(EVENT_SOURCE_INTERNAL, EVENT_OBJECT_ITEM, item->itemid,
    &h->ts, h->state, NULL, NULL, NULL, 0, 0, NULL, 0, NULL, 0, NULL, NULL);

        item_error = "";
    }
}
else if (ITEM_STATE_NOTSUPPORTED == h->state && 0 != strcmp(item->error,
h->value.err))
{
    zabbix_log(LOG_LEVEL_WARNING, "error reason for \"%s:%s\" changed: %s", I
tem->host.host, item->key_orig, h->value.err);

    item_error = h->value.err;
}
```

当监控值和趋势数据都写入数据库以后，history syncer 进程会对这一批监控值相关的触发器表达式进行计算，每个表达式计算的结果值是 OK、PROBLEM、UNKNOWN 或 NONE 中的一个。history syncer 进程会用当前结果值与上一次的结果值进行比较，再结合触发器的状态决定是否生成事件，以及生成何种事件。

Zabbix 对触发器的类型、值和状态进行了规定，其能够表示的范围如代码清单 9-4 所示。

代码清单 9-4　用于表示触发器信息的宏定义

```
                                    //是否启用触发器
#define TRIGGER_STATUS_ENABLED       0
#define TRIGGER_STATUS_DISABLED      1

/* 触发器的类型 */                            //触发器可以触发单个事件或者多重事件
#define TRIGGER_TYPE_NORMAL     0
#define TRIGGER_TYPE_MULTIPLE_TRUE 1
```

```
/* 触发器的值 */                            //触发器表达式只有 4 种结果
#define TRIGGER_VALUE_OK          0
#define TRIGGER_VALUE_PROBLEM       1
#define TRIGGER_VALUE_UNKNOWN       2
#define TRIGGER_VALUE_NONE        3

/* 触发器的状态 */                          //触发器只有两种状态
#define TRIGGER_STATE_NORMAL      0
#define TRIGGER_STATE_UNKNOWN     1
```

触发器触发的事件生成规则如表 9-1 所示。可见，事件的生成取决于触发器的值（OK、PROBLEM 或 NONE）和状态（NORMAL 或 UNKNOWN）。内部事件取决于状态的变化，触发器事件取决于值的变化。所有状态变化都会生成内部事件，无论是从 NORMAL 状态变为 UNKNOWN 状态还是反之。对于触发器事件，只有当目的状态为 NORMAL 时才有可能生成事件，如果目的状态为 UNKNOWN，则意味着系统并不知道触发器当前的值是 OK 还是 PROBLEM，从而不知道生成何种事件。

表 9-1 触发器触发的事件生成规则

当前状态	目的状态				
	OK（状态为 NORMAL）	OK（状态为 UNKNOWN）	PROBLEM（状态为 NORMAL）	PROBLEM（状态为 UNKNOWN）	NONE（状态为 NORMAL）
OK（状态为 NORMAL）	无	内部事件	触发器事件	内部事件	无
OK（状态为 UNKNOWN）	内部事件	无	触发器事件+内部事件	无	内部事件
PROBLEM（状态为 NORMAL）	触发器事件	内部事件	触发器多重事件	内部事件	无
PROBLEM（状态为 UNKNOWN）	触发器事件+内部事件	无	触发器多重事件+内部事件	无	内部事件

不管生成的是哪种事件，一旦生成就会调用 zbx_add_event()函数，将其写入一个名为 events 的静态变量中。随后 history syncer 进程会运行 flush_events()函数，将 events 变量中的事件信息写入数据库中。（在此过程中会生成升级序列，参见 9.1.4 节。）

2. 监控项触发的内部事件

监控项触发的内部事件的生成和处理过程如图 9-3 所示。监控项触发的内部事件发生在将监控值写入数据库之前，但是事件的处理发生在成功写入数据库以后。对于某个监控项，如果接收的值的状态是 notsupported，那么该值将无法写入数据库中，Zabbix 能做的只是生成一个内部事件。对于 history syncer 进程，所有的事件都存储在名为 events 的全局变量中。生成内部事件的过程实际就是将一个事件添加到该 events 变量中。最后 events 变量中的所有事件信息都通过 flush_events()函数批量写入数据库中。

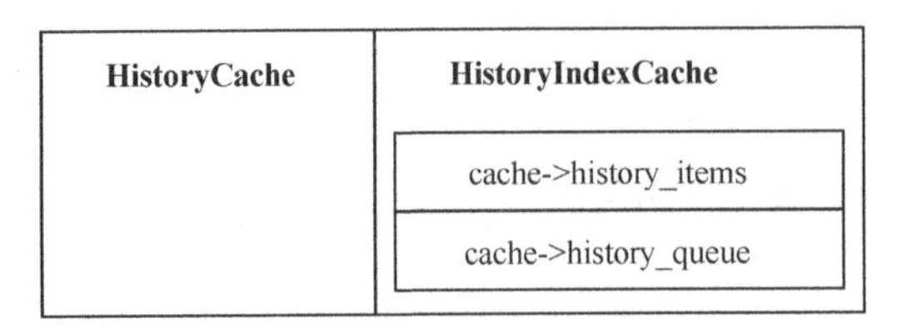

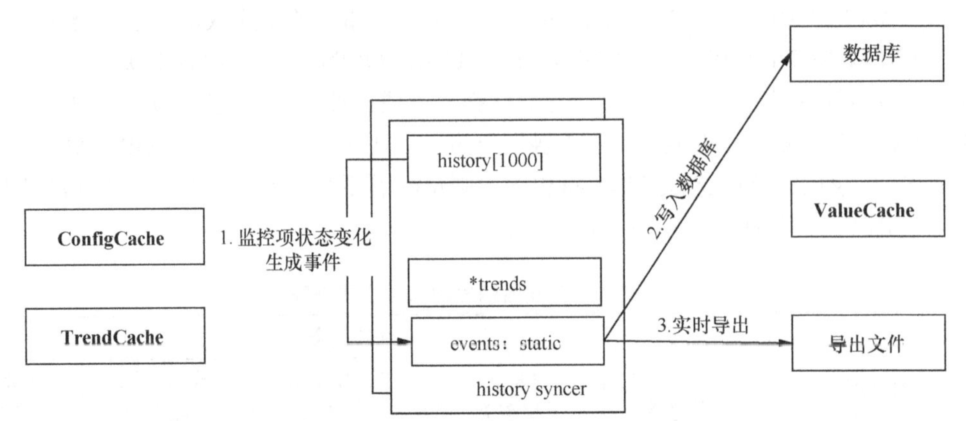

图 9-3　监控项触发的内部事件的生成和处理

flush_events()函数的工作过程如代码清单 9-5 所示。除了将事件信息写入数据库中的 events 表，还会调用以下函数：

- save_problems()，将值为 PROBLEM 的事件记录写入 problem 表中；
- save_event_recovery()，保存由 OK 事件触发的事件恢复信息，写入 event_recovery 表中；
- update_event_suppress_data()，更新 event_suppress 表中的事件抑制数据；
- process_actions()，生成升级序列的过程，写入 escalations 表。

代码清单 9-5　flush_events()函数的工作过程

```
static int  flush_events(void)
{
    int             ret;
    zbx_event_recovery_t        *recovery;
    zbx_vector_uint64_pair_t    closed_events;
    zbx_hashset_iter_t      iter;

    ret = save_events();
    save_problems();
    save_event_recovery();
    update_event_suppress_data();

    zbx_vector_uint64_pair_create(&closed_events);
```

```
    zbx_hashset_iter_reset(&event_recovery, &iter);
    while (NULL != (recovery = (zbx_event_recovery_t *)zbx_hashset_iter_next(&iter)))
    {
        zbx_uint64_pair_t  pair = {recovery->eventid, recovery->r_event->eventid};

        zbx_vector_uint64_pair_append_ptr(&closed_events, &pair);
    }

    zbx_vector_uint64_pair_sort(&closed_events, ZBX_DEFAULT_UINT64_COMPARE_FUNC);

    process_actions(&events, &closed_events);
    zbx_vector_uint64_pair_destroy(&closed_events);

    return ret;
}
```

3. 触发器触发的事件

图 9-4 为触发器触发的事件的生成和处理过程。触发器触发事件的过程起始于触发器清单准备，即 history syncer 进程会根据监控值和 ConfigCache 合并整理出一个需要进行计算的触发器清单，并将之存储在临时变量 trigger_order 中。清单准备完毕以后，会批量计算该清单中所有触发器的表达式，并根据计算结果，结合"事件生成规则"小节所制定的规则生成各种事件，存储在 events 变量中。最后，events 变量中的信息写入数据库的过程与监控项触发的事件是一样的，由 flush_events()函数进行处理。

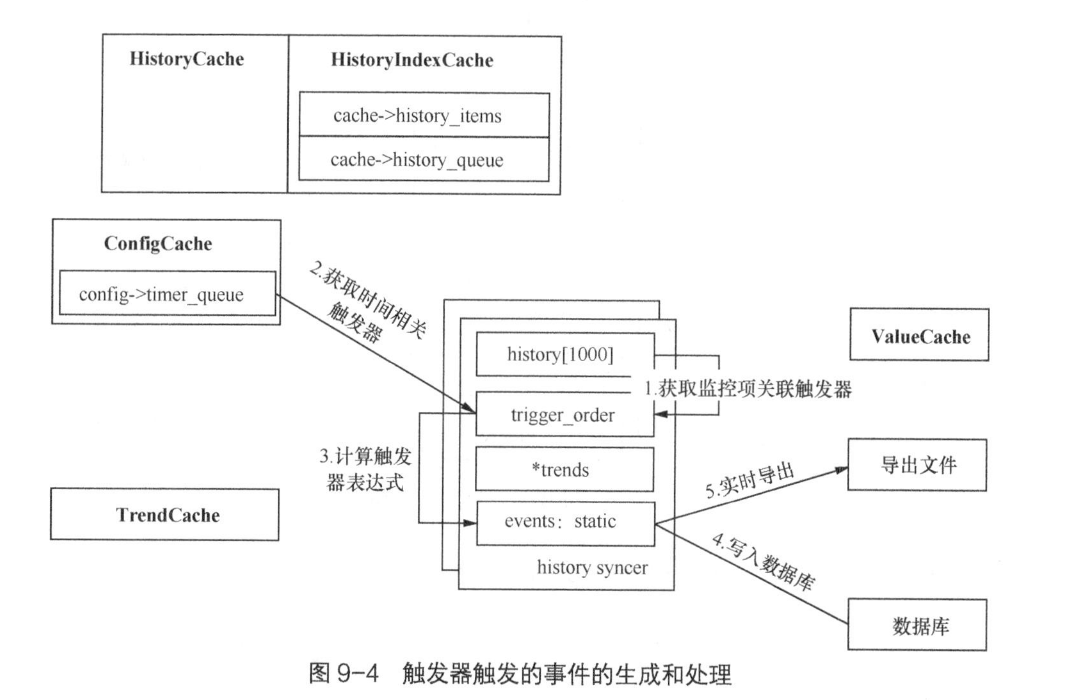

图 9-4 触发器触发的事件的生成和处理

9.1.4　动作的处理

9.1.3 节提到，将事件信息写入数据库时还会生成升级序列，并写入 escalations 表中。这一过程的出现是因为 Zabbix 支持在事件发生时执行设定的动作（action）。所有动作都基于已经发生的事件，但是并非所有事件都会执行动作，只有那些符合设定条件的事件才会。动作的内容可以是发送告警或者执行远程命令，而问题的难点在于动作不是一次性的操作，而是由一系列持续较长时间的多次操作组成的。为了能够在长时间周期内控制所有这些操作，Zabbix 提出了升级序列的概念。如果将事件触发一个动作的过程称为“激发”的话，那么每一次“激发”都会生成一个唯一的升级序列，即“激发”与升级序列一一对应。

动作的“激发”过程如图 9-5 所示。完成动作“激发”以后，history syncer 进程需要做的工作就完成了。简单地说，history syncer 进程做的所有工作就是存储监控值数据、生成并保存事件和升级序列。

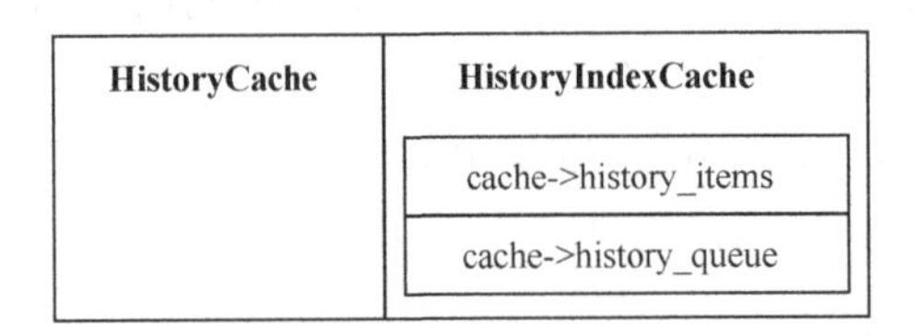

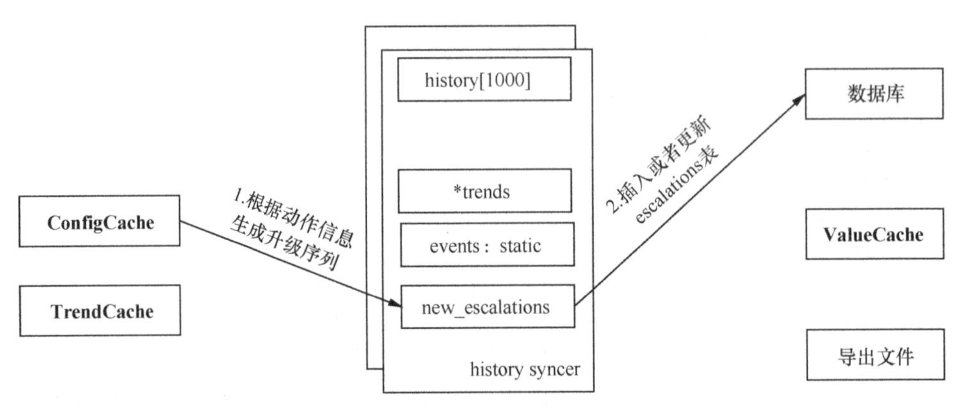

图 9-5　动作的“激发”过程

具体的对升级序列的处理过程将在第 10.1 节讲述。

9.1.5 history syncer 进程之间的协作

history syncer 进程并不是唯一的，无论是在 Zabbix 服务器还是在 Zabbix 代理端，一般会同时运行多个 history syncer 进程。那么这些进程之间如何协作？

回顾 9.1 节的 history syncer 进程工作机制，可以发现整个过程以 history[1000]数组中的监控值为基础。第一步从 HistoryIndexCache 获取监控值以后，接下来所有的操作都是针对这 1 000 个监控值所属的监控项进行的。因此，只要保证同时运行的多个进程不会获取同一个监控项的监控值，就能够避免冲突，多个进程就能够在数据处理对象层面实现相对的隔离。

history syncer 进程避免冲突的方法是在获取数据之前先对缓存加锁，而在从 cache->history_queue 二叉堆获取数据以后，即刻将对应元素从该二叉堆移除，避免被其他进程获取。但是这些元素中还可能包含本次处理不完的数据（每个监控项有一个链表，存储多个监控值，而本次处理过程只能处理尾部的一个值），因此在整个处理过程结束以后，history syncer 进程会将所有元素再添加到二叉堆 cache->history_queue 中，供所有进程再次访问。

按照这一规则，某个特定的监控项（假设 itemid 为 31035）会动态地由多个 history syncer 进程来处理。但是在某个进程处理该监控项期间，它只会处理时间戳最早的那个值，而该监控项中如果还有时间戳稍晚的值，则无法被其他任何进程处理，只有等当前进程处理完并归还 cache->history_queue 以后才有机会处理。换言之，该监控项的连续的两个值得到处理的最小间隔是 history syncer 进程处理完本批次监控值（最多 1 000 个）的时间。

为了验证这一推理，需要设计一个测试方案。首先开启两个 history syncer 进程，然后使用 zabbix_sender 同时发送 3 条监控值，因为 3 个值将包含在同一个 JSON 请求中，必然由同一个 trapper 进程处理，所以几乎同时写入 HistoryIndexCache。然后我们需要观察这 3 个值从 HistoryIndexCache 弹出的时间和归还缓存的时间，以及是由哪个进程处理的。Zabbix 本身的日志不会记录这些信息，为了能够从日志中观察这些信息，需要修改相关函数的源码（hc_add_item_values()、hc_pop_items()和 hc_push_items()共 3 个函数需要修改）。最终测试的过程和结果如代码清单 9-6 所示。我们使用监控项（itemid=31035）的 3 个监控值 4321、4322 和 4323 进行测试。最终结果显示：3 个值首先依次被压入 history_queue 二叉堆中，在随后的处理过程中，4321 监控值首先被弹出并处理，然后 31035 监控值再次被压入二叉堆，直到下一个循环时才开始处理 4322 监控值，而 4323 监控值则在第三个循环中才进行处理。并且这 3 个值并不是由同一个进程处理的，可以看到，第一个值由 24001 号进程处理，另外两个值则由 24002 号进程处理。以上就是 history syncer 进程之间的协作过程。

代码清单 9-6　验证 history syncer 进程之间的协调机制

```
##在任意主机使用 zabbix_sender 发送 3 条监控值
[root@VM_0_15_centos bin]# echo '"172.1.1.1" hsyncer_check 4321
"172.1.1.1" hsyncer_check 4322
"172.1.1.1" hsyncer_check 4323'|./zabbix_sender -z '172.1.1.1' -i -
Response from "172.1.1.1:10051": "processed: 3; failed: 0; total: 3; seconds spent:
0.000349"
sent: 3; skipped: 0; total: 3

##观察 Zabbix 日志，3 个值由两个进程处理，每次只处理一个值
[root@VM-0-2-centos ~]# tail -f /tmp/zabbix_server.log|grep -E 'pushing into|poping
values of|pushing values of'|grep 31035
24023:20200630:134116.335 pushing into history_queue: itemid [31035] value [4321]
24023:20200630:134116.335 pushing into history_queue: itemid [31035] value [4322]
24023:20200630:134116.335 pushing into history_queue: itemid [31035] value [4323]
24001:20200630:134116.638 poping values of itemid [31035]: value [4321] ts
[1593495676:333985649]-->value [4322] ts [1593495676:333991426]-->value [4323] ts
[1593495676:333996911]--> NULL
24001:20200630:134116.669 pushing values of itemid [31035]:value [4321] ts
[1593495676:333985649]-->value [4322] ts [1593495676:333991426]-->value [4323] ts
[1593495676:333996911]--> NULL
24002:20200630:134116.669 poping values of itemid [31035]: value [4322] ts
[1593495676:333991426]-->value [4323] ts [1593495676:333996911]--> NULL
24002:20200630:134116.701 pushing values of itemid [31035]:value [4322] ts
[1593495676:333991426]-->value [4323] ts [1593495676:333996911]--> NULL
24002:20200630:134116.713 poping values of itemid [31035]: value [4323] ts
[1593495676:333996911]--> NULL
24002:20200630:134116.744 pushing values of itemid [31035]:value [4323] ts
[1593495676:333996911]--> NULL
```

9.2　触发器的计算过程

触发器的计算是 history syncer 进程的关键任务，Zabbix 可以放弃监控值和趋势数据的存储，但不能放弃触发器的计算。在现实的监控系统中，缺少监控值和趋势数据并不会立即造成损失，而如果失去了告警能力，则可能导致重大故障的发生。Zabbix 系统的告警能力主要依赖触发器的计算。

触发器的计算只发生在 Zabbix 服务器端，Zabbix 代理端不会处理该任务。总体的计算过程为解析表达式、计算表达式函数和外层的计算。

9.2.1　触发器表达式的表示法

以下是从 Zabbix Web 前端页面选取的一个触发器表达式。

```
{172.1.1.1:system.cpu.load[all,avg1].min(5m)}/{172.1.1.1:system.cpu.num.last()}>{
$LOAD_AVG_PER_CPU.MAX.WARN} and {172.1.1.1:system.cpu.load[all,avg5].last()}>0 and
{172.1.1.1:system.cpu.load[all,avg15].last()}>0
```

然而，如果从数据库中查询该触发器，会发现其表达式如代码清单 9-7 所示。也就是每个大括号内的函数都转换为唯一的 functionid（函数 ID，每个函数代表了对特定监控项数据的计算操作）。实际上，在 Zabbix 的 ConfigCache 中，触发器表达式也是用 functionid 来表示的。因此，触发器表达式的计算转换为对这些函数的计算。

代码清单 9-7 从数据库中查询触发器信息

```
MySQL [zbxsrv]> select expression,recovery_expression from triggers where
triggerid=16887;
+-------------------------------------------------------------------------------+-----
----------------+
| expression
| recovery_expression |
+-------------------------------------------------------------------------------+-----
----------------+
| {19811}/{19812}>{$LOAD_AVG_PER_CPU.MAX.WARN} and {19813}>0 and {19814}>0 |
|
+-------------------------------------------------------------------------------+-----
----------------+
1 row in set (0.00 sec)

MySQL [zbxsrv]> select * from functions where functionid in (19811,19812,19813,19814);
+------------+--------+-----------+------+-----------+
| functionid | itemid | triggerid | name | parameter |
+------------+--------+-----------+------+-----------+
|      19811 |  30980 |     16887 | min  | 5m        |
|      19812 |  30982 |     16887 | last |           |
|      19813 |  30981 |     16887 | last |           |
|      19814 |  30979 |     16887 | last |           |
+------------+--------+-----------+------+-----------+
4 rows in set (0.01 sec)
```

触发器表达式的创建有两种方法，一种是通过 Zabbix Web 接口创建，另外一种是由 LLD 规则创建。无论采用哪种方式，在创建表达式的同时，Zabbix 就创建了函数并进行了验证（确认监控项是存在的）。表达式和函数最初是在数据库中创建的，configuration syncer 进程负责定期将这些信息加载到 ConfigCache 中。

以这种表示方法为前提，触发器表达式的计算路径就变成了对函数进行计算，然后对计算结果再进行算术、比较和逻辑运算。

9.2.2 表达式函数的计算

根据 9.1 节内容可知，在进行触发器计算的时候，最新的监控值已经被写入数据库和

ValueCache 中。所以，history syncer 进程可以利用数据库或者 ValueCache 中的监控值完成表达式函数的计算。在进程圈定了目标触发器范围并将其存入临时变量 trigger_order（参见 9.1.3 节）以后，Zabbix 就依照 trigger_order 清单解析出其中每个触发器所包含的表达式函数。解析出的每一个表达式函数最终都会调用 evaluate_function() 函数完成计算，该函数的部分代码如代码清单 9-8 所示，其主体部分由一系列 if-else 语句组成，目的是根据函数名称的不同调用不同的处理函数。这种设计实现了不同类型的函数（last()、prev()、max()和 nodata()等）之间的隔离，如果用户需要扩展 Zabbix 所支持的函数清单，只需要定义一个新的函数并添加到 evalfunc.c 文件中。

代码清单 9-8 表达式函数 evaluate_function()的计算过程

```
/** 该函数位于 src/libs/zbxserver/evalfunc.c 文件中 **/
int evaluate_function(char **value, DC_ITEM *item, const char *function, const char
*parameter, const zbx_timespec_t *ts, char **error)
{
    int      ret;
    struct tm    *tm = NULL;

    zabbix_log(LOG_LEVEL_DEBUG, "In %s() function:'%s:%s.%s(%s)'", __func__,
            item->host.host, item->key_orig, function, parameter);

    if (0 == strcmp(function, "last"))          //计算 last()函数
    {
        ret = evaluate_LAST(value, item, parameter, ts, error);
    }
    else if (0 == strcmp(function, "prev"))     //计算 prev()函数
    {
        ret = evaluate_LAST(value, item, "#2", ts, error);
    }
……
    else if (0 == strcmp(function, "date"))     //计算 date()函数
    {
        size_t  value_alloc = 0, value_offset = 0;
        time_t  now = ts->sec;

        tm = localtime(&now);
        zbx_snprintf_alloc(value, &value_alloc, &value_offset, "%.4d%.2d%.2d",
                tm->tm_year + 1900, tm->tm_mon + 1, tm->tm_mday);
        ret = SUCCEED;
    }
……
    else
    {
        *value = zbx_malloc(*value, 1);
        (*value)[0] = '\0';
        *error = zbx_strdup(*error, "function is not supported");
        ret = FAIL;
    }

    if (SUCCEED == ret)
```

```
        del_zeros(*value);

    zabbix_log(LOG_LEVEL_DEBUG, "End of %s():%s value:'%s'", __func__,
zbx_result_string(ret), *value);
    return ret;
}
```

9.2.3 外层的计算

计算表达式函数之后，整个触发器的计算还没有结束，还需要执行外层的计算。9.2.2 节所述的计算只是将表达式从下面的式一转换为式二。

式一：`{19811}/{19812}>{$LOAD_AVG_PER_CPU.MAX.WARN} and {19813}>0 and {19814}>0`

式二：`((1.809/2)>5) and (1.37>0) and (0.82>0)`

要得到最终结果，还需要对式二这样的字符串进行解析和计算。这一过程由 evaluate() 函数完成，该函数位于 src/libs/zbxalgo/evaluate.c 文件中。经过外层计算之后，触发器的最终结果就确定了，可以根据该结果设置触发器的状态。

9.3 自定义 history write 模块

在实际应用中，如果要进行系统集成或者对监控数据进行分析，往往需要将监控数据实时存储到一个（或者多个）存储平台或者数据库。9.1 节提到可以使用自定义模块满足这一需求，本节介绍如何开发一个能够满足此需求的自定义模块。可加载模块的详细工作机制参见 15.5 节。

9.3.1 接口函数

实现 history write 模块的接口函数共有 5 个，分别对应 5 种数据类型：float、integer、string、text 和 log。这些接口函数的参数为待写入存储的监控值，一般来说监控值是批量写入的，而非每次只写一个值。代码清单 9-9 为 float 类型监控值的接口函数定义。

由于 ZBX_HISTORY_FLOAT 数据类型结构中包含了 itemid，因此可以根据该值查询 ConfigCache 来获取监控项的名称和键等信息，这对于存储以后的数据分析非常有用，毕竟单纯一个 itemid 对于确定监控项的含义是没有用处的。不过，在调用加载模块函数时，history syncer 进程已经将 ConfigCache 解锁，此时获得的 ConfigCache 中的监控项信息有可能已经被其他进程修改。

代码清单 9-9　float 类型监控数据的存储

```
/** 位于新创建的源码文件 src/modules/dummpy/export_prom.c 文件中 **/
static void    dummy_history_float_cb(const ZBX_HISTORY_FLOAT *history, int
history_num)
{
    int    i;
    DC_ITEM            *items;
    int             *errcodes;
    zbx_uint64_t *itemids;

    if (0 != history_num)
    {
        items = (DC_ITEM *)zbx_malloc(NULL, sizeof(DC_ITEM) * (size_t)history_num);
        errcodes = (int *)zbx_malloc(NULL, sizeof(int) * (size_t)history_num);
        itemids = (zbx_uint64_t *)zbx_malloc(NULL, sizeof(zbx_uint64_t) *
    (size_t)history_num);

        for (i=0; i< history_num; i++)
            itemids[i] = history[i].itemid;

        LOCK_CACHE;
        DCconfig_get_items_by_itemids(items, itemids, errcodes,
    (size_t)history_num);
        UNLOCK_CACHE;

        for (i = 0; i < history_num; i++)
        {
            zabbix_log(LOG_LEVEL_WARNING, "exporting history:
        itemid[%d],key[%s],value[%f]", itemids[i],items[i].key_orig,history[i].value);
        }

        zbx_free(errcodes);
        zbx_free(items);
        zbx_free(itemids);
    }
}
```

由于自定义模块中有很多函数和类型的声明在 Zabbix 自身的头文件中，因此在编译生成库文件时需要包含 include 目录，具体可以执行代码清单 9-10 中的命令，以完成库文件的构建。

代码清单 9-10　自定义模块的编译

```
[root@VM-0-2-centos zabbix-5.0.1]# cd src/modules/dummy/
[root@VM-0-2-centos dummy]# gcc -c -fpic -I ../../../include export_prom.c
[root@VM-0-2-centos dummy]# gcc -shared -o export_prom.so export_prom.o
```

很多用户遇到过同一个公司的不同部门部署了多套监控系统的情形，这些系统可能既有 Zabbix 又有 Prometheus。为了实现数据的统一存储，考虑到 prometheus pushgateway 提供了 API，可方便地进行数据的写入，用户可以通过写入 pushgateway 的方式将 Zabbix 数据间接写入 Prometheus 中。由于这一自定义模块通过 libcurl 库函数实现对 pushgateway 的 API 请求，因此需要在配置 Zabbix 时启用--with-libcurl 参数。

9.3.2 自定义模块的注册

Zabbix 加载自定义模块时会调用 zbx_register_history_write_cbs()函数实现模块内各个函数的注册。该函数接收两个变量作为参数，其数据类型分别为 zbx_module_t 和 ZBX_HISTORY_WRITE_CBS，具体定义如代码清单 9-11 所示。此函数的作用实际上是给事先声明的 5 个全局变量赋值，每个变量的*module 成员设置为第一个参数的值，每个变量的回调函数成员则设置为第二个参数的值。由于全局变量与监控值类型一一对应，因此我们可以将不同类型的监控值写入不同的目的地。

代码清单 9-11 Zabbix 的自定义模块所使用的数据结构定义

```
typedef struct
{
    void    *lib;
    char    *name;
}
zbx_module_t;

typedef struct
{
    zbx_module_t    *module;
    void        (*history_float_cb)(const ZBX_HISTORY_FLOAT *, int);
}
zbx_history_float_cb_t;

/**以下 5 个为全局变量 **/
zbx_history_float_cb_t      *history_float_cbs = NULL;
zbx_history_integer_cb_t    *history_integer_cbs = NULL;
zbx_history_string_cb_t     *history_string_cbs = NULL;
zbx_history_text_cb_t       *history_text_cbs = NULL;
zbx_history_log_cb_t        *history_log_cbs = NULL;

typedef struct
{
    zbx_module_t    *module;
    void        (*history_float_cb)(const ZBX_HISTORY_FLOAT *, int);
}
zbx_history_float_cb_t;

typedef struct
{
    void    (*history_float_cb)(const ZBX_HISTORY_FLOAT *history, int history_num);
    void    (*history_integer_cb)(const ZBX_HISTORY_INTEGER *history, int history_num);
    void    (*history_string_cb)(const ZBX_HISTORY_STRING *history, int history_num);
    void    (*history_text_cb)(const ZBX_HISTORY_TEXT *history, int history_num);
```

```
    void  (*history_log_cb)(const ZBX_HISTORY_LOG *history, int history_num);
}
ZBX_HISTORY_WRITE_CBS;     //该结构体中的某个成员为 NULL 时，对应成员函数将不进行注册
```

9.4 小结

本章讲述 Zabbix 服务器端最为核心的 history syncer 进程，包括其总体工作机制、触发器的计算过程以及如何自定义 history write 模块。

总体而言，history syncer 进程使用 HistoryCache、HistoryIndexCache 和 TrendCache 中的数据作为输入，首先将历史数据和趋势数据写入数据库，然后立即进行触发器表达式计算，并根据计算结果生成和处理事件。

触发器表达式的计算是 history syncer 进程的关键任务，该计算过程是生成事件和告警的基础，这也是监控的核心意义所在。Zabbix 触发器表达式支持多种函数，history syncer 进程对不同的函数调用不同的过程进行处理。

除了 Zabbix 默认的数据库同步方式，Zabbix 还支持自定义数据同步函数，从而可以将监控数据同步到多个存储目标。本章简要介绍了自定义数据同步函数的方法。

第 10 章

escalator 进程、alert 进程族和 task manager 进程——事件激发的动作

escalator 进程的作用是处理动作（action）中的各个操作步骤，这些步骤可能是发送警报消息或者执行远程命令。其中警报消息的发送由 alert manager、alerter 以及 alert syncer 进程负责，而远程命令的执行则由 task manager 进程负责。

本章讲述 escalator 进程、alert 进程族以及 task manager 进程中与远程命令有关的部分。

10.1 escalator 进程

escalator 进程负责处理 escalations 表中的数据，并在处理过程中将生成的警报消息插入 alerts 表中。所以，escalator 进程并不实际发送警报消息，而只是生成警报，发送警报的任务由 alert 进程族负责处理。

本节介绍升级序列的概念以及 escalator 进程如何实现升级过程。

10.1.1 理解升级序列

升级序列（escalation）是指当事件发生后需要依次执行的操作步骤。这些步骤由前端页面的 Configuration->Actions 设置决定，具有固定的先后顺序，不可颠倒次序也不允

许跳跃执行。前端页面定义的升级序列存储在数据库中的 escalations 表中，每个步阶所执行的操作称为 operation，其数据存储在 operations 表中，这两个表的结构如代码清单 10-1 所示。

代码清单 10-1　数据库中 escalations 和 operations 表的结构

```
mysql> desc escalations;
+---------------+---------------------+------+-----+---------+-------+
| Field         | Type                | Null | Key | Default | Extra |
+---------------+---------------------+------+-----+---------+-------+
| escalationid  | bigint(20) unsigned | NO   | PRI | NULL    |       |
| actionid      | bigint(20) unsigned | NO   |     | NULL    |       |
| triggerid     | bigint(20) unsigned | YES  | MUL | NULL    |       |
| eventid       | bigint(20) unsigned | YES  | MUL | NULL    |       |
| r_eventid     | bigint(20) unsigned | YES  |     | NULL    |       |
| nextcheck     | int(11)             | NO   | MUL | 0       |       |
| esc_step      | int(11)             | NO   |     | 0       |       |
| status        | int(11)             | NO   |     | 0       |       |
| itemid        | bigint(20) unsigned | YES  |     | NULL    |       |
| acknowledgeid | bigint(20) unsigned | YES  |     | NULL    |       |
+---------------+---------------------+------+-----+---------+-------+
10 rows in set (0.00 sec)

mysql> desc operations;
+---------------+---------------------+------+-----+---------+-------+
| Field         | Type                | Null | Key | Default | Extra |
+---------------+---------------------+------+-----+---------+-------+
| operationid   | bigint(20) unsigned | NO   | PRI | NULL    |       |
| actionid      | bigint(20) unsigned | NO   | MUL | NULL    |       |
| operationtype | int(11)             | NO   |     | 0       |       |
| esc_period    | varchar(255)        | NO   |     | 0       |       |
| esc_step_from | int(11)             | NO   |     | 1       |       |
| esc_step_to   | int(11)             | NO   |     | 1       |       |
| evaltype      | int(11)             | NO   |     | 0       |       |
| recovery      | int(11)             | NO   |     | 0       |       |
+---------------+---------------------+------+-----+---------+-------+
8 rows in set (0.00 sec)
```

步阶按照 1->2->3...的顺序编号，即从 1 开始自然递增，编号的顺序也就是执行的次序。我们可以在动作页面逐个定义每个步阶需要执行的操作，也可以定义连续多个步阶的操作，还可以省略某些步阶或者重叠定义某些步阶的操作。连续步阶的起止编号决定了其范围（0 代表无限，参见图 10-1）。被省略的步阶仍然会计时，但是不会执行任何操作，而重叠定义的步阶会同时执行（参见图 10-2）。步阶的跃升由当前步阶的持续时间（duration）决定，即当某个步阶执行以后，如果对应的事件（事件 ID 为 eventid）未恢复并继续存在一定的时长，则跃升至下一个步阶。如果某个步阶被省略（没有定义），则按照默认的持续时间计算其跃升时间。

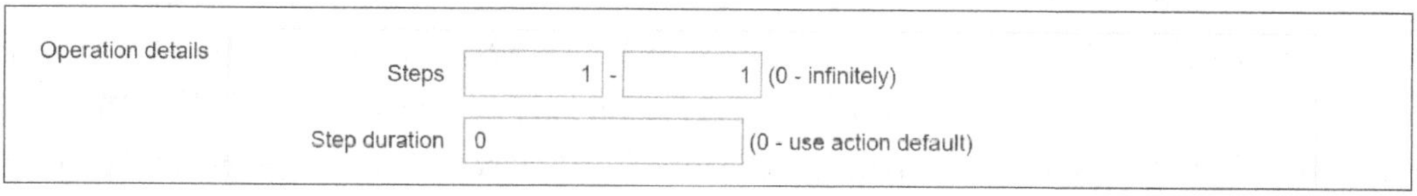

Operation details

Steps 1 - 1 (0 - infinitely)

Step duration 0 (0 - use action default)

图 10-1　连续步阶的定义

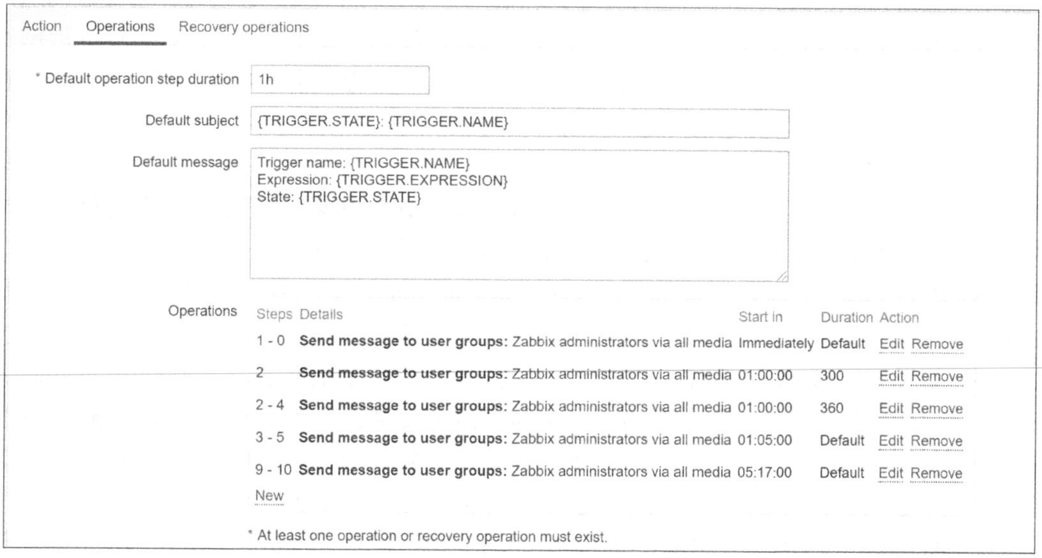

Action　Operations　Recovery operations

* Default operation step duration 1h

Default subject {TRIGGER.STATE}: {TRIGGER.NAME}

Default message
Trigger name: {TRIGGER.NAME}
Expression: {TRIGGER.EXPRESSION}
State: {TRIGGER.STATE}

Operations

Steps	Details	Start in	Duration	Action
1 - 0	**Send message to user groups:** Zabbix administrators via all media	Immediately	Default	Edit Remove
2	**Send message to user groups:** Zabbix administrators via all media	01:00:00	300	Edit Remove
2 - 4	**Send message to user groups:** Zabbix administrators via all media	01:00:00	360	Edit Remove
3 - 5	**Send message to user groups:** Zabbix administrators via all media	01:05:00	Default	Edit Remove
9 - 10	**Send message to user groups:** Zabbix administrators via all media	05:17:00	Default	Edit Remove

New

* At least one operation or recovery operation must exist.

图 10-2　步阶的省略和重叠

升级序列的生成由 history syncer 进程负责（参见 9.1.4 节），一旦生成就会在 escalations 表中增加一条记录，并进入该升级序列的生命周期。在其生命周期中，当前步阶编号（即 esc_step 字段）的值会不断递增，直到步阶的最大值。整个升级过程都由 escalator 进程控制。

有时候所有定义的步阶都已经执行完毕，但是事件仍然没有恢复。此时如果定义了恢复操作，那么在事件恢复之前，升级序列的状态会变为睡眠（sleep），即等待事件恢复以便执行恢复操作。

10.1.2　工作过程

escalator 进程主要负责处理 escalations 表中的信息，具体处理哪些升级步阶则由该表中的 nextcheck 字段值决定，该字段代表预期处理时间。escalations 表中的记录最初由 process_actions()函数插入表中，此时 status 字段值为 0（即 active 状态），但是此时并没有设置 nextcheck 值和 esc_step 值，二者都使用默认值 0。因此，escalations 表中的记录会不断增长，其增长速度取决于事件所触发的动作的数量，如果每个事件都触发动作，那么事件越多升级序列也就越多，而且事件的出现是一次性的，但升级序列的生命周期却可能很长。

escalator 进程循环调用 process_escalations()函数对升级序列的生命周期进行管理。该函数会创建一个指针向量，用于临时存储当前处理的升级序列，待处理完毕以后，将该向量中的修改内容更新到数据库中，最后再销毁该向量。该函数首先从数据库的 escalations 表中查询符合条件的记录（nextcheck 在未来 3 秒之前，即小于“当前时间+3”），并按照 actionid、triggerid、itemid 和 escalationid 进行排序。当启动了多个 escalator 进程时，进程之间通过 triggerid、itemid 和 escalationid 进行除余运算，实现进程间的任务分配。从数据库获取的这些升级序列会按照 1 000 个一批进行分批处理，在处理过程中会分步骤更新 nextcheck 和 esc_step 字段的值，具体更新过程包括以下 5 个步骤。

（1）将 esc_step 值加 1。

（2）在 operations 表中查找满足 esc_step 条件的记录，如果存在则执行相关操作。

（3）调用 flush_user_msg()函数，将需要发送的警报消息插入 alerts 表中。

（4）检查 operations 表中是否存在大于当前 esc_step 值的记录，根据查询结果进一步处理。

（5）如果第（4）步的查询结果非空，说明存在后续待执行的操作，则修改 nextcheck 值为“当前时间+设定的周期”；如果查询结果为空但是设定了恢复操作（recovery operation），则将状态值改为 2（sleep 状态）并将 nextcheck 修改为默认持续时间以后的时间；如果查询结果为空并且不存在恢复操作，则将状态值改为 3（completed 状态）。

对于状态值为 3 的升级序列，process_escalations()函数负责将这些升级序列从数据库删除，因此在数据库中不会存在这个状态值。

回到 process_escalations()函数对升级序列的分批处理。其处理方法为按照顺序逐个处理，每个升级序列会先检查其相应的动作（action）、事件和触发器是否被删除，如果为已删除，则记入 Zabbix 服务器日志并从数据库中删除对应的升级序列记录。如果未被删除，则继续检查动作、事件和触发器的状态是否为 disabled，如果为 disabled 状态，则先调用 escalation_cancel()函数，再记入日志并从数据库删除。

对于 escalation cancelled 告警，Zabbix 会通知此前曾经收到过该事件通知的所有收件人。escalation_cancel()函数负责将“NOTE：Escalation Cancelled”信息写入数据库并记日志。写入数据库的过程是，先根据过往的 alerts 记录查找符合条件的 userid 和 mediatype，对每个 userid+mediatype，都在 alerts 表中插入一条记录（clock 字段值为当前时间）；如果没有找到任何符合条件的 userid+mediatype，则插入一条状态值为 2 的 alert 记录。然后 escalation_cancel()函数会将 escalation->status 的值修改为 3，该状态的升级序列会从数据库删除。

假设告警主机事先生成了 10 000 个事件并且这些事件一直处于 PROBLEM 状态，因此在 escalations 表中相应会存在 10 000 个升级序列记录。这些升级序列都已经完成了第一步的动作，但是因为事件没有恢复，所以 escalator 进程会持续更新 nextcheck 值（按照动作设置，以 1 小时为周期），即平均每秒会有 2.8 个升级序列需要处理。当触发器关闭以后，escalator 进程对每个升级序列进行撤销（cancel）操作，并将告警信息写入 alerts 表。

10.1.3 escalator 进程与 alert 进程族以及 task 表的关系

escalator 进程对警报操作的处理是将警报信息写入 alerts 表中，从这个意义上说，escalator 进程是 alert 进程族的输入。

除了警报操作，escalator 进程还支持远程命令操作。远程命令可以在 Zabbix 服务器端或者 Zabbix 代理端执行，而 escalator 进程是运行在 Zabbix 服务器端的，所以它有能力直接执行那些需要在 Zabbix 服务器端执行的远程命令。但是对于需要在 Zabbix 代理端执行的远程命令，escalator 进程只能创建一个任务并添加到 task 表中，等待这些信息传输到 Zabbix 代理端以后由 task manager 进程处理。但是，task manager 进程所处理的任务不仅包括 escalator 进程创建的任务，还包括 history syncer 进程创建的任务。所以，task manager 进程的输入只有部分源自 escalator 进程。

10.2 alert 进程族

首先澄清两个概念，本章所称的警报为名词，是指从数据库 alerts 表中读取的需要发送给接收人的通知，它具有 mediatypeid、alertid、type、source、object 和 objectid 等属性；而告警（alerting）是一个操作过程，指发送警报的动作，由 alerter 进程具体执行。

alert 进程族由 alert syncer、alert manager 和 alerter 这 3 种进程组成。其中 alert syncer 进程负责与数据库进行信息同步，告警管理者（alert manager）进程负责管理和协调所有 alerter 进程的警报发送工作。在 Zabbix 5.0 中，alert manager 进程的工作方式是接收由 alert syncer 进程输入的待发送警报，然后根据警报的发送通道、预期发送时间和 alerter 进程是否空闲，依次将警报分发给空闲 alerter 进程处理。alerter 进程处理完毕后会将结果返还给 alert manager 进程，alert syncer 进程还会不断地向 alert manager 进程请求这些结果数据，并将结果写入数据库。alerter 进程在启动时向 alert manager 进程申请注册，并在注册以后等待管理者进程向其分发任务。

10.2.1 核心数据结构与工作机制

在监控系统中，告警功能显然是必不可少的，而且该功能必须具有承受极端负载的能力。当监控对象发生大面积故障时，将会产生巨量的警报，例如每 5 分钟生成 100 万条警报，在这种情形下，即使监控系统的警报处理能力赶不上警报生成的速度，至少应该做到不会因为警报数据量大而崩溃。换句话说，监控系统应该具有在巨量警报情形下的生存能力。

Zabbix 支持多种警报发送渠道，包括邮件、短信、自定义脚本和 Webhook，每种渠道都可以自定义不同的收件人组合。为了兼顾功能和性能需求，Zabbix 设计了一种嵌套数据结构，即 mediatype-alertpool-alert 三层结构，该结构由 alert manager 进程使用，具体定义如代码清单 10-2 所示。

代码清单 10-2　复杂的 mediatype-alertpool-alert 三层嵌套结构

```
typedef struct
{
    zbx_vector_ptr_t     alerters;           //向量，所有 alerter 进程的列表
    zbx_queue_ptr_t      free_alerters;      //FIFO 队列，当前处于空闲状态的 alerter 进程

    zbx_hashset_t        alerters_client;    //进程间通信服务客户端映射到 alerter 进程
    int          next_alerter_index;

    zbx_hashset_t        mediatypes;         //哈希集，媒体类型的 mediatypeid 是唯一的

    //哈希集，元素为 zbx_am_alertpool_t 类型，id+mediatypeid 是唯一的
    zbx_hashset_t       alertpools;

    zbx_hashset_t       results;      //告警结果
    zbx_hashset_t       watchdog;     //哈希集，其元素为 zbx_am_media_t 类型

   zbx_binary_heap_t    queue;        //二叉堆，按时间戳排序的小根堆，元素为 mediatype 类型

    int          dbstatus;            //alert manager 进程与数据库连接的状态
    zbx_es_t         es;              //媒体类型为 Webhook 时用作脚本的临时编译空间
    zbx_ipc_service_t    ipc;
}
zbx_am_t;

typedef struct
{
    zbx_uint64_t        mediatypeid;      //主键，与数据库中的 mediatypeid 一致

    int         location;
    int         alerts_num;
    int         refcount;

    zbx_binary_heap_t  queue;       //二叉堆，时间戳排序的小根堆，元素为 alertpool 类型

    int         type;
......
    char            *exec_params;
    char             *script;
    char             *script_bin;
    char             *error;
......
    int          maxsessions;
    int          maxattempts;
```

```
    int         attempt_interval;
......
}
zbx_am_mediatype_t;

typedef struct
{
    zbx_uint64_t        id;              //哈希集查找时用于判断是否为同一元素
    zbx_uint64_t        mediatypeid;     //哈希集查找时用于判断是否为同一元素

    zbx_binary_heap_t   queue;      //二叉堆，时间戳排序的小根堆，元素为 alert 类型

    int         location;
    int         alerts_num;
    int         refcount;
}
zbx_am_alertpool_t;

typedef struct
{
    zbx_uint64_t    alertid;
    zbx_uint64_t    mediatypeid;
    zbx_uint64_t    alertpoolid;        //对应 zbx_am_alertpool_t 中的 ID
    zbx_uint64_t    eventid;
    zbx_uint64_t    p_eventid;
    int     nextsend;                   //期望发送警报的时间（时间戳）
......
    int     status;
    int     retries;
}
zbx_am_alert_t;
```

由代码清单 10-2 可知，最内层的 alert 即 zbx_am_alert_t 结构体，代表了一条警报，其成员包括警报的内容、alertid、mediatypeid、alertpoolid 和期望发送警报的时间 nextsend 等。告警功能最基本的原则是按照生成的顺序发送警报，谁先产生谁就优先发送。alert 结构体中的 nextsend 成员即为警报生成时间戳（精度为秒），原则上应该优先发送 nextsend 值最小的警报。但是很有可能出现多个警报具有相同的 nextsend 值的情况，此时就需要进一步使用 alertid 成员，因为 alertid 是递增的，所以应该优先发送 alertid 更小的警报。

按照这个逻辑，Zabbix 只需要将所有的警报构造成一个按照 nextsend 和 alertid 排序的小根二叉堆，然而问题并没有那么简单。如果使用单一的二叉堆，由于警报会不断地生成，每生成一条警报就需要进行一次插入操作，因此当警报数量很大时，相当于构建一个很大的二叉堆。而且，警报很有可能发送失败，此时需要修改 nextsend 值并重新加入二叉堆，意味着每次发送失败都需要在整个二叉堆的范围内重新排序，造成较大的排序开销。当某个告警渠道产生故障时，所有此渠道的告警都需要重试发送，那么排序的开销就会更高，而且这种开销会随着警报数量的增加而增大。

Zabbix 解决这个问题的方法是将一个大二叉堆拆分为很多个小二叉堆，使得每次添加新警报或者对警报进行重新排序时只需要在一个很小的二叉堆范围内进行排序，从而避免

了牵一发而动全身的情况。具体的实现方式是按照 mediatypeid 和 alertpoolid 进行拆分，即首先按照警报的对象 ID 和告警渠道 ID 构造二叉堆（称为 alertpool，其中的元素都是同一个对象生成的需要由同一个告警渠道发送的警报），然后将告警渠道相同的 alertpool 进一步组织成上层的二叉堆。在这种结构中，当新的警报生成或者需要重试发送警报时，只需要将其添加到对应的 alertpool 中，而不需要对上层的二叉堆进行重新排序。

代码清单 10-3 为 alertpoolid 的运算函数，可见，同一来源、同一对象生成的警报具有相同的 alertpoolid。结合上面所述的规则可以得知，一个 triggerid 为 78092 的触发器生成的内部事件所对应的警报，如果需要发送到短信和邮件两个渠道，那么这些警报将分布在两个 alertpool 中。

代码清单 10-3 计算 alertpoolid 的方法

```
static zbx_uint64_t am_calc_alertpoolid(int source, int object, zbx_uint64_t
objectid)
{
    zbx_uint64_t    alertpoolid;

    if (source < 0 || source > 0xffff)
        THIS_SHOULD_NEVER_HAPPEN;

    if (object < 0 || object > 0xffff)
        THIS_SHOULD_NEVER_HAPPEN;

    alertpoolid = source & 0xffff;
    alertpoolid <<= 16;
    alertpoolid |= object & 0xffff;
    alertpoolid <<= 32;
    alertpoolid |= ZBX_DEFAULT_UINT64_HASH_FUNC(&objectid);

    return alertpoolid;
}
```

alert manager 进程持有一个 zbx_am_t 类型的变量（名为 manager），其中的 alertpools 成员是哈希集结构，存储所有的 alertpool，通过该成员，可以以 $O(1)$的时间复杂度查找到所需要的 alertpool。manager 变量的 mediatypes 成员也是一个哈希集，存储的是所有的 mediatype 结构体（即上层二叉堆），可以根据 mediatypeid 单步查找目标渠道。manager->queue 成员则为二叉堆结构，其中的元素为 mediatype 结构体，该二叉堆的根节点永远是具有最小时间戳的警报所在的 mediatype。因此当需要发送下一条警报时，只需要访问 manager->queue 的根节点，从中取出最小的 alertpool 中的最小警报即可。

综上所述，在处理一条新的警报时，Zabbix 总是先将其加入二叉堆队列，发送警报时则需要将其从队列中取出。具体处理过程包含以下 5 个步骤。

（1）计算警报的 alertpoolid。

（2）根据 alertpoolid 和 mediatypeid，从 manager->alertpools 中查找或者创建一个 alertpool。

（3）将该条警报添加到目标 alertpool 中，并重新排序。

（4）如果 alertpool 的根节点发生了变动，则对上层的 mediatype->queue 二叉堆重新排序。

（5）如果 mediatype->queue 根节点发生变化，则对上层的 manager->queue 二叉堆重新排序。

至此，manager->queue 二叉堆的根节点即包含需要发送的下一条警报。当需要重新发送警报时，首先将失败的警报从二叉堆删除，修改 nextsend 之后的重试警报则可以视为一条新警报进行处理。警报入队的过程如代码清单 10-4 以及图 10-3 所示。

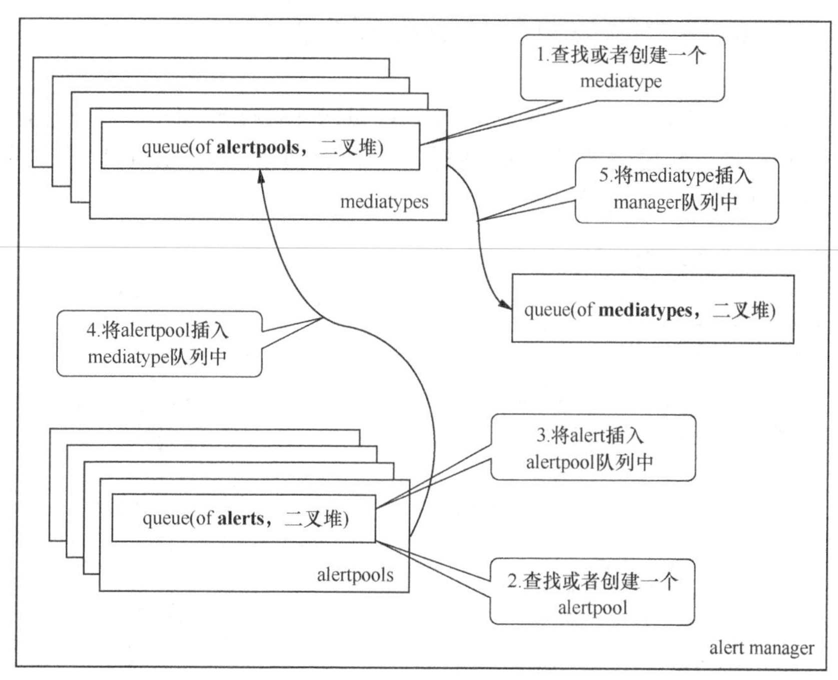

图 10-3　警报入队过程

代码清单 10-4　警报入队过程

```
//将新的警报加入队列的过程
static int  am_queue_alert(zbx_am_t *manager, zbx_am_alert_t *alert, int now)
{
    zbx_am_mediatype_t  *mediatype;
    zbx_am_alertpool_t  *alertpool;

    alert->nextsend = now;

    //在 manager->mediatypes 中获取或者创建一个 mediatype
    if (NULL == (mediatype = am_get_mediatype(manager, alert->mediatypeid)))
        return FAIL;
```

```
    //在 manager->alertpools 中获取或者创建一个 alertpool
    alertpool = am_get_alertpool(manager, alert->mediatypeid, alert->alertpoolid);

    alertpool->refcount++;
    mediatype->refcount++;

    am_push_alert(alertpool, alert);              //将警报（alert）插入 alertpool 中
    am_push_alertpool(mediatype, alertpool);      //对 mediatype->queue 二叉堆排序
    am_push_mediatype(manager, mediatype);        //对 manager->queue 二叉堆排序

    return SUCCEED;
}
```

10.2.2　进程间通信服务消息与进程间交互

Zabbix 告警功能的完整实现需要 alert syncer、alert manager、alerter 和 trapper 共 4 种进程的协作，各种进程之间通过进程间通信服务消息进行通信，共设计了 12 种消息类型，具体编码和定义如代码清单 10-5 所示。

代码清单 10-5　告警功能所需处理的消息种类

```
/* alert syncer 进程、alert manager 进程、alerter 进程和 trapper 进程间的消息编码 */
#define ZBX_IPC_ALERTER_REGISTER  1000              //注册请求消息
#define ZBX_IPC_ALERTER_RESULT    1001              //告警结果消息
#define ZBX_IPC_ALERTER_ALERT     1002              //单条警报消息
#define ZBX_IPC_ALERTER_MEDIATYPES 1003              //媒体类型更新消息
#define ZBX_IPC_ALERTER_ALERTS     1004              //批量警报消息
#define ZBX_IPC_ALERTER_WATCHDOG   1005              //看门狗媒体消息
#define ZBX_IPC_ALERTER_RESULTS    1006              //告警结果集合消息
#define ZBX_IPC_ALERTER_DROP_MEDIATYPES    1007      //媒体类型删除消息

/* alert manager 进程发送到 alerter 进程的消息编码 */
#define ZBX_IPC_ALERTER_EMAIL      1100              //email 类型警报
#define ZBX_IPC_ALERTER_SMS    1102                  //sms 类型警报
#define ZBX_IPC_ALERTER_EXEC       1104              //使用自定义命令发送的警报
#define ZBX_IPC_ALERTER_WEBHOOK    1105              //Webhook 警报
```

在 4 种进程的协作过程中，alert syncer 进程负责数据库与 alert manager 进程之间的信息同步，包括将警报信息和媒体类型信息同步到 alert manager 进程，以及将告警结果同步到数据库。alert manager 进程负责分发警报给 alerter 进程并接收 alerter 进程返回的告警结果信息，为了实现此目标，alert mannager 进程自身会更新和维护所有 alerter 进程的状态和警报分发状态。alerter 进程的工作比较单一，仅仅负责接收 alert manager 进程分发的告警任务，并在执行该任务以后将结果发送到 alert manager 进程。至于 trapper 进程的工作，它参与实现 Web 前端页面的媒体类型测试功能，在接收 Web 服务器转发的请求以后，trapper 进程需要进一步向 alert manager 进程请求协助。这 4 种进程总体的交互过程如图 10-4 所示。

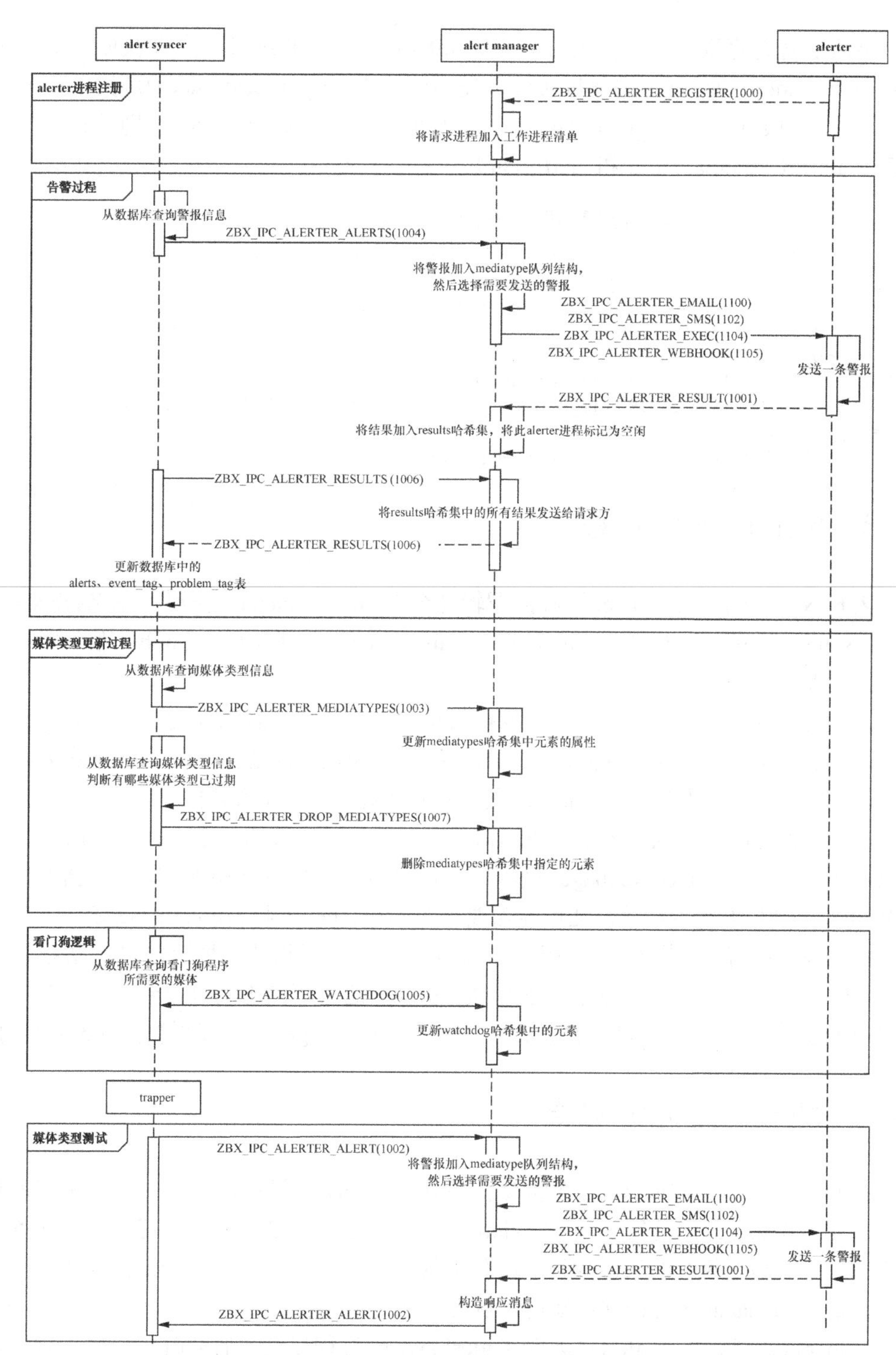

图 10-4 告警相关进程的交互过程

如果需要查看每次告警任务的分发记录和结果，可以通过日志文件获取，如代码清单 10-6 所示。alert manager 进程每次分发任务会调用 am_process_alert()函数，而处理告警结果时会调用 am_process_result()函数，这两个函数会记录 DEBUG 级别的日志，其内容包括了 alertid、mediatypeid 和 alertpoolid。

代码清单 10-6　通过日志文件查看告警任务的分发过程

```
[root@VM-0-2-centos ~]# tail -f /tmp/zabbix_server.log|grep -E
'am_process_alert|am_process_result'
23085:20200706:153744.290 In am_process_result()
23085:20200706:153744.290 am_process_result() alertid:21159 mediatypeid:1
alertpoolid:0x5c8e4003
23085:20200706:153744.290 End of am_process_result()
23085:20200706:153744.290 am_process_alert() alertid:21155 mediatypeid:1
alertpoolid:0x53c6f8cf
23085:20200706:153744.290 End of am_process_alert()
```

10.2.3　alert syncer 进程

在 Zabbix 4.0 中，alert syncer 进程的逻辑糅合在 alert manager 进程中，从 Zabbix 4.4 开始，alert syncer 进程才作为独立的进程工作。alert syncer 进程运行在 Zabbix 服务器端，只启动一个进程。

alert syncer 进程负责将数据库中的警报信息和媒体类型信息同步到 alert manager 进程中，具体方法是从数据库读取数据，然后将数据构造为进程间通信服务消息并发送到 alert manager 进程。其中警报信息是分批发送的，每批不超过 1 000 条警报。

每次告警都可能成功或者失败，所以需要存储每一次告警的结果。alert syncer 进程的另一项任务就是负责向 alert manager 进程请求告警结果，并将告警结果写入数据库中。如果是 Webhook 类型的告警结果，还可能需要更新 event_tag 表和 problem_tag 表。

媒体类型在不需要使用时有可能被用户删除，因此需要设计一种清理 alert 进程族中的媒体类型的机制。Zabbix 采用的方式是由 alert syncer 进程每隔 1 小时检查一次缓存中的媒体类型是否过期，如果已经过期则删除之，并向 alert manager 进程发送删除（drop）消息。

10.2.4　alert manager 进程

alert manager 进程是唯一的，负责将任务分配给 alerter 进程，但是 alerter 进程是独立并行的，并不能保证最终的发送顺序。alert manager 进程总是先将所有待分配的任务都分发完毕以后才去检查执行结果。如果分配任务的过程很长，有可能有些告警任务已经处理完毕，但是 alert manager 进程并不知道，从而无法更新状态。

alert manager 进程先于 alerter 进程和 alert syncer 进程启动，启动时首先建立对指定进程间通信服务的监听，因此当 alerter 进程首次向其发送注册请求时总是能够接收。与 alerter

进程不同的是，alert syncer 进程在启动时只是建立与 alert manager 进程的监听端口的连接，但不会向 alert manager 进程发送注册请求。

10.2.5 alerter 进程

alerter 进程的启动数量范围为 1～100，它们负责接受 alert manager 进程所分配的任务，并在完成任务以后将结果汇报给 alert manager 进程。每个 alerter 进程每次只处理一个任务，所以 alert manager 进程一旦接收某个 alerter 进程汇报的结果，就知道该进程目前处于空闲状态，可以接受下一个任务。同样地，当 alert manager 进程将一个任务发送给 alerter 进程时，就会认为该进程处于繁忙状态，在收到该进程的汇报之前，不会再给其分配任务。

alerter 进程启动之后的第一项工作就是向 alert manager 进程发送注册消息，即与 alert manager 进程建立进程间通信服务连接，并向 alert manager 进程发送一条含有其父进程（即主进程）ID 的消息。

alerter 进程根据任务类型的不同来调用相应的函数进行处理，并由所调用的函数负责向 alert manager 进程汇报结果。因此，每个 alerter 进程都有能力处理多种任务，具体什么时间执行什么任务则取决于 alert manager 进程如何分配任务。

在某些情形下，Zabbix 会突然生成几万条甚至几十万条警报，此时 alert manager 进程试图以最快的速度将这些警报任务分配给 alerter 进程，但是每个 alerter 进程一次只能处理一个警报，所以单位时间的处理能力由 alerter 进程数量以及单个进程单位时间内处理的任务数量决定。每个任务的处理时间可以分为 3 个部分，即任务分配时间、任务执行时间和结果汇报时间。任务分配和结果汇报都通过进程间通信服务完成，所消耗的时间可以忽略不计。

总之，在 alerter 进程启动数量有限（最多 100 个）的前提下，要想提高总体的处理能力，只能想办法降低单个任务的处理时间，例如优化告警脚本或提高 Webhook 响应速度。如果单个任务的处理时间为 1 秒，那么 100 个进程在 1 分钟内可以处理 6 000 条警报任务。而如果将单个任务的处理时间压缩为 100 毫秒，那么 1 分钟可以处理 60 000 条警报任务。

10.2.6 看门狗逻辑

如果某个用户设置并开启了告警媒体，当 Zabbix 数据库无法连接时，该用户会收到“Zabbix database is not available”这样的消息。但是，警报是从数据库进入 alert 进程族的，那么，在数据库无法连接的情况下，数据库产生故障的消息是如何发送成功的呢？

alert 进程族中的进程相互配合，实现了一个看门狗逻辑，其工作机制是：由 alert manager 进程每分钟探测一次数据库连接状态，并将状态值记录在 manager.dbstatus 成员中。当状态值为 ZBX_DB_DOWN 时，说明数据库已经无法连接，然后 alert manager 进程自身构造一条警报消息（不需要通过数据库，该警报消息的接收人是所有看门狗媒体），并将该警报消息加入警报队列。

可见，要实现上面所述的机制，还需要维护一份看门狗媒体（manager->watchdog 成员）。这些媒体需要时刻保持在 alert manager 进程中，而不能单纯存储在数据库中，因为看门狗要发送的警报恰恰是数据库失效。这些媒体信息由 alert syncer 进程查询数据库后同步到 alert manager 进程，默认每 15 分钟同步一次，但是如果配置信息更新周期（配置文件中的 CacheUpdateFrequency 参数）少于 15 分钟，则按照配置信息更新周期执行。

10.3　task manager 进程

task manager 进程可以运行在 Zabbix 服务器端和 Zabbix 代理端，它负责处理存储在数据库 task 表中的远程命令（remote command）、立即检查（check now）、问题确认（problem acknowledge）和问题关闭（problem close）等任务。

Zabbix 只会启动一个 task manager 进程，其处理任务的过程是：先批量从数据库 task 表读取新任务，然后按照 taskid 的顺序依次执行任务。当 Zabbix 服务器端的进程遇到需要 Zabbix 代理端执行的任务时，其自身不会直接与 Zabbix 代理端通信（因为服务器-代理通信是 trapper 进程和 poller 进程的工作），而是会将请求写入数据库中并等待通信完成。一旦通信完成，task manager 进程可以在数据库中查询到返回的结果。这就要求在处理任务（task）相关的数据传输时不应有太大的延迟，实际上在 Zabbix 服务器与 Zabbix 代理之间通信时，不管设定的数据同步周期是多长时间，对于任务数据的同步至少每秒进行一次。

Zabbix 的 task manager 进程能够处理的任务类型如代码清单 10-7 所示。

代码清单 10-7　task manager 进程所处理的任务种类

```
#define ZBX_TM_TASK_UNDEFINED               0
#define ZBX_TM_TASK_CLOSE_PROBLEM           1
#define ZBX_TM_TASK_REMOTE_COMMAND          2
#define ZBX_TM_TASK_REMOTE_COMMAND_RESULT       3
#define ZBX_TM_TASK_ACKNOWLEDGE             4
#define ZBX_TM_TASK_UPDATE_EVENTNAMES           5
#define ZBX_TM_TASK_CHECK_NOW                   6
#define ZBX_TM_TASK_DATA                    7
#define ZBX_TM_TASK_DATA_RESULT                 8
```

10.3.1　远程命令任务和任务执行结果

无论是需要在 Zabbix 服务器端执行的远程命令，还是在 Zabbix 代理端执行的远程命令，其生成总是在 Zabbix 服务器端完成。需要在 Zabbix 服务器端执行的远程命令直接由 escalator 进程执行（参见 10.1.3 节）。需要在 Zabbix 代理端执行的远程命令则需要通过服务器-代理通信机制传输到 Zabbix 代理端，再由 task manager 进程处理，具体的传输和处理过程如图 10-5 所示。

如果仅从 Zabbix 代理的角度考虑，task manager 进程处理单个远程命令的过程包含以下 4 个步骤。

（1）根据 taskid 从数据库的 task_remote_command 表读取远程命令任务。

（2）执行查询到的远程命令。

（3）将执行结果字符串写入 task_remote_command_result 表中。

（4）将 task 表中的任务状态更新为 DONE。

10.3.2 数据任务和数据结果任务

数据（data）任务的作用是实现 Web 前端页面对监控项的测试（test）功能，执行数据任务时需要解析任务数据中的监控项属性，并主动采集该监控项的数据。此时，task manager 进程临时扮演了 poller 进程的角色。数据任务可以在 Zabbix 服务器端或 Zabbix 代理端执行，具体取决于监控项的设置。

执行数据任务后的结果被写入 task_result 表中，如代码清单 10-8 所示，这些结果最终会返回 Web 前端页面（以 item.test 响应的形式）。该任务的整体处理过程如图 10-5 所示。

代码清单 10-8 查看数据库中的任务信息

```
MySQL [zbxsrv]> select * from task where taskid=26823;
+--------+------+--------+------------+-----+--------------+
| taskid | type | status | clock      | ttl | proxy_hostid |
+--------+------+--------+------------+-----+--------------+
|  26823 |    7 |      3 | 1594102470 |  30 |        10324 |
+--------+------+--------+------------+-----+--------------+
1 row in set (0.00 sec)

MySQL [zbxsrv]> select * from task_data where parent_taskid=26823;
+--------+------+------------------------------------------------------------
----------------------------------------------------------------------------+---
-----------+
| taskid | type | data
| parent_taskid |
+--------+------+------------------------------------------------------------
----------------------------------------------------------------------------+---
-----------+
|  26823 |    0 |
{"type":"0","proxy_hostid":"10324","key":"system.cpu.intr","interface":{"address":
"172.21.0.15","port":"10050"},"host":{"tls_connect":"1"}} |         26823 |
+--------+------+------------------------------------------------------------
----------------------------------------------------------------------------+---
-----------+
```

```
1 row in set (0.01 sec)

MySQL [zbxsrv]> select * from task_result where parent_taskid=26823;
+--------+--------+---------------+-----------+
| taskid | status | parent_taskid | info      |
+--------+--------+---------------+-----------+
|  26825 |      0 |         26823 | 674563506 |
+--------+--------+---------------+-----------+
1 row in set (0.00 sec)
```

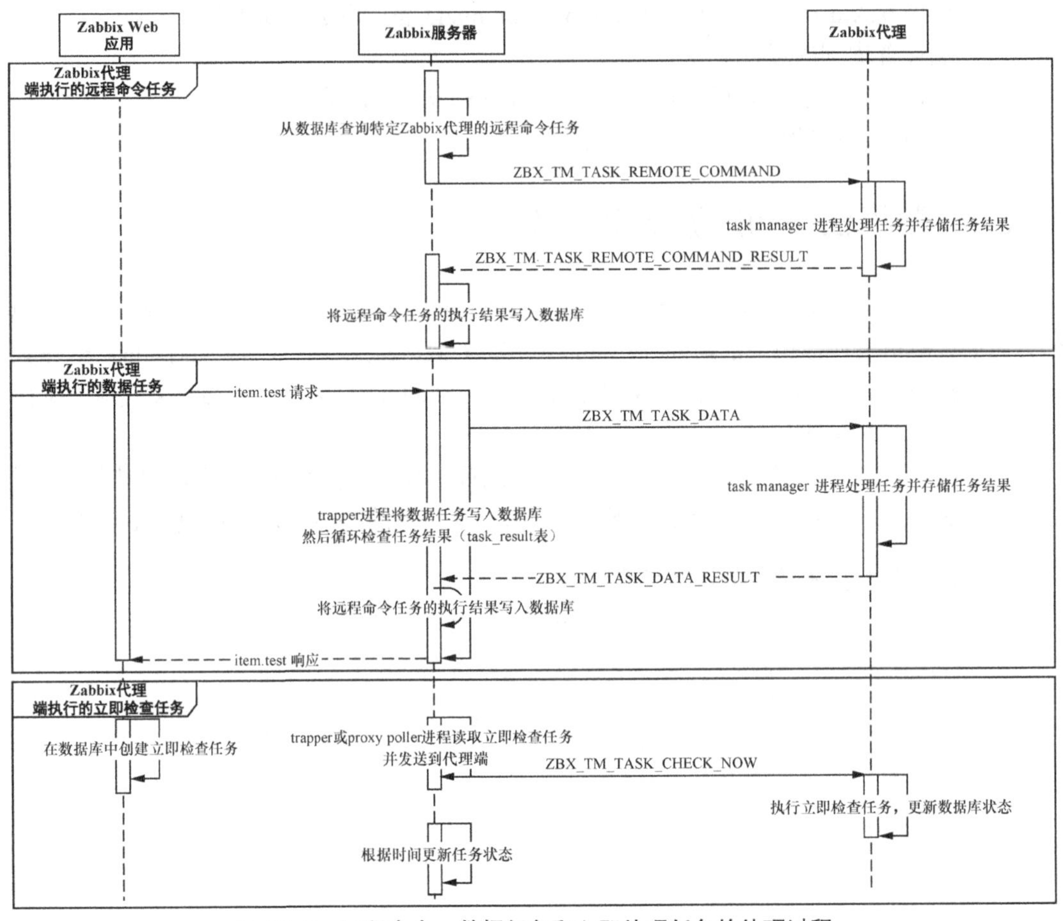

图 10-5　远程命令、数据任务和立即处理任务的处理过程

10.3.3　立即检查任务

立即检查（check now）任务的作用是将指定的监控项加入数据采集队列的最前面，使之能够立即采集监控值。立即检查任务可以由 Web API 创建或者由 Web 前端页面的“Execute now”按钮发起请求。立即检查任务与数据任务（item.test）的区别在于它不需要将结果返

回 Web 前端页面。Web 应用的服务器端接收该请求以后，只是在数据库的 task_check_now 表和 task 表插入了新任务。从 Web 前端用户的角度来看，该任务是异步执行的，用户只是在发起请求时知道请求消息已经发送成功，但是这并不意味着监控项已经成功获取监控值。立即检查任务的处理过程如图 10-5 所示。

10.3.4 问题确认任务和问题关闭任务

问题确认（problem acknowledge）任务是针对问题事件手工附加的备注信息，即问题确认任务只针对问题事件，而不考虑恢复事件。当出现问题事件时，用户可以在 Web 前端页面为该事件添加确认消息，如图 10-6 所示。问题确认任务会存储在数据库中，等待 task manager 进程的进一步处理。

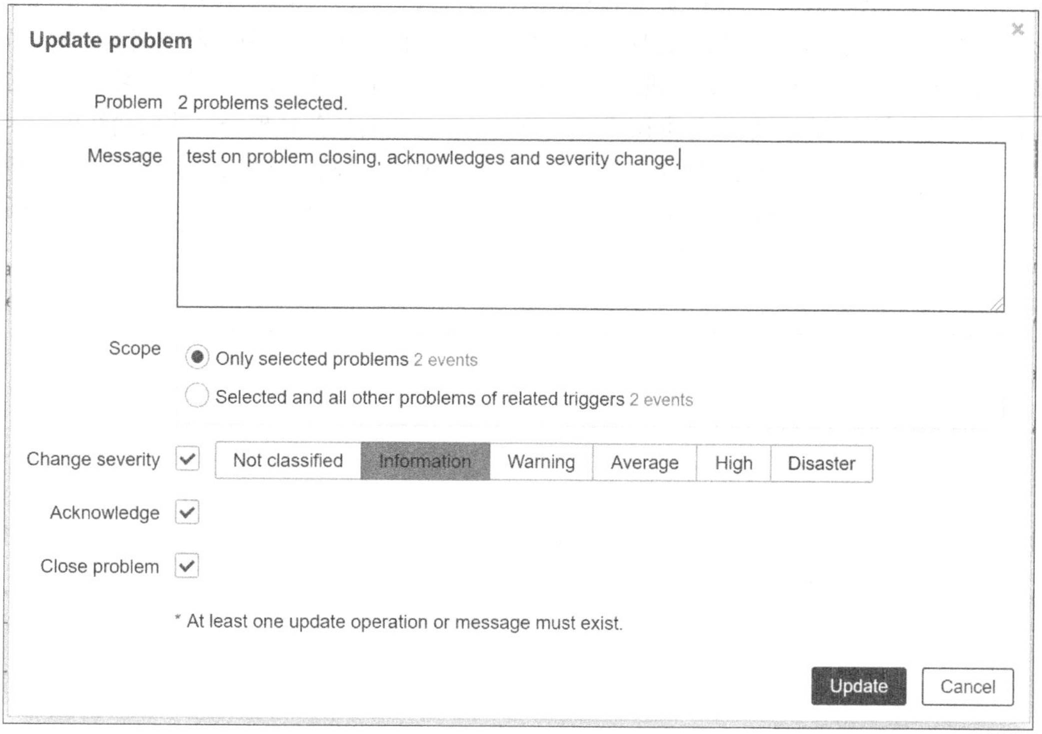

图 10-6 问题确认和问题关闭功能页面

除了可以对问题事件进行确认，还可以在 Web 前端页面关闭指定的问题事件（problem close）。手工关闭问题事件的操作记录会存储在 task_close_problem 表中，等待 task manager 进程处理。

这两种任务都涉及对事件的处理，因此只能在 Zabbix 服务器端执行。处理问题确认任务的过程主要是更新 escalations 表，而问题关闭任务的处理过程主要是生成一个恢复事件。（事件的触发规则参见 9.1.3 节。）

10.4 小结

escalator 进程用于处理事件触发的整个动作序列，该进程读取 escalations 表中的数据并进行处理，并将生成的警报消息插入 alerts 表中，供 alerter 进程使用。所以，escalator 进程并不实际发送警报消息，而只生成警报。

alerter 进程族用于实际发送警报，该进程族包括 alert syncer 进程、alert manger 进程和 alerter 进程。alert syncer 进程负责将数据库中的警报信息和媒体类型信息同步到 alert manager 进程，具体方法是从数据库读取数据，然后构造为进程间通信服务消息并发送到 alert manager 进程。alert manager 进程负责向 alerter 进程分发警报处理任务，并接收 alerter 进程反馈的结果。alerter 进程负责按照 alert manager 分配的任务处理警报并反馈结果。

task manager 进程运行在 Zabbix 服务器端和 Zabbix 代理端，它负责处理存储在数据库 task 表中的远程命令（remote command）、立即检查（check now）、问题确认（problem acknowledge）和问题关闭（problem close）等任务。

第 11 章

Zabbix 内部监控

内部监控主要是对 Zabbix 服务器和 Zabbix 代理本身使用的各种资源以及负载信息进行监控，Zabbix 提供了大量内部监控项来实现此功能。Zabbix 的内部监控项统一由 poller 进程来处理，该进程可以运行在 Zabbix 服务器端或者 Zabbix 代理端。在 Zabbix 5.0 中，poller 进程处理内部监控项时有两种获取数据的方式：一是远程获取，即向被监控主机的监听端口发送 zabbix.stats 类型的 JSON 串请求并获取响应；二是本地获取，即直接从本地共享内存或者进程的私有变量中读取所需的数据。

无论是远程获取还是本地获取，内部监控数据的最终来源都是共享内存、缓存、数据库、进程私有内存和进程间通信服务。因此，处理内部监控项的 poller 进程必须具有从这些目标获取数据的能力。内部监控项的处理过程由 poller 进程调用 get_value_internal()函数处理（参见 7.2.2 节）。

在 Zabbix 5.0 中，内部监控的键都以 zabbix[开头，共有 34 个，本章将分别讲解。

11.1 self-monitoring 进程与 collector 变量

self-monitoring 进程的作用在于获取 Zabbix 各个进程繁忙程度的信息，这些信息用于为内部监控项 zabbix[process,...]提供数据支持。将自身监控作为一个独立的进程进行处理，避免了受其他进程的干扰，实现了监督与被监督的相互独立。Zabbix 服务器和 Zabbix 代理都会启动 self-monitoring 进程，该进程通过无限循环地调用 collect_selfmon_stats()函数来不停地采集进程状态信息。

11.1.1　测量指标和单位

典型的 Zabbix 服务器或 Zabbix 代理会包含数百个进程。Zabbix 自身监控的最终目标就是获取 Zabbix 服务器或 Zabbix 代理的每个进程在最近 60 秒内的繁忙（busy）时间百分比和空闲（idle）时间百分比（下文称为繁忙百分比和空闲百分比）。目前 Zabbix 只将进程的状态分为繁忙和空闲两种，即对于单个 Zabbix 进程，在某个时间点要么处繁忙状态，要么处于空闲状态，二者必居其一。

Zabbix 以 tick 为单位计量进程处于繁忙或空闲状态的时间长度（下文称繁忙时间和空闲时间）。一般情况下，一个 tick 等于 10 毫秒，即每秒 100 个 tick[1]。

进程的状态是动态变化的，会频繁地在繁忙和空闲两个状态之间切换。为了能够在任意时刻得到最新的繁忙百分比和空闲百分比，Zabbix 将时间划分为以 1 秒为单位的时间片，然后统计每个时间片内的繁忙时间 T_b 和空闲时间 T_i，这意味着每个时间片内 $T_b + T_i = 100$。60 秒将会产生 60 个 T_b 和 60 个 T_i，当计算最近 60 秒的繁忙百分比时，Zabbix 会先计算最近 60 个 T_b 的合计数 SUM_b 和最近 60 个 T_i 的合计数 SUM_i，然后通过公式$[SUM_b/(SUM_b+SUM_i)] \times 100$ 计算出结果。同理，空闲百分比通过$[SUM_i/(SUM_b+SUM_i)] \times 100$ 计算得出。图 11-1 为 32 个时间片的繁忙时间和空闲时间的示意图。

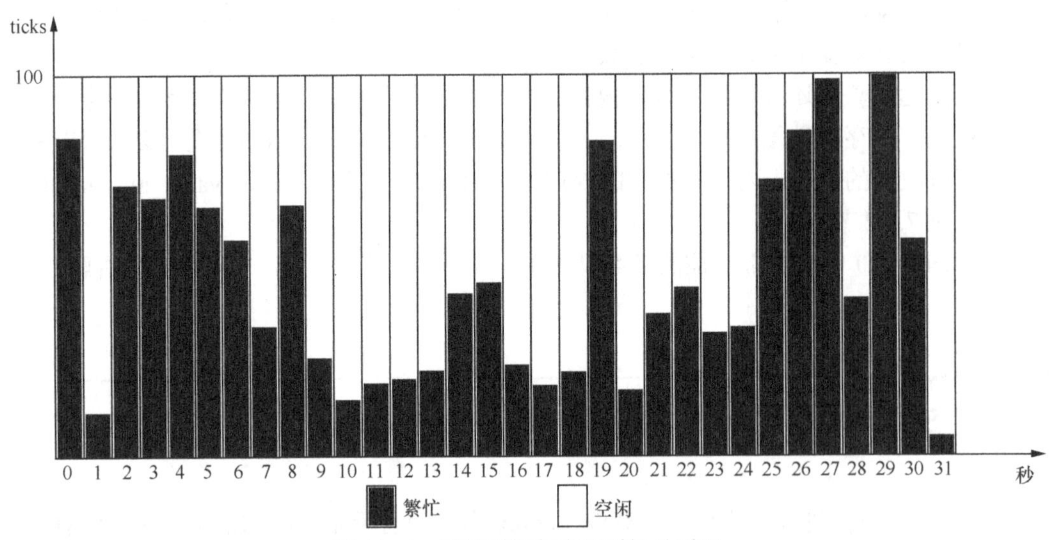

图 11-1　繁忙时间与空闲时间关系图

[1] 在不同的系统中，每秒的 tick 数可能有所差异，在 Linux 操作系统中可以通过 getconf CLK_TCK 命令来获取。

11.1.2 数据结构

Zabbix 自身内部监控所使用的数据结构定义如代码清单 11-1 所示，它使用一个多层结构体 zbx_selfmon_collector_t 来存储和表示。

代码清单 11-1 内部监控所使用的主要数据结构定义

```
typedef struct
{
    zbx_uint64_t     counter[ZBX_PROCESS_STATE_COUNT];
    clock_t      ticks;
    clock_t      ticks_flush;
    unsigned char    state;
}
zxb_stat_process_cache_t;

typedef struct
{
    unsigned short         h_counter[ZBX_PROCESS_STATE_COUNT][MAX_HISTORY];
    unsigned short         counter[ZBX_PROCESS_STATE_COUNT];
    zbx_uint64_t           counter_used[ZBX_PROCESS_STATE_COUNT];
    zxb_stat_process_cache_t    cache;
}
zbx_stat_process_t;

typedef struct
{
    zbx_stat_process_t **process;
    int          first;
    int          count;
    int          ticks_per_sec;
    clock_t          ticks_sync;
}
zbx_selfmon_collector_t;
```

由数据结构定义可知，该结构体共有以下 5 个成员。

- **process 双层指针：指向所有进程的监控数据，其中每个元素代表一个进程。
- first 成员：与 h_counter 循环数组有关，指示该循环数组的起始元素索引号。
- count 成员：与 h_counter 循环数组有关，指示该循环数组中的有效元素数量。
- ticks_per_sec 成员：系统常量，每秒的 ticks 数量一般为 100。
- ticks_sync 成员：上一次数据同步的时间（ticks 值）。

**process 双层指针的每个元素都是 zbx_stat_process_t 结构体类型。该结构体存储了计算单个进程繁忙百分比和空闲百分比所需的全部数据。zbx_stat_process_t 结构体成员关系如图 11-2 所示，其中包括以下成员。

- h_counter：一个 2×60 的二维数组，共 120 个元素，存储最近 60 个繁忙时间和空闲时间。事实上它是作为循环数组来使用的，插入新数据时会淘汰最旧的数据。而数组的起始索引号和元素个数则由上文提到的 first 成员和 count 成员决定。
- counter：长度为 2 的数组，临时存储繁忙时间和空闲时间，其中的值会定期转入 h_counter 数组中。为了与后面的 cache.counter 区分，本书称该成员为 process.counter。
- counter_used：长度为 2 的数组，临时存储繁忙时间和空闲时间，用于避免重复计时，不会转入 h_counter 数组。
- cache：缓存中间结果，由被监控进程负责更新。被监控进程先在 cache 中累计繁忙时间和空闲时间，待时机成熟时再将 cache 中的值转加到 process.counter 成员中（process.counter += cache.counter）。随后再次累计，再次转加。
    - ◆ cache.counter：长度为 2 的数组，被监控进程在该数组中累计繁忙时间和空闲时间。
    - ◆ cache.ticks：存储每次更新 cache.counter 的时间（ticks 值）。
    - ◆ cache.ticks_flush：存储每次将 cache.counter 中的值转加到 counter 中的时间。
    - ◆ cache.state：存储被监控进程的状态（繁忙或者空闲，每次发生变化时更新）。

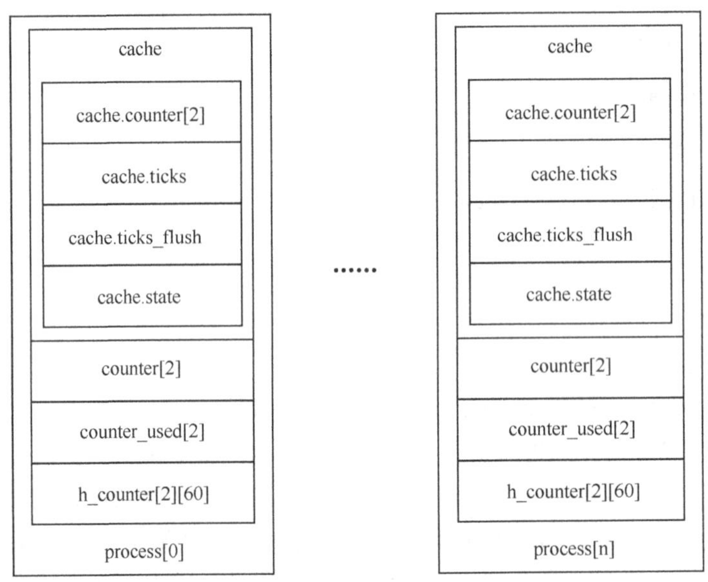

图 11-2 zbx_stat_process_t 结构体示意图

11.1.3 数据处理过程

Zabbix 自身监控数据的处理过程涉及以下 3 种不同的操作。

- 第一种是数据收集操作，即上文提到的将 process.counter 数组中的值定期转入 h_counter 数组的过程，该操作由 self-monitoring 进程单独负责，每秒执行一次，循环进行。
- 第二种是数据更新操作，即上文提到的 cache 累计和 process.counter 转加的过程，该操作由被监控进程负责，被监控进程可以调用 update_selfmon_counter()函数，在任何时间以任意频率执行这一操作。
- 第三种是数据查询操作，即从 h_counter 数组中查询数据并计算繁忙百分比或空闲百分比的过程，该操作由 get_selfmon_stats()函数和 zbx_get_all_process_stats()函数实现，前者用于查询某一个进程的繁忙、空闲百分比或者某一类进程的平均、最大或最小百分比，后者用于汇总每一类进程的平均、最大或最小百分比（包括繁忙或空闲百分比）。在内部监控项中，zabbix[process,…]监控项即通过调用 get_selfmon_stats()函数获取监控数据。

11.1.4 数据溢出问题

在上述的数据收集过程中，collect_selfmon_stats()函数负责每隔 1 秒将 process.counter 数组中的数据以加和的形式添加到 h_counter 数组中，例如 h_counter[1][current] = h_counter[1][prev] + process.counter[1]。对于繁忙状态序列，如果 60 个值分别为 $H_0,H_1,H_2……H_{59}$，则 $H_{n+1}>=H_n$（除非 H_{n+1} 发生上溢出），对于空闲状态序列也是一样。

我们注意到，h_counter 数组的数据类型为无符号整数，该数据类型的长度一般为 16 位，即表示范围为 0～65 535。因此，h_counter 数组能够表示的最大时间长度为 655.35 秒。由于 h_counter 数组中的值是持续累加的，因此需要考虑数据存储时上溢出的情况。当发生上溢出时，其实际存储的是低 16 位的值，此时会出现当前值小于上一次值的情况。

而在数据查询过程中，繁忙时间和空闲时间的合计值都是通过计算 h_counter 数组中的最后一个值与第一个值的差值获得的，即 SUM_b = h_counter[1][first+count-1] − h_counter[1][first]，当发生溢出时，该计算结果会出现负值。

事实上，在 Zabbix 自身监控的使用环境中，无符号整数的加减规则保证了即使发生溢出，也不会导致计算结果的错误。首先，Zabbix 只保存最近 60 秒的繁忙或者空闲时间，也就是 6 000 个 ticks，无符号整数的数据范围完全可以覆盖这个数值。其次，在数据查询过程中，Zabbix 将 SUM 值类型声明为无符号整数，即使出现负值也会被取模转换为正值，而转换后的正值正是我们想要的结果。

11.1.5 共享内存中的 collector 变量

由于所有进程需要访问同一个数据结构变量，因此 Zabbix 将所需的变量放在共享内存中来实现进程间的共享，共享的变量名为 collector，在 Zabbix 主进程中创建并初始化，此后创建的所有子进程都可以访问该变量。正是因为 collector 变量位于共享内存中，才使得 poller 进程处理 zabbix[process,<type>,<mode>,<state>]内部监控项时能够直接从中读取所需的信息。collector 变量的声明语句为：

```
static zbx_selfmon_collector_t *collector = NULL;
```

该变量的初始化过程包含以下 6 个步骤。

（1）计算 collector 变量[1]所需要的内存大小（由进程数量决定）。

（2）获取互斥锁 mutex。

（3）调用 shmget()函数创建共享内存块。

（4）调用 shmat()函数，将创建的共享内存块附加到一个临时的指针。

（5）调用 shmctl()函数，将共享内存块标记为“可销毁”，待没有任何进程附加在该共享内存时进行实际销毁。

（6）给 collector 变量中的成员分配内存。

访问 collector 变量时需要加 LOCK_SM 锁，因为自身监控所使用的 collector 变量是所有进程都需要访问的。但是并非 collector 变量的所有成员都需要加锁，process.cache 的访问就不需要加锁，因为各个进程对该成员的访问是相互独立的，即同一个 cache 只有一个进程访问，而不需要与其他进程进行协调。而访问 process.counter 和 collector->ticks_sync 等成员就需要加锁，因为 self-monitoring 进程和被监控进程都需要访问这些成员。

11.2　从数据库获取状态信息

Zabbix 的所有进程都有权限访问数据库，在所有内部监控项中，实际上有 9 种是通过连接数据库并运行 SQL 语句来获取数据的，每个监控项对应的 SQL 语句如表 11-1 所示。有些查询语句由于在大数据量的情况下会运行很长时间，因此不建议使用。内部监控使用的监控项都是由 poller 进程处理的，而 poller 进程启动以后会一直保持数据库连接，因此在处理表 11-1 中的监控项时，不必每次重新建立数据库连接。

表 11-1　从数据库获取信息的内部监控项

键	SQL 语句	运行时间
zabbix[history]	select count(*) from history;	长
zabbix[history_log]	select count(*) from history_log;	长

[1] 注意区分此变量与 Zabbix 客户端的 collector 进程，这是完全不同的两个概念。

续表

键	SQL 语句	运行时间
zabbix[history_str]	`select count(*) from history_str;`	长
zabbix[history_text]	`select count(*) from history_text;`	长
zabbix[history_uint]	`select count(*) from history_uint;`	长
zabbix[proxy,<name>,<param>]	`select lastaccess from hosts where host='<proxy_ host_name>' and status in (5,6);`	短
zabbix[proxy_history]	`select nextid from ids where table_name='proxy_ history' and field_name='history_lastid';` `select count(*) from proxy_history where id>[nextid_of_last_sql];`	短
zabbix[trends]	`select count(*) from trends;`	长
zabbix[trends_uint]	`select count(*) from trends_uint;`	长

11.3 从缓存获取状态信息

Zabbix 的缓存使用的都是共享内存，因此所有 Zabbix 进程都可以访问。在缓存中存储了大量与数据和内存使用相关的信息，能否获取缓存中的信息以及所获取信息的详细程度决定了我们能否更精细地掌握整个系统。Zabbix 本身提供了很多监控项来获取缓存中的信息，通过分析这些监控项的处理过程，我们可以为扩展 Zabbix 系统提供一些借鉴信息。

11.3.1 获取 ConfigCache 的状态信息

Zabbix 共有 12 个内部监控项是从 ConfigCache 中获取监控数据的。每个监控项的键及其对应的在 ConfigCache 中的数据变量如表 11-2 所示。其中，大部分监控项都可以使用 ConfigCache 变量中的成员变量值。

表 11-2 从 ConfigCache 获取信息的内部监控项

键	ConfigCache 中的数据变量
zabbix[hosts]	`config->status->hosts_monitored`
zabbix[items]	`config->status->items_active_normal +` `config->status->items_active_notsupported`
zabbix[items_unsupported]	`config->status->items_active_notsupported`

续表

键	ConfigCache 中的数据变量
zabbix[triggers]	`config->status->triggers_enabled_ok +` `config->status->triggers_enabled_problem`
zabbix[host,,items]	`config->hosts[hostid]->items_active_normal +` `config->hosts[hostid]->items_active_notsupported`
zabbix[host,,items_unsupported]	`config->hosts[hostid]->items_active_notsupported`
zabbix[host,,maintenance]	`item->host.maintenance_type`
zabbix[host,discovery,interfaces]	`config->hosts[hostid]->interfaces_v.values`

zabbix[host,<type>,available]	`item->host.available`
	`item->host.snmp_available`
	`item->host.ipmi_available`
	`item->host.jmx_available`

zabbix[requiredperformance]	`config->status->required_performance`
zabbix[queue,<from>,<to>]	`config->items`（遍历搜索）
zabbix[rcache,<cache>,<mode>]	`config_mem->orig_size` `config_mem->free_size`

11.3.2　获取 ValueCache 的状态信息

虽然 ValueCache 的内部监控项包括 zabbix[vcache,cache,...]和 zabbix[vcache,buffer,...]两个，但是 poller 进程在实际处理时并没有区分两个监控项，而是首先查询 ValueCache 的所有状态数据，然后从状态数据中选取一些值作为返回结果。具体地说，状态数据由 zbx_vc_get_statistics()函数获取，如代码清单 11-2 所示。

代码清单 11-2　从 ValueCache 获取状态数据的函数

```
int zbx_vc_get_statistics(zbx_vc_stats_t *stats)
{
    if (ZBX_VC_DISABLED == vc_state)
        return FAIL;

    vc_try_lock();

    stats->hits = vc_cache->hits;         //命中次数
    stats->misses = vc_cache->misses;     //脱靶次数
    stats->mode = vc_cache->mode;         //工作模式：normal 或者 low memory

    stats->total_size = vc_mem->total_size;    //ValueCache 总大小
    stats->free_size = vc_mem->free_size;      //ValueCache 剩余大小

    vc_try_unlock();

    return SUCCEED;
}
```

11.3.3 获取 HistoryCache 和 HistoryIndexCache 的状态信息

zabbix[wcache,<cache>,<mode>]监控项的作用是获取 HistoryCache 的状态信息，虽然其参数有 20 多种组合，但是 poller 进程在处理该监控项时统一调用 DCget_stats()函数进行处理，该函数从共享内存中的 cache->stats、hc_mem、hc_index_mem 和 trend_mem 变量中读取状态数据。

11.3.4 获取 VMwareCache 的状态信息

zabbix[vmware,buffer,<mode>]监控项用于获取 VMwareCache 的状态信息，该监控项最终由 zbx_vmware_get_statistics()函数处理，如代码清单 11-3 所示，该函数从 vmware_mem 全局变量中获得信息。

代码清单 11-3 zbx_vmware_get_statistics()函数

```
int zbx_vmware_get_statistics(zbx_vmware_stats_t *stats)
{
    if (NULL == vmware_mem)
        return FAIL;

    zbx_vmware_lock();

    stats->memory_total = vmware_mem->total_size;
    stats->memory_used = vmware_mem->total_size - vmware_mem->free_size;

    zbx_vmware_unlock();

    return SUCCEED;
}
```

11.4 从其他渠道获取信息

除了以上来源，Zabbix 还可以通过其他渠道获取自身状态信息，包括 poller 进程、进程间通信服务和远程获取 3 种渠道。

11.4.1 从 poller 进程获取信息

poller 进程在创建时从主进程继承了一些内容，其中包括了版本号以及 Zabbix 服务的

boottime 和 uptime。因此，当需要获取这些信息时，poller 进程可以直接从自身的进程中得到，具体如下所示。

- zabbix[version]，宏定义，编译生成。
- zabbix[boottime]，即 CONFIG_SERVER_STARTUP_TIME 变量的值，该变量在主进程启动的时候创建。
- zabbix[uptime]，即 now - CONFIG_SERVER_STARTUP_TIME。

11.4.2 从进程间通信服务获取信息

从进程间通信服务获取信息是指两个队列长度的监控项，即 zabbix[lld_queue]和 zabbix[preprocessing_queue]，它们分别代表 lld manager 进程和 preprocessing manager 进程当前待处理的任务队列的长度，该指标可衡量两个管理者进程的负载水平。

poller 进程在处理这两个监控项时，需要构造进程间通信服务消息并发送到对应的管理者进程，等待对方返回数据。详细消息类型参见第 8 章。

11.4.3 远程获取数据

poller 进程在处理某些内部监控项时，可以向远程的 Zabbix 服务发送 JSON 串请求，以获取远端 Zabbix 服务的状态信息。这与本地获取数据有着本质的不同，远程获取同时提供了一种对 Zabbix 系统外部开放信息的渠道（StatsAllowedIP 参数）。远程获取数据的内部监控项有如下 3 个。

- zabbix[stats,<ip>,<port>]，poller 进程处理该监控项时会构造 JSON 请求并发送到目标服务器，JSON 请求和响应参见代码清单 11-4，该请求将由目标服务器上的 trapper 进程处理。
- zabbix[stats,<ip>,<port>,queue,<from>,<to>]，处理过程与前一个监控项类似，只是构造的 JSON 请求不同，具体如代码清单 11-4 所示，该请求将由目标服务器上的 trapper 进程处理。
- zabbix[java,,<param>]，该监控项用于获取 Zabbix java gateway 的运行状况，其处理过程是向 Zabbix java gateway 进程发送 JSON 请求，具体如代码清单 11-4 所示。

代码清单 11-4 通过发送请求消息远程获取监控数据

```
[root@VM_0_15_centos tmp]# ./a.out 172.1.11.2:10051 '{"request":"zabbix.stats"}'
====================message to send==================================
ZBXD   1  26   0   0   0   0   0   0   0{"request":"zabbix.stats"}
====================================================================
====================message received================================
ZBXD   1 186  14   0   0   0   0   0
0{"response":"success","data":{"boottime":1594385774,"uptime":329,"hosts":2,"items":
```

```
194,"item_unsupported":29,"requiredperformance":3.350000,"preprocessing_queue":
0,"lld_queue":0,"triggers":96,"vcache":{"buffer":{"total":8388232,"free":8315984,
"pfree":99.138698,"used":72248,"pused":0.861302},"cache":{"requests":10258,"hits":
8423,"misses":1835,"mode":0}},"rcache":{"total":8388608,"free":7454864,"pfree":
88.868904,"used":933744,"pused":11.131096},"version":"5.0.1","wcache":{"values":
{"all":529,"float":359,"uint":108,"str":0,"log":0,"text":62,"not supported":161},
"history":{"pfree":99.970245,"free":16771848,"total":16776840,"used":4992,"pused":
0.029755},"index":{"pfree":99.760415,"free":4183864,"total":4193912,"used":10048,
"pused":0.239585},"trend":{"pfree":99.791527,"free":4185560,"total":4194304,"used":
8744,"pused":0.208473}},"process":{"poller":{"busy":{"avg":0.037263,"max":0.050813,
"min":0.033875},"idle":{"avg":99.962737,"max":99.966125,"min":99.949187},"count":
5},"unreachable poller":{"busy":{"avg":0.033875,"max":0.033875,"min":0.033875},
"idle":{"avg":99.966125,"max":99.966125,"min":99.966125},"count":1},……}}}
==================================================================

[root@VM_0_15_centos tmp]# ./a.out 172.1.11.2:10051
'{"request":"zabbix.stats","type":"queue","params":{}}'
====================message to send====================================
ZBXD   1  53   0    0    0    0    0    0
0{"request":"zabbix.stats","type":"queue","params":{}}
==================================================================
====================message received=================================
ZBXD   1  32   0    0    0    0    0    0    0{"response":"success","queue":3}
==================================================================

[root@VM_0_15_centos tmp]# ./a.out 172.21.0.2:10052 '{"request":"java gateway
internal","keys":["zabbix[java,,version]"]}'
====================message to send====================================
ZBXD   1  68   0    0    0    0    0    0    0{"request":"java gateway
internal","keys":["zabbix[java,,version]"]}
==================================================================
====================message received=================================
ZBXD   1  49   0    0    0    0    0    0
0{"data":[{"value":"5.0.1"}],"response":"success"}
==================================================================
```

11.5 小结

本章讲述获取Zabbix自身监控数据的渠道，其中self-monitoring进程可用于获取Zabbix各个进程的使用率数据，从数据库和缓存中可以获取数据量统计信息和缓存使用率信息等。

除了从本地进程获取Zabbix组件内部的自身监控数据，通过poller进程的远程访问功能还可以获取其他Zabbix组件的自身监控数据。

第 12 章

Zabbix 代理专述

Zabbix 代理存在的价值在于分担 Zabbix 服务器的压力，本章将具体分析 Zabbix 代理如何分担 Zabbix 服务器的压力，以及未来可能的技术演进。

本章还将介绍 Zabbix 5.0 下的 Zabbix 代理工作机制，包括 Zabbix 代理特有的进程，以及某些进程中实现的 Zabbix 代理端所特有的功能。

12.1 Zabbix 代理端分担的功能

本节分析 Zabbix 5.0 中的 Zabbix 代理究竟分担了 Zabbix 服务器的哪些功能，并以此为基础，估计未来版本中 Zabbix 代理与 Zabbix 服务器之间功能的再划分。

12.1.1 功能划分的现状与评估

为了具体分析 Zabbix 代理究竟分担了 Zabbix 服务器的哪些功能，我们先对 Zabbix 服务器的功能进行分类。在 Zabbix 5.0 中，可以将 Zabbix 服务器的功能划分为以下 9 种：

（1）配置信息的分发，由 trapper 进程和 proxy poller 进程负责；

（2）原始监控数据（包括计算型监控项和聚合监控项）的收集，由 poller 进程或 trapper 进程负责；

（3）原始监控数据的预处理，由预处理进程负责；

（4）LLD 规则数据的处理，即更新监控项、触发器、图表和主机，由 LLD 进程负责；

（5）监控数据写入数据库存储，由 history syncer 进程负责；

（6）事件的生成，即监控数据的计算，由 history syncer 进程负责；

（7）动作序列处理，由 escalator 进程负责；

（8）警报消息处理，由 alert 进程族负责；

（9）远程任务执行，由 task manager 进程负责。

具体到 Zabbix 5.0 中的 Zabbix 代理，目前其可以承担的功能仅包括第（2）项、第（3）项和第（9）项。那么，其他功能是否可以由 Zabbix 代理承担呢？

功能（1）显然无法交给 Zabbix 代理，因为配置信息存储在数据库中，而维护这些信息需要通过前端用户界面进行。如果配置信息改为在 Zabbix 代理端维护，那么与建立多套系统没有什么区别。

至于功能（2），准确地说 Zabbix 代理只能承担其中一部分工作，因为计算型监控项和聚合监控项需要使用 ValueCache，因此只能在 Zabbix 服务器端完成。截至目前，Zabbix 代理端还没有 ValueCache。但是 ValueCache 是可以添加的，因为 Zabbix 代理已经具备了预处理能力，而预处理之后的数据正是 ValueCache 的输入。不过还有另外一个障碍，计算型监控项和聚合监控项允许跨主机构建表达式，即它的计算有可能需要多个主机的 ValueCache 数据，而这些主机可能分别由不同的 Zabbix 代理负责采集数据，从而无法在单个 Zabbix 代理中计算这些监控项的结果。

功能（4）的目的是修改和创建监控项、触发器、图表和主机这些配置信息，目前 Zabbix 代理不具备该功能。与功能（1）中所述的原因一样，它最好放到 Zabbix 服务器端完成，以实现配置信息的集中维护。

功能（5）和功能（6）目前由 Zabbix 服务器端的 history syncer 进程完成，最终实现的效果就是监控数据的统一存储和事件的统一生成。如果要将这两个功能转交给 Zabbix 代理承担，就需要考虑在多 Zabbix 代理的情形下能否实现监控数据的统一存储，或者能否接受分散存储。并且在 Zabbix 代理端完成事件的生成也会遇到与功能（2）相同的问题，即跨主机的 ValueCache。目前 Zabbix 代理端也具有 history syncer 进程，不过它的功能仅限于存储数据到数据库中，并未实现事件的生成，也未实现 ValueCache。

功能（7）的特点是使用数据库中的表作为输入和输出，如果将该功能转移到 Zabbix 代理端，意味着相应的 escalations 表和 alerts 表也需要转移到 Zabbix 代理端，或者通过进程间通信和远程通信实现输入和输出。

功能（8）是最容易迁移的，因为该功能相对独立，它只是负责警报消息的发送。实际上，即使不迁移到 Zabbix 代理端，它也可以作为一个独立的模块来发挥作用。只是，媒体类型相关的配置信息仍然需要从 Zabbix 服务器端获取。从这个角度来说，它可以作为一种特殊类型的 Zabbix 代理。

12.1.2 未来功能划分的可能性

首先提出一个问题，当前是否存在将更多功能迁移到Zabbix代理的需求，如果将更多功能迁移到Zabbix代理，又能够实现何种收益？

当前，一些大型企业用户出于各种原因，需要同时部署多套Zabbix监控系统，这种情形下比较棘手的问题就是如何实现配置信息的集中维护。如果Zabbix能够在多套系统之间实现配置信息的集中维护，对于这些大型企业用户将非常有帮助。实际上，如果Zabbix代理有能力承担12.1.1节中提到的功能（2）、功能（3）、功能（5）、功能（6）、功能（7）、功能（8）和功能（9）（在当前基础上增加功能（5）、功能（6）、功能（7）和功能（8）)，就相当于实现了用户的这一需求。在这种架构下，Zabbix 服务器只保留了配置信息分发和LLD规则数据处理功能，其他都交给Zabbix代理（或者和独立出来的alert模块一起）处理。由于 Zabbix 代理的数量可以扩展，因此采用这一结构将可以通过增加 Zabbix 代理的数量来实现更高的处理能力。

12.2 Zabbix代理端的工作机制

Zabbix代理可以视为精简版的Zabbix服务器，在Zabbix 5.0中，Zabbix代理端不包括Zabbix服务器端的timer、escalator、proxy poller、alert manager、alerter、alert sycner、lld manager和lld worker这8种与监控数据的计算和告警相关的进程，除此之外的进程则都存在。总之，监控数据的计算和告警触发都由Zabbix服务器来完成，Zabbix代理只代理Zabbix服务器的部分功能，即处理数据的收集和预处理，不需要计算和触发告警。

作为代理，Zabbix代理需要将预处理后的监控数据发送到Zabbix服务器端，这一功能可以由trapper进程或者data sender进程实现，具体取决于其工作模式是被动模式还是主动模式。而要想实现监控数据的收集，Zabbix代理还需要从Zabbix服务器获取最新配置信息，该功能由trapper进程或者configuration syncer进程完成。

除了以上区别，Zabbix代理端和Zabbix服务器端的进程种类是一样的，每种进程的数量限制也一样。不过，同一种进程所完成的任务会稍有不同，例如housekeeper进程（参见12.2.4节）和history syncer进程（参见第9章）方面的区别。

12.2.1 Zabbix代理端的configuration syncer进程

与Zabbix服务器端类似，Zabbix代理端的configuration syncer进程的作用是将配置信息加载到ConfigCache。当Zabbix代理运行在主动模式下时会启动configuration syncer进程。此进程在Zabbix服务器端的工作过程参见4.1节。

Zabbix代理端的configuration syncer进程的总体工作过程如图12-1所示。该进程启动之后首次加载配置信息是从本地数据库中读取数据进行加载，但是这些信息有可能已经过期或者并不完整。此时需要向Zabbix服务器端请求最新的配置信息（通过proxy config消息，参见5.2.2节）。之后，在处理从Zabbix服务器端返回的配置信息时，configuration syncer进程会先将这些信息更新到数据库中，再从数据库同步到ConfigCache。可见，相对于Zabbix服务器，Zabbix代理端的configuration syncer进程增加了请求配置信息和更新数据库的过程。在Zabbix服务器端，配置信息本身已经在数据库中并且是最新的，也就不需要更新数据库。请求配置信息、更新数据库和缓存同步“三部曲”会循环进行，以确保缓存中的数据尽可能最新。

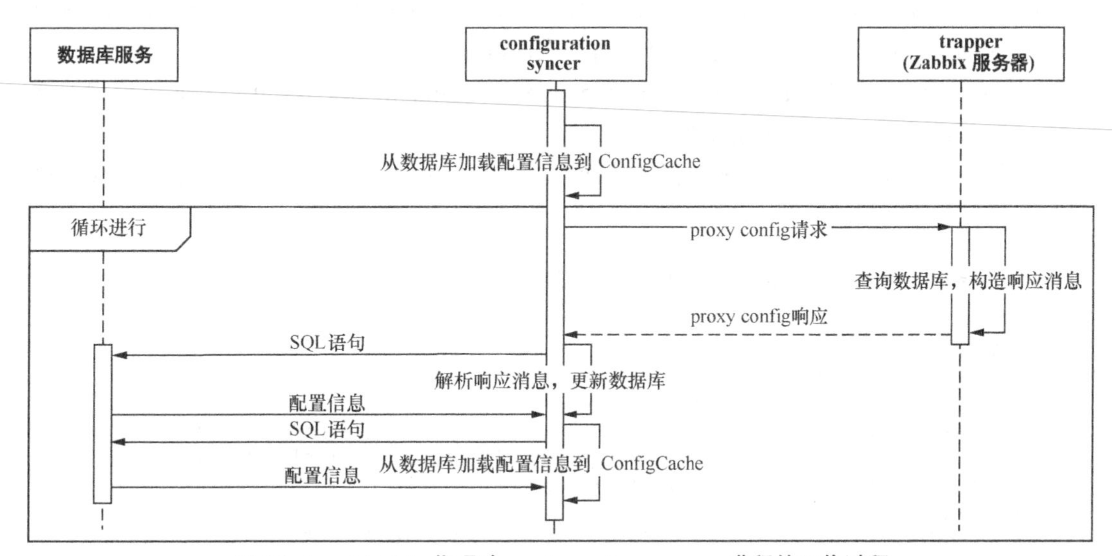

图12-1 Zabbix代理端configuration syncer进程的工作过程

12.2.2 Zabbix代理端的data sender进程

Zabbix代理通过poller/trapper进程获取监控值并完成预处理以后，会将监控值存入数据库中，与Zabbix服务器不同的是，Zabbix代理以字符串形式将所有数据存储在proxy_history表而非history表中。proxy_history表中的数据由data sender进程发送到Zabbix服务器端。

data sender 进程是唯一的，其任务是将已接收的监控值转发到 Zabbix 服务器端。此时的监控值有两个特点：一是不区分数据类型，所有监控值都以字符串形式存储在数据库中的 proxy_history 表；二是监控值是按照接收时间有序的、递增的唯一 ID 进行区分，时间越早 ID 越小，反之则 ID 越大。

准确地说，data sender 进程需要向 Zabbix 服务器端发送 5 种数据，除了监控值历史数据（history data），还包括以下 4 种数据。

- 主机可用性（host availability）数据，来自 ConfigCache 的 config->hosts，含有每个主机所辖的 Zabbix 客户端、SNMP 客户端、IPMI 客户端和 JMX 客户端是否可用以及故障信息；
- 发现数据（discovery data），来自 proxy_dhistory 表，是 Zabbix 执行网络自动发现的结果数据；
- 自动注册（auto registration）数据，来自 proxy_autoreg_host 表，当新的 Zabbix 客户端向 Zabbix 代理发送请求时会自动生成该数据；
- tasks 数据，来自 task、task_remote_command result 和 task_result 表，即执行代理端收集的某些任务后的返回数据。

在发送数据时，data sender 进程会依次将这些数据添加到 JSON 串中，最终构成的典型 JSON 串消息如代码清单 12-1 所示。

代码清单 12-1　data sender 进程所构造的 JSON 串消息

```
{
"request":"proxy data",
"host":"Zabbix proxy",
"session":"12345678901234567890123456789012",
"host availability":[{"hostid":10084,"available":2,"error":"Get value from agent
failed...","snmp_available":0,"snmp_error":"","ipmi_available":0,"ipmi_error":
"","jmx_available":0,"jmx_error":""},…],
"history
data":[{"id":1636079,"itemid":29186,"clock":1234567890,"ns":123456789,"value":
"1592818166"},…],
"discovery
data":[{"clock":1234567890,"drule":2,"dcheck":2,"ip":"172.21.0.13","dns":"",
"port":10050,"status":1},…],
"auto registration":[{"clock":1234567890,"host":"Zabbix server","ip":
"172.21.0.15","dns":"VM_0_15_centos","port":"10050","tls_accepted":1},…],
"tasks":[{"type":3,"clock":1234567890,"ttl":0,"status":0,"info":"VM_0_15_centos\n",
"parent_taskid":103},…],
"more":1,      #当数据量大，需要分成多个批次发送时会有此参数
"version":"5.0.0",
"clock":1234567890,
"ns":123456789
}
```

data sender 进程发送数据的过程可以理解为分时分批发送，每当时间周期到来就会开

始执行发送操作，而一个发送操作又可以分为连续循环的多个批次，这是因为单个批次有数据量的限制，当数据量大时一个批次无法全部发送。单个 JSON 串的长度不可能无限增长，在 data sender 进程发送数据的过程中通过一些参数对 JSON 串的长度进行控制，包括最大字节长度不允许超过 1GB，并且每一种数据的记录数必须少于 11 000 个。因此如果某个 Zabbix 代理每秒接收 20 000 个监控值，而数据发送频率也设置为 1 秒，那么 Zabbix 代理每次发送数据时都需要至少分为两批进行发送。发送数据的频率由配置文件中的 DataSenderFrequency 参数决定，当某一次数据发送成功完成以后，data sender 进程将等待指定的时间长度，才会进行下一次发送。

proxy data 消息记录数限制之所以是 11 000 而非 10 000，是因为 JSON 串在构造时是分批添加记录的（每批 1 000 个），假设目前已经添加到 9 999 个，此时仍然允许继续添加一批，所以最终结果将不超过 10 999 个。如果这一限制造成了性能压力，我们可以通过调整 Zabbix 源码中的两个宏定义来突破这一限制。宏定义位于 include/proxy.h 文件中，具体如代码清单 12-2 所示。

代码清单 12-2 include/proxy.h 文件中的宏定义

```
#define ZBX_MAX_HRECORDS        1000     #单次查询数据的最大行数
#define ZBX_MAX_HRECORDS_TOTAL  10000    #单个 JSON 消息包含的每种数据的最大记录数
```

观察 Zabbix 服务器的日志会发现，即使将 DataSenderFrequency 参数设置为 60 秒，Zabbix 服务器仍然会每隔 1 秒就收到一条 proxy data 消息。之所以出现这种不一致，是因为 proxy data 除了发送监控值等数据，还会发送 tasks 数据，而 tasks 数据的发送频率是固定的 1 秒（参见 ZBX_TASK_UPDATE_FREQUENCY 宏定义）。也就是说，我们在 Zabbix 服务器日志中看到的其实是两个不同频率的数据发送日志。

12.2.3 被动模式下的 Zabbix 代理

以上介绍的两种进程只有在主动模式下才会存在。处于被动模式下的 Zabbix 代理与在主动模式下存在很大区别。在被动模式下，Zabbix 代理不会主动向 Zabbix 服务器发送数据，因此也就不存在 data sender 进程和 configuration syncer 进程。

在被动模式下，监控数据的传输过程为 proxy poller→trapper(Zabbix 代理)→proxy poller；在主动模式下，监控数据的传输过程为 data sender→trapper(Zabbix 服务器)。在被动模式下，配置信息的更新也在 proxy poller 和 trapper 进程之间完成（参见 7.2.7 节）。在被动模式下 Zabbix 代理具体的数据通信工作机制如图 12-2 所示。

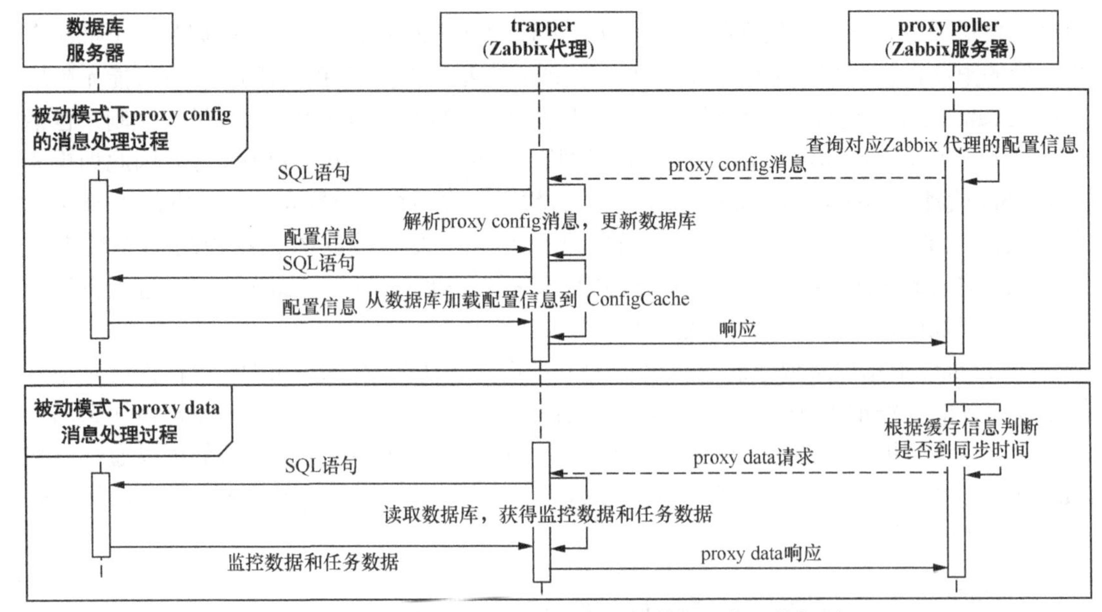

图 12-2　被动模式下 Zabbix 代理的数据通信工作机制

12.2.4　Zabbix 代理端的 housekeeper 进程

由于数据存储方面的差异，Zabbix 代理端的 housekeeper 进程所做的工作与 Zabbix 服务器端的 housekeeper 进程有很大不同。本节仅介绍 Zabbix 代理端的 housekeeper 进程，Zabbix 服务器端的 housekeeper 进程将在第 13 章介绍。此外，heartbeat sender 进程是 Zabbix 代理端特有的进程之一，也在 12.2.5 节进行介绍。

Zabbix 代理端的 housekeeper 进程的任务同样是对数据库中的数据进行清理。由于 Zabbix 代理主要使用 proxy_history 表存储数据，而不是像 Zabbix 服务器一样使用 history 表和 trends 表，因此它的数据清理过程不同于 Zabbix 服务器。Zabbix 代理端的 housekeeper 进程只负责清理 proxy_history 表、proxy_dhistory 表和 proxy_autoreg_host 表，这 3 个表分别存储 Zabbix 代理接收的历史数据、发现数据（discovery data）和自动注册的主机数据。清理 proxy_history 表的过程是构造 SQL 语句然后连接数据库运行，具体 SQL 语句为：

```
delete from proxy_history where id<[maxid] and (clock<[离线缓存数据时间点] or
(id<[lastid] and clock<[在线缓存数据时间点]);
```

可见，对于早于离线缓存数据时间点的数据，无论是否已经发送到 Zabbix 服务器，一律删除；对于离线缓存数据时间点之后的数据，如果已经发送到 Zabbix 服务器并且早于在线缓存数据时间点，这部分数据也进行删除。

如图 12-3 所示，如果最终构造的语句是 delete from proxy_history where id<10000+n+2 and (clock<23:48:05 or (id<10000+n+1 and clock<23:55:47))，则除了 value4，所有的 value 都会被删除。

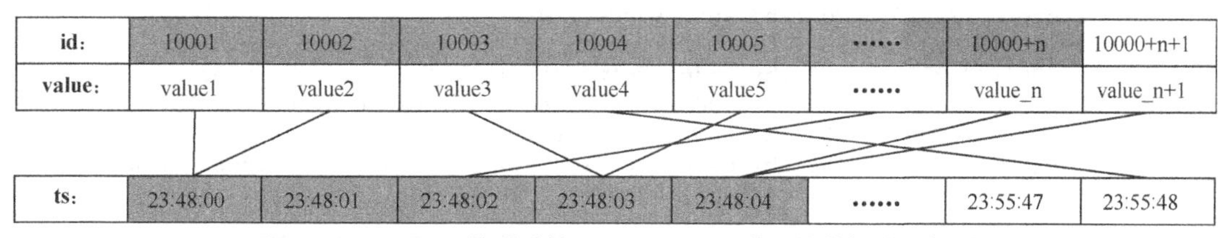

图 12-3 Zabbix 代理端的 housekeeper 进程的数据清理规则

对于另外两个表——proxy_dhistory 和 proxy_autoreg_host，其处理逻辑是一样的，也是根据 id 和 clock 两个字段的条件进行删除。

12.2.5 Zabbix 代理端的 heartbeat sender 进程

heartbeat sender 进程负责向 Zabbix 服务器发送心跳消息。只有当 Zabbix 代理处于主动模式时，才有可能启动 heartbeat sender 进程，处于被动模式下的 Zabbix 代理根本不知道应该与哪个 Zabbix 服务器进行通信，从而不可能发送心跳消息。

本质上来说，发送心跳消息就是 Zabbix 代理与 Zabbix 服务器建立套接字连接，并通过套接字连接发送一条消息，然后等待响应消息。需要说明的是，在建立套接字连接的过程中，如果首次连接失败，heartbeat sender 进程不会重试，而是直接返回失败消息，直到下一个循环再次尝试连接。心跳消息的发送频率由配置文件中的 HeartbeatFrequency 参数决定。

Zabbix 代理所发送的心跳消息是一个 JSON 串，内容为（以 Zabbix 5.0.1 为例）：

```
{"request":"proxy heartbeat","host":"<zabbix host name>","version":"5.0.1"}
```

Zabbix 代理接收的响应消息可能是成功或者失败，但是无论成功还是失败，对 Zabbix 代理本身的行为都不会产生影响，也就是说其他进程不会依赖 heartbeat sender 进程接收的响应消息结果。Zabbix 代理接收的响应消息具体为：

```
{"response": "success"}
或者
{"response": "failed", "info": "something wrong happened"}
```

每一次发送心跳消息，都会在进程状态中显示其发送结果（成功或者失败），可以使用 ps -ef | grep heartbeat 来查看最后一次发送心跳消息的结果。如果需要查看历史的心跳数据日志，可以将 heartbeat sender 进程的日志级别调整到 DEBUG，然后从日志中查询详细记录，具体如代码清单 12-3 所示。

代码清单 12-3　通过日志文件查看心跳数据发送情况

```
[root@VM_0_15_centos tmp]# /usr/local/sbin/zabbix_proxy -R
log_level_increase='heartbeat sender'
zabbix_proxy [21590]: command sent successfully
[root@VM_0_15_centos tmp]# tail -f /tmp/zabbix_proxy.log|grep heartbeat
 7987:20200622:220920.453 zbx_setproctitle() title:'heartbeat sender [sending
heartbeat message success in 0.001279 sec, sending heartbeat message]'
 7987:20200622:220920.453 In send_heartbeat()
 7987:20200622:220920.454 zbx_setproctitle() title:'heartbeat sender [sending
heartbeat message success in 0.001602 sec, idle 10 sec]'
```

同样地，也可以在 Zabbix 服务器日志中查看接收的心跳消息日志，如代码清单 12-4 所示。

代码清单 12-4　通过日志文件查看心跳数据接收情况

```
[root@VM-0-2-centos include]# tail -f /tmp/zabbix_server.log|grep heartbeat
 12689:20200622:221150.886 DEBUG   trapper got '{"request":"proxy
heartbeat","host":"Zabbix proxy","version":"5.0.0"}'
 12689:20200622:221150.886 DEBUG   In recv_proxy_heartbeat()
 12689:20200622:221150.887 DEBUG   End of recv_proxy_heartbeat()
```

12.3　小结

Zabbix 代理在 Zabbix 整体架构中的最终目的是分担 Zabbix 服务器的压力。随着 Zabbix 整体架构的演变，未来 Zabbix 代理可能从 Zabbix 服务器接管更多的任务。

本章还讲述了 Zabbix 代理端的某些进程，这些进程所做的工作明显有别于 Zabbix 服务器端的同类进程所完成的工作，包括 configuration syncer 进程、data sender 进程、housekeeper 进程和 heartbeat sender 进程。

第 13 章

数据库表和 housekeeper 进程

当监控规模越来越大时，数据库可能成为最早出现瓶颈的地方。因此，理解数据库表非常重要。本章以 MySQL 数据库为例进行讲解。

虽然 Zabbix 支持将历史数据存储到 ElasticSearch 搜索引擎中，但是监控项和触发器之类的配置信息仍然需要存储在关系型数据库中。Zabbix 5.0 的数据库使用了 166 个表存储配置信息以及历史数据。随着操作系统运行时间的增加，历史数据和事件信息相关的表中的数据会不断膨胀，housekeeper 进程的作用就是清理这些数据量不断膨胀的表，删除其中过期不用的数据，使数据规模保持在可控的水平。

数据库有两个访问来源：Zabbix 服务器和 Zabbix Web。Zabbix 服务器由各个进程直接连接数据库进行访问。Zabbix Web 也会访问数据库，这些访问量来自前端 Web 页面的操作或者 Zabbix Web API 的调用，这一部分内容将在第 18 章和第 19 章介绍。

13.1 Zabbix 服务器访问数据库

本节以 MySQL 数据库为例，考察 Zabbix 服务器各进程是如何访问数据库的。Zabbix 代理对数据库的访问与 Zabbix 服务器相同。

Zabbix 服务器中与访问数据库相关的两个源码文件是 libs/zbxdb/db.c 和 libs/zbxdbhigh/db.c，前者作为后者的底层函数使用，Zabbix 进程直接调用后者中的函数。

13.1.1　连接的建立与关闭

Zabbix 服务器中每个需要访问数据库的进程都使用全局静态变量*conn 来建立和保存数据库连接，该变量的定义如下。因此，每个进程同一时间只能保持一个连接。

```
static MYSQL        *conn = NULL;
```

Zabbix 将数据库访问相关的函数都放在专门的源码文件 libs/zbxdb/db.c 中，其中包括了数据库连接函数 DBconnect()，在任何需要连接数据库的时候，都通过调用该函数完成。由于该函数会记录 DEBUG 级别的日志（其源码如代码清单 13-1 所示），因此我们可以通过日志来跟踪数据库连接的建立过程。

代码清单 13-1　DBconnect()函数输出的日志信息

```
int DBconnect(int flag)
{
……
    zabbix_log(LOG_LEVEL_DEBUG, "In %s() flag:%d", __func__, flag);
……
    zabbix_log(LOG_LEVEL_DEBUG, "End of %s():%d", __func__, err);
……
}
```

跟踪日志的结果显示，绝大部分的连接都发生在 Zabbix 服务器启动的过程中，几乎每个需要访问数据库的进程都会在创建之后立刻建立数据库连接，并在整个生命周期内保持该连接，除非连接意外中断，否则不会再次连接数据库。例外的是 alert manager 进程和 housekeeper 进程，前者需要实现看门狗逻辑（参见 10.2.6 节），因此会每隔 1 分钟尝试建立临时的数据库连接，随后关闭连接；后者则在每次进行清理任务的时候才临时建立连接，并在清理任务完成后关闭连接。

具体有哪些进程会建立持久的数据库连接呢？这取决于启动的进程类型。如果将配置文件中的日志级别设置为 DEBUG，然后启动 Zabbix 服务器，就可以从日志文件中看到究竟有哪些进程建立了数据库连接，具体如代码清单 13-2 所示。日志中的 unknown 进程实际为主进程，如何在日志记录中显示进程类型参见第 6 章。

代码清单 13-2　通过日志文件查看数据库连接情况

```
[root@VM-0-2-centos ~]# tail -f /tmp/zabbix_server.log|grep 'In DBconnect()'
 18352:20200715:125048.350 DEBUG   [unknown] In DBconnect() flag:0
 18352:20200715:125048.402 DEBUG   [unknown] In DBconnect() flag:0
 18352:20200715:125048.438 DEBUG   [unknown] In DBconnect() flag:0
 18352:20200715:125048.479 DEBUG   [unknown] In DBconnect() flag:0
 18352:20200715:125048.523 DEBUG   [unknown] In DBconnect() flag:0
 18354:20200715:125048.553 DEBUG   [configuration syncer] In DBconnect() flag:0
 18352:20200715:125048.853 DEBUG   [unknown] In DBconnect() flag:0
 18368:20200715:125048.903 DEBUG   [poller] In DBconnect() flag:0
 18370:20200715:125048.903 DEBUG   [poller] In DBconnect() flag:0
```

```
18371:20200715:125048.904 DEBUG  [poller] In DBconnect() flag:0
18373:20200715:125048.904 DEBUG  [unreachable poller] In DBconnect() flag:0
18376:20200715:125048.905 DEBUG  [trapper] In DBconnect() flag:0
18380:20200715:125048.907 DEBUG  [alert manager] In DBconnect() flag:2
18390:20200715:125048.916 DEBUG  [alert syncer] In DBconnect() flag:0
18369:20200715:125048.917 DEBUG  [poller] In DBconnect() flag:0
18365:20200715:125048.917 DEBUG  [proxy poller] In DBconnect() flag:0
18378:20200715:125048.918 DEBUG  [trapper] In DBconnect() flag:0
18360:20200715:125048.919 DEBUG  [history syncer] In DBconnect() flag:0
18361:20200715:125048.919 DEBUG  [history syncer] In DBconnect() flag:0
18357:20200715:125048.920 DEBUG  [timer] In DBconnect() flag:0
18358:20200715:125048.920 DEBUG  [http poller] In DBconnect() flag:0
18362:20200715:125048.921 DEBUG  [escalator] In DBconnect() flag:0
18363:20200715:125048.921 DEBUG  [java poller] In DBconnect() flag:0
18364:20200715:125048.922 DEBUG  [java poller] In DBconnect() flag:0
18367:20200715:125048.922 DEBUG  [task manager] In DBconnect() flag:0
18372:20200715:125048.922 DEBUG  [poller] In DBconnect() flag:0
18374:20200715:125048.923 DEBUG  [trapper] In DBconnect() flag:0
18377:20200715:125048.923 DEBUG  [trapper] In DBconnect() flag:0
18359:20200715:125048.925 DEBUG  [discoverer] In DBconnect() flag:0
18356:20200715:125048.926 DEBUG  [housekeeper] In DBconnect() flag:0
18375:20200715:125048.926 DEBUG  [trapper] In DBconnect() flag:0
18389:20200715:125049.002 DEBUG  [lld worker] In DBconnect() flag:0
```

关闭数据库连接的操作由 DBclose()函数实现，但是因为该函数不会记录任何日志信息，所以无法通过日志跟踪。不过，从源码文件的分析来看，除了 alert manager 进程和 housekeeper 进程，该函数只有在进程退出时才会被调用。

13.1.2 SQL 语句的构造与运行

各进程建立了自己的数据库连接以后，就可以通过连接运行 SQL 语句，但是在运行之前，需要先构造 SQL 字符串。

与 DBconnect()函数一样，运行 SQL 语句的最底层函数也定义在 db.c 文件中，函数名为 zbx_db_vselect()和 zbx_db_vexecute()，前者仅用于运行 select 和 show 语句，后者则用于运行除 select 和 show 语句之外的所有语句，包括 insert、update、delete、begin、commit 和 rollback 共 6 种语句。在日志级别为 DEBUG 的情形下，这两个函数在运行任何 SQL 语句之前，都会将其记录到 Zabbix 日志文件中，具体源码如下：

```
//zbx_db_vselect()以及 zbx_db_vexecute()函数中的日志记录语句
zabbix_log(LOG_LEVEL_DEBUG, "query [txnlev:%d] [%s]", txn_level, sql);
```

因此，通过跟踪日志可以查看 Zabbix 构造的最终 SQL 语句，示例如代码清单 13-3 所示。

代码清单 13-3 通过日志查看 SQL 语句

```
[root@VM-0-2-centos ~]# tail -f /tmp/zabbix_server.log|grep -E 'query
\[txnlev:[0-9]*?]'
```

```
 26820:20200715:133344.615 DEBUG   [history syncer] query [txnlev:1] [begin;]
 26820:20200715:133344.620 DEBUG   [history syncer] query [txnlev:1] [insert into
history (itemid,clock,ns,value) values
(31183,1594791223,115906765,0.050000000000000003),(30943,1594791223,115953953,0),
(23264,1594791224,412559891,0.54763031573254006),(31124,1594791224,414142458,0);
 26820:20200715:133344.626 DEBUG   [history syncer] query [txnlev:1] [commit;]
```

在 Zabbix 中，无论是 select 语句还是 update 或 delete 语句，都会经常使用 in 子句，而 insert 语句则需要使用 values 子句，这两种子句都是长度不固定的一系列值。Zabbix 使用各种字符串函数实现这些子句的构造，但是一般都会保证子句中包含的元素数量不超过 950 个。这种对元素数量的限制避免了单个 SQL 语句对大量记录进行操作，从而降低了访问冲突和死锁的概率。

在实际运行 SQL 语句过程中，可能会遇到运行失败的情况，此时 Zabbix 会检查失败的原因，如果是因为遇到可恢复的错误（判断逻辑如代码清单 13-4 所示），则循环尝试重新连接数据库（间隔 10 秒），直到运行成功。如果是不可恢复的错误，则直接返回不再重试。因此，短时间的数据库连接失败并不必然导致 Zabbix 服务器的崩溃。

代码清单 13-4　判断数据库错误是否为可恢复的错误

```
static int  is_recoverable_mysql_error(void)     //判断是否为可恢复的错误
{
    switch (mysql_errno(conn))
    {
        case CR_CONN_HOST_ERROR:
        case CR_SERVER_GONE_ERROR:
        case CR_CONNECTION_ERROR:
        case CR_SERVER_LOST:
        case CR_UNKNOWN_HOST:
        case CR_COMMANDS_OUT_OF_SYNC:
        case ER_SERVER_SHUTDOWN:
        case ER_ACCESS_DENIED_ERROR:
        case ER_ILLEGAL_GRANT_FOR_TABLE:
        case ER_TABLEACCESS_DENIED_ERROR:
        case ER_UNKNOWN_ERROR:
        case ER_UNKNOWN_COM_ERROR:
        case ER_LOCK_DEADLOCK:
        case ER_LOCK_WAIT_TIMEOUT:
#ifdef CR_SSL_CONNECTION_ERROR
        case CR_SSL_CONNECTION_ERROR:
#endif
#ifdef ER_CONNECTION_KILLED
        case ER_CONNECTION_KILLED:
#endif
            return SUCCEED;
    }

    return FAIL;
}
```

13.1.3 事务与数据的一致性

底层函数只负责运行单个 SQL 语句，并不负责建立事务。当需要通过事务来保证数据的一致性时，需要由上层访问数据库的程序通过运行 begin、commit 和 rollback 语句来实现事务。

13.1.4 访问量的计算

Zabbix 的数据库中共有 166 个表，对这些表的访问并不是均等的，有些表的访问很频繁，有些表则极少被访问，有些表会频繁更新，有些表则极少更新。访问量在这些表中的分布一定程度上取决于监控系统的主要任务是什么，或者说，那些最为活跃的进程所使用的表往往意味着访问量较大。例如，当监控系统中设置了大量 LLD 规则监控项时，lld worker 进程就会很活跃。

显然，我们可以使用日志文件统计每种进程所运行的 SQL 语句的数量，从而判断哪些进程在访问数据库方面最活跃。例如，可以使用代码清单 13-5 所示的命令统计各个进程运行 select 语句的次数。

代码清单 13-5 通过日志文件统计 SQL 语句的运行次数

```
[root@VM-0-2-centos ~]# tail -f /tmp/zabbix_server.log|grep -E '.*?query
\[txnlev:[0-9].*?] \[select' -o
 26849:20200715:151708.724 DEBUG   [alert syncer] query [txnlev:1] [select
 26824:20200715:151708.911 DEBUG   [proxy poller] query [txnlev:0] [select
 26849:20200715:151709.739 DEBUG   [alert syncer] query [txnlev:1] [select
 26821:20200715:151709.797 DEBUG   [escalator] query [txnlev:0] [select

[root@VM-0-2-centos ~]# tail -f /tmp/zabbix_server.log|grep -E '.*?query
\[txnlev:[0-9].*?] \[select' -o |awk -F'[][]' '{print $2}' | tee /tmp/stat.log


[root@VM-0-2-centos ~]# cat /tmp/stat.log |sort|uniq -c|sort -n
      2 discoverer
      7 task manager
     14 http poller
     33 escalator
     35 proxy poller
     38 alert syncer
     62 configuration syncer
    112 lld worker
```

13.2 进程使用的数据库表

作者使用某测试系统对 Zabbix 日志中的 SQL 语句进行了采样，统计出运行 SQL 语句最多的进程，如代码清单 13-6 所示。本节按照这一清单分析每种进程需要使用的表。

代码清单 13-6　某测试系统各进程运行 SQL 语句的次数统计

```
[root@VM-0-2-centos ~]# cat /tmp/stat.log |sort|uniq -c|sort -n
  3206 history syncer
  2288 lld worker
  1380 alert syncer
  1076 escalator
   629 proxy poller       #注：当 Zabbix 代理为主动模式时，该数字为 0，因为那时将不需要
                          #proxy poller 进程工作
   403 configuration syncer
   154 http poller        #注：查询 httptest 表和 hosts 表
   118 task manager       #注：主要访问 task 表和 alerts 表
    72 trapper            #注：当 Zabbix 代理为主动模式时，将远大于这个数字，因为 trapper
                          #进程负责与 Zabbix 代理通信
```

13.2.1 history syncer 进程使用的表

作者在第 9 章介绍过，history syncer 进程的主要任务是存储监控数据和趋势数据并生成事件。因此，该进程主要使用 insert 语句访问历史数据表（包括 history、history_uint、history_log、history_str 和 history_text）和趋势数据表（包括 trends 和 trends_uint）。这两类表的结构比较简单，但是数据量往往比较大，而且每个表都定义了索引，在这种情形下执行的 insert 操作是比较耗时的，因为数据量越大，索引的规模也越大，插入索引的成本越高。history syncer 进程会尽可能快速地将数据写入历史数据表中，而趋势数据则一般以 1 小时为周期进行写入（具体参见第 9 章）。

13.2.2 lld worker 进程使用的表

检查日志记录会发现，lld worker 进程主要执行 select 和 update 操作，当需要创建新的监控项、触发器或者主机时也会执行 insert 操作。lld worker 进程所使用的表主要有 application_discovery、application_prototype、applications、functions、graphs、graphs_items、hostmacro、hosts、host_inventory、interface、item_application_prototype、item_condition、item_discovery、item_preproc、items、items_applications、lld_macro_path、lld_override、trigger_depends、trigger_tag、triggers 和 trigger_discovery。

第 8 章讲到，lld worker 进程的主要工作是根据 LLD 规则数据查询 Zabbix 系统中当前已有的触发器、监控项和主机等信息并进行比对，以决定是否创建或者更新这些信息。由于这些信息分布在多个表中，因此降低了单个表的访问量。而且，只有当信息比对结果有差异时，lld worker 进程才会执行 insert 和 update 操作（每次都需要更新 lastcheck）。如果监控对象没有发生变更的话，lld worker 进程只会执行 select 操作。

13.2.3 alert syncer 进程使用的表

日志跟踪的结果显示，alert syncer 进程运行的 SQL 语句有 4 种，如代码清单 13-7 所示，其中大部分是第一行的 select 语句，可以看到这是两个表的连接（join）语句。关系数据库中的连接操作是非常消耗资源的，尤其是当连接的两个表的数据量都很大时。alerts 表中存储的是待发送的警报信息，而 events 表中存储的是生成的事件，这两个表的数据都会随着时间的增长而增长。理论上说，如果不对这两个表的数据进行清理，它们会无限增长。这正是 housekeeper 进程所要解决的问题，具体内容参见 13.3 节。

代码清单 13-7 alert syncer 进程运行的 SQL 语句种类

```
select … from alerts a left join events e on a.eventid=e.eventid where …
select … from media_types where …
select … from media m,users_groups u,config c,media_type mt where …
update alerts set … where …
```

alert syncer 进程还负责同步媒体类型信息和看门狗逻辑所需要的媒体信息，这就是第二行和第三行的 select 语句出现的原因。第 4 行的 update 语句是对警报信息发送结果的更新，这些结果来自 alerter 进程和 alert manager 进程。

13.2.4 escalator 进程使用的表

escalator 进程的任务是处理 escalations 表中的升级序列，其处理过程参见第 10 章。根据日志跟踪的结果，该进程运行的 SQL 语句涉及众多的表，如代码清单 13-8 所示。

代码清单 13-8 escalator 进程运行的 SQL 语句

```
select … from escalations where …
select … from events where …
select … from operations where … limit 1
select … from opconditions where …
select … from usrgrp g, users_groups ug where …
select … from users where …
select … from triggers where …
select … from opmessage where …
select … from opmessage_usr where …
select … from opcommand o,opcommand_hst oh,hosts h where …
select … from opcommand_grp where …
```

```
select … from media_type_param where …
select … from media m,media_type mt where …
select … from functions f,items i,hosts h where …
select … from items where …
select … from event_tag where …
select … from event_suppress where …
select … from actions where …

insert into alerts …
insert into task …
update escalations set nextcheck …
```

可见，escalator 进程所做的工作远比预想的复杂。以上 SQL 语句所访问的表主要有升级序列信息、事件信息、用户信息、触发器信息、媒体类型信息、监控项信息和动作信息。由于升级序列是由事件激发的动作，因此获取事件信息和动作信息很正常；而获取用户信息和媒体类型信息则是因为需要判断用户是否有权限收到相关警报；至于获取触发器信息和监控项信息，是因为当触发器信息和监控项信息发生变化时，升级序列有可能需要取消。

除了 select 语句，escalator 进程还会向 alerts 表和 task 表插入新记录，这些正是升级序列完成任务的结果，即警报信息和远程命令。最后，由于升级序列往往还会有后面的步骤需要完成，因此需要设置新的 nextcheck 时间戳，用于触发后续步骤。

13.2.5　proxy poller 进程使用的表

如 7.2.7 节所述，proxy poller 进程负责与在被动模式下工作的 Zabbix 代理同步配置信息、监控数据和任务信息。在完成这些任务的过程中，proxy poller 进程需要从数据库查询配置信息和任务信息，并向数据库写入任务信息，监控数据则是被发送到预处理进程而非数据库。从日志中可以跟踪到该进程运行的 SQL 语句，如代码清单 13-9 所示。

代码清单 13-9　proxy poller 进程运行的 SQL 语句

```
select … from task t left join task_remote_command c on t.taskid=c.taskid left join
task_check_now cn on t.taskid=cn.taskid left join task_data d on t.taskid=d.tasked
where …
insert into task_remote_command_result …
insert into task …
update task …
……    //与配置信息同步相关的表参见 5.2.2 节
```

以上语句为任务信息同步过程中所使用的语句。同步配置信息过程中所使用的表名请参考 5.2.2 节中的内容。

需要指出的是，当 Zabbix 代理处于主动模式时，trapper 进程将代替 proxy poller 进程来完成各种信息的同步，此时对这些表的访问将由 trapper 进程接管。

13.2.6 configuration syncer 进程使用的表

configuration syncer 进程负责将配置信息同步到 ConfigCache 中，其所运行的 SQL 语句如代码清单 13-10 所示。configuration syncer 进程所使用的表只有 38 个（因启动的进程的种类数不同，可能略有差异），远少于数据库中表的总数（166 个）。也就是说大部分表中的数据不需要同步到 ConfigCache。

代码清单 13-10 configuration syncer 进程运行的 SQL 语句

```
select … from host_inventory …
select … from hstgrp …
select … from hosts_groups hg,hosts h  …
select … from maintenances …
select … from maintenance_tag …
select … from maintenances_windows m,timeperiods t  …
select … from maintenances_groups  …
select … from maintenances_hosts  …
select … from interface i left join interface_snmp s on i.interfaceid=s.interfaceid …
select … from items i inner join hosts h on i.hostid=h.hostid left join item_discovery
id on i.itemid=id.itemid join item_rtdata ir on i.itemid=ir.itemid  …
select … from items i inner join hosts h on i.hostid=h.hostid  …
select … from items i  …
select … from item_preproc pp,items i,hosts h  …
select … from hosts h,items i,functions f,triggers t  …
select … from trigger_depends d,triggers t,hosts h,items i,functions f  …
select … from regexps r,expressions e  …
select … from actions  …
select … from actions a left join operations o on a.actionid=o.actionid  …
select … from conditions c,actions a  …
select … from trigger_tag tt,triggers t,hosts h,items i,functions f  …
select … from correlation  …
select … from correlation c,corr_condition cc left join corr_condition_tag cct on
cct.corr_conditionid=cc.corr_conditionid left join corr_condition_tagvalue cctv
on cctv.corr_conditionid=cc.corr_conditionid left join corr_condition_group ccg
on ccg.corr_conditionid=cc.corr_conditionid left join corr_condition_tagpair cctp
on cctp.corr_conditionid=cc.corr_conditionid  …
select … from correlation c,corr_operation co  …
select … from config  …
select … from config_autoreg_tls  …
select … from hosts_templates  …
select … from globalmacro …
select … from hostmacro m inner join hosts h on m.hostid=h.hostid …
select … from host_tag …
select … from hosts …
```

13.3　housekeeper 进程

housekeeper 进程运行在 Zabbix 服务器或者 Zabbix 代理服务器上，该进程只有一个，作用是连接数据库并运行 SQL 语句，删除数据库中不需要的数据。具体地说是清理 13 个表：history、history_uint、history_log、history_str、history_text、trends、trends_uint、problems、events、sessions、service_alarms、auditlog 和 proxy_dhistory。

13.3.1　相关结构体定义

为了更好地组织数据清理作业，Zabbix 使用了一种名为数据清理规则（housekeeping rule）的概念，并定义了一种结构体来描述它。每个需要清理数据的表都有对应的管理规则，该规则规定了表名、该表的 id 字段名（主键）、过滤规则（只有符合条件的记录才会进行清理）、最小时间戳（最早的一条记录的时间）和数据保存时间（需要保留最近多少秒的数据）。通过这条规则，Zabbix 可以构建一个准确的 SQL 语句来执行删除动作。管理规则结构体的具体定义如代码清单 13-11 所示。考虑到历史数据表和趋势数据表的特殊性（存在大量不同监控项的数据），Zabbix 单独为其定义了专用的管理规则结构体。

代码清单 13-11　管理规则结构体的数据结构定义

```
typedef struct
{
    const char  *table;       //表名
    char      *field_name;    //主键字段名
    const char  *filter;      //附加的过滤条件
    int       min_clock;      //clock 字段的最小值
    int       *phistory;      //保留数据的时间（秒）
}
zbx_hk_rule_t;     //通用管理规则

typedef struct
{
    const char      *table;
    const char      *history;
    unsigned char       *poption_mode;
    unsigned char       *poption_global;
    int           *poption;
    unsigned char       type;
    zbx_hashset_t       item_cache;          //哈希集，每个监控项对应的最小时间戳
    zbx_vector_ptr_t    delete_queue;      //向量队列，即将删除的监控项
}
zbx_hk_history_rule_t;     //仅用于历史数据表和趋势数据表的管理规则
```

当需要构造 SQL 语句时，housekeeper 进程根据 zbx_hk_rule_t 结构体查询出符合条件的行的具体 id 字段值，然后根据 id 字段值构造 SQL 语句。所构造的 SQL 语句格式如下：

```
delete from <table_name> where <id_field_name> in (51,52,53,54,55,56...);
```

对于历史数据表和趋势数据表所使用的 zbx_hk_history_rule_t 结构体，相应构造的 SQL 语句如下。可见，在清理历史数据表和趋势数据表时，housekeeper 进程每次只删除一个监控项的数据。

```
delete from <table_name> where itemid=<itemid> and clock < min_clock;
```

13.3.2 清理数据的过程

housekeeper 进程不会一直保持数据库连接，而是只在需要清理数据时才临时建立数据库连接，并且在数据清理完毕以后会关闭该连接。在清理数据的过程中，housekeeper 进程会依次调用 7 个函数，分别对 7 类数据进行清理，即历史数据与趋势数据、problems 数据、events 数据、sessions 数据、service_alarms 数据、auditlog 数据和 proxy_dhistory 数据。值得注意的是，历史数据与趋势数据是由同一个函数处理的，因为这两类表没有 id 字段，所以它们需要使用专有的结构体 zbx_hk_history_rule_t 来定义清理规则。

对历史数据与趋势数据的清理由 housekeeping_history_and_trends()函数来完成。历史数据与趋势数据共有 7 个表，每个表都有一个数据清理规则。housekeeper 进程清理数据的顺序是逐表清理，即按照 history→history_str→history_log→history_uint→history_text→trends→trends_uint 的顺序，对于每个表都会循环地运行大量 delete 语句，每个语句只清理一个监控项的数据。那么 housekeeper 进程是如何知道对哪些监控项的数据进行清理，又如何决定对哪个时间点之前的数据进行清理的呢？

Housekeeper 进程使用了一个哈希集结构来存储需要清理的监控项信息。它首先运行下面的 SQL 语句来获取每个 itemid 在表中的最小时间戳，然后将这些信息存入 item_cache 成员的哈希集结构中。

```
select itemid,min(clock) from <table_name> group by itemid;
```

但是，这只是历史数据表和趋势数据表中的现状数据，通过这一步骤，housekeeper 进程只是知道了有哪些监控项 ID 存在。然而每个监控项 ID 的数据保存时间可能并不一致，所以 housekeeper 进程仍然不知道对哪个时间点的数据进行删除。为了解决这一问题，housekeeper 进程再次运行 SQL 语句，从 items 表中查找每个监控项的历史数据保存时间和趋势数据保存时间，并根据这些信息和 item_cache 中的信息，计算出最终的数据清理时间点，最终结果则存入 delete_queue 向量中，当实际执行删除动作时，只需要关注 delete_queue 向量。

应该注意到，根据这一工作过程，如果某个监控项已经从 items 表中删除，但是历史数据表和趋势数据表中仍然有该监控项的数据，那么这些数据不会在这一过程中删除。对于这一部分数据的处理参见 13.3.3 节。

因此，结构体中的 delete_queue 成员是最终删除数据的队列，而 item_cache 成员只存储每个监控项在清理数据之前的最小时间戳。

对 problems 数据的清理由 housekeeping_problems()函数完成。该函数只是运行一条 SQL 语句：delete from problem where r_clock<>0 and r_clock<[now – 24×3600s]。可见在清理 problem 数据时，并没有施加配置文件中的 MaxHousekeeperDelete 限制。该表没有递增的主键 ID，所以在 where 子句中没有使用类似 problemid in (1,2,3……)这样的条件。

对事件数据的清理由 housekeeping_events()函数完成。events 表中有两个重要的字段：source 和 object，它们分别代表事件类型和事件关联对象的类型（参见 Zabbix API 官方文档）。该函数根据这两个字段的值的不同，构建了 7 条 hk_rule 规则，每条规则对应不同的 source 和 object 组合，根据规则进行事件数据清理。如果单从 source 的维度讲，事件数据清理的先后顺序为 trigger_source -> internal_source -> discovery_source -> auto_registration_source，这一顺序与 Zabbix 前端页面上的 Housekeeping 设置顺序是一致的（参见图 13-1）。在事件数据清理过程中，针对每一条规则都会应用 MaxHousekeeperDelete 的数量限制。以第 1 条规则为例，其构建的最终 SQL 语句为 delete from events where eventid in (1,2,3,……)。该语句中的 eventid 清单是按照从小到大的顺序排列的，也就是说，删除的事件记录是按照时间顺序从旧到新排列的。

数据清理只是删除 events 表中的数据，而前端页面上写的却是“Events and alerts”（参见图 13-1），这是因为 alerts 表结构中定义了对 events 表的外键约束（参见代码清单 13-12），当删除事件记录时，相应的 alerts 记录也会被删除。

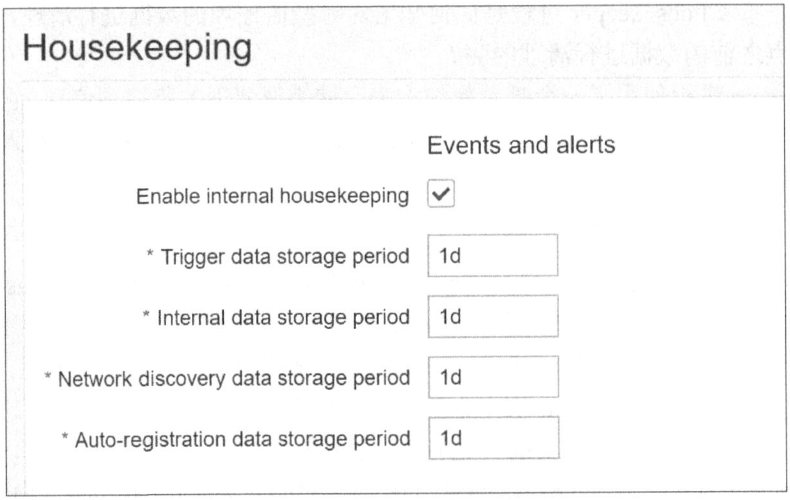

图 13-1　events 表中的数据清理顺序

代码清单 13-12 alerts 表的外键约束

```
CREATE TABLE `alerts` (
......
 CONSTRAINT `c_alerts_1` FOREIGN KEY (`actionid`) REFERENCES `actions` (`actionid`)
ON DELETE CASCADE,
 CONSTRAINT `c_alerts_2` FOREIGN KEY (`eventid`) REFERENCES `events` (`eventid`)
ON DELETE CASCADE,
 CONSTRAINT `c_alerts_3` FOREIGN KEY (`userid`) REFERENCES `users` (`userid`) ON
DELETE CASCADE,
 CONSTRAINT `c_alerts_4` FOREIGN KEY (`mediatypeid`) REFERENCES `media_type`
(`mediatypeid`) ON DELETE CASCADE,
 CONSTRAINT `c_alerts_5` FOREIGN KEY (`p_eventid`) REFERENCES `events` (`eventid`)
ON DELETE CASCADE,
 CONSTRAINT `c_alerts_6` FOREIGN KEY (`acknowledgeid`) REFERENCES `acknowledges`
(`acknowledgeid`) ON DELETE CASCADE
) ENGINE=InnoDB DEFAULT CHARSET=utf8 COLLATE=utf8_bin
```

对 sessions 数据的清理由 housekeeping_sessions()函数完成，该函数直接构造一个 SQL 语句并运行。SQL 语句为 delete from sessions where lastaccess < [now – session 保留秒数] limit [配置文件中设置的 MaxHousekeeperDelete]。之所以没有构造管理规则来进行处理，是因为该表的主键 sessionid 是 MD5[1]值，该值并不是递增的。

对 service alarms 数据的清理由 housekeeping_services()函数负责，该函数会创建一个管理规则，然后处理该规则。在规则处理过程中会应用 MaxHousekeeperDelete 的限制。因为 service_alarms 表中存在递增的主键字段，所以该函数最终构造的 SQL 语句为 delete from service_alarms where servicealarmid in (1,2,3,……)。

对 audit 数据的清理由 housekeeping_audit()函数处理。实际上，audit 数据同时存储在 auditlog 和 auditlog_details 两个表中，由于 auditlog_details 表中定义了对 auditlog 表的外键约束，因此数据清理时只需要删除 auditlog 表中的数据即可。auditlog 表中也存在递增的主键 ID，所以 housekeeping_audit()函数最终构造的 SQL 语句是 delete from auditlog where auditid in (1,2,3,……)。

13.3.3 housekeeping_cleanup()函数

在历史数据和趋势数据清理部分提到，对于那些已经删除的监控项，其历史数据和趋势数据应如何删除。实际上，当用户从 Web 页面删除监控项、触发器或 LLD 规则时，会直接删除 items 表和 triggers 表中的记录，但是不会删除 events 表、历史数据表和趋势数据表中的相关记录。之所以这样处理，是因为后面 3 个表都是 housekeeper 进程负责的范围，如果 Zabbix Web API 也尝试删除对应记录，两个并行事务可能导致数据库死锁的发生。

最终，Zabbix 的解决方法是把已经删除的 itemid、triggerid 和 lldruleid 临时存放在

[1] MD5 是一种加密算法。

housekeeper 表中，然后等待 housekeeper 进程调度时处理。这就是在 housekeeper 进程中需要调用 housekeeping_cleanup()函数的原因。该函数的工作就是从 housekeeper 表中读取待删除的 itemid、triggerid 和 lldruleid 等，然后构造 SQL 语句，从 events 表、历史数据表和趋势数据表中删除相关记录。

13.4　小结

本章首先讲述 Zabbix 进程如何访问数据库，包括数据库连接的建立与关闭，以及如何构造 SQL 语句。

另外，每种 Zabbix 进程并非访问数据库中的所有表，而是只访问其中的一部分。在 Zabbix 进程和数据库表之间存在一种对应关系，每种进程对应多个数据库表。

监控数据是随着时间持续增加的，为了避免数据库空间被占满，Zabbix 设计了 housekeeper 进程来定期清理不需要的数据，清理规则主要根据监控数据的时间戳决定。本章讲述了 housekeeper 进程清理数据的具体过程。

第 14 章

Zabbix java gateway

Zabbix java gateway（下文简称 ZJG）相当于 java poller 进程[1]和被监控的 Java 应用程序之间的一个网关，它接受 java poller 进程的请求，并根据请求内容从 Java 应用程序中获取监控数据，最后将监控数据返还给 java poller 进程。ZJG 使用 Java 语言开发，采用了多线程架构实现并发。

14.1 JMX 监控

Java 管理扩展（Java Management Extensions，JMX）既可以用于监控 Java 应用内的资源，也可用于监控 Java 虚拟机（Java Vistual Machine，JVM）。使用 JMX 监控方式要求 Java 应用在启动时开启远程 JMX 监控。作为一种技术标准，JMX 可以分为以下 3 层。

- 测量工具层，即 MBean 对象，负责资源测量，须遵守 JMX 规定的模式和接口规范。
- JMX 代理层，一般与它所控制的资源位于同一台主机上，由一个 MBean 服务器和一组用于管理 MBean 的服务组成。MBean 服务器用于接受 MBean 的注册并管理 MBean。
- 远程管理层，使用连接器远程连接 JMX 代理，通过多种协议通信，其中一种实现是基于 Java 远程方法调用（Remote Method Invocation，RMI）的。

MBean 是一种 Java 对象，每个 MBean 可以代表一个设备、一个应用或者其他资源。MBean 的名称由域名和一组键值对标签组成，该名称在 MBean 注册时传递给 MBean 服务器。每个 MBean 对象包含一组属性，可以根据属性名称对这些属性运行 get()方法和 set()

[1] 实际上，ZJG 除了与 java poller 进程通信外，还会与 poller 进程通信，用于处理 Zabbix 内部监控项，参见 11.4 节。

方法。例如，对于 Zabbix 的 JMX 监控项 jmx[com.example:Type=Hello,all.fruits.apple.weight]，其中 com.example 为 MBean 域名，Type=Hello 为键值对标签，域名和键值对的组合构成了 MBean 名称，该名称在 MBean 服务器中是唯一的。而第二个参数 all.fruits.apple.weight 为 MBean 内部的属性名称，ZJG 可以通过远程连接 MBean 服务器来获取该属性的值。

ZJG 的 JMX 功能全部位于远程管理层，即 ZJG 只负责连接到已启动的 JMX 代理来获取数据。因此，测量工具层和 JMX 代理层需要由被监控对象提供。

Zabbix 远程采集监控数据的过程由 java poller 进程和 ZJG 合作实现。其中 java poller 进程负责读取 JMX 监控项并将请求发送到 ZJG，而 ZJG 负责按照请求建立 JMX 远程连接，获取数据并回传结果，如图 14-1 所示。

图 14-1 java poller 进程与 ZJG 的交互

14.2 ZJG 的内部结构

ZJG 使用面向对象编程的 Java 语言开发，各种功能均通过类实现。在运行时，ZJG 采用 Java 提供的多线程和线程池机制实现并发，最大线程数量由 ZJG 配置文件的参数决定。

14.2.1 功能结构

ZJG 源码共包含 16 个 Java 文件，其中包含 14 个类和两个接口，这些文件所实现的功能可以划分为 3 种，即请求处理功能、配置管理功能和 JMX 访问功能，用于实现每种功能的 Java 文件如图 14-2～图 14-4 所示。

请求处理功能由 4 个类实现，它们相互协作，实现以多线程方式接收并解析 java poller 进程发送过来的请求，当需要向 java poller 进程返回响应时，也由该功能实现。对每个类的具体说明如下所示。

- JavaGateway 类，为入口类，负责读取和解析指定的系统属性（-D 参数，自定义属性），并创建 ServerSocket 以监听指定 IP 和端口，随后创建线程池，以多线程方式处理从监听套接字接收的请求消息。
- SocketProcessor 类，实现 Runnable 接口，作为各线程的运行程序实际处理所接收的请求消息。
- BinaryProtocolSpeaker 类，主要实现了两个方法，分别用于消息的接收和发送。收发消息都遵照 ZBXP（Zabbix protocol）进行，所接收和所发送的具体内容会记录在日志中。

- ZabbixException 类，定义 Zabbix 异常类，继承自 Exception 基础类。

总之，该功能是 ZJG 作为一个服务程序所必不可少的部分，它监听端口并通过套接字与外部进行通信。

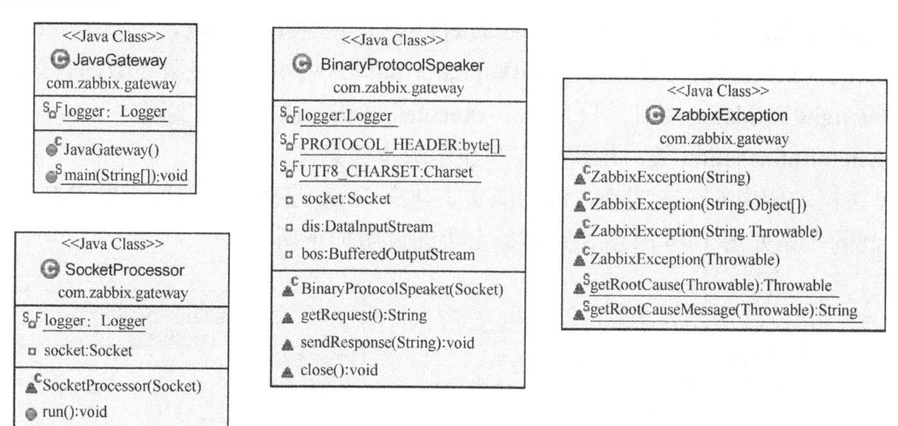

图 14-2　ZJG 的请求处理功能

配置管理功能由 4 个类和两个接口实现，主要用于读取指定的系统属性值（-D 参数，自定义属性），并且验证属性值是否合法。关于指定的系统属性值的来源问题，参见 14.4.2 节。该功能所属的类和接口具体说明如下。各个类之间的关系如图 14-3 所示。

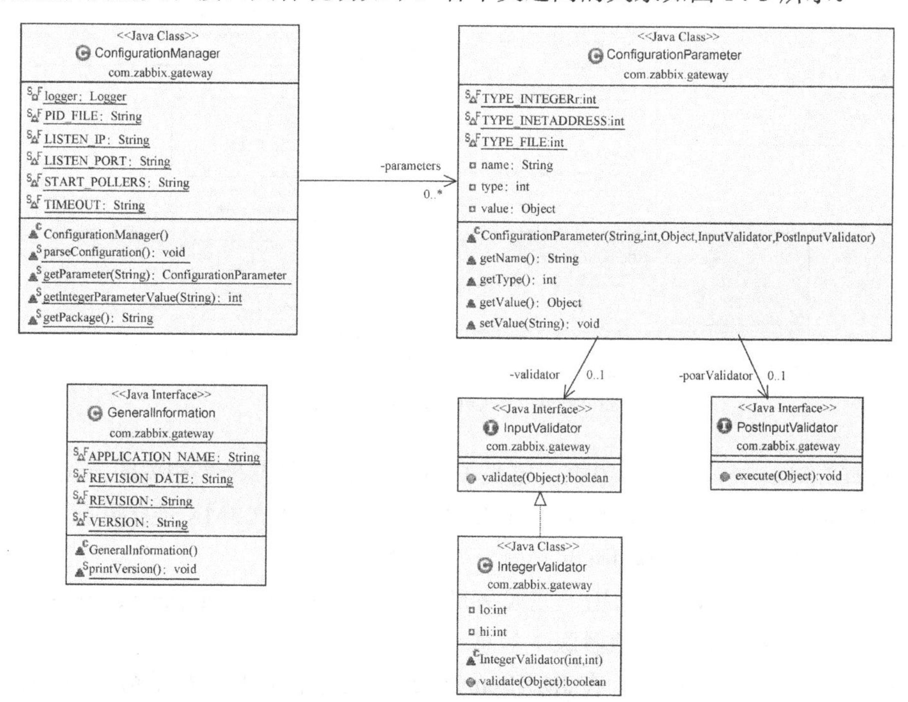

图 14-3　ZJG 的配置管理功能

- ConfigurationManager 类，用于解析、验证和返回指定的系统属性。
- ConfigurationParameter 类，与 ConfigurationManager 类关联，用于验证和返回参数信息。
- InputValidator 接口，只有一个 validate()方法，由继承类实现。
- IntegerValidator 类，实现了 InputValidator 接口，用于验证整数参数的有效性。
- PostInputValidator 接口，只有一个 execute()方法，由内部类实现。
- GeneralInformation 类，用于保存和显示版本信息。

JMX 访问功能由 6 个类实现，该功能负责建立 JMX 连接并获取所需的 JMX 信息。这 6 个类之间的关系如图 14-4 所示。具体每个类的说明如下所示。

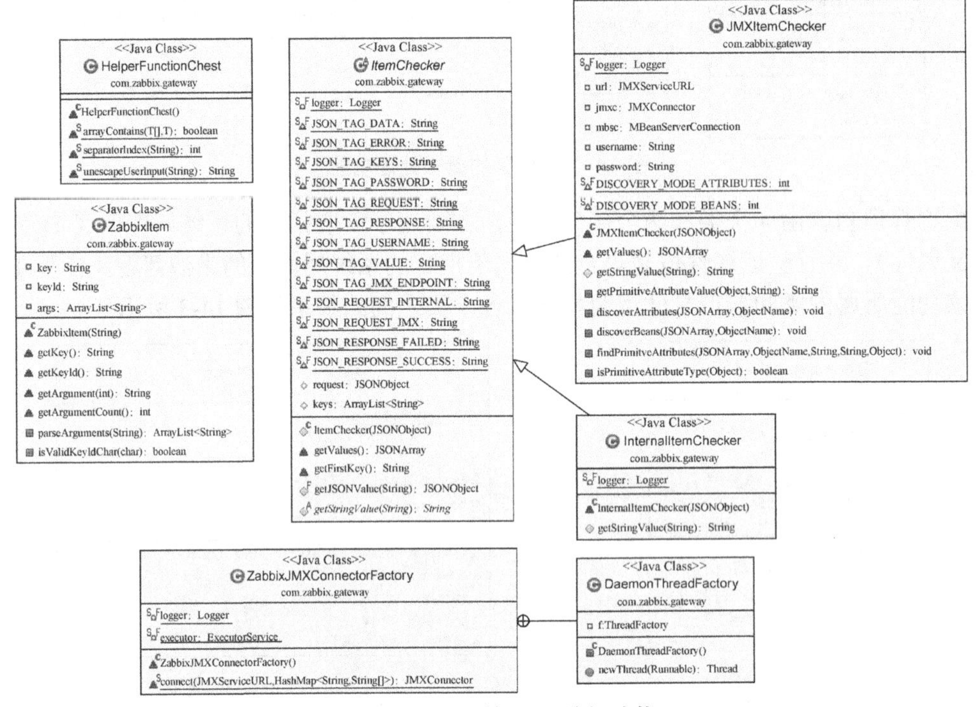

图 14-4 ZJG 的 JMX 访问功能

- ItemChecker 类，一个抽象类，定义了 JMX 监控项数据采集相关的方法。
- JMXItemChecker 类，继承自 ItemChecker 类，用于建立 JMX 连接并获取 MBean 属性值，也可以完成 jmx.discovery 自动发现 MBean。
- InternalItemChecker 类，用于完成 zabbix[java,,ping]和 zabbix[java,,version]监控项，返回 java gateway 状态或者版本信息。
- HelperFunctionChest 类，在 JMXItemChecker 类方法中用于处理 MBean 属性中的转义字符。

- ZabbixItem 类，用于表示和解析 JMX 监控项的键和各个参数。
- ZabbixJMXConnectorFactory 类，一个工厂类，当需要建立 JMX 连接时，该工厂类进一步调用 JMXConnectorFactory.connect()方法来建立连接。

总之，JMXItemChecker 和 InternalItemChecker 两个类作为核心来发挥作用，它们在工作过程中需要工厂类 ZabbixJMXConnectorFactory 提供的支持。

14.2.2 ThreadPoolExecutor 线程池

由于减少了单个任务启动的开销（overhead），使用线程池的优点是在执行大量异步任务时可以提供更高的性能。

代码清单 14-1 为 ZJG 入口函数的主体代码，ZJG 在启动时创建了一个固定大小的线程池（数量由 START_POLLERS 属性确定），该线程池的队列长度也是 START_POLLERS，即线程池大小与队列大小一致。在这种情况下，如果线程池中的所有线程都在运行中，新的任务将被加入等待队列，如果队列满，则任务被拒绝。任务被拒绝时会触发指定的 handler()方法，Zabbix 使用的 handler()方法是 CallerRunsPolicy，即当任务被拒绝时，由 Executor 主线程来执行该任务，这种方法达到了一种反馈控制效果，可以在任务过多时降低任务的提交数量，避免过载。

线程池创建完毕后，主线程会循环调用 execute()方法运行临时创建的 SocketProcessor 对象（实现了 Runnable 接口）。也就是说，只要有新的连接到来（socket.accept()返回成功），就会立即交给线程池处理。

代码清单 14-1 ZJG 入口函数代码主体部分

```
try
{
    ConfigurationManager.parseConfiguration();

    InetAddress listenIP = (InetAddress)ConfigurationManager.
getParameter(ConfigurationManager.LISTEN_IP).getValue();
    int listenPort = ConfigurationManager.
getIntegerParameterValue(ConfigurationManager.LISTEN_PORT);

    ServerSocket socket = new ServerSocket(listenPort, 0, listenIP);
    socket.setReuseAddress(true);
    logger.info("listening on {}:{}", socket.getInetAddress(),
socket.getLocalPort());

    int startPollers = ConfigurationManager.
getIntegerParameterValue(ConfigurationManager.START_POLLERS);
    ExecutorService threadPool = new ThreadPoolExecutor(
            startPollers,       //核心线程数
            startPollers,       //最大线程数，与核心线程数相同，因此该线程池为固定大小
            30L, TimeUnit.SECONDS,  //线程空闲时长不超过 30 秒
            new ArrayBlockingQueue<Runnable>(startPollers),  //队列长度
```

```
            new ThreadPoolExecutor.CallerRunsPolicy());
    logger.debug("created a thread pool of {} pollers", startPollers);

    while (true)
        threadPool.execute(new SocketProcessor(socket.accept()));
}
```

14.2.3 日志输出

ZJG 使用 slf4j+logback 构成的日志框架进行日志处理，该框架使用配置文件来设置配置信息的更新周期以及日志文件的路径、滚动规则、日志记录格式和日志级别等参数。配置文件位于源码目录下的 zabbix_java/lib/logback.xml，其内容示例如代码清单 14-2 所示。

代码清单 14-2 在配置文件中设置日志输出参数

```
<configuration scan="true" scanPeriod="15 seconds">

    <appender name="FILE" class="ch.qos.logback.core.rolling.RollingFileAppender">

        <file>/tmp/zabbix_java.log</file>

        <rollingPolicy
    class="ch.qos.logback.core.rolling.FixedWindowRollingPolicy">
            <fileNamePattern>/tmp/zabbix_java.log.%i</fileNamePattern>
            <minIndex>1</minIndex>
            <maxIndex>3</maxIndex>
        </rollingPolicy>

        <triggeringPolicy
    class="ch.qos.logback.core.rolling.SizeBasedTriggeringPolicy">
            <maxFileSize>5MB</maxFileSize>
        </triggeringPolicy>

        <encoder>
        <pattern>%d{yyyy-MM-dd HH:mm:ss.SSS} [%thread] %-5level %logger{36}
    - %msg%n</pattern>
        </encoder>

    </appender>
    <!--日志级别默认为 INFO，可以设置为 TRACE、DEBUG、INFO、WARNING 或 ERROR-->
    <root level="INFO">
        <appender-ref ref="FILE" />
    </root>

</configuration>
```

根节点的 scanPeriod 属性将配置文件的更新周期定义为 15 秒，即每隔 15 秒会检查配置文件是否有修改，如有修改，则重新加载配置信息。因此，修改此配置文件以后不需要重新启动 ZJG。

在上面的示例中，日志的级别设置为 INFO 级别，使用滚动文件输出，日志文件路径为/tmp/zabbix_java.log.*，最多滚动输出 3 个日志文件，每个文件的大小不超过 5MB。按照此配置文件的设置，ZJG 输出的日志记录格式将如代码清单 14-3 所示。

代码清单 14-3 ZJG 输出的日志记录格式

```
[root@VM-0-2-centos lib]# tail -f /tmp/zabbix_java.log
2020-07-16 16:14:32.165 [pool-1-thread-4] DEBUG
com.zabbix.gateway.SocketProcessor - starting to process incoming connection
2020-07-16 16:14:32.165 [pool-1-thread-4] DEBUG
c.z.gateway.BinaryProtocolSpeaker - reading Zabbix protocol header
2020-07-16 16:14:32.166 [pool-1-thread-4] DEBUG
c.z.gateway.BinaryProtocolSpeaker - reading 8 bytes of data length
2020-07-16 16:14:32.166 [pool-1-thread-4] DEBUG
c.z.gateway.BinaryProtocolSpeaker - reading 164 bytes of request data
2020-07-16 16:14:32.166 [pool-1-thread-4] DEBUG
c.z.gateway.BinaryProtocolSpeaker - received the following data in request:
{"request":"java gateway jmx","jmx_endpoint":"service:jmx:rmi:///jndi/rmi://
172.21.0.2:12345/jmxrmi",
"keys":["jmx[\"java.lang:type=Memory\",HeapMemoryUsage.used]"]}
2020-07-16 16:14:32.169 [pool-1-thread-4] DEBUG
com.zabbix.gateway.SocketProcessor - dispatched request to class
com.zabbix.gateway.JMXItemChecker
2020-07-16 16:14:32.176 [pool-1-thread-4] DEBUG
c.z.g.ZabbixJMXConnectorFactory - connecting to JMX agent at
'service:jmx:rmi:///jndi/rmi://172.21.0.2:12345/jmxrmi'
```

14.3 java poller 进程与 ZJG 的交互

7.2.6 节讲到，java poller 进程的工作过程是从队列中批量获取 JMX 监控项，然后调用 get_values_java()函数进行处理。而 get_values_java()函数所做的工作，其实就是构造 JSON 消息并发送到 ZJG，然后等待来自 ZJG 的响应消息。java poller 进程与 ZJG 之间的通信是通过 TCP 套接字进行的，因此二者可以运行在不同的主机上进行远程通信。get_values_java()函数会对整个消息收发过程记录日志，我们可以从日志文件中跟踪到其具体的处理过程，如代码清单 14-4 所示。可见，java poller 进程发送的消息为 java gateway jmx 类型的请求，而接收的响应消息仅包括监控项的结果值，因此结果值的顺序是重要的，需要与请求的监控项一致。

代码清单 14-4 通过日志文件追踪 java poller 进程与 ZJG 的交互

```
[root@VM-0-2-centos zabbix_java]# tail -f /tmp/zabbix_server.log|grep -E '^
98(15|16)'|grep -E 'JSON back|JSON before sending|get_values_java'
 9816:20200716:183613.859 DEBUG    [java poller] In get_values_java()
jmx_endpoint:'service:jmx:rmi:///jndi/rmi://172.21.0.2:12345/jmxrmi' num:2
 9816:20200716:183613.860 DEBUG    [java poller] JSON before sending
[{"request":"java gateway
```

```
jmx","jmx_endpoint":"service:jmx:rmi:///jndi/rmi://172.21.0.2:12345/jmxrmi",
"keys":["jmx[\"java.lang:type=Memory\",HeapMemoryUsage.committed]",
"jmx[\"java.lang:type=Memory\",HeapMemoryUsage.used]"]}]
 9816:20200716:183613.867 DEBUG    [java poller] JSON back
[{"data":[{"value":"16318464"},{"value":"3586392"}],"response":"success"}]
 9816:20200716:183613.867 DEBUG    [java poller] End of get_values_java()
```

而对 ZJG 来说，在日志级别为 DEBUG 的情形下，也会输出消息的收发记录，具体如代码清单 14-5 所示。

代码清单 14-5　ZJG 日志中的消息收发记录

```
2020-07-16 18:37:33.935 [pool-1-thread-3] DEBUG
com.zabbix.gateway.SocketProcessor - starting to process incoming connection
2020-07-16 18:37:33.936 [pool-1-thread-3] DEBUG
c.z.gateway.BinaryProtocolSpeaker - reading Zabbix protocol header
2020-07-16 18:37:33.947 [pool-1-thread-3] DEBUG
c.z.gateway.BinaryProtocolSpeaker - reading 8 bytes of data length
2020-07-16 18:37:33.947 [pool-1-thread-3] DEBUG
c.z.gateway.BinaryProtocolSpeaker - reading 223 bytes of request data
2020-07-16 18:37:33.947 [pool-1-thread-3] DEBUG
c.z.gateway.BinaryProtocolSpeaker - received the following data in request:
{"request":"java gateway
jmx","jmx_endpoint":"service:jmx:rmi:///jndi/rmi://172.21.0.2:12345/jmxrmi",
"keys":["jmx[\"java.lang:type=Memory\",HeapMemoryUsage.committed]",
"jmx[\"java.lang:type=Memory\",HeapMemoryUsage.used]"]}
2020-07-16 18:37:33.947 [pool-1-thread-3] DEBUG
com.zabbix.gateway.SocketProcessor - dispatched request to class
com.zabbix.gateway.JMXItemChecker
2020-07-16 18:37:33.947 [pool-1-thread-3] DEBUG
c.z.g.ZabbixJMXConnectorFactory - connecting to JMX agent at
'service:jmx:rmi:///jndi/rmi://172.21.0.2:12345/jmxrmi'
2020-07-16 18:37:33.956 [pool-1-thread-3] DEBUG
com.zabbix.gateway.ItemChecker - getting value for item
'jmx["java.lang:type=Memory",HeapMemoryUsage.committed]'
2020-07-16 18:37:33.957 [pool-1-thread-3] DEBUG
com.zabbix.gateway.ItemChecker - received value '16318464' for item
'jmx["java.lang:type=Memory",HeapMemoryUsage.committed]'
2020-07-16 18:37:33.957 [pool-1-thread-3] DEBUG
com.zabbix.gateway.ItemChecker - getting value for item
'jmx["java.lang:type=Memory",HeapMemoryUsage.used]'
2020-07-16 18:37:33.957 [pool-1-thread-3] DEBUG
com.zabbix.gateway.ItemChecker - received value '5689616' for item
'jmx["java.lang:type=Memory",HeapMemoryUsage.used]'
2020-07-16 18:37:33.958 [pool-1-thread-3] DEBUG
c.z.gateway.BinaryProtocolSpeaker - sending the following data in response:
{"data":[{"value":"16318464"},{"value":"5689616"}],"response":"success"}
2020-07-16 18:37:33.958 [pool-1-thread-3] DEBUG
com.zabbix.gateway.SocketProcessor - finished processing incoming connection
```

需要注意的是，除了 JMX 监控项，Zabbix 内部监控项 zabbix[java,,<param>]的处理过程也需要与 ZJG 进行通信，不过该监控项由 poller 进程负责处理，而非 java poller 进程。此过程中的通信消息参见 11.4 节。

14.4 ZJG 的安装部署

ZJG 可以作为独立的模块单独安装部署。因为其采用 Java 语言开发，所以如果进行编译安装的话，需要 javac 编译器和 Java 环境的支持。另外，Zabbix 为 ZJG 服务的启动和停止分别提供了对应的脚本，主要是为了方便在启动和停止过程中对多个配置参数进行处理。

14.4.1 编译和部署 ZJG

ZJG 可以与 Zabbix 的其他模块一起编译，也可以单独编译。如果只编译 ZJG，则可以使用下面的命令。

```
# cd /tmp/zabbix-5.0.1 && ./configure -enable-java && make
```

编译后的目标文件位于源码目录下的 src/zabbix_java/bin 目录，该目录下的 zabbix-java-gateway-5.0.1.jar 文件即生成的目标文件，编译生成的.class 文件都打包在该.jar 文件中。最后，如果需要将 ZJG 部署到自定义的目录下，可以使用代码清单 14-6 所示的命令复制目标文件和依赖文件到指定的目录下。

代码清单 14-6 部署 ZJG 到自定义目录下

```
# mkdir /usr/local/my_zjg                          (创建目的路径)
# cp -r src/zabbix_java/bin /usr/local/my_zjg/     (复制.jar 文件所在目录)
# cp -r src/zabbix_java/lib /usr/local/my_zjg/     (复制依赖的库文件目录)
# cp -r src/zabbix_java/*.sh /usr/local/my_zjg/    (复制启动和停止脚本)
```

14.4.2 启动和停止 ZJG

启动和停止 ZJG 的过程由 startup.sh 脚本和 shutdown.sh 脚本实现。启动脚本的工作过程主要是获取系统属性值，然后使用系统属性值构造 Java 命令。而属性值来源于 settings.sh 脚本（见代码清单 14-7），因此，无论是启动脚本还是停止脚本，都需要先运行 settings.sh 脚本，再开始它的工作。

代码清单 14-7 settings.sh 脚本的部分内容

```
##settings.sh 脚本中包含的属性赋值命令
LISTEN_IP="0.0.0.0"
LISTEN_PORT=10052
PID_FILE="/tmp/zabbix_java.pid"
START_POLLERS=5
TIMEOUT=3
JAVA_OPTIONS="$JAVA_OPTIONS -Dcom.sun.management.jmxremote
```

```
-Dcom.sun.management.jmxremote.port=12345
-Dcom.sun.management.jmxremote.authenticate=false
-Dcom.sun.management.jmxremote.ssl=false"
```

配置文件中可设置 6 个参数：LISTEN_IP、LISTEN_PORT、START_POLLERS、PID_FILE、TIMEOUT 和 JAVA_OPTIONS。

停止脚本比启动脚本要简单得多，它所做的仅仅是检查 PID_FILE 中的进程 ID，如果该进程 ID 确实在运行，则直接将该进程杀死。如果不存在该进程 ID，说明 ZJG 没有在运行。

14.5　小结

Zabbix java gateway 用于实现 JMX 监控，它位于 java poller 进程和 JMX 代理之间，作为网关的身份而存在。

Zabbix java gateway 使用面向对象编程的 Java 语言开发，各种功能均通过类实现。在运行时，ZJG 采用 Java 语言提供的多线程和线程池机制实现并发。

作为一个网关，Zabbix java gateway 既需要与 Zabbix 本身的 java poller 进程交互，也需要与被监控的 JMX 代理进行交互，在交互过程中会输出日志到指定的文件。

Zabbix java gateway 作为一个独立的组件存在，其部署和启动、停止过程也是独立的，并不依赖于 Zabbix 服务器端的进程。

第三部分

Zabbix 客户端及源码构建

Zabbix 客户端位于采集监控数据的一线，本部分将介绍 Zabbix 客户端如何同时支持主动模式和被动模式，其进程种类如何划分，以及每一种进程的工作职责。同时还将介绍在 Zabbix 客户端底层逻辑中的每一种监控项是如何实现的，即 Zabbix 客户端以何种方式采集每一种监控项的数据。

本部分还将介绍 Zabbix 监控系统的 C 语言源码如何进行编译和构建，此处所说的 C 语言源码并非仅限于 Zabbix 客户端源码，而是整个 Zabbix 监控系统的 C 语言源码，也就是说包括 Zabbix 服务器、Zabbix 代理和 Zabbix 客户端。

第 15 章

Zabbix 客户端的工作机制

Zabbix 客户端是运行在被监控主机上的服务，非常便于采集与被监控主机相关的信息。Zabbix 客户端监听 Zabbix 服务器或 Zabbix 代理发来的请求，采集的监控结果也会发送到 Zabbix 服务器或 Zabbix 代理，或者从 Zabbix 服务器或 Zabbix 代理获取监控项信息。

Zabbix 客户端由以下 3 种进程共同作用来完成服务。

- collector 进程，负责采集本地的性能数据，并缓存到共享内存中。
- listener 进程，监听来自 Zabbix 服务器或者 Zabbix 代理的请求，对请求进行处理后发送响应消息。
- active checks 进程，负责请求配置信息，按照配置信息采集监控数据，并将数据发送给 Zabbix 服务器或者 Zabbix 代理。

15.1 Zabbix 客户端主进程

Zabbix 客户端主进程负责启动 Zabbix 客户端服务，其工作过程与 Zabbix 服务器区别不大，都是先将进程值守化（参见第 2 章），然后运行入口函数，并创建子进程。可见其主要工作在创建子进程之前完成。

15.1.1 Zabbix 客户端主进程的工作过程

Zabbix 客户端服务定义了一个名为 commands 的全局变量，用于存储所有能够处理的监控项清单，其数据结构定义如代码清单 15-1 所示。该清单中包括了 Zabbix 本身自带的客户端监控项以及用户自定义的 UserParameter 监控项。从其数据结构可以看到，代码清单 15-1 包括了每个监控项所使用的键值、所调用的函数以及命令行字符串。因此，Zabbix 客户端在接收任何监控项时，都可以从该清单中找到对应的函数或者命令，从而实现数据的采集。commands 信息的加载由主进程负责，因为 commands 变量是所有子进程（除了 collector 进程）都需要使用的变量，需要在任何子进程启动之前就准备好。

代码清单 15-1 commands 变量及其数据结构定义

```
static ZBX_METRIC    *commands = NULL;

typedef struct
{
    char        *key;
    unsigned    flags;
    int         (*function)(AGENT_REQUEST *request, AGENT_RESULT *result);
    char            *test_param;    //UserParameter 中的命令行字符串
}
ZBX_METRIC;
```

commands 变量中的监控项进一步划分为 5 组，分别为 agent 组、common 组、specific 组、simple 组和 hostname 监控项。其中 specific 组和 hostname 中的监控项因操作系统类型而异，其他组中的监控项则在各种操作系统中都是一样的。总之，只有处于 commands 变量中的监控项才能够被识别，不在其中的监控项将被视为非法，并返回错误信息“Unsupported item key”。如果想获得完整的 commands 清单，可以使用命令行的--print 参数，示例如代码清单 15-2 所示。该命令返回的监控项列表的顺序就是将监控项添加到 commands 变量中的顺序，可见用户自定义的监控项总是最后添加到 commands 变量中。

代码清单 15-2 获取完整的 commands 变量内容

```
[root@VM-0-2-centos ~]# /usr/local/sbin/zabbix_agentd -t weekday[8]
weekday[8]                                 [m|ZBX_NOTSUPPORTED] [Unsupported
item key.]
[root@VM-0-2-centos ~]# /usr/local/sbin/zabbix_agentd --print
agent.hostname                             [s|Zabbix server]
agent.ping                                 [u|1]
agent.version                              [s|5.0.0]
......
today                                      [t|2020-11-01]  //用户自定义监控项
```

与 Zabbix 服务器的主进程一样，Zabbix 客户端的主进程也需要负责锁的创建，创建过程所使用的函数是一样的，所以创建的锁的数量也相同。（即使有一部分锁是不需要使用的，仍然会被创建。）

自定义模块的加载将在 15.5 节中讲述。

监听套接字也由主进程创建，但是该套接字并未传递给所有子进程，而只传递给了 listener 进程。因此，只有 listener 进程能够以服务器端的身份从套接字接受连接，其他进程只能作为客户端向其他组件发起连接请求。

Zabbix 客户端服务使用的另外一个重要的全局变量就是 collector[1]。该变量的所有数据都存储在共享内存中，其作用是存储 collector 进程收集的监控数据，以供其他进程使用。之所以在主进程中初始化 collector 变量，是因为 Zabbix 客户端的所有子进程都需要访问该变量，该变量必须在所有子进程启动之前就准备好。就 Linux 操作系统而言，collector 变量的成员包含 3 个共享内存，分别用于存储 CPU 监控数据、硬盘设备监控数据和进程的 CPU 使用情况数据[2]。

15.1.2 collector 变量与共享内存

collector 变量指向一个 ZBX_COLLECTOR_DATA 结构体，其定义如代码清单 15-3 所示。可见，该结构体共有 cpus、diskstat_shmid、procstat 和 vmstat（vmstat 仅用于 AIX 系统）4 个成员，分别用于存放本地主机的 CPU 监控数据、硬盘监控数据、进程的 CPU 使用情况数据和 vmstat 信息。

代码清单 15-3 collector 变量及其数据结构定义

```
typedef struct
{
    ZBX_CPUS_STAT_DATA  cpus;            //CPU 监控数据，与 collector 变量位于同一共享内存
#ifndef _WINDOWS
    int             diskstat_shmid;      //硬盘监控数据所在的共享内存 ID（初始化为-1）
#endif
#ifdef ZBX_PROCSTAT_COLLECTOR            //Linux 或者 Solaris 操作系统
    zbx_dshm_t      procstat;            //动态共享内存，存储进程的 CPU 使用情况数据
#endif
#ifdef _AIX
    ZBX_VMSTAT_DATA     vmstat;          //用于 AIX 系统
#endif
}
ZBX_COLLECTOR_DATA;

ZBX_COLLECTOR_DATA  *collector = NULL;
```

然而，CPU、硬盘和进程属于 3 种不同的监控对象（不考虑 AIX 系统），用户未必需要为所有 3 种监控对象都收集监控数据。为了实现资源消耗的最小化，Zabbix 客户端使用 3 个不同的共享内存来分别存储 3 种监控对象的数据，即 CPU 监控共享内存、硬盘监控共享内存和进程监控共享内存。其中 CPU 监控共享内存在任何情况下都会创建，即使该主机并没有设置对 CPU 的监控。而另外两个共享内存则是有条件地创建，即只有在设置了硬盘监控和进程监控的情况下才会创建（参见 15.2 节）。共享内存的测试过程如代码清单 15-4 所示。

---

[1] 此为变量名，注意与 collector 进程的区分。

[2] 如果是 AIX 系统的话，将不包括进程的 CPU 使用情况，但是会增加 vmstat 信息。

代码清单 15-4　Zabbix 客户端的共享内存测试过程

```
[root@VM-0-2-centos ~]# ipcs -p -m
###没有任何监控项时###
------ Shared Memory Creator/Last-op PIDs --------
shmid      owner     cpid      lpid
35291143   zabbix     13321     13321     ###仅 CPU 监控共享内存，主进程创建###

[root@VM-0-2-centos ~]# ipcs -p -m
###设置了硬盘监控和进程监控以后###
------ Shared Memory Creator/Last-op PIDs --------
shmid     owner     cpid     lpid
35291143   zabbix    13321    14295    ###CPU 监控共享内存，由主进程创建###
35323913   zabbix    13328    13323    ###硬盘监控共享内存，由 listener 进程创建###
35356682   zabbix    13329    14295    ###进程监控共享内存，由 active checks 进程创建###

[root@VM-0-2-centos ~]# ipcs -m
###nattch 列表明，CPU 共享内存附加到所有 Zabbix 客户端的进程，  ###
###进程监控共享内存附加到 active checks 进程和 collector 进程，###
###硬盘监控共享内存附加到 listener 进程和 collector 进程        ###
------ Shared Memory Segments --------
key         shmid      owner     perms     bytes     nattch    status
0x00000000   35291143   zabbix     600      146056     8        dest
0x00000000   35323913   zabbix     600      50648      6
0x00000000   35356682   zabbix     600      21704      2

[root@VM-0-2-centos ~]# ps -ef|grep zabbix_agentd
zabbix   13321     1  0 16:51 ?      00:00:00 /usr/local/sbin/zabbix_agentd
zabbix   13323 13321  0 16:51 ?      00:00:00 /usr/local/sbin/zabbix_agentd:
collector [idle 1 sec]
zabbix   13324 13321  0 16:51 ?      00:00:00 /usr/local/sbin/zabbix_agentd:
listener #1 [waiting for connection]
zabbix   13325 13321  0 16:51 ?      00:00:00 /usr/local/sbin/zabbix_agentd:
listener #2 [waiting for connection]
zabbix   13326 13321  0 16:51 ?      00:00:00 /usr/local/sbin/zabbix_agentd:
listener #3 [waiting for connection]
zabbix   13327 13321  0 16:51 ?      00:00:00 /usr/local/sbin/zabbix_agentd:
listener #4 [waiting for connection]
zabbix   13328 13321  0 16:51 ?      00:00:00 /usr/local/sbin/zabbix_agentd:
listener #5 [waiting for connection]
zabbix   13329 13321  0 16:51 ?      00:00:00 /usr/local/sbin/zabbix_agentd:active
checks #1 [idle 1 sec]
root     15097 25564  0 16:59 pts/0  00:00:00 grep --color=auto zabbix_agentd
```

2.6.1 节讲到，Zabbix 客户端有 3 个互斥锁，分别为 ZBX_MUTEX_CPUSTATS、ZBX_MUTEX_DISKSTATS 和 ZBX_MUTEX_PROCSTAT，它们用于协调多个进程对上述 3 种共享内存的访问。

总之，在主进程完成对 collector 变量的初始化时，该变量已经具有了 CPU 监控数据所需要的内存空间，而硬盘监控数据和进程监控数据则没有被分配任何共享内存，主进程所做的只是将共享内存 ID 设置为-1，代表当前不需要采集硬盘数据和进程数据。

15.2　collector 进程

collector 进程是唯一的，无论 Zabbix 客户端是否启用 listener 进程和 active checks 进程，collector 进程都会运行，其主要工作是采集时序监控数据并将其存入共享内存，供其他进程使用。collector 进程为 active checks 进程和 listener 进程提供数据支持，如果 collector 进程产生故障，另外两个进程将无法获取 CPU、硬盘和进程的某些监控数据。collector 进程的数据收集周期为 1 秒。

15.2.1　collector 进程的工作过程

在 Linux 操作系统中，collector 进程会循环调用 collect_cpustat()函数、collect_stats_diskdevices()函数和 zbx_procstat_collect()函数，分别采集 CPU 监控数据、硬盘设备监控数据和进程监控数据，如代码清单 15-5 所示。

代码清单 15-5　collector 进程的工作内容

```
    while (ZBX_IS_RUNNING())
    {
        zbx_update_env(zbx_time());

        zbx_setproctitle("collector [processing data]");
#ifdef _WINDOWS
        collect_perfstat();         //收集性能数据（Windows 操作系统）
#else
        if (0 != CPU_COLLECTOR_STARTED(collector))
            collect_cpustat(&(collector->cpus));     //收集 CPU 监控数据

        if (0 != DISKDEVICE_COLLECTOR_STARTED(collector))
            collect_stats_diskdevices();            //收集硬盘监控数据

#ifdef ZBX_PROCSTAT_COLLECTOR
        zbx_procstat_collect();       //收集进程监控数据，用于 Linux 和 Solaris 操作系统
#endif

#endif
#ifdef _AIX
        if (1 == collector->vmstat.enabled)
            collect_vmstat_data(&collector->vmstat);     //收集 vmstat 信息，仅 AIX
#endif
        zbx_setproctitle("collector [idle 1 sec]");
        zbx_sleep(1);
    }
```

15.2.2 system.cpu.util 监控值的收集

system.cpu.util 监控项的键值格式如下，该监控项的返回值是特定 CPU 处于某种状态的时间长度占处于所有状态的总时间长度的百分比。

```
system.cpu.util[<cpu>,<type>,<mode>]
```

system.cpu.util 监控值由 collector 进程负责收集并存储到 collector->cpus 共享内存中，供 active checks 进程和 listener 进程使用。无论当前是否设置了该监控项，collector 进程都会对其数据进行收集，所以 cpus 成员总是保持有数据的状态。鉴于该监控项最多支持计算 15 分钟（avg15）的数据，再加上 collector 进程每秒收集一次数据，所以最多需要使用 900 个值（15 分钟×60 个）就可以计算出结果，超出 15 分钟的数据则可以被覆盖或者丢弃。collector 进程将所有 900 个值都存储在 cpus 成员的数据结构中，当 listener 进程或者 active checks 进程需要处理 system.cpu.util 监控项时，可以直接使用 cpus 成员的数据计算出需要的监控值。

Zabbix 客户端主进程在 collector 变量初始化过程中会计算 CPU 核数，并根据核数来分配共享内存。因此，一旦服务启动完成，该服务所能够监控的 CPU 核数就固定了。如果 CPU 核数在运行过程中发生变化，则需要重启服务。

对 Linux 操作系统来说，system.cpu.util 监控值最终来源于虚拟文件/proc/stat，该文件中以“cpu”开头的行包含了 10 项数值（参见代码清单 15-6），代表了 CPU 处于各种状态的时间长度累计值（以 tick 为单位，参见 11.1.1 节）。其中，文件的第 1 行为所有 CPU 的合计值，从第二行开始为单个 CPU 的值。因此，如果有 8 个 CPU 核，那么将出现 90 个值（共 9 行，每行 10 个值）。

代码清单 15-6 虚拟文件/proc/stat 的内容

```
[root@VM-0-2-centos 9805]# cat /proc/stat
cpu  6029345 2092 4380188 332472840 1627275 0 70789 0 0 0
cpu0 6029345 2092 4380188 332472840 1627275 0 70789 0 0 0  //本机只有一个 CPU 核
......
```

综合以上情况，Zabbix 采用了代码清单 15-7 所示的数据结构来存储每次采集的数据，该数据结构的内存布局如图 15-1 所示。也就是说，每个 CPU 都有一个名为 h_counter 的二维数组，可存储最近 901 次（即 15 分钟）采集的数据。

代码清单 15-7 存储 CPU 监控数据的数据结构

```
typedef struct
{
    //二维数组，长度为 10×901，10 代表/proc/stat 文件中每行有 10 个值
    zbx_uint64_t     h_counter[ZBX_CPU_STATE_COUNT][MAX_COLLECTOR_HISTORY];
    unsigned char    h_status[MAX_COLLECTOR_HISTORY];     //长度为 901
#if (MAX_COLLECTOR_HISTORY % 8) > 0
```

```
    unsigned char   padding0[8 - (MAX_COLLECTOR_HISTORY % 8)];
#endif
    int      h_first;       //h_counter 和 h_status 数组中最早的索引号
    int      h_count;       //h_counter 和 h_status 数组中的元素数量
    int      cpu_num;       //CPU 编号，从 0 开始自然增长
    int      padding1;
}
ZBX_SINGLE_CPU_STAT_DATA;

typedef struct
{
    ZBX_SINGLE_CPU_STAT_DATA    *cpu;     //数组，每个 CPU 核为一个元素
    int                 count;
}
ZBX_CPUS_STAT_DATA;       //本质是一个向量
```

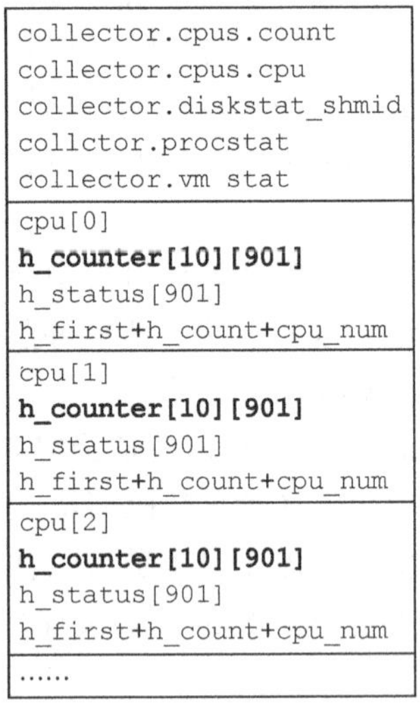

collector.cpus.count collector.cpus.cpu collector.diskstat_shmid collctor.procstat collector.vm stat
cpu[0] **h_counter[10][901]** h_status[901] h_first+h_count+cpu_num
cpu[1] **h_counter[10][901]** h_status[901] h_first+h_count+cpu_num
cpu[2] **h_counter[10][901]** h_status[901] h_first+h_count+cpu_num
……

图 15-1 collector->cpus 数据结构的内存布局

collector 进程一旦启动，就会开始收集 system.cpu.util 监控项所需要的所有数据，listener 进程和 active checks 进程并不直接收集该监控项的数据，而是使用 collector 进程准备好的数据。这种分工模式是必要的，因为 system.cpu.util 监控项至少需要 1 分钟的历史数据才能够计算出结果，而 listener 进程和 active checks 进程处理监控项时，不可能在等待 1 分钟以后，当数据就绪时再返回。所以，最好的办法就是由 collector 进程负责使数据时刻保持就绪状态。

那么，listener 进程和 active checks 进程是如何从 collector->cpus 共享内存的数据中计算出 CPU 使用率的呢？本节开头提到，system.cpu.util 的值是 CPU 处于某种特定状态的时间长度占处于所有状态的总时间长度的百分比。按照上面说的数据结构，CPU 处于每一种状态的时间长度都可以由 h_counter 二维数组中的两个元素相减获得。例如，某 CPU 最近 1 分钟内处于空闲状态的时间长度，就可以使用 h_counter[3][160] − h_counter[3][100]获得。

至于总时间长度的计算，Zabbix 使用所有状态的时间长度的合计值作为总时间长度。可见，对于单个 CPU，其使用率不可能超过 100%，而对于所有 CPU，其使用率有可能超过 100%。

15.2.3 proc.cpu.util 监控值的收集

collector 进程负责收集 proc.cpu.util 监控项所需要的数据，并将收集的结果存储在 collector->procstat 共享内存中，以供 listener 进程和 active checks 进程使用。

proc.cpu.util 监控项的键值格式如下，其中的 name、user 和 cmdline 用于确定目标进程的范围。该监控项的返回结果是符合条件的进程的用户态或者内核态运行时间占总体时间的百分比。

```
proc.cpu.util[<name>,<user>,<type>,<cmdline>,<mode>,<zone>]
```

在 Zabbix 客户端所在的操作系统中，进程数量往往很大，如果任何时刻对每个进程都采集监控数据，显然是不经济的。在前面的 15.1.2 节提到，Zabbix 客户端主进程在进行共享内存变量初始化时，会将 collector->procstat 成员所使用的动态共享内存置为空。在 Zabbix 客户端服务运行周期内，除非有具体的 proc.cpu.util 监控项需要处理，否则 procstat 成员将一直保持为空。在 procstat 为空的情况下，collector 进程不会收集任何进程的 CPU 使用数据。由此可见，collector 进程收集 proc.cpu.util 监控值的前提是存在需要处理的此种监控项。collector 进程只为当前存在的监控项收集数据，如果某个监控项超过 24 小时没有任何请求，则将其从采集列表中移除。

procstat 成员的动态共享内存的数据结构如图 15-2 所示，主要由 header 成员和 query 成员组成。header 部分相当于该共享内存的管理数据。而 query 可以理解为 proc.cpu.util 监控项在 collector 进程中的别称，每个 query 对应一个具体的 proc.cpu.util 监控项。

collector 进程允许的最大 query 数量为 1 024 个，该值由 PROCSTAT_MAX_QUERIES 宏定义。单个主机中如果定义了超过 1 024 个 proc.cpu.util 监控项，那么多出来的监控项将无法处理，将返回错误信息“Maximum number of queries reached”。如果需要突破此限制，可以通过修改宏定义实现。

前面提到 procstat 成员最初为空，那么它的动态共享内存是如何添加的呢？实际上该动态共享内存的首次创建以及后期的扩展和收缩都是由 listener 进程或者 active checks 进程负责的。在 Zabbix 客户端，proc.cpu.util 监控项最终需要由 listener 进程（被动监控项[1]时）或者 active checks 进程（主动监控项[2]时）处理，具体的处理方法就是调用 PROC_CPU_UTIL() 函数。该函数会检查 procstat 成员是否为空，如果为空，则创建新的动态共享内存，并将

[1] 被动监控项：监控项类型为 Zabbix 客户端，采集数据时，由 Zabbix 服务器或 Zabbix 代理向 Zabbix 客户端请求监控值，而非由 Zabbix 客户端主动上报监控值。

[2] 主动监控项：监控项类型为 Zabbix 客户端（主动），采集监控数据时，由 Zabbix 客户端主动向 Zabbix 服务器或 Zabbix 代理上报监控值，不需要 Zabbix 服务器或 Zabbix 代理发起请求。

当前监控项作为一个 query 添加到共享内存中；如果非空，则从 procstat 动态共享内存的 query 列表中查找所需要的监控项，并计算出所需要的监控值。所以，运行该函数的结果就是任何需要处理的 proc.cpu.util 监控项都会出现在 procstat 成员的共享内存中。这样一来，collector 进程只需要考虑该共享内存中的 query 列表，为这些 query 采集并更新监控数据。

header.queries
header.size_allocated
header.size
query[0] h_data[901]
procname+ username+ cmdline
query[1] h_data[901]
procname+ username+ cmdline
query[2] h_data[901]
procname+ username+ cmdline
……（最多到query[1023]）

图 15-2　collector->procstat 动态共享内存的数据结构

下面讲述具体的监控值收集过程。如代码清单 15-8 所示，Linux 操作系统中的每个进程都会在/proc/<pid>/stat 虚拟文件中存储该进程的用户态累计时间长度和内核态累计时间长度（以 tick 为单位）。所以，如果知道了进程 ID，就可以通过读取对应的文件来获取所需要的数据。然而，proc.cpu.util 监控项中并没有直接提供进程 ID，而是只提供了进程名、用户名和命令行字符串。

代码清单 15-8　虚拟文件中包含各进程的用户态时长和内核态时长等信息

```
##第 14、15 和 22 项数据分别为用户态时长、内核态时长和进程启动时间戳
[root@VM-0-2-centos 9805]# cat /proc/9805/stat
9805 (zabbix_server) S 9803 9802 9802 0 -1 1077944384 1628337 0 558 0 4879 4648 0 0
20 0 1 0 329974840 ......
```

collector 进程通过遍历/proc 目录中的进程信息来构造当前操作系统中正在运行的完整进程列表，其中包括了所有进程的进程 ID、用户 ID、进程名和命令行字符串。这样就可以根据监控项中的参数，从所有进程列表中获取所需要的进程 ID。显然，每个监控项有可能存在多个符合条件的进程 ID。另外一个问题是，Linux 操作系统的虚拟文件中存储的累计时间长度是从进程启动时就开始累计的，而该监控项需要的是从开始监控的时间点进行累计的时间长度。

为此，Zabbix 使用了名为“快照”的概念。可以将快照理解为一种瞬时的横断面数据，

它以进程为单位，存储了从虚拟文件中获取的用户态和内核态的累计时间长度，以及进程的启动时间戳。collector 进程每隔 1 秒对所监控的进程取一次快照，然后计算出相邻的两次快照之间的时间增量 Delta。而每个 query 所对应的多个进程的 Delta 值会进行加和计算，得到 DeltaQ，在图 15-2 中的 h_data[901]循环数组中所存储的元素就是 DeltaQ 的累计值（每次快照存储一个元素）。之所以存储 DeltaQ 的累计值而不是直接存储 DeltaQ 值，是因为当计算 15 分钟所存储元素的平均值时，只需要用终点值减去起点值（再除以 900 秒[1]），而无须对所有元素进行加和。数组长度之所以为 901，是因为每秒取一次快照，要保存最近 15 分钟的数据就需要至少 900 个元素。之所以是循环数组，是因为随着时间的推移，数组长度会不满足要求，此时需要覆盖头部的元素。

Zabbix 源码中定义的相关结构体如代码清单 15-9 所示。

代码清单 15-9 存储监控值所使用的结构体定义

```
typedef struct
{
    int queries;         //首个 query 的内存偏移量
    int size_allocated;  //已分配给 query 的空间大小
    size_t size;         //共享内存的总大小
}
zbx_procstat_header_t;  //头部，相当于共享内存的管理数据

typedef struct
{
    zbx_uint64_t    utime;       //用户态的累计时间长度（ticks）
    zbx_uint64_t    stime;       //内核态的累计时间长度（ticks）
    zbx_timespec_t timestamp;   //执行数据收集的时间戳
}
zbx_procstat_data_t;             //h_data 成员的元素类型

typedef struct
{
    size_t               procname;    //进程名的地址偏移量
    size_t               username;    //进程的用户名偏移量
    size_t               cmdline;     //进程的命令行偏移量
    zbx_uint64_t           flags;     //进程标志符

    int              h_first;     //h_data 中时间戳最小的元素
    int              h_count;     //h_data 中的元素数量

    int              last_accessed;
    int              runid;     //自增 ID，每执行一次数据收集，该值加 1
    int              error;     //错误编码
    int              next;      //下一个进程的偏移量

    zbx_procstat_data_t    h_data[MAX_COLLECTOR_HISTORY]; //长度为 901 的循环数组
}
zbx_procstat_query_t;
```

[1] 考虑到监控时间长度可能不够 900 秒，Zabbix 实际上使用的是时间戳的差值，精确到纳秒，此处进行了约简处理。因为需要返回百分比，所以在此基础上还需要乘以 100。此外，该监控项支持计算 1 分钟、5 分钟和 15 分钟所存储元素的平均值。

```
typedef struct
{
    const char      *procname;
    const char      *username;
    const char      *cmdline;
    zbx_uint64_t        flags;
    int         error;

    zbx_uint64_t        utime;    //用户态的累计时间长度（ticks）
    zbx_uint64_t        stime;    //内核态的累计时间长度（ticks）
    zbx_vector_uint64_t pids;     //向量，该 query 所包含的所有进程 ID
}
zbx_procstat_query_data_t;        //用于存储单次的 query 快照信息
```

总之，就 proc.cpu.util 监控项而言，collector 进程按照共享内存中的 query 清单收集监控数据，而 listener 进程和 active checks 进程负责维护 query 清单以及使用 collector 进程收集的监控数据。

15.2.4　vfs.dev.read 与 vfs.dev.write 数据

Zabbix 使用代码清单 15-10 中的两个监控项获取硬盘设备监控数据。对 Linux 操作系统来说，监控项中的<type>参数可以是 sectors、operations、sps 和 ops 中的任意一个，这 4 种类型可以划分为两组，即前两个类型组成的数量类型和后两个类型组成的速度类型。Zabbix 对数量类型和速度类型的处理是不一样的。因为数量类型的监控数据可以直接从虚拟文件中获取结果，而速度类型的监控数据则需要持续收集一段时间的数据，再进行统计计算。硬盘设备监控数据最终来源于虚拟文件/proc/diskstats 中的内容。

代码清单 15-10　获取硬盘设备状态的监控项

```
vfs.dev.read[<device>,<type>,<mode>]
vfs.dev.write[<device>,<type>,<mode>]
```

在 Zabbix 客户端，硬盘设备监控数据由 collector 进程负责收集，然后存入共享内存。当 listener 进程或者 active checks 进程需要处理这两个监控项时，只需要从共享内存中读取。之所以这么设计，是因为这两个监控项需要持续采集一段时间（1～15 分钟）的数据并进行统计才能得到结果。collector 进程的作用就是持续不断地对监控数据进行收集。

为了实现对硬盘监控数据的管理，Zabbix 定义了名为 ZBX_DISKDEVICES_DATA 的结构体（参见代码清单 15-11），该结构体的内存布局如图 15-3 所示。该结构体的数据存储在共享内存中，从而实现多进程访问。图 15-3 上部的 count 成员和 max_diskdev 成员分别代表当前存储的硬盘设备数量以及当前共享内存最多能够容纳的硬盘设备数量，这两个值会随着所监控的硬盘设备数量的增加而增长。

代码清单 15-11　ZBX_DISKDEVICES_DATA 结构体的数据结构定义

```
typedef struct c_single_diskdevice_data
{
    char          name[32];              //硬盘设备名称
    int       index;                     //最后一次采集数据时 r_sect 等数组所用的索引号
    int       ticks_since_polled;        //无访问的时间长度（秒）
    time_t        clock[MAX_COLLECTOR_HISTORY];                //长度为 901
    zbx_uint64_t    r_sect[MAX_COLLECTOR_HISTORY];             //长度为 901
    zbx_uint64_t    r_oper[MAX_COLLECTOR_HISTORY];             //长度为 901
    zbx_uint64_t    r_byte[MAX_COLLECTOR_HISTORY];             //长度为 901
    zbx_uint64_t    w_sect[MAX_COLLECTOR_HISTORY];             //长度为 901
    zbx_uint64_t    w_oper[MAX_COLLECTOR_HISTORY];             //长度为 901
    zbx_uint64_t    w_byte[MAX_COLLECTOR_HISTORY];             //长度为 901
    double        r_sps[ZBX_AVG_COUNT];        //长度为 3，分别代表 avg1、avg5 和 avg15
    double        r_ops[ZBX_AVG_COUNT];        //长度为 3，分别代表 avg1、avg5 和 avg15
    double        r_bps[ZBX_AVG_COUNT];        //长度为 3，分别代表 avg1、avg5 和 avg15
    double        w_sps[ZBX_AVG_COUNT];        //长度为 3，分别代表 avg1、avg5 和 avg15
    double        w_ops[ZBX_AVG_COUNT];        //长度为 3，分别代表 avg1、avg5 和 avg15
    double        w_bps[ZBX_AVG_COUNT];        //长度为 3，分别代表 avg1、avg5 和 avg15
} ZBX_SINGLE_DISKDEVICE_DATA;                  //单个硬盘设备监控数据

typedef struct c_diskdevices_data
{
    int              count;                    //监控的硬盘设备数量
    int              max_diskdev;              //可容纳的最大硬盘设备数量
    ZBX_SINGLE_DISKDEVICE_DATA device[1];      //可变数组，容纳所有监控中的硬盘数据
} ZBX_DISKDEVICES_DATA;
```

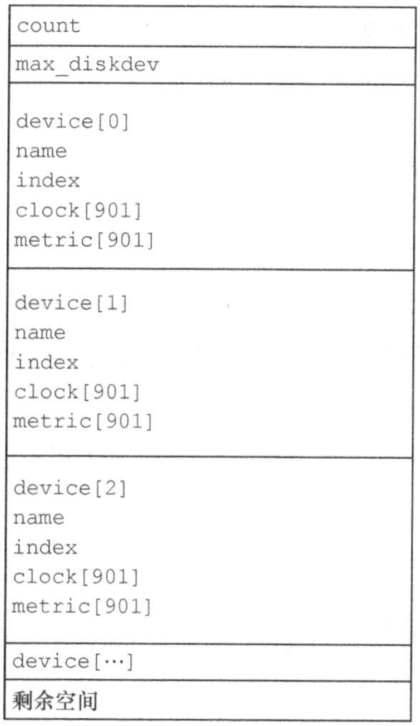

count
max_diskdev
device[0] name index clock[901] metric[901]
device[1] name index clock[901] metric[901]
device[2] name index clock[901] metric[901]
device[…]
剩余空间

图 15-3　硬盘监控共享内存的布局（ZBX_DISKDEVICES_DATA）

然而，对特定的 Zabbix 客户端实例来说，它可能需要监控硬盘设备，也可能不需要。即使需要监控，在不同的时间段，该 Zabbix 客户端实例需要监控的硬盘设备数量也可能发生变化。在这种情形下，如何实现最小化而有效的监控呢？

这涉及如何启动硬盘设备监控，以及如何调整硬盘设备监控的范围。Zabbix 的解决方法是：由 listener 进程或者 active checks 进程负责在首次处理硬盘设备监控时创建所需要的共享内存，并在此后的运行过程中，根据所处理的监控项键值（即硬盘设备名称）对共享内存进行扩展，将新出现的硬盘设备名称添加到共享内存的硬盘设备列表中。而 collector 进程只有在硬盘设备监控共享内存存在时才会进行监控数据的收集，而且收集数据的范围仅限于共享内存中已经存在的硬盘设备。当某个硬盘设备的数据长时间（超过 3 小时）没有被使用时，collector 进程负责将该硬盘设备从共享内存的硬盘设备列表中删除。共享内存中所容纳的硬盘设备数量最多为 1 024 个，该值由宏定义 MAX_DISKDEVICES 进行限制。

硬盘监控共享内存的初始化和扩展由 listener 进程或者 active checks 进程按照以下规则执行：在初始化时，共享内存中只能容纳一个硬盘设备的监控数据，此后每当有新的硬盘设备需要监控时，就将共享内存容量增加一个，直到容量扩展为 4 个，每当共享内存容量不足时，就将共享内存容量扩展为原来的两倍，直到共享内存容量为 256 个，再往后每当共享内存容量不足时，就将共享内存容量增加 256 个。

以上规则的实现如代码清单 15-12 所示。

代码清单 15-12 共享内存容量的扩展规则

```
old_max = diskdevices->max_diskdev;
if (old_max < 4)
    new_max = old_max + 1;
else if (old_max < 256)
    new_max = old_max * 2;
else
    new_max = old_max + 256;
```

在收集硬盘设备监控数据时，collector 进程每隔 1 秒收集一次。其工作过程为：遍历共享内存中所有的硬盘设备名称，对每个设备名称调用 process_diskstat()函数来收集监控数据。该函数所做的工作就是从/proc/disktstats 文件中读取对应设备的性能数据，并将其存入共享内存中（同时计算速度型监控指标的值，例如 ops 和 sps）。

15.3 listener 进程

Zabbix 客户端允许启动 0～100 个 listener 进程，启动数量由 StartAgents 参数决定。

15.1.1 节讲到，listener 进程被创建时会接受主进程传递的监听套接字，从而有能力作为服务器端接受连接请求并收发数据。实际上，所有 listener 进程所做的工作就是不断地接受套接字连接，然后读取套接字消息并处理。

如果 listener 进程对任何主机发送的消息都进行处理的话，它很可能遭受有意或者无意的攻击，从而发生超载。listener 进程在每次接受连接以后，首先检查对端主机是否为合法主机（其地址是否在配置文件的 Server 参数列表中），只有当对端主机是合法主机时才会接收消息并进行处理。

listener 进程接收来自 Zabbix 服务器或者 Zabbix 代理的消息，消息内容为监控项的键值。这一消息格式与第 5 章中所讲述的 JSON 格式是不同的，它仅用于 Zabbix 客户端的 listener 进程与 Zabbix 服务器端之间的通信。相对于 active checks 进程所处理的主动监控项数据，listener 进程所处理的监控数据更为碎片化，与 Zabbix 服务器端的通信次数更多，而每次通信的数据量更小。为了提高通信效率，降低通信消息的冗余度，Zabbix 采用这种消息格式。由于 listener 进程接收的每一条消息都会记录 DEBUG 级别日志，因此我们可以使用代码清单 15-13 中的命令获得所接收的消息内容。

代码清单 15-13　通过日志查看 listener 进程接收的监控请求

```
[root@VM-0-2-centos ~]# tail -f /tmp/zabbix_agentd.log|grep Requested
 15565:20200719:182100.289 Requested [system.uptime]
 15566:20200719:182100.290 Requested [net.if.in["eth0",dropped]]
 15563:20200719:182100.293 Requested [system.sw.packages]
 15566:20200719:182101.302 Requested [system.swap.size[,free]]
 ......
```

listener 进程接收的监控项键值可能是 Zabbix 本身自带的监控项，也可能是用户自定义的 UserParameter 监控项。15.1.1 节提到，Zabbix 客户端的每个进程都会从主进程继承一个名为 commands 的全局变量，其中存储的是完整的监控项清单。listener 进程对监控项的处理就是依据 commands 变量进行的，listener 进程根据键值从 commands 变量中获取对应的函数或者 shell 命令，并在函数运行或者命令执行完毕后将结果返回请求端。

如代码清单 15-14 所示，对于能够正常采集数据的监控项，listener 进程直接返回结果值；对于数据采集异常的监控项，返回结果将包括连续的两部分内容：ZBX_NOTSUPPORTED+<错误内容>。

代码清单 15-14　listener 进程的监控数据请求与响应

```
[root@VM-0-2-centos tmp]# ./a.out 172.21.0.2:10050 'system.cpu.util'
====================message to send==================================
ZBXD   1  15   0   0   0   0   0   0   0system.cpu.util
===================================================================
====================message received================================
ZBXD   1   8   0   0   0   0   0   0   05.602944
===================================================================
[root@VM-0-2-centos tmp]# ./a.out 172.21.0.2:10050 'system.cpu.util.noexist'
====================message to send==================================
```

```
ZBXD   1  24   0   0   0   0   0   0   0system.cpu.util.noexist
====================================================================
====================message received================================
ZBXD   1  38   0   0   0   0   0   0   0ZBX_NOTSUPPORTEDUnsupported item key.
====================================================================
```

15.4 active checks 进程

主动检查（active checks）进程负责请求监控项清单，按照监控项属性采集监控数据，并将数据发送给 Zabbix 服务器或者 Zabbix 代理。active checks 进程最多只能启动一个，这很大程度上限制了其处理能力。

active checks 进程定义了 buffer 和 active_metrics 两个全局变量，分别用于存储采集的监控值和从 Zabbix 服务器端收到的监控项清单，这两个变量的声明如代码清单 15-15 所示。active checks 进程会循环地依次执行 3 项工作：发送监控值、更新监控项清单以及处理监控项。发送的监控值即 buffer 变量中的内容，而更新的监控项清单即 active_metrics 变量，处理监控项时也以 active_metrics 变量为依据。

代码清单 15-15 全局变量 buffer 与 active_metrics

```
static ZBX_THREAD_LOCAL ZBX_ACTIVE_BUFFER  buffer;
static ZBX_THREAD_LOCAL zbx_vector_ptr_t   active_metrics;
```

active_metrics 变量中存储的元素类型为 ZBX_ACTIVE_METRIC。active checks 进程按照配置文件中的 RefreshActiveChecks 参数所设定的周期进行监控项清单的更新。更新的过程就是构造 JSON 字符串消息，向 Zabbix 服务器发送请求，然后等待返回的消息。通过日志文件可以查看进程发送和接收的具体消息内容，如代码清单 15-16 所示。

代码清单 15-16 通过日志查看 active checks 请求及其响应

```
[root@VM-0-2-centos tmp]# tail -f /tmp/zabbix_agentd.log|grep -E
'^.{27}(sending|got)'
 9307:20200719:215643.791 sending [{"request":"active checks","host":"Zabbix
server"}]
 9307:20200719:215643.809 got
[{"response":"success","data":[{"key":"proc.cpu.util[all]","delay":10,"lastlogsize":
0,"mtime":0},{"key":"system.cpu.util[,idle]","delay":60,"lastlogsize":0,"mtime":
0},{"key":"vfs.fs.inode[/,pfree]","delay":60,"lastlogsize":0,"mtime":0},{"key":
"vfs.fs.size[/,pused]","delay":60,"lastlogsize":0,"mtime":0},{"key":"vm.memory.
size[available]","delay":60,"lastlogsize":0,"mtime":0}]}]
```

主动检查进程通过 process_value()函数将监控值写入 buffer 变量中，该函数会记录 DEBUG 级别的日志，因此可以使用代码清单 15-17 所示的命令获取 active checks 进程具体处理了哪些监控项。

代码清单 15-17 通过日志查看 active checks 进程处理的监控项详情

```
[root@VM-0-2-centos tmp]# tail -f /tmp/zabbix_agentd.log|grep process_value
 15567:20200719:212640.833 In process_value() key:'Zabbix
server:system.cpu.util[,idle]' lastlogsize:null value:'91.471572'
 15567:20200719:212640.833 End of process_value():SUCCEED
 15567:20200719:212640.836 In process_value() key:'Zabbix
server:vfs.fs.inode[/,pfree]' lastlogsize:null value:'92.462891'
 15567:20200719:212640.836 End of process_value():SUCCEED
......
```

发送 buffer 变量中的数据由 send_buffer()函数完成，其构造的 JSON 字符串会被记录到 DEBUG 级别的日志中，查看日志的命令如代码清单 15-18 所示。

代码清单 15-18 通过日志查看 active checks 进程发出的监控数据

```
[root@VM-0-2-centos tmp]# tail -f /tmp/zabbix_agentd.log|grep -E 'JSON before
sending|JSON back'
 15567:20200719:213323.073 JSON before sending [{"request":"agent
data","session":"562c29fe0d8d3d554d49e31397d6edf9","data":[{"host":"Zabbix
server","key":"proc.cpu.util[all]","value":"0.000000","id":2719,"clock":1595165603,
"ns":73073475}],"clock":1595165603,"ns":73531318}]
 15567:20200719:213323.075 JSON back [{"response":"success","info":"processed:
1; failed: 0; total: 1; seconds spent: 0.000299"}]
```

15.5 可加载模块

对 Zabbix 客户端来说，可加载模块是对其进行扩展的重要方式。可加载模块可以定义不需要创建子进程的自定义监控项。可加载模块除了可以用于 Zabbix 客户端，还可以用于定义 Zabbix 服务器的历史数据读写接口（参见 9.3 节）。

15.5.1 模块加载过程

使用可加载模块来扩展 Zabbix 功能，相对于使用 UserParameter，可以减少对性能的影响。可加载模块涉及以下 6 个函数。

- zbx_module_api_version(void)，版本号函数，返回版本号，对于 Zabbix 4.0，该值为 2，如果不为 2，则模块加载会失败，因为加载过程中会首先校验该值。
- zbx_module_init(void)，初始化函数，返回成功（0）或者失败（–1）。
- *zbx_module_item_list(void)，监控项列表函数，返回一个监控项数组，最后一个元素的键必须为 NULL，每个元素中包括了相应监控项的 key、flag、function（监控项所调用的函数，要求返回值的类型为 int）和 test_parameters（命令行字符串）。

- zbx_module_item_timeout(int timeout)，超时函数，用于将配置文件中的 Timeout 值注入模块中，无返回值。
- zbx_module_history_write_cbs(void)，该函数用于历史数据的存储（参见 9.3 节）。
- zbx_module_uninit(void)，卸载函数，用于卸载模块。

那么，以上函数是如何加载到 Zabbix 中的，Zabbix 又是如何使用这些函数的呢？

Zabbix 持有一个名为 modules 的全局变量，用于记录所有加载并注册的动态库模块。Zabbix 客户端通过查找 LoadModulePath 和 LoadModule 参数位置，在启动过程中加载所有的模块，这一过程由 zbx_load_module()函数完成，该函数以 RTLD_NOW 模式调用 dlopen()系统函数，将指定的动态链接库文件（.so 文件）加载到内存并返回一个可以操纵该动态库的句柄。

然后，Zabbix 会在 modules 变量中查找并确认当前要注册的动态库是否已经被注册过。如果确认已经注册过，则直接返回成功。如果没有注册过，则会进一步调用 dlsym()函数，在刚刚加载的动态库内存中查找名为 zbx_module_api_version 的标识符，并返回该标识符所在地址。该标识符实际上就是 zbx_module_api_version()函数，Zabbix 随后调用该函数来获取所加载的动态库的版本号。如果版本号不等于 2，说明版本号错误，则调用 dlclose()函数卸载该动态库。如果版本号等于 2（无误），则进一步调用 dlsym()函数来查找名为 zbx_module_init()的函数标识符，并调用该函数来完成模块的初始化。如果模块初始化成功，则具备了处理监控项的条件，此时可以调用 dlsym()函数查找名为 zbx_module_item_list 的标识符，该函数返回* ZBX_METRIC，用于确定该动态库可以处理哪些监控项。然后，这些*ZBX_METRIC 还需要通过 zbx_register_module_items()函数，将自身汇入 Zabbix 客户端指定的处理监控项的数据区域，即 commands 静态变量。最后，还需要设置动态库处理监控项时的 timeout 值，这个过程由 dlsym()查找的名为 zbx_module_item_timeout()的函数来实现，该函数将配置文件中的 timeout 参数值设置为 item_timeout 变量的值，该变量用于控制监控项的处理时间。

总之，版本号函数必须有，并且必须返回 2，否则无法加载；初始化函数可有可无，但是如果有，则必须返回 0，否则无法进行注册；如果使用模块来实现自定义监控项，则监控项列表函数必须有，并且必须返回一组监控项，各监控项的函数必须事先定义好，并且返回值为 0（成功）；超时函数可有可无；卸载函数可有可无，其返回值是否为 0 不影响实际效果，但是会出现错误日志。

所以，一个最精简的自定义监控项模块只需要包括版本号函数和监控项列表函数，并且各个监控项所运行的函数也需要定义好。

15.5.2　制作模块文件（.so 文件）及测试

假设存在一个 zbxm.c 文件，计划用于 Zabbix 客户端自定义监控项，该如何将其制作为可用的模块文件呢？

第一，将其编译为共享库文件（.so 文件），并执行以下命令，将其复制到指定的目录。

```
[root@VM-0-2-centos tmp]# gcc -c -fpic zbxm.c
[root@VM-0-2-centos tmp]# gcc -shared -o zbxm.so zbxm.o
[root@VM-0-2-centos tmp]# cp zbxm.so /usr/local/zbxmod/
```

第二，修改 zabbix_agentd.conf 文件中的 LoadModule 参数。

```
LoadModule=/usr/local/zbxmod/zbxm.so
```

第三，重新启动 zabbix_agentd，并执行./zabbix_agentd --test 命令进行测试，如下：

```
[root@VM-0-2-centos tmp]# /usr/local/sbin/zabbix_agentd --test hello.module
hello.module                                  [s|this is a new module]
```

15.6 小结

Zabbix 客户端主进程负责启动 Zabbix 客户端服务，其工作过程与 Zabbix 服务器区别不大，都是先将进程值守化，然后运行入口函数并创建子进程。所创建的子进程包括 collector 进程、listener 进程和 active checks 进程。

collector 进程的主要工作是采集时序监控数据并将其存入共享内存，以供其他进程使用。collector 进程为 listener 进程和 active checks 进程提供数据支持，如果 collector 进程产生故障，另外两个进程将无法获取 CPU、硬盘和进程的某些监控数据。

listener 进程随时监听来自 Zabbix 服务器或者 Zabbix 代理的连接请求，按照请求内容采集监控数据并返回给请求方。

active checks 进程负责请求监控项清单，按照监控项属性采集监控数据，并将数据发送给 Zabbix 服务器或者 Zabbix 代理。active checks 进程最多只能启动一个，这很大程度上限制了其处理能力。

对 Zabbix 客户端来说，可加载模块是对其进行扩展的重要方式。可加载模块可以定义不需要创建子进程的自定义监控项。

第 16 章

Zabbix 客户端的原生监控项

Zabbix 客户端运行在被监控主机上，因此非常便于采集与被监控主机相关的信息。Zabbix 客户端从 Zabbix 服务器或 Zabbix 代理获取监控项信息，或者监听从 Zabbix 服务器或 Zabbix 代理发来的请求，采集的监控结果也会发送到 Zabbix 服务器或 Zabbix 代理。第 15 章提到，Zabbix 客户端主进程负责将其原生支持的监控项加载到 commands 全局变量中。为了适应多种编译环境，Zabbix 将这些监控项分为 5 类分批加载：agent 类、simple 类、common 类、specific 类和 hostname 监控项。其中，前 3 种监控项是不区分操作系统环境的，在任何操作系统中都会存在，specific 类和 hostname 监控项会因操作系统类型而异。按照监控项数量计算，agent 类有 3 个监控项，simple 类有 4 个监控项，common 类有 26 个监控项，specific 类（仅考虑 Linux 操作系统）有 40 个监控项，还有一个 hostname 监控项，合计 74 个监控项。本章主要分析这些监控项的具体含义以及数据的采集过程和计算方式。

16.1 agent 类监控项

agent 类有以下 3 个监控项，用于返回 Zabbix 客户端自身的状态，都与操作系统类型无关。

- agent.hostname，Zabbix 客户端所使用的 Hostname 参数值；
- agent.ping，表示 Zabbix 客户端是否存活；
- agent.version，版本号信息，由宏定义写死在代码中。

listener 进程或者 active checks 进程处理这些监控项的过程如下。

- agent.hostname 由函数 AGENT_HOSTNAME()处理，直接使用从配置文件中加载的 Hostname 参数的值。但是在有些情况下该参数并没有设置任何值，此时 Zabbix 会尝试使用 HostnameItem 参数。本质上 HostnameItem 参数值是一个监控项，Zabbix 客户端需要在加载配置文件的时候就采集该监控项的值，这也是 commands 变量的加载要先于配置文件加载的原因，只有 commands 变量准备完毕后才能够为该监控项采集值。不过此时的 commands 变量还只有原生监控项清单，而没有用户自定义的监控项，所以该参数不支持用户自定义监控项。如果 HostnameItem 参数所指定的监控项采集数据成功，则结果值将作为 Hostname 使用，就像 Hostname 参数所设置的就是该值一样。
- agent.ping 监控项永远返回数字 1，所以该监控项只有两种结果：收到响应和收不到响应。如果收到，说明客户端存活，可以提供服务；如果收不到，说明客户端无法提供服务。
- agent.version 监控项与 agent.ping 监控项类似，永远返回版本号所构成的字符串。

对以上监控项的测试如代码清单 16-1 所示。

代码清单 16-1　测试 agent 类监控项

```
[root@VM-0-2-centos /]# /usr/local/sbin/zabbix_agentd -t agent.hostname
agent.hostname                            [s|Zabbix server]
[root@VM-0-2-centos /]# /usr/local/sbin/zabbix_agentd -t agent.ping
agent.ping                                [u|1]
[root@VM-0-2-centos /]# /usr/local/sbin/zabbix_agentd -t agent.version
agent.version                             [s|5.0.0]
```

16.2　simple 类监控项

simple 类包含以下 4 个监控项，主要用于对网络端口进行探测。

- net.tcp.service[service,<ip>,<port>]。
- net.tcp.service.perf[service,<ip>,<port>]。
- net.udp.service[service,<ip>,<port>]。
- net.udp.service.perf[service,<ip>,<port>]。

在实际应用中，这些监控项都是由 Zabbix 服务器或 Zabbix 代理进行处理的，不需要使用 Zabbix 客户端，但是 Zabbix 客户端仍然提供了该功能。相对于使用 Zabbix 服务器或 Zabbix 代理进行处理，使用 Zabbix 客户端进行处理时增加了一种限制条件，即在 Zabbix 客户端可访问的情形下才可以使用。

listener 进程和 active checks 进程对这些监控项的处理过程如下。

- net.tcp.service 监控项由 CHECK_SERVICE()函数处理，支持 11 种通信协议的探测。在处理该监控项时，进程根据通信协议参数（service 参数）构造符合规范的消息，并通过 TCP 连接向目的地址发送该消息，然后根据响应消息判断对方服务是否正常。如果服务正常则返回 1，不正常则返回 0。可见，该监控项的处理其实就是建立套接字连接和收发套接字消息的过程。
- net.tcp.service.perf 监控项的处理过程与 net.tcp.service 监控项的处理过程基本一致，只不过net.tcp.service.perf监控项在消息收发结束以后会计算整个探测过程所消耗的时间长度。该监控项可以视为 net.tcp.service 监控项的加强版。
- net.upd.service 监控项仅支持 SNTP 这一种协议的探测，该协议用于网络时间同步。该监控项的处理过程与 net.tcp.service 监控项的区别在于，net.upd.service 监控项的消息收发过程是基于 UDP 而非 TCP 的。因此在处理该监控项时，首先要建立 UDP 连接，并通过 UDP 发送和接收消息。返回结果与 net.tcp.service 监控项相同，1 代表服务正常，0 代表异常。
- 同理，net.upd.service.perf 监控项是 net.upd.service 监控项的加强版，只是增加了探测过程的时间长度计算，并返回时间长度作为结果（服务异常时返回 0.000000）。

以上所有监控项如果没有设置<ip>参数，Zabbix 客户端将使用 127.0.0.1 作为 IP 地址。通过设置所需的 IP 地址，我们可以使用 Zabbix 客户端作为网络探测工具，从而减轻 Zabbix 服务器和 Zabbix 代理的压力。

对以上监控项的测试如代码清单 16-2 所示。

代码清单 16-2　测试 simple 类监控项

```
[root@VM-0-2-centos /]# /usr/local/sbin/zabbix_agentd -t net.tcp.service[ssh]
net.tcp.service[ssh]                          [u|1]
[root@VM-0-2-centos /]# /usr/local/sbin/zabbix_agentd -t net.tcp.service.perf[ssh]
net.tcp.service.perf[ssh]                     [d|0.007928133010864257 8]
[root@VM-0-2-centos /]# /usr/local/sbin/zabbix_agentd -t net.udp.service[ntp]
net.udp.service[ntp]                          [u|1]
[root@VM-0-2-centos /]# /usr/local/sbin/zabbix_agentd -t net.udp.service.perf[ntp]
net.udp.service.perf[ntp]                     [d|0.000402212142944335 94]
```

16.3　common 类监控项

common 类监控项的数量较多，共有 26 个，下面将其进一步划分为 7 组进行讲述。

16.3.1 系统通用监控项

该组包括以下 3 个监控项，是所有系统类型都会用到的监控项。

- system.localtime[<type>]，该监控项返回当前系统的时间。
- system.run[command,<mode>]，该监控项用于在 Zabbix 客户端主机上执行指定的命令，并返回命令执行结果（或者在非阻塞模式时返回 1）。
- system.users.num，返回当前登录系统的用户数量。

system.localtime 监控项由 SYSTEM_LOCALTIME()函数处理。当<type>参数为 utc 时，该函数进一步调用 time()函数，获得当前时间戳（单位为秒）；当<type>参数为 local 时，该函数通过 gettimeofday()、localtime_r()和 gmtime_r()函数获取精确的日期、时间和时区（具体到毫秒）。

system.run 监控项的作用是在 Zabbix 客户端所运行的主机上执行指定的命令，根据<mode>参数的不同，该命令可以以阻塞或者非阻塞方式执行。当使用阻塞方式时，listener 进程或者 active checks 进程创建一个管道，然后创建一个子进程作为管道的输入端，而父进程本身作为管道的输出端。父进程负责持续从管道读取数据，直到管道关闭或者超时。这种方式有可能导致父进程进行不必要的等待。当使用非阻塞方式时，父进程负责创建子进程，但是子进程并不执行命令，而是进一步创建一个孙进程来执行命令，而子进程本身不等待孙进程执行命令完毕就立刻结束自己。父进程在收到子进程终止的信号后也会立即返回，从而可以继续运行下一条语句。这样造成的结果就是，孙进程独立执行命令，父进程不管其执行是否成功都能够立刻返回。因为父进程无从知道命令的执行结果，所以当采用非阻塞方式时，该监控项总是返回固定的结果，即数字 1。

system.users.num 监控项的处理过程实际上是以阻塞方式执行 who|wc -l 命令，并返回结果值。

对以上监控项的测试如代码清单 16-3 所示。

代码清单 16-3 测试系统通用监控项

```
[root@VM-0-2-centos /]# /usr/local/sbin/zabbix_agentd -t system.localtime
system.localtime                                  [u|1595255267]
[root@VM-0-2-centos /]# /usr/local/sbin/zabbix_agentd -t 'system.run[echo
test,nowait]'
system.run[echo test,nowait]                      [u|1]
[root@VM-0-2-centos /]# /usr/local/sbin/zabbix_agentd -t 'system.run[echo
test,wait]'
system.run[echo test,wait]                        [t|test]
[root@VM-0-2-centos /]# /usr/local/sbin/zabbix_agentd -t system.users.num
system.users.num                                  [u|2]
```

16.3.2　web.page 组监控项

web.page 组共包括如下 3 个监控项。

- web.page.get[host,<path>,<port>]，获取指定 URL 和路径的网页内容；
- web.page.perf[host,<path>,<port>]，加载指定 URL 和路径的网页所消耗的总时长；
- web.page.regexp[host,<path>,<port>,regexp,<length>,<output>]，从指定 URL 和路径的网页内容中搜索符合条件的字符串。

以上监控项的核心就是通过访问 URL 获取网页内容。如果 Zabbix 客户端支持 libcurl 库函数，将优先使用该库函数来访问 URL；如果不支持 libcurl 库函数，则 Zabbix 会自己构造 HTTP 请求消息，通过 TCP 连接进行发送，并解析返回的响应消息。

web.page.get 监控项由 WEB_PAGE_GET()函数负责处理。该函数首先根据 host、<path>和<port>参数构造 URL，并检查 URL 地址是否符合规范，如果符合则调用 curl_page_get()函数来获取该 URL 的网页内容（字符串形式），并将网页内容作为结果返回。

web.page.perf 监控项的处理过程与 web.page.get 监控项几乎一样，区别在于其请求的网页内容不会作为结果返回，而是被直接丢弃。返回的结果实际是整个处理过程所消耗的时间长度。

web.page.regexp 监控项可被视为 web.page.get 监控项的升级版，它在获取网页内容的基础上进行正则表达式查找，返回符合条件的字符串。

可见，web.page 监控项非常类似于 HTTP 客户端监控项，区别在于 web.page 监控项只支持 HTTP GET 方法获取网页内容，并且 web.page 无法设置 HTTP 请求的 header 参数。另外，web.page 在 Zabbix 客户端运行，而 HTTP 客户端监控项在 Zabbix 服务器端或 Zabbix 代理端运行。

对以上监控项的测试如代码清单 16-4 所示。

代码清单 16-4　测试 web.page 组监控项

```
[root@VM-0-2-centos /]# /usr/local/sbin/zabbix_agentd -t
web.page.get['http://localhost/ui/']
web.page.get[http://localhost/ui/]          [t|HTTP/1.1 200 OK
Date: Mon, 20 Jul 2020 14:18:38 GMT
Server: Apache/2.4.6 (CentOS) PHP/7.2.31
X-Powered-By: PHP/7.2.31
......
[root@VM-0-2-centos /]# /usr/local/sbin/zabbix_agentd -t
web.page.perf['http://localhost/ui/']
web.page.perf[http://localhost/ui/]         [d|0.15019321441650391]
[root@VM-0-2-centos /]# /usr/local/sbin/zabbix_agentd -t
web.page.regexp['http://localhost/ui/',,,Zabbix]
web.page.regexp[http://localhost/ui/,,,Zabbix] [s|Zabbix]
```

16.3.3 vfs.file 组监控项

vfs.file 组包括以下 8 个监控项。

- vfs.file.size，返回指定文件的大小。
- vfs.file.time，返回指定文件的最后修改时间或者最后访问时间。
- vfs.file.exists，判断指定的文件是否存在。
- vfs.file.contents，返回指定文件的内容（文件大小不超过 64KB 时）。
- vfs.file.regexp，搜索文件内容，返回符合正则表达式的第一个字符串。
- vfs.file.regmatch，搜索文件内容，如果找到匹配的字符串则返回 1，否则返回 0。
- vfs.file.md5sum，计算整个文件的 MD5 值。
- vfs.file.cksum，计算指定文件的循环冗余校验（Cyclic Redundancy Check，CRC）和。

以上监控项都是对文件的操作，涉及文件的打开、关闭或读状态查询，以及对文件内容的转换、哈希或查找等。

vfs.file.size、vfs.file.time 和 vfs.file.exists 监控项的处理过程都调用 stat()函数，并根据该函数的返回信息获取文件大小、文件最后修改时间或文件最后访问时间以及文件是否存在。

在处理 vfs.file.contents 监控项时，listener 进程或者 active checks 进程会打开文件，然后读取文件中的内容并转换为 UTF8 格式。由于文件有可能非常大，因此，为了避免过载，进程在读取文件内容之前会通过 fstat()函数检查该文件的大小是否超过 64KB，如果超过则返回错误信息“File is too large for this check”，并不再读取内容。

vfs.file.regexp 监控项的处理过程与 vfs.file.contents 监控项类似，但是会在读取文件内容的基础上搜索文件内容中符合正则表达式的字符串（以行为单位）。另外，该监控项在读取内容之前不会检查文件的大小是否超过 64KB，即使是很大的文件，该监控项也会进行读取和搜索。而对于过载保护，进程通过超时机制来实现。在读取文件内容时会循环多次读取，每次读取 1 行并且不超过 64KB，每次读取之前都会检查累计操作时间是否已经超时，如果超时则返回错误信息“Timeout while processing item”。

vfs.file.regmatch 监控项与 vfs.file.regexp 监控项类似，区别仅在于前者不需要返回匹配的内容，而只需要返回 1 或者 0。

vfs.file.md5sum 监控项的处理过程也是循环多次读取文件内容，然后对文件内容进行 MD5 运算。因为 MD5 是一种迭代算法，它每次只需要使用文件中的 64B 内容进行计算，所以只需要从头到尾地循环读取整个文件就可以计算出最终的 MD5 值，而不需要一次读取整个文件。至于过载问题，与 vfs.file.regexp 监控项一样，也通过超时机制来解决。

vfs.file.cksum 监控项与 vfs.file.md5sum 监控项的处理过程类似，只是前者进行 CRC 计算，而后者进行 MD5 计算。

对以上监控项的测试如代码清单 16-5 所示。

代码清单 16-5　测试 vfs.file 组监控项

```
[root@VM-0-2-centos /]# /usr/local/sbin/zabbix_agentd -t
vfs.file.size[/tmp/zabbix_agentd.log]
vfs.file.size[/tmp/zabbix_agentd.log]        [u|4387539]
[root@VM-0-2-centos /]# /usr/local/sbin/zabbix_agentd -t
vfs.file.time[/tmp/zabbix_agentd.log]
vfs.file.time[/tmp/zabbix_agentd.log]        [u|1595254228]
[root@VM-0-2-centos /]# /usr/local/sbin/zabbix_agentd -t
vfs.file.exists[/tmp/zabbix_agentd.log]
vfs.file.exists[/tmp/zabbix_agentd.log]      [u|1]
[root@VM-0-2-centos /]# /usr/local/sbin/zabbix_agentd -t
vfs.file.contents[/tmp/zabbix_agentd.log]
vfs.file.contents[/tmp/zabbix_agentd.log]    [m|ZBX_NOTSUPPORTED] [File is too
large for this check.]
[root@VM-0-2-centos /]# /usr/local/sbin/zabbix_agentd -t
vfs.file.regexp[/tmp/zabbix_agentd.log,'zbx']
vfs.file.regexp[/tmp/zabbix_agentd.log,zbx] [s|  9302:20200720:214001.530
zbx_setproctitle() title:'listener #1 [waiting for connection]']
[root@VM-0-2-centos /]# /usr/local/sbin/zabbix_agentd -t
vfs.file.regmatch[/tmp/zabbix_agentd.log,'zbx']
vfs.file.regmatch[/tmp/zabbix_agentd.log,zbx] [u|1]
[root@VM-0-2-centos /]# /usr/local/sbin/zabbix_agentd -t
vfs.file.md5sum[/tmp/zabbix_agentd.log]
vfs.file.md5sum[/tmp/zabbix_agentd.log]      [s|c4323f2eb64ba1b1a9255c834b691b24]
[root@VM-0-2-centos /]# /usr/local/sbin/zabbix_agentd -t
vfs.file.cksum[/tmp/zabbix_agentd.log]
vfs.file.cksum[/tmp/zabbix_agentd.log]       [u|2785252100]
```

16.3.4　vfs.dir 组监控项

vfs.dir 组有如下两个监控项，用于监控目录所占空间大小以及目录中的节点数量。

- vfs.dir.size，返回指定目录下符合条件的文件大小合计值。
- vfs.dir.count，返回指定目录下符合条件的节点数。

由于目录可能有多层，因此需要递归遍历至最底层目录。而且监控项键值中可设置多个参数，所以还需要对每个节点进行多条件过滤。

对以上监控项的测试如代码清单 16-6 所示。

代码清单 16-6　测试 vfs.dir 组监控项

```
[root@VM-0-2-centos tmp]# /usr/local/sbin/zabbix_agentd -t
vfs.dir.size[/zabbix-5.0.1]
vfs.dir.size[/zabbix-5.0.1]              [u|156309058]
[root@VM-0-2-centos tmp]# /usr/local/sbin/zabbix_agentd -t
vfs.dir.count[/zabbix-5.0.1]
vfs.dir.count[/zabbix-5.0.1]             [u|3796]
```

16.3.5 dns 组监控项

dns 组共有如下 5 个监控项，主要涉及与域名系统（Domain Name System，DNS）服务器之间的通信。

- net.dns，判断 DNS 服务是否正常，其处理过程为：根据监控项参数设置，依次调用 res_ninit()、res_nmkquery()和 res_nsend()函数，构造 DNS 查询消息并向 DNS 服务器发送请求并获取响应，如果运行成功则认为 DNS 服务正常，返回 1，否则返回 0。
- net.dns.record，该监控项返回从 DNS 服务器查询到的域名解析结果，其处理过程是：在 net.dns 所做工作的基础上，进一步调用 dn_expand()函数，解析 DNS 服务器返回的响应内容。
- net.tcp.dns，已弃用，由 net.dns 监控项代替。
- net.tcp.dns.query，已弃用，由 net.dns.record 监控项代替。
- net.tcp.port[1]，该监控项用于判断某个地址是否能够建立 TCP 连接，属于对传输层的监控，其处理过程为：尝试建立 TCP 连接，如果成功则返回 1，否则返回 0。

对以上监控项的测试如代码清单 16-7 所示。

代码清单 16-7 测试 dns 组监控项

```
[root@VM-0-2-centos dev]# /usr/local/sbin/zabbix_agentd -t net.dns[,zabbix.com]
net.dns[,zabbix.com]                              [u|1]
[root@VM-0-2-centos dev]# /usr/local/sbin/zabbix_agentd -t
net.dns.record[,zabbix.com]
net.dns.record[,zabbix.com]                       [t|zabbix.com                    SOA
ines.ns.cloudflare.com dns.cloudflare.com 2034531410 10000 2400 604800 3600]
[root@VM-0-2-centos dev]# /usr/local/sbin/zabbix_agentd -t
net.tcp.port[172.11.1.1,10051]
net.tcp.port[172.11.1.1,10051]                    [u|1]
```

16.3.6 log 组监控项

log 组包含以下 4 个监控项。

- log[file,<regexp>,<encoding>,<maxlines>,<mode>,<output>,<maxdelay>]，从上次读取的位置开始检查日志记录是否存在符合条件的内容，如果存在则返回日志内容，返回的行数不超过参数设定的限制。
- log.count[file,<regexp>,<encoding>,<maxproclines>,<mode>,<maxdelay>]，从上次读取的位置开始检查日志记录，返回与设定条件相匹配的行数。

[1] 该监控项归入 dns 组有一些牵强，但是由于其监控项键值同样使用 net 开头，故仍然放在 dns 组中。

- logrt[file_regexp,<regexp>,<encoding>,<maxlines>,<mode>,<output>,<maxdelay>,<options>]，与 log 监控项类似，增加对滚动日志的支持。
- logrt.count[file_regexp,<regexp>,<encoding>,<maxproclines>,<mode>,<maxdelay>,<options>]，与 log.count 监控项类似，增加了对滚动日志的支持。

此类监控项只能由主动模式的 Zabbix 客户端运行，也就是说只有 active checks 进程可以处理，listener 进程无法处理。之所以如此，是因为 listener 进程只能接收监控项键值字符串作为输入，然而 log 组监控项还需要获取上次采集数据时的一些状态信息，包括 lastlogsize 和 mtime，这些信息存储在 Zabbix 服务器端数据库中的 items 表中，每次随着键值一起发送到 Zabbix 客户端，以确保 Zabbix 客户端从其指示的位置进行日志读取。因此，active checks 进程在更新监控项清单时，如遇到 log 类监控项，需要同时更新 lastlogsize 和 mtime。active checks 进程对 log 组监控项的处理不需要从 commands 全局变量中获取处理函数，而是固定地由 process_log_check()函数处理。这也是通过命令行测试 log 组监控项时会提示“Accessible only as active check”的原因（参见代码清单 16-8），因为命令行通过 commands 变量获取处理函数。

代码清单 16-8　测试 log 组监控项

```
[root@VM-0-2-centos 12753]# /usr/local/sbin/zabbix_agentd -t log[/tmp/test]
log[/tmp/test]       [m|ZBX_NOTSUPPORTED] [Accessible only as active check.]

[root@VM-0-2-centos tmp]# ./msg2zbx '172.21.0.2:10051' '{"request":"active
checks","host":"Zabbix server"}'
====================message to send==================================
ZBXD   1  50   0   0   0   0   0   0   0{"request":"active checks","host":"Zabbix
server"}
====================================================================
====================message received================================
ZBXD   1 203   1   0   0   0   0   0
0{"response":"success","data":[{"key":"log[/tmp/zabbix_server.log]","delay":60,
"lastlogsize":33725195,"mtime":0},{"key":"proc.cpu.util[all]","delay":10,
"lastlogsize":0,"mtime":0},......]}
====================================================================
[root@VM-0-2-centos tmp]# tail -f /tmp/zabbix_agentd.log|grep process_value
 9307:20200721:123050.172 In process_value() key:'Zabbix
server:log[/tmp/zabbix_server.log]' lastlogsize:31550 value:'  9820:20200721:
123049.686 DEBUG   [poller] In substitute_simple_macros_impl() data:EMPTY'
 9307:20200721:123050.173 End of process_value():SUCCEED
```

16.3.7　zabbix.stats 监控项

该监控项存在如下两种键值，但是它们在 Zabbix 客户端作为同一个监控项处理。

- zabbix.stats[<ip>,<port>]，远程获取 Zabbix 服务状态信息。
- zabbix.stats[<ip>,<port>,queue,<from>,<to>]，远程获取 Zabbix 监控延迟队列。

在 11.4 节介绍远程获取内部监控数据时，曾提及两个监控项键值 zabbix.stats[<ip>,

<port>, queue, <from>, <to>]和 zabbix[stats,<ip>, <port>, queue, <from>, <to>]，与本节中的键值非常类似。实际上这两组键值的作用是一样的，只是前者由 Zabbix 服务器或 Zabbix 代理运行，后者由 Zabbix 客户端运行。

Zabbix 客户端处理该监控项时会构造 JSON 请求消息，发送到目的主机（Zabbix 服务器或者 Zabbix 代理），并等待其响应消息。如果目的主机不是 Zabbix 服务器或 Zabbix 代理，则返回错误信息，对以上监控项的测试如代码清单 16-9 所示。

代码清单 16-9　测试 zabbix.stats 监控项

```
[root@VM-0-2-centos /]# /usr/local/sbin/zabbix_agentd -t
zabbix.stats[172.11.1.1,10051]
zabbix.stats[172.11.1.1,10051]
[t|{"response":"success","data":{"boottime":1594821542,"uptim ......

###当使用某个 Zabbix 客户端地址和端口作为获取远程状态信息的参数时###
[root@VM-0-2-centos ~]# /usr/local/sbin/zabbix_agentd -t
zabbix.stats[172.11.1.22,10050]
zabbix.stats[172.11.1.22,10050]              [m|ZBX_NOTSUPPORTED] [Value should be a
JSON object.]
```

16.4　specific 类监控项

specific 类监控项是与系统类型直接相关的监控项，此处只介绍 Linux 操作系统中使用的 specific 类监控项。此类监控项共有 40 个，本节将其分为 8 组进行讲述。

16.4.1　kernel 组监控项

kernel 组有以下两个监控项。

- kernel.maxfiles，系统允许打开的最大文件数量，该监控项从虚拟文件/proc/sys/fs/file-max 中读取数据并返回结果。
- kernel.maxproc，系统同时运行的最大进程数量，该监控项从虚拟文件/proc/sys/kernel/pid_max 中读取并返回结果。

对以上监控项进行测试的结果如代码清单 16-10 所示。

代码清单 16-10　测试 kernel 组监控项

```
[root@VM-0-2-centos /]# /usr/local/sbin/zabbix_agentd --test kernel.maxfiles
kernel.maxfiles                         [u|97978]
[root@VM-0-2-centos /]# /usr/local/sbin/zabbix_agentd --test kernel.maxproc
kernel.maxproc                          [u|32768]
```

16.4.2　net 组监控项

net 组共有 7 个监控项，包括网络端口监听以及网络接口卡相关的监控项。

- net.tcp.listen[port]，检查指定的端口是否处于 TCP 监听状态，通过查找虚拟文件/proc/net/tcp 和/proc/net/tcp6 中的数据进行判断。
- net.udp.listen[port]，检查指定的端口是否处于 UDP 监听状态，通过查找虚拟文件/proc/net/udp 和/proc/net/udp6 中的数据进行判断。
- net.if.collisions[if]，指定的网络接口卡发生冲突的次数，通过读取虚拟文件/proc/net/dev 获取数据。
- net.if.discovery，这是一个 LLD 监控项，通过读取虚拟文件/proc/net/dev 获取完整的网络接口名称列表，构造成符合 LLD 格式的 JSON 串并返回。
- net.if.in[if,<mode>]，指定网络接口的入流量，通过读取虚拟文件/proc/net/dev 获取数据。
- net.if.out[if,<mode>]，指定网络接口的出流量，通过读取虚拟文件/proc/net/dev 获取数据。
- net.if.total[if,<mode>]，指定网络接口的入流量与出流量的合计值，通过读取虚拟文件/proc/net/dev 获取出入流量数据，然后进行加和。

对以上监控项进行测试的结果如代码清单 16-11 所示。

代码清单 16-11　测试 net 组监控项

```
[root@VM-0-2-centos /]# /usr/local/sbin/zabbix_agentd -t net.tcp.listen[10050]
net.tcp.listen[10050]                         [u|1]
[root@VM-0-2-centos /]# /usr/local/sbin/zabbix_agentd -t net.udp.listen[10050]
net.udp.listen[10050]                         [u|0]
[root@VM-0-2-centos /]# /usr/local/sbin/zabbix_agentd -t net.if.collisions[eth0]
net.if.collisions[eth0]                       [u|0]
[root@VM-0-2-centos /]# /usr/local/sbin/zabbix_agentd -t net.if.discovery
net.if.discovery        [s|[{"{#IFNAME}":"eth0"},{"{#IFNAME}":"lo"}]]
[root@VM-0-2-centos /]# /usr/local/sbin/zabbix_agentd -t net.if.in[eth0]
net.if.in[eth0]                              [u|47640816860]
[root@VM-0-2-centos /]# /usr/local/sbin/zabbix_agentd -t net.if.out[eth0]
net.if.out[eth0]                             [u|22528335193]
[root@VM-0-2-centos /]# /usr/local/sbin/zabbix_agentd -t net.if.total[eth0]
net.if.total[eth0]                           [u|70169286087]
```

16.4.3　proc 组监控项

proc 组有以下 3 个监控项，15.2.3 节曾讲述过第一个监控项进行数据采集的过程。

- proc.cpu.util，一组符合条件的进程的用户态和内核态 CPU 所占时间的百分比，其数据来源于 collector 变量所指向的共享内存，参见 15.2.3 节。
- proc.mem，一组符合条件的进程所消耗的特定类型的内存大小，通过遍历/proc 目录下每个进程的 cmdline 和 status 内容，统计得出结果。
- proc.num，处于特定状态的符合条件的进程的数量，通过遍历/proc 目录下每个进程的 cmdline 和 status 内容，统计得出结果。

对以上监控项进行测试的结果如代码清单 16-12 所示。

代码清单 16-12 测试进程组监控项

```
[root@VM-0-2-centos /]# /usr/local/sbin/zabbix_agentd -t proc.cpu.util[,zabbix]
proc.cpu.util[,zabbix]                          [m|ZBX_NOTSUPPORTED] [Collector is not
started.]      ###注：在命令行执行时使用临时进程，无法访问到共享内存，故返回错误###
[root@VM-0-2-centos /]# /usr/local/sbin/zabbix_agentd -t proc.mem[,zabbix]
proc.mem[,zabbix]                               [u|7421034496]
[root@VM-0-2-centos /]# /usr/local/sbin/zabbix_agentd -t proc.num[,zabbix]
proc.num[,zabbix]                               [u|46]
```

16.4.4 文件系统监控项

文件系统共有如下 4 个监控项。此类型不同于 16.3 节讲述的文件和目录监控项，请读者注意区分。

- vfs.fs.discovery，该监控项为 LLD 监控项，返回符合 LLD 格式的 JSON 字符串，处理过程为遍历虚拟文件/proc/mounts 中的记录，返回每个挂载的文件系统的名称和类型。
- vfs.fs.get，该监控项返回 JSON 格式的结果，包括所有已挂载的文件系统的名称、类型以及空间和 inode（索引节点）利用情况。处理过程为遍历虚拟文件/proc/mounts 中的文件系统挂载点，调用 statvfs()函数或者 statfs()函数获取其空间和 inode 利用情况。
- vfs.fs.inode[fs,<mode>]，调用 statvfs()函数（或者 statfs()函数），获取文件系统的 inode 利用情况。statvfs()函数和 statfs()函数可以接收所挂载文件系统中的任意文件作为参数，会自动定位到所属的文件系统。
- vfs.fs.size[fs,<mode>]，调用 statvfs()函数（或者 statfs()函数），获取文件系统的空间利用情况。statvfs()函数和 statfs()函数可以接收所挂载文件系统中的任意文件作为参数，会自动定位到所属的文件系统。可见该监控项与 vfs.fs.inode 监控项的数据来源相同。

对以上监控项进行测试的结果如代码清单 16-13 所示。

代码清单 16-13 测试文件系统监控项

```
[root@VM-0-2-centos ~]# /usr/local/sbin/zabbix_agentd -t vfs.fs.discovery
```

```
vfs.fs.discovery      [s|[{"{#FSNAME}":"/","{#FSTYPE}":"rootfs"},......]]
[root@VM-0-2-centos ~]# /usr/local/sbin/zabbix_agentd -t vfs.fs.get
vfs.fs.get
[s|[{"fsname":"/","fstype":"rootfs","bytes":{"total":52709240832,"free":
39748059136,"used":10711203840,"pfree":78.772572,"pused":21.227428},"inodes":
{"total":3276800,"free":3029818,"used":246982,"pfree":92.462708,"pused":
7.537292}},......]]
[root@VM-0-2-centos ~]# /usr/local/sbin/zabbix_agentd -t vfs.fs.inode[/]
vfs.fs.inode[/]                          [u|3276800]
[root@VM-0-2-centos ~]# /usr/local/sbin/zabbix_agentd -t vfs.fs.size[/]
vfs.fs.size[/]                           [u|52709240832]
```

16.4.5　块设备监控项

块设备（主要是硬盘设备）共有如下 3 个监控项。

- vfs.dev.discovery，此为 LLD 监控项，返回 LLD 格式字符串，内容为所有块设备的名称，其处理过程为：遍历/dev 目录下的所有节点，使用 statvfs()函数或者 statfs()函数判断该节点是否为块设备类型，如果是则记入结果。
- vfs.dev.read[<device>,<type>,<mode>]，块设备读性能指标，其数据可能来源于/proc/diskstats 文件或者共享内存（参见 15.2.4 节）。如果<type>为数量型指标，则使用/proc/diskstats 文件中的数据；如果<type>为速度型指标；则使用共享内存数据。
- vfs.dev.write[<device>,<type>,<mode>]，与 vfs.dev.read 相同，只是该指标为写性能指标。

根据<type>值的不同，可以从/proc/diskstats 文件或者 diskdevices 共享变量中获取硬盘设备性能数据。

对以上监控项进行测试的结果如代码清单 16-14 所示。

代码清单 16-14　测试块设备监控项

```
[root@VM-0-2-centos /]# /usr/local/sbin/zabbix_agentd -t vfs.dev.discovery
vfs.dev.discovery
[s|[{"{#DEVNAME}":"loop0","{#DEVTYPE}":"disk"},{"{#DEVNAME}":"cdrom","{#DEVTYPE}":
"disk"},{"{#DEVNAME}":"sr0","{#DEVTYPE}":"disk"},{"{#DEVNAME}":"vdb1","{#DEVTYPE}":
"partition"},{"{#DEVNAME}":"vdb","{#DEVTYPE}":"disk"},......]]
[root@VM-0-2-centos /]# /usr/local/sbin/zabbix_agentd -t vfs.dev.read[vdb,sectors]
vfs.dev.read[vdb,sectors]                [u|12964]
[root@VM-0-2-centos /]# /usr/local/sbin/zabbix_agentd -t vfs.dev.write[vdb,sectors]
vfs.dev.write[vdb,sectors]               [u|0]
[root@VM-0-2-centos /]# /usr/local/sbin/zabbix_agentd -t vfs.dev.read[vdb,sps]
vfs.dev.read[vdb,sps]                    [m|ZBX_NOTSUPPORTED] [This item is
available only in daemon mode when collectors are started.]
[root@VM-0-2-centos /]# /usr/local/sbin/zabbix_agentd -t vfs.dev.write[vdb,sps]
vfs.dev.write[vdb,sps]                   [m|ZBX_NOTSUPPORTED] [This item is
available only in daemon mode when collectors are started.]
```

16.4.6 内存监控项

内存只有如下一个监控项，用于获取整个内存的总体使用情况。

- vm.memory.size[<mode>]，返回各种类型内存的使用情况，其处理过程为：调用sysinfo()函数，获取详细的内存状态信息，然后从该信息中选择所需要的值。

该监控项的测试示例如代码清单 16-15 所示。

代码清单 16-15 测试内存监控项

```
[root@VM-0-2-centos dev]# /usr/local/sbin/zabbix_agentd -t
vm.memory.size[pavailable]
vm.memory.size[pavailable]                    [d|44.2368632644374]
```

16.4.7 系统专用监控项

系统专用监控项数量较多，包括了对 CPU、硬件、软件、swap 操作和一些系统常量的监控，下面分别进行讲述。此处称为“系统专用”是考虑到这些监控项的处理逻辑仅适用于 Linux 操作系统，同时也为了与 16.3.1 节中的“系统通用”监控项相区分。

1. CPU 监控项

Zabbix 客户端对 CPU 的监控包括自动发现 CPU、CPU 中断次数、CPU 负载、CPU 核数、CPU 上下文切换次数和 CPU 使用率等，共包含 6 个监控项，具体如下。

- system.cpu.discovery，LLD 监控项，返回 LLD 格式的 JSON 串，内容包括 CPU 编号和状态，其数据来源于共享内存（collector->cpus，参见 15.2.2 节）。
- system.cpu.intr，返回 CPU 发生中断的累计次数，通过读取/proc/stat 虚拟文件中的 intr 行的值获得结果。
- system.cpu.load[<cpu>,<mode>]，返回 CPU 负载，通过调用系统函数 getloadavg()获取系统负载信息。
- system.cpu.num[<type>]，返回指定类型的 CPU 核数，通过调用系统函数 sysconf()获得结果。
- system.cpu.switches，返回发生 CPU 上下文切换的累计次数，通过读取/proc/stat 虚拟文件中的 ctxt 行的值获得。
- system.cpu.util[<cpu>,<type>,<mode>]，返回 CPU 使用率，其数据来源于共享内存（collector->cpus，参见 15.2.2 节）。

对以上监控项进行测试的结果如代码清单 16-16 所示。

代码清单 16-16　测试 CPU 监控项

```
[root@VM-0-2-centos dev]# /usr/local/sbin/zabbix_agentd -t system.cpu.discovery
system.cpu.discovery          [m|ZBX_NOTSUPPORTED] [Collector is not started.]
[root@VM-0-2-centos dev]# /usr/local/sbin/zabbix_agentd -t system.cpu.intr
system.cpu.intr                            [u|1268055290]
[root@VM-0-2-centos dev]# /usr/local/sbin/zabbix_agentd -t system.cpu.load
system.cpu.load                            [d|0.34]
[root@VM-0-2-centos dev]# /usr/local/sbin/zabbix_agentd -t system.cpu.num
system.cpu.num                             [u|1]
[root@VM-0-2-centos dev]# /usr/local/sbin/zabbix_agentd -t system.cpu.switches
system.cpu.switches                        [u|2165480565]
[root@VM-0-2-centos dev]# /usr/local/sbin/zabbix_agentd -t system.cpu.util
system.cpu.util              [m|ZBX_NOTSUPPORTED] [Collector is not started.]
```

2. 硬件监控项

对硬件的监控包括了对机架、CPU、硬件设备和 MAC 地址的监控，共 4 个监控项，具体如下。

- system.hw.chassis[<info>]，返回机架信息，通过读取虚拟文件/sys/firmware/dmi/tables/DMI 或者/dev/mem 中的内容，使用 read()函数或者 mmap()函数处理文件内容获得结果。
- system.hw.cpu[<cpu>,<info>]，返回 CPU 的某些属性值，通过读取虚拟文件/proc/cpuinfo 以及/sys/devices/system/cpu/cpu%d/cpufreq/cpuinfo_max_freq 中的内容查找所需的监控数据。
- system.hw.devices[<type>]，返回外设部件互连（Peripheral Component Interconnect，PCI）标准或者通用串行总线（Universal Serial Bus，USB）设备清单，通过执行 lspci 或者 lsusb 命令获得结果。
- system.hw.macaddr[<interface>,<format>]，返回符合条件的 MAC（medium access control，介质访问控制）地址清单，通过调用 socket()函数和 ioctl()函数获取接口地址清单并进行过滤。

对以上监控项进行测试的结果如代码清单 16-17 所示。

代码清单 16-17　测试硬件监控项

```
[root@VM-0-2-centos ~]# /usr/local/sbin/zabbix_agentd -t system.hw.chassis
system.hw.chassis                          [s|Bochs Bochs
617aaa23-a376-486e-9326-583a88257421 Other]
[root@VM-0-2-centos ~]# /usr/local/sbin/zabbix_agentd -t system.hw.cpu
system.hw.cpu                              [t|processor 0: GenuineIntel Intel(R)
Xeon(R) CPU E5-26xx v4 working at 2394MHz]
[root@VM-0-2-centos ~]# /usr/local/sbin/zabbix_agentd -t system.hw.devices
system.hw.devices                          [t|00:00.0 Host bridge: Intel Corporation
440FX - 82441FX PMC [Natoma] (rev 02)
00:01.0 ISA bridge: Intel Corporation 82371SB PIIX3 ISA [Natoma/Triton II]
......]
[root@VM-0-2-centos ~]# /usr/local/sbin/zabbix_agentd -t system.hw.macaddr
system.hw.macaddr                          [s|[eth0] 52:54:00:3a:2c:58]
```

3. 软件监控项

此类监控项对系统中的软件环境信息进行采集，共包含 3 个监控项，具体如下。

- system.sw.arch，返回软件架构信息，调用 uname()函数并从返回的数据结构中获取 machine 成员的值。
- system.sw.os[<info>]，返回操作系统信息，根据<info>参数的不同从以下虚拟文件中读取内容并返回所需要的结果：
    - /proc/version，返回操作系统的完整信息；
    - /proc/version_signature，返回操作系统的简短信息；
    - /etc/os-release 或者/etc/issue.net，返回前者的 PRETTY_NAME 值或者后者的所有内容。
- system.sw.packages[<package>,<manager>,<format>]，返回已安装的软件包清单，根据 manager 参数的不同，执行以下 4 个命令中的任意一个或者全部命令，并返回符合筛选条件的结果：
    - <manager>为 dpkg，执行 dpkg --get-selections；
    - <manager>为 dpkgtools，执行 ls /var/log/packages；
    - <manager>为 rpm，执行 rpm -qa；
    - <manager>为 pacman，执行 pacman -Q。

对以上监控项进行测试的结果如代码清单 16-18 所示。

代码清单 16-18 测试软件监控项

```
[root@VM-0-2-centos ~]# /usr/local/sbin/zabbix_agentd -t system.sw.arch
system.sw.arch                                [s|x86_64]
[root@VM-0-2-centos ~]# /usr/local/sbin/zabbix_agentd -t system.sw.os
system.sw.os                                  [s|Linux version
3.10.0-1062.18.1.el7.x86_64 (mockbuild@kbuilder.bsys.centos.org) (gcc version
4.8.5 20150623 (Red Hat 4.8.5-39) (GCC) ) #1 SMP Tue Mar 17 23:49:17 UTC 2020]
[root@VM-0-2-centos ~]# /usr/local/sbin/zabbix_agentd -t system.sw.packages
system.sw.packages                            [t|[rpm] GeoIP-1.5.0-14.el7.x86_64,
NetworkManager-1.18.4-3.el7.x86_64, ......]
```

4. swap 操作监控项

此类监控项采集 swap（内存换入换出）操作的统计信息，共包含 3 个监控项。

- system.swap.in[<device>,<type>]，返回 swap 换入次数，其处理过程为：首先从 /proc/swaps 虚拟文件中获取完整的 swap 列表，然后遍历每个 swap，从虚拟文件 /proc/diskstats 和/proc/partitions 中读取所需要的数据，最后将所有 swap 进行合计。
- system.swap.out[<device>,<type>]，返回 swap 换出次数，与换入次数处理过程类似。
- system.swap.size[<device>,<type>]，返回 swap 空间使用情况，调用 sysinfo()函数，从返回的数据结构中读取所需要的信息。

对以上监控项进行测试的结果如代码清单 16-19 所示。

代码清单 16-19　测试 swap 监控项

```
[root@VM-0-2-centos ~]# /usr/local/sbin/zabbix_agentd -t system.swap.in
system.swap.in                          [u|3360614]
[root@VM-0-2-centos ~]# /usr/local/sbin/zabbix_agentd -t system.swap.out
system.swap.out                         [u|5184296]
[root@VM-0-2-centos ~]# /usr/local/sbin/zabbix_agentd -t system.swap.size
system.swap.size                        [u|1869082624]
```

5. 系统常量监控项

此类监控项用于获取一些固定的系统常量，共有 3 个监控项。

- system.boottime，系统启动时间戳，通过查找虚拟文件/proc/stat 中的 btime 行的值获得结果。
- system.uname，调用系统函数 uname()获取系统信息，根据返回的数据结构创建字符串，包括 sysname、nodename、release、version 和 machine 共 5 类信息。
- system.uptime，返回系统启动时长（单位秒），调用 sysinfo()函数，从返回的数据结构中读取 uptime 成员值。

对以上监控项进行测试的结果如代码清单 16-20 所示。

代码清单 16-20　测试系统常量监控项

```
[root@VM-0-2-centos ~]# /usr/local/sbin/zabbix_agentd -t system.boottime
system.boottime                         [u|1591521794]
[root@VM_0_2_centos ~]# /usr/local/sbin/zabbix_agentd -t system.uname
system.uname                            [s|Linux VM_0_15_centos
3.10.0-1062.9.1.el7.x86_64 #1 SMP Fri Dec 6 15:49:49 UTC 2019 x86_64]
[root@VM-0-2-centos ~]# /usr/local/sbin/zabbix_agentd -t system.uptime
system.uptime                           [u|3780696]
```

16.4.8　传感器监控项

传感器类监控项只有一个：sensor[device,sensor,<mode>]，它返回指定设备传感器的读数或者统计值，通过遍历/sys/class/hwmon 或者/proc/sys/dev/sensors 目录获取传感器列表，然后获取每个传感器的数据并进行计算。

16.5　hostname 监控项

hostname 监控项被单独列出来是因为该监控项比较特殊，在加载配置文件信息的时候需要使用该监控项获得 Hostname 参数值(HostnameItem 参数的默认值为 system.hostname)。

system.hostname[<type>]调用 uname()函数获取系统信息数据结构，从中读取 nodename 成员的值。该监控项由 SYSTEM_HOSTNAME()函数处理，如代码清单 16-21 所示。

代码清单 16-21 SYSTEM_HOSTNAME()函数

```
int SYSTEM_HOSTNAME(AGENT_REQUEST *request, AGENT_RESULT *result)
{
    struct utsname name;

    ZBX_UNUSED(request);

    if (-1 == uname(&name))         //获取 name 的结构
    {
        SET_MSG_RESULT(result, zbx_dsprintf(NULL, "Cannot obtain system
    information: %s", zbx_strerror(errno)));
        return SYSINFO_RET_FAIL;
    }

    SET_STR_RESULT(result, zbx_strdup(NULL, name.nodename));     //读取 nodename

    return SYSINFO_RET_OK;
}
```

16.6 小结

Zabbix 客户端原生支持大量不同种类的监控项，可以对各种硬件和软件进行监控。为了适应多种编译环境，Zabbix 将这些监控项分为 5 类分批加载：agent 类、simple 类、common 类、specific 类和 hostname 监控项。本章讲述了每种监控项在底层是如何实现数据采集的，从而澄清了用户对监控数据采集方式的疑惑。

第 17 章

Zabbix 的构建过程

在对 Zabbix 进行重构之前，需要先了解 Zabbix 的构建过程，修改源码以后，往往需要以新的方式重新构建 Zabbix。本章简要地分析 configure、make 和 make install 命令在 Zabbix 构建过程中具体完成了哪些工作，同时讲述 Makefile、configure.ac 和 aclocal.m4 等文件在构建过程中的作用，最后通过一个具体的示例来演示增加了.c 源码文件以后如何调整构建过程。

本章的构建过程分析基于 CentOS 7.6 系统进行，所使用的编译器为 gcc 4.8.5、go1.13.11 和 javac 1.8.0。

17.1 总体构建过程

17.1.1 源码文件的目录结构

构建过程与源码文件目录结构密切相关。对 Zabbix 来说，需要编译的源码仅存在于 include 和 src 两个目录下，其结构如代码清单 17-1 所示。include 目录下是所有 C 语言源码共用的头文件（.h 文件）。src 目录下主要是.c 文件以及 Go 语言和 Java 语言源码文件，这些文件按照构建的目标进行组织，不同目标的源码文件目录相对独立。例如，构建 zabbix_agent 所需要的源码仅存在于 libs、zabbix_agent、zabbix_get 和 zabbix_sender 这 4 个目录中，其他目录可以忽略。构建 zabbix_server 时则只需要编译 libs、zabbix_js 和

zabbix_server 这 3 个目录。显然，这种相对独立的文件目录结构划分使得程序的构建过程更简单。

Go 语言源码和 Java 语言源码各自位于独立的子目录下，这两种源码需要使用 go 和 javac 编译器进行构建。

代码清单 17-1 源码文件目录结构

```
include
src
|-- go                 #Go 语言源码，构建 zabbix_agent2 时使用
|-- libs               #共用的库文件源码
|-- modules            #示例用动态链接库文件源码（仅用于分发，不需要编译）
|-- zabbix_agent       #用于构建 zabbix_agent（当 configure 命令参数有--enable-agent 时）
|-- zabbix_get         #与 zabbix_agent 一起构建
|-- zabbix_java        #Java 语言源码，构建 zabbix java gateway 时使用
|-- zabbix_js          #与 zabbix_server 或者 zabbix_proxy 一起构建
|-- zabbix_proxy       #用于构建 zabbix_proxy（当 configure 命令参数有--enable-proxy 时）
|-- zabbix_sender      #与 zabbix_agent 一起构建
`-- zabbix_server      #用于构建 zabbix_server（当 configure 命令参数有--enable-server 时）
```

17.1.2 gcc 的构建过程

Linux 操作系统中一般由 gcc 编译器负责 C 语言源码的构建，完整构建过程依次为预编译、编译、汇编和链接 4 个阶段。编译和链接阶段的区别为：在编译阶段不需要解析函数的定义，只需要检查函数的声明，因此只要头文件能够正常使用，编译过程就不会有问题；而链接阶段需要解析函数的定义，这些定义存在于对应的库文件中，所以在链接阶段需要保证库文件已经生成。总之，编译阶段需要头文件而不需要库文件，链接阶段需要库文件而不需要头文件。

在 gcc 命令的执行过程中，有如下 4 个比较常用的参数，实际上 configure 和 make 阶段的大量工作就是确定这些参数，以便正确地执行 gcc 命令。

- -D 参数，指定宏定义。
- -I 参数，指定编译阶段使用的头文件所在的文件目录。
- -l 参数，指定链接阶段所需要查找的库文件。
- -L 参数，指定链接阶段使用的库文件所在的文件目录。

例如，典型的编译命令和链接命令如代码清单 17-2 所示。

代码清单 17-2 编译与链接命令

```
$ gcc -DHAVE_CONFIG_H -I./include -lpcre -L/usr/lib -c -o myprog myprog.c
$ gcc -DDEFAULT_SSL_CERT_LOCATION='path/to/ssl/cert' -g -O2 -L/usr/lib64/mysql
-rdynamic -o zabbix_server zabbix_server-server.o libzbxserver.a -lm -ldl
-lresolv -lpcre
```

总之，gcc 的构建过程实际上就是确定 gcc 命令的参数，以及确定多级目录下的.c 文件进行构建的先后顺序。中大型软件往往使用 Autotools 工具提供的 Makefile 文件来定义具体的构建过程。以 src/zabbix_server/odbc 目录下的 Makefile 文件（参见代码清单 17-3，该文件由 configure 命令生成）为例，该文件所定义的构建过程是先执行 gcc -c 命令进行编译，生成.o 文件，然后执行 ar 和 ranlib 命令将.o 文件打包为静态链接库文件。如此复杂的Makefile 文件只是对一个.c 文件的构建，如果有成百上千个.c 文件需要构建，则 Makefile 文件的复杂程度已经难以实现手工编写。因此，Makefile 文件一般由简化版本的名为 Makefile.am 的文件（需手工编写）经过 automake 和 configure 命令自动加工而成。

代码清单 17-3 src/zabbix_server/odbc/Makefile 文件内容

```
......
112 LIBRARIES = $(noinst_LIBRARIES)
......
386 noinst_LIBRARIES = libzbxodbc.a
......
392 all: all-am
......
429 libzbxodbc.a: $(libzbxodbc_a_OBJECTS) $(libzbxodbc_a_DEPENDENCIES)
$(EXTRA_libzbxodbc_a_DEPENDENCIES)
430         $(AM_V_at)-rm -f libzbxodbc.a
431         $(AM_V_AR)$(libzbxodbc_a_AR) libzbxodbc.a $(libzbxodbc_a_OBJECTS)
$(libzbxodbc_a_LIBADD)                          #ar 命令
432         $(AM_V_at)$(RANLIB) libzbxodbc.a     #ranlib 命令
......
464 libzbxodbc_a-odbc.o: odbc.c
465         $(AM_V_CC)$(CC) $(DEFS) $(DEFAULT_INCLUDES) $(INCLUDES) $(AM_CPPFLAGS)
$(CPPFLAGS) $(libzbxodbc_a_CFLAGS) $(CFLAGS) -MT libzbxodbc_a-odbc.o -MD -MP -MF
$(DEPDIR)/libzb    xodbc_a-odbc.Tpo -c -o libzbxodbc_a-odbc.o `test -f 'odbc.c' |
| echo '$(srcdir)/'`odbc.c      #gcc 命令
466         $(AM_V_at)$(am__mv) $(DEPDIR)/libzbxodbc_a-odbc.Tpo
$(DEPDIR)/libzbxodbc_a-odbc.Po                #mv 命令
......
565 all-am: Makefile $(LIBRARIES)
......
```

17.2 configure 过程

configure 过程就是运行 configure 脚本[1]的过程，通过执行 autoconf 命令，configure 脚本基于 configure.ac 和 aclocal.m4 文件生成。本节介绍 configure.ac 文件、aclocal.m4 文件和 configure 脚本，以帮助读者理解 configure 的作用。

[1] configure 命令是一个 shell 脚本文件。

17.2.1 理解 configure.ac 文件

configure.ac 文件是随 Zabbix 源码提供的，所有适用的系统都使用同一个 configure.ac 文件，这体现了 configure 过程的可移植性。在 configure.ac 文件已知的情况下，即使 configure 脚本不存在，也可以通过执行 autoconf 命令生成所需的 configure 脚本。因此，configure.ac 文件决定了 configure 过程。代码清单 17-4 为 configure.ac 文件的部分内容。

代码清单 17-4 configure.ac 文件的部分内容

```
......
 22 AC_INIT([Zabbix],[5.0.0])
 23 AC_CONFIG_SRCDIR(src/zabbix_server/server.c)
 24 AM_INIT_AUTOMAKE([subdir-objects filename-length-max=99])
 25
 26 AC_MSG_NOTICE([Configuring $PACKAGE_NAME $PACKAGE_VERSION])
 27
 28 AC_PROG_MAKE_SET
 29
 30 AM_CONFIG_HEADER(include/config.h)
 31
 32 AC_CANONICAL_HOST
......
 49 AC_HEADER_STDC
 50 AC_CHECK_HEADERS(stdio.h stdlib.h string.h unistd.h netdb.h signal.h \
 51   syslog.h time.h errno.h sys/types.h sys/stat.h netinet/in.h \
 52   math.h sys/socket.h dirent.h ctype.h \
......
 64   execinfo.h sys/systemcfg.h sys/mnttab.h mntent.h sys/times.h \
 65   dlfcn.h sys/utsname.h sys/un.h sys/protosw.h stddef.h limits.h float.h)
 #为清单中的头文件设置宏定义（#define HAVE_XXXX_XX 1）
 66 AC_CHECK_HEADERS(resolv.h, [], [], [
 67 #ifdef HAVE_SYS_TYPES_H
 68 #  include <sys/types.h>
 69 #endif
 70 #ifdef HAVE_NETINET_IN_H
 71 #  include <netinet/in.h>
 72 #endif
 73 #ifdef HAVE_ARPA_NAMESER_H
 74 #  include <arpa/nameser.h>
 75 #endif
 76 #ifdef HAVE_NETDB_H
 77 #  include <netdb.h>
 78 #endif
 79 ])
......
148 AC_SEARCH_LIBS(clock_gettime, rt)          #搜索库文件中的特定函数
149 AC_SEARCH_LIBS(dlopen, dl)
150
......
159 AC_CHECK_LIB(m, main)                #检查某个库中的特定函数
160 AC_CHECK_LIB(kvm, main)
```

```
......
194 AC_TRY_COMPILE([                          #检查结构体和类型声明
195 #include <sys/types.h>
196 #include <unistd.h>
197 #include <sys/socket.h>
198 ],[socklen_t s;],
199 AC_MSG_RESULT(yes),
200 [AC_DEFINE(socklen_t, int, [Define socklen_t type.])
201 AC_MSG_RESULT(no)])
......
981 AC_CHECK_FUNCS(hstrerror)
982 AC_CHECK_FUNCS(getenv)         #为清单中存在的函数设置宏定义（#define HAVE_GETENV 1）
983 AC_CHECK_FUNCS(putenv)
984 AC_CHECK_FUNCS(sigqueue)
985 AC_CHECK_FUNCS(round)
```

17.2.2　理解 aclocal.m4 文件

在 autoconf 命令执行过程中，需要使用 aclocal.m4 文件作为输入，这是因为该文件中定义了很多 configure.ac 文件中所使用的宏（Autoconf 宏），当使用 autoconf 命令解析 configure.ac 文件时需要使用这些宏。例如，AM_PROG_CC_C_O 宏即在 aclocal.m4 文件中定义（见代码清单 17-5）。aclocal.m4 文件可以由 aclocal 命令自动生成。

代码清单 17-5　aclocal.m4 文件的部分内容

```
# AM_PROG_CC_C_O
# --------------
# Like AC_PROG_CC_C_O, but changed for automake.
AC_DEFUN([AM_PROG_CC_C_O],
[AC_REQUIRE([AC_PROG_CC_C_O])dnl
AC_REQUIRE([AM_AUX_DIR_EXPAND])dnl
AC_REQUIRE_AUX_FILE([compile])dnl
# FIXME: we rely on the cache variable name because
# there is no other way.
set dummy $CC
am_cc=`echo $[2] | sed ['s/[^a-zA-Z0-9_]/_/g;s/^[0-9]/_/']`
eval am_t=\$ac_cv_prog_cc_${am_cc}_c_o
if test "$am_t" != yes; then
   # Losing compiler, so override with the script.
   # FIXME: It is wrong to rewrite CC.
   # But if we don't then we get into trouble of one sort or another.
   # A longer-term fix would be to have automake use am__CC in this case,
   # and then we could set am__CC="\$(top_srcdir)/compile \$(CC)"
   CC="$am_aux_dir/compile $CC"
fi
dnl Make sure AC_PROG_CC is never called again, or it will override our
dnl setting of CC.
m4_define([AC_PROG_CC],
        [m4_fatal([AC_PROG_CC cannot be called after AM_PROG_CC_C_O])])
])
```

在缺少 aclocal.m4 的情况下执行 autoconf 命令将会报错，如代码清单 17-6 所示。

代码清单 17-6 执行 autoconf 命令

```
[root@VM-0-2-centos zabbix-5.0.2]# autoconf
configure.ac:24: error: possibly undefined macro: AM_INIT_AUTOMAKE
     If this token and others are legitimate, please use m4_pattern_allow.
     See the Autoconf documentation.
configure.ac:30: error: possibly undefined macro: AM_CONFIG_HEADER
configure.ac:41: error: possibly undefined macro: AM_PROG_CC_C_O
configure.ac:1297: error: possibly undefined macro: AM_CONDITIONAL
```

17.2.3 理解 configure 脚本

编译安装 Zabbix 的第一步是执行 configure 命令，它其实是一个 shell 脚本文件，位于 Zabbix 源码的根目录下。该脚本的作用如下。

- 检查系统环境是否符合编译要求。
- 根据检查结果生成 config.status 脚本。
- 运行 config.status 脚本，生成 Makefile 和 config.h 文件。

另外，configure 脚本在运行过程中会将结果输出到 config.log 日志文件中，用户可以根据该日志文件分析 configure 脚本的具体运行过程。

如果详细分析 Zabbix 5.0.1 所附带的 configure 脚本文件，会发现其共有 16 000 多行，从上到下可以分为如下 4 个部分。

- M4sh 初始化（M4sh Initialization），第 1～281 行，初始化 M4sh 环境。
- M4sh shell 函数（M4sh Shell Functions），第 282～1 746 行，定义所需的函数，函数名以 as_fn 开头。
- Autoconf 初始化（Autoconf initialization），第 1 747～2 675 行，定义一些函数，函数名以 ac_fn_c 开头，并进行一些准备工作。
- 脚本主体（Main body of script），第 2 676～16 031 行，主要完成对环境和头文件的检查，随后生成 config.status 脚本并运行，这一部分是最主要的。

configure 脚本在运行过程中会调用 config.status 脚本，这两个脚本都会将结果输出到 config.log 日志文件中，所以日志文件中的内容既有 configure 脚本的输出也有 config.status 脚本的输出。逐行查看该日志文件（参见代码清单 17-7）会发现，configure 脚本所做的各项检查主要分为系统环境检查和头文件检查两类，各种检查完毕后才创建 config.status 脚本。configure 脚本也会对头文件中的函数和结构体进行检查，检查方式一般为：构造简单的测试代码并输出到 conftest 临时文件中，然后尝试编译和链接该临时文件，以判断能否编译和链接成功。

代码清单 17-7 config.log 日志文件内容

```
......
configure:2733: checking for a BSD-compatible install
configure:2801: result: /usr/bin/install -c
```

```
configure:2812: checking whether build environment is sane
configure:2867: result: yes
......
configure:3560: checking whether the C compiler works
configure:3582: cc    conftest.c  >&5
configure:3586: $? = 0
configure:3634: result: yes
configure:3637: checking for C compiler default output file name
configure:3639: result: a.out
......
configure:4644: checking for stdlib.h
configure:4644: cc -c -g -O2  conftest.c >&5
configure:4644: $? = 0
configure:4644: result: yes
configure:4644: checking for string.h
configure:4644: cc -c -g -O2  conftest.c >&5
configure:4644: $? = 0
configure:4644: result: yes
......
configure:7372: checking for function clock_gettime in time.h
configure:7393: cc -o conftest -g -O2   conftest.c -lm -ldl  -lresolv >&5
configure:7393: $? = 0
configure:7397: result: yes
configure:7407: checking for macro __va_copy() in stdarg.h
configure:7426: cc -c -g -O2  conftest.c >&5
configure:7426: $? = 0
configure:7430: result: yes
......
configure:14237: checking for mkdir -p candidate
configure:14246: result: ok (/usr/bin/mkdir -p)
configure:14370: checking that generated files are newer than configure
configure:14376: result: done
configure:14447: creating ./config.status
```

config.status 脚本所做的工作主要是创建 Makefile 和 config.h 文件，与之相关的日志输出如代码清单 17-8 所示。

代码清单 17-8　日志中与创建 Makefile 和 config.h 文件相关的记录

```
config.status:1190: creating Makefile
config.status:1190: creating database/Makefile
config.status:1190: creating database/mysql/Makefile
config.status:1190: creating database/oracle/Makefile
config.status:1190: creating database/postgresql/Makefile
......
config.status:1190: creating src/zabbix_java/Makefile
config.status:1190: creating man/Makefile
config.status:1190: creating include/config.h
config.status:1419: executing depfiles commands
```

最后，configure 脚本使用 trap 命令定义了信号处理动作（参见代码清单 17-9），用于在脚本运行结束时输出日志。在 config.log 日志文件的结尾看到的“Cache variables”“Output variables”和“confdefs.h”等输出内容就是由信号处理动作输出的。

代码清单 17-9 trap 命令定义的信号处理动作

```
//configure 脚本的部分内容，trap 语句
 2445 trap 'exit_status=$?
 2446   # Save into config.log some information that might help in debugging.
 2447   {
 2448     echo
 2449
 2450     $as_echo "## ---------------- ##
 2451 ## Cache variables. ##
 2452 ## ---------------- ##"
 2453     echo
 2454     # The following way of writing the cache mishandles newlines in values,
 2455 (
 2456   for ac_var in `(set) 2>&1 | sed -n
 '\''s/^\([a-zA-Z_][a-zA-Z0-9_]*\)=.*/\1/p'\''`; do
 2457     eval ac_val=\$$ac_var
......
 2516     if test -s confdefs.h; then
 2517       $as_echo "## ----------- ##
 2518 ## confdefs.h. ##
 2519 ## ----------- ##"
 2520       echo
 2521       cat confdefs.h
 2522       echo
 2523     fi
 2524     test "$ac_signal" != 0 &&
 2525       $as_echo "$as_me: caught signal $ac_signal"
 2526     $as_echo "$as_me: exit $exit_status"
 2527   } >&5
 2528   rm -f core *.core core.conftest.* &&
 2529     rm -f -r conftest* confdefs* conf$$* $ac_clean_files &&
 2530     exit $exit_status
 2531 ' 0
```

Makefile 文件的生成需要以 Makefile.in 为基础。代码清单 17-10 为 config.status 脚本中用于生成 Makefile 文件的代码，其中的`$ac_file_inputs`变量即 Makefile.in 文件路径，`$ac_tmp`为一个临时目录，用于暂时存放生成的 Makefile 文件，第 1 344～1 351 行一般不会运行，可以忽略，`$ac_file`变量为即将输出的 Makefile 文件的路径。可见，每次运行 config.status 脚本都会删除当前已存在的 Makefile 文件，再重新生成。

总之，Makefile.in 文件经过 sed 和 awk 命令处理以后生成了临时文件，然后该临时文件被重命名为 Makefile 文件，如代码清单 17-10 所示。

代码清单 17-10 执行 sed、awk 和 mv 命令，生成临时文件并重命名

```
1341 eval sed \"\$ac_sed_extra\" "$ac_file_inputs" | $AWK -f "$ac_tmp/subs.awk" \
1342   >$ac_tmp/out || as_fn_error $? "could not create $ac_file" "$LINENO" 5
1343
1344 test -z "$ac_datarootdir_hack$ac_datarootdir_seen" &&
1345   { ac_out=`sed -n '/\${datarootdir}/p' "$ac_tmp/out"`; test -n "$ac_out"; } &&
1346   { ac_out=`sed -n '/^[   ]*datarootdir[   ]*:*=/p' \
1347       "$ac_tmp/out"`; test -z "$ac_out"; } &&
```

```
1348    { $as_echo "$as_me:${as_lineno-$LINENO}: WARNING: $ac_file contains
a reference to the variable \`datarootdir'
1349 which seems to be undefined.  Please make sure it is defined" >&5
1350 $as_echo "$as_me: WARNING: $ac_file contains a reference to the variable
\`datarootdir'
1351 which seems to be undefined.  Please make sure it is defined" >&2;}
1352
1353    rm -f "$ac_tmp/stdin"
1354    case $ac_file in
1355    -) cat "$ac_tmp/out" && rm -f "$ac_tmp/out";;
1356    *) rm -f "$ac_file" && mv "$ac_tmp/out" "$ac_file";;
1357    esac \
1358    || as_fn_error $? "could not create $ac_file" "$LINENO" 5
```

config.status 脚本除了生成 Makefile 文件，还负责生成 include/config.h 头文件，该头文件在 sysinc.h 文件中被引用。config.h 文件的生成过程与 Makefile 文件生成过程类似：首先使用 awk 命令对 include/config.h 文件进行处理，将结果输出到临时目录下的 config.h 文件中，最后将临时 config.h 文件移动到 include/config.h 路径下，如代码清单 17-11 所示。config.h 文件是在 Makefile 之后生成的。

代码清单 17-11　移动临时文件 config.h

```
1364    if test x"$ac_file" != x-; then
1365      {
1366        $as_echo "/* $configure_input  */" \
1367        && eval '$AWK -f "$ac_tmp/defines.awk"' "$ac_file_inputs"
1368      } >"$ac_tmp/config.h" \
1369        || as_fn_error $? "could not create $ac_file" "$LINENO" 5
1370      if diff "$ac_file" "$ac_tmp/config.h" >/dev/null 2>&1; then
1371        { $as_echo "$as_me:${as_lineno-$LINENO}: $ac_file is unchanged" >&5
1372 $as_echo "$as_me: $ac_file is unchanged" >&6;}
1373      else
1374        rm -f "$ac_file"
1375        mv "$ac_tmp/config.h" "$ac_file" \
1376          || as_fn_error $? "could not create $ac_file" "$LINENO" 5
1377      fi
1378    else
1379      $as_echo "/* $configure_input  */" \
1380        && eval '$AWK -f "$ac_tmp/defines.awk"' "$ac_file_inputs" \
1381        || as_fn_error $? "could not create -" "$LINENO" 5
1382    fi
```

17.3　make 过程

make 命令是一个构建工具，其本质是按照 Makefile 文件指定的顺序对源码进行编译，所以 Makefile 文件的内容决定了编译的过程。对 Zabbix 来说，其源码有多级目录，所以也就存在多个 Makefile 文件，这些文件由根目录下的 Makefile 文件嵌套调用。

17.3.1 Makefile 文件的内容结构

以 Zabbix 5.0.1 源码根目录下的 Makefile 文件（通过运行 configure 脚本生成）为例进行分析，如代码清单 17-12 所示。可以看到前半部分语句用于给各种变量赋值，后半部分为编译规则的定义。从代码清单 17-12 可知，其对子目录的编译顺序依次为 src、database、man 和 misc。

代码清单 17-12 Makefile 文件的部分内容

```
RECURSIVE_TARGETS = all-recursive check-recursive cscopelist-recursive \
	ctags-recursive dvi-recursive html-recursive info-recursive \
	install-data-recursive install-dvi-recursive \
	install-exec-recursive install-html-recursive \
	install-info-recursive install-pdf-recursive \
	install-ps-recursive install-recursive installcheck-recursive \
	installdirs-recursive pdf-recursive ps-recursive \
	tags-recursive uninstall-recursive
......
AUTOCONF = ${SHELL} /tmp/zabbix-5.0.0/missing autoconf
AUTOHEADER = ${SHELL} /tmp/zabbix-5.0.0/missing autoheader
AUTOMAKE = ${SHELL} /tmp/zabbix-5.0.0/missing automake-1.16
......
ACLOCAL_AMFLAGS = -I m4
SUBDIRS = \                    #需要进行构建的子目录
	src \
	database \
	man \
	misc

EXTRA_DIST = \                 #这些路径下的文件默认不需要安装，但是属于源码包的一部分
	bin \
	build \
	ui \
	include \
	conf \
	sass
......
all: all-recursive
......
$(am__recursive_targets):
	@fail=; \
	if $(am__make_keepgoing); then \
	  failcom='fail=yes'; \
	else \
	  failcom='exit 1'; \
	fi; \
	dot_seen=no; \
	target=`echo $@ | sed s/-recursive//`; \
	case "$@" in \
```

```
        distclean-* | maintainer-clean-*) list='$(DIST_SUBDIRS)' ;; \
        *) list='$(SUBDIRS)' ;; \
      esac; \
      for subdir in $$list; do \
        echo "Making $$target in $$subdir"; \
        if test "$$subdir" = "."; then \
          dot_seen=yes; \
          local_target="$$target-am"; \
        else \
          local_target="$$target"; \
        fi; \
        ($(am__cd) $$subdir && $(MAKE) $(AM_MAKEFLAGS) $$local_target) \
        || eval $$failcom; \
      done; \
      if test "$$dot_seen" = "no"; then \
        $(MAKE) $(AM_MAKEFLAGS) "$$target-am" || exit 1; \
      fi; test -z "$$fail"
......
```

代码清单 17-13 中的内容截取自 src/zabbix_server 目录下的 Makefile 文件。可见，该文件的规则用于生成可执行文件 zabbix_server 和库文件 libzbxserver.a 这两种输出文件。但是，输出库文件并非最终目的，生成库文件是由于可执行文件的生成依赖于该库文件。Zabbix 源码文件目录还有更多的子目录，观察再下层的子目录 Makefile 文件，会发现每一层的 Makefile 文件都会生成扩展名为.a 的库文件。所有这些库文件最终都会用于生成 zabbix_server 可执行文件。

代码清单 17-13　src/zabbix_server/Makefile 文件的部分内容

```
 92 sbin_PROGRAMS = zabbix_server$(EXEEXT)
......
116 PROGRAMS = $(sbin_PROGRAMS)          //生成可执行文件
117 LIBRARIES = $(noinst_LIBRARIES)      //生成库文件（.a 文件）
......
179 zabbix_server_LINK = $(CCLD) $(zabbix_server_CFLAGS) $(CFLAGS) \
180       $(zabbix_server_LDFLAGS) $(LDFLAGS) -o $@
......
343 LDFLAGS = -rdynamic
......
407 SERVER_LDFLAGS =   -L/usr/lib64/mysql
408 SERVER_LIBS =  -lmysqlclient  -lpthread -lz -lm -ldl -lssl -lcrypto
-lz -lpthread -levent
......
513 noinst_LIBRARIES = libzbxserver.a
......
583 all: all-recursive
......
662 libzbxserver.a: $(libzbxserver_a_OBJECTS) $(libzbxserver_a_DEPENDENCIES)
$(EXTRA_libzbxserver_a_DEPENDENCIES)
663         $(AM_V_at)-rm -f libzbxserver.a
664         $(AM_V_AR)$(libzbxserver_a_AR) libzbxserver.a $(libzbxserver_a_OBJECTS)
$(libzbxserver_a_LIBADD)
665         $(AM_V_at)$(RANLIB) libzbxserver.a
666
```

```
667 zabbix_server$(EXEEXT): $(zabbix_server_OBJECTS) $(zabbix_server_DEPENDENCIES)
$(EXTRA_zabbix_server_DEPENDENCIES)
668         @rm -f zabbix_server$(EXEEXT)
669         $(AM_V_CCLD)$(zabbix_server_LINK) $(zabbix_server_OBJECTS)
$(zabbix_server_LDADD) $(LIBS)
......
761 zabbix_server-server.o: server.c
762         $(AM_V_CC)$(CC) $(DEFS) $(DEFAULT_INCLUDES) $(INCLUDES) $(AM_CPPFLAGS)
$(CPPFLAGS) $(zabbix_server_CFLAGS) $(CFLAGS) -MT zabbix_server-server.o -MD -MP
-MF $(DEPDIR)/zabbix_server-server.Tpo -c -o zabbix_server-server.o `test -f
'server.c' || echo '$(srcdir)/'`server.c
763         $(AM_V_at)$(am__mv) $(DEPDIR)/zabbix_server-server.Tpo
$(DEPDIR)/zabbix_server-server.Po
......
781 $(am__recursive_targets):
782         @fail=; \
783         if $(am__make_keepgoing); then \
784           failcom='fail=yes'; \
785         else \
786           failcom='exit 1'; \
787         fi; \
788         dot_seen=no; \
789         target=`echo $@ | sed s/-recursive//`; \
790         case "$@" in \
791           distclean-* | maintainer-clean-*) list='$(DIST_SUBDIRS)' ;; \
792           *) list='$(SUBDIRS)' ;; \
793         esac; \
794         for subdir in $$list; do \
795           echo "Making $$target in $$subdir"; \
796           if test "$$subdir" = "."; then \
797             dot_seen=yes; \
798             local_target="$$target-am"; \
799           else \
800             local_target="$$target"; \
801           fi; \
802           ($(am__cd) $$subdir && $(MAKE) $(AM_MAKEFLAGS) $$local_target) \
803           || eval $$failcom; \
804         done; \
805         if test "$$dot_seen" = "no"; then \
806           $(MAKE) $(AM_MAKEFLAGS) "$$target-am" || exit 1; \
807         fi; test -z "$$fail"
......
934 all-am: Makefile $(PROGRAMS) $(LIBRARIES)
```

综上所述，程序（$(PROGRAMS)）在所有子目录以及当前目录的静态链接库文件生成之后进行链接，链接命令如代码清单 17-14 所示。

代码清单 17-14 实际执行的链接命令

```
$ gcc -DDEFAULT_SSL_CERT_LOCATION="path/to/ssl/cert" -D… -g -O2 -L/usr/lib64
/mysql -L/usr/lib -rdynamic -o zabbix_server zabbix_server-server.o
<.a_files_in_subdirs> -lm -ldl  -lresolv -lpcre
$ gcc -I./include -I../../../include  -c -o libzbxodbc_a-odbc.o odbc.c
$ ar libzbxodbc.a libzbxodbc_a-odbc.o
$ ranlib libzbxodbc.a
```

17.3.2　理解 Makefile.am 文件

以 src 目录为例，该目录下存在多个子目录，但是并非每个子目录都需要进行编译。具体编译哪些子目录取决于 configure 脚本的参数设置，如果 configure 脚本参数中设置了--enable-proxy，则只需要对代理相关的子目录进行编译。观察 src 目录下的 Makefile.am 文件可知，是否对代理相关的子目录进行编译取决于 PROXY 变量的值是否为 0（参见代码清单 17-15）。而 PROXY 变量最终由 configure 脚本在运行过程中赋值。

代码清单 17-15　src/Makefile.am 文件的部分内容

```
......
if AGENT
COMMON_SUBDIRS = libs
else
if SERVER
COMMON_SUBDIRS = libs
else
if PROXY                          #该条件决定了是否对 COMMON_SUBDIRS 子目录进行编译
COMMON_SUBDIRS = libs
else
if AGENT2
COMMON_SUBDIRS = libs
endif
endif
endif
endif
......
if PROXY                      #该条件决定了是否对 PROXY_SUBDIRS 子目录进行编译
if SERVER
PROXY_SUBDIRS = \
      zabbix_proxy
else

PROXY_SUBDIRS = \
        zabbix_server/dbsyncer \
        zabbix_server/dbconfig \
        zabbix_server/discoverer \
        zabbix_server/httppoller \
        zabbix_server/pinger \
        zabbix_server/poller \
        zabbix_server/trapper \
        zabbix_server/selfmon \
        zabbix_server/snmptrapper \
        zabbix_server/vmware \
        zabbix_server/ipmi \
        zabbix_server/odbc \
        zabbix_server/scripts \
        zabbix_server/preprocessor \
        zabbix_proxy \
        zabbix_js
```

```
    endif
endif
......
SUBDIRS = \                        #该变量为最终需要编译的子目录清单
        $(COMMON_SUBDIRS) \
        $(AGENT_SUBDIRS) \
        $(AGENT2_SUBDIRS) \
        $(SERVER_SUBDIRS) \
        $(PROXY_SUBDIRS) \
        $(JAVA_SUBDIRS)
......
```

在由 Makefile.am 文件生成 Makefile 文件的过程中，需由 configure 脚本生成许多与环境有关的变量值。在运行 configure 脚本之前，很多环境参数是未知的，而 configure 脚本的作用就在于确定这些环境参数。例如，代码清单 17-16 演示了 PROXY_TRUE 变量和 PROXY_FALSE 变量的值是如何由 configure 脚本确定的。

代码清单 17-16　configure 脚本的部分内容

```
# Check whether --enable-proxy was given.
if test "${enable_proxy+set}" = set; then :
  enableval=$enable_proxy; case "${enableval}" in
  yes) proxy=yes ;;
  no)  proxy=no ;;
  *) as_fn_error $? "bad value ${enableval} for --enable-proxy" "$LINENO" 5 ;;
esac
else
  proxy=no
fi
#由 configure.ac 文件转换后生成的赋值语句
 if test "x$proxy" = "xyes"; then
  PROXY_TRUE=
  PROXY_FALSE='#'
else
  PROXY_TRUE='#'
  PROXY_FALSE=
fi
```

Makefile.am 是需要手工创建的文件。一般来说，该文件需要指定一些必要的参数值，包括需要构建的子目录、目标程序的名称、库文件的名称、需要使用的源码文件清单、其进一步依赖的库文件清单以及库文件的搜索路径等。代码清单 17-17 给出了 Zabbix 源码中的 src/zabbix_proxy/Makefile.am 文件的部分内容。

代码清单 17-17　src/zabbix_proxy/Makefile.am 文件的部分内容

```
##节选自 src/zabbix_proxy/Makefile.am 文件
SUBDIRS = \                   #需要进行构建的子目录
    heart \
    housekeeper \
    proxyconfig \
    datasender \
    taskmanager
```

```
sbin_PROGRAMS = zabbix_proxy              #安装到 sbin 目录下的目标程序

noinst_LIBRARIES = libzbxproxy.a          #不需要安装的库文件

libzbxproxy_a_SOURCES = \                 #用于生成 libzbxproxy.a 文件的源码文件
    events.c \
    proxy_lld.c \
    proxy_alerter_protocol.c\
    servercomms.c \
    servercomms.h

libzbxproxy_a_CFLAGS = \                   #定义 ZABBIX_DAEMON 宏，作为参数传给 gcc 命令
    -DZABBIX_DAEMON

zabbix_proxy_SOURCES = proxy.c             #用于生成 zabbix_proxy 程序的源码文件

zabbix_proxy_LDADD = \                     #用于生成 zabbix_proxy 程序的库文件
    heart/libzbxheart.a \
    $(top_builddir)/src/zabbix_server/dbsyncer/libzbxdbsyncer.a \
    $(top_builddir)/src/zabbix_server/discoverer/libzbxdiscoverer.a \
    housekeeper/libzbxhousekeeper.a \
    $(top_builddir)/src/zabbix_server/httppoller/libzbxhttppoller.a \
    proxyconfig/libzbxproxyconfig.a \
    ……\
    datasender/libzbxdatasender.a \
    taskmanager/libzbxtaskmanager.a \
    …… \
    libzbxproxy.a

zabbix_proxy_LDADD += $(top_builddir)/src/libs/zbxalgo/libzbxalgo.a

if HAVE_IPMI
zabbix_proxy_LDADD += $(top_builddir)/src/zabbix_server/ipmi/libipmi.a
endif

zabbix_proxy_LDADD += $(PROXY_LIBS)           #添加传入的库文件

zabbix_proxy_LDFLAGS = $(PROXY_LDFLAGS)       #库文件搜索路径，传给 gcc 命令的-L 参数

zabbix_proxy_CFLAGS = \
    -DDEFAULT_SSL_CERT_LOCATION="\"$(CURL_SSL_CERT_LOCATION)\"" \
    -DDEFAULT_SSL_KEY_LOCATION="\"$(URL_SSL_KEY_LOCATION)\"" \
    -DDEFAULT_CONFIG_FILE="\"$(PROXY_CONFIG_FILE)\"" \
    -DDEFAULT_EXTERNAL_SCRIPTS_PATH="\"$(EXTERNAL_SCRIPTS_PATH)\"" \
    -DDEFAULT_LOAD_MODULE_PATH="\"$(LOAD_MODULE_PATH)\""

install-data-hook:
    $(MKDIR_P) "$(DESTDIR)$(PROXY_CONFIG_FILE).d"
    $(MKDIR_P) "$(DESTDIR)$(EXTERNAL_SCRIPTS_PATH)"
    $(MKDIR_P) "$(DESTDIR)$(LOAD_MODULE_PATH)"
    test -f "$(DESTDIR)$(PROXY_CONFIG_FILE)" || cp "../../conf/zabbix_proxy.conf"
"$(DESTDIR)$(PROXY_CONFIG_FILE)"
```

17.3.3 src 目录的构建过程

虽然在根目录下的 Makefile 文件中显示有 4 个子目录需要进行构建（由 SUBDIRS 变量定义），但是除 src 目录之外的 3 个目录在 make 阶段不会执行任何动作，这些目录在 make install 阶段才会使用。因此，本小节仅对 src 目录的构建过程进行分析。代码清单 17-18 节选自 src 目录下的 Makefile 文件，根据 SUBDIRS 变量可知该目录下需要构建的子目录有 6 项，每一项子目录的具体内容因 configure 参数的不同而不同。

代码清单 17-18 src/Makefile 文件的部分内容

```
##节选自 src/Makefile 文件
COMMON_SUBDIRS = libs
......
#PROXY_SUBDIRS = \
#       zabbix_server/dbsyncer \
#       zabbix_server/dbconfig \
#       zabbix_server/discoverer \
#       zabbix_server/httppoller \
......
PROXY_SUBDIRS = \
        zabbix_proxy

JAVA_SUBDIRS = \
        zabbix_java
### 需要构建的子目录 ###
SUBDIRS = \
        $(COMMON_SUBDIRS) \
        $(AGENT_SUBDIRS) \
        $(AGENT2_SUBDIRS) \
        $(SERVER_SUBDIRS) \
        $(PROXY_SUBDIRS) \
        $(JAVA_SUBDIRS)
```

值得注意的是，src 目录及其子目录是可以单独构建的。以 zabbix_server 子目录为例，如果在该子目录下执行 make 命令，则该目录下将生成多个.o 文件、一个.a 文件和一个 zabbix_server 可执行文件，这些文件依据 Makefile 规则，通过调用编译和链接命令生成。zabbix_server 子目录的最终清单如代码清单 17-19 所示。

代码清单 17-19 zabbix_server 子目录下生成的文件

```
[root@VM_0_15_centos zabbix_server]# ls
actions.c  dbsyncer  events.h   libzbxserver.a
libzbxserver_a-postinit.o  Makefile.in  pinger   preprocessor  server.c  trapper
actions.h  discoverer  housekeeper  libzbxserver_a-actions.o     lld
odbc       poller      proxypoller   snmptrapper  vmware
alerter    escalator   httppoller  libzbxserver_a-events.o     Makefile
operations.c  postinit.c  scripts      taskmanager  zabbix_server
dbconfig   events.c    ipmi        libzbxserver_a-operations.o  Makefile.am
operations.h  postinit.h  selfmon      timer       zabbix_server-server.o
```

17.4　make install 过程

make install 命令用于将已经编译和链接好的文件以及其他必要文件复制到目的路径中，这些文件包括 17.3.3 节中提到的 src 之外的 3 个目录，即 database、man 和 misc。

database 目录下存放的是各种数据库的 SQL 文件，用于创建初始数据结构，该目录不进行部署，仅用于创建分发包。man 目录下存放的是 Zabbix 命令的手册文件，将被复制到特定的系统目录下（默认目录为/usr/local/man/man8），以支持通过命令行 man zabbix_proxy 查看手册。misc 目录下存放的是一些启动命令和工具脚本，不进行部署，仅用于创建分发包。

17.5　Zabbix 客户端的构建过程

Zabbix 客户端负责采集监控数据，对于同一个监控项，在不同的操作系统中可能使用不同的采集程序，因此在 Zabbix 客户端构建过程中需要判断当前的操作系统架构，并根据系统架构的不同，对不同的目录进行构建。具体体现在 src/libs/zbxsysinfo/Makefile 文件中，该文件中的 SUBDIRS 参数如代码清单 17-20 所示，其中的$(ARCH)变量即所构建的目标系统架构，我们可以通过查看 config.log 中的输出变量来获知其具体名称，如代码清单 17-21 所示。

代码清单 17-20　src/libs/zbxsysinfo/Makefile 的部分内容

```
###Makefile 的部分内容###
SUBDIRS = \
        agent \
        common \
        simple \
        $(ARCH)
```

代码清单 17-21　目标系统架构等信息记录在 config.log 文件中

```
###作者测试获得的 config.log 文件的部分内容
## ----------------- ##
## Output variables. ##
## ----------------- ##

......
ARCH='linux'
......
host='x86_64-pc-linux-gnu'
host_alias=''
```

```
host_cpu='x86_64'
host_os='linux-gnu'
host_vendor='pc'
```

17.6 Zabbix 的构建过程示例

如果在修改 Zabbix 源码时增加一个.c 文件，那么应该如何实现正确的构建呢？假设新增的文件位于 src/zabbix_agent 目录下，文件名为 test.c 和 test.h，那么需要首先修改 src/zabbix_agent/Makefile.am 文件（参见代码清单 17-22），目的是使 gcc 命令编译生成库文件时将这两个源码文件包含进来。但是因为 configure 脚本生成 Makefile 文件时需要使用 Makefile.in 文件作为输入，所以我们还需要更新此目录下的 Makefile.in 文件（将对 Makefile.am 文件的修改反映到 Makefile.in 文件中）。对.in 文件的更新可以通过在源码根目录下执行 automake 命令实现，具体命令如代码清单 17-23 所示。之所以需要在源码根目录下执行 automake 命令，是因为 configure.ac 文件在该目录下，automake 命令需要使用 configure.ac 作为输入。

代码清单 17-22　修改 src/zabbix_agent/Makefile.am

```
sbin_PROGRAMS = zabbix_agentd

noinst_LIBRARIES = libzbxagent.a

libzbxagent_a_SOURCES = \
        active.c \
        active.h \
        cpustat.c \
        cpustat.h \
        diskdevices.c \
        diskdevices.h \
        listener.c \
        listener.h \
        metrics.h \
        procstat.c \
        procstat.h \
        stats.c \
        stats.h \
        vmstats.c \
        vmstats.h \
        zbxconf.c \
        zbxconf.h \
        test.c \                #增加此行
        test.h                  #增加此行
```

代码清单 17-23　更新 src/zabbix_agent/Makefile.in 文件

```
$ cd /path/to/zabbix-5.0.0
$ automake src/zabbix_agent/Makefile
```

17.7　小结

本章讲述 Zabbix 监控系统的 C 语言源码部分的编译和构建过程，包括 configure、make 和 make install 命令背后的具体工作过程。

configure 命令（脚本）用于检查系统环境，并根据系统环境生成正确的 Makefile 文件，以备后面的 make 命令使用。Makefile 文件生成过程中需要使用 Makefile.am 文件（需手工编写）作为输入，Makefile.am 文件的内容决定了最终的 Makefile 文件，进而决定了整个编译和构建过程。

make 命令是一个构建工具，本质是按照 Makefile 文件指定的顺序对源码进行编译。make install 命令用于将已经编译和链接好的文件以及其他必要文件复制到目的路径中。

修改源码以后，往往需要对构建过程进行自定义，此时需要对 Makefile.am 文件进行修改，以生成正确的 Makefile 文件。

第四部分

Zabbix Web

本部分介绍 PHP 语言开发的 Zabbix Web 组件，包括 Zabbix Web API 和 Zabbix Web 应用。通过对本部分的学习，读者将理解 Zabbix Web API 的实现方式以及如何为二次开发和系统集成提供支持，也将理解 Zabbix Web 应用的 MVC 框架如何实现，以及如何对其进行扩展。

第 18 章

Zabbix Web API

Zabbix 提供功能全面的 Zabbix Web API，通过这些接口可以对几乎所有监控配置信息进行操作。在进行 Zabbix 系统集成时，使用最多的往往就是这些 API。Zabbix Web API 的开发采用面向对象风格，通过 HTTP 的 POST 方法进行访问。消息内容遵循 JSON-RPC 2.0 规范。本章主要介绍 Zabbix Web API 的总体实现架构以及消息处理过程。

18.1 类的关系与类的职责

Zabbix Web API 处理的消息须遵循 JSON-RPC 2.0 规范。JSON 请求串中至少应包含 jsonrpc、method、params 和 id 这些参数，如代码清单 18-1 所示。可见，请求最终由 api_jsonrpc.php 脚本处理。

代码清单 18-1 符合 JSON-RPC 2.0 规范的 JSON 消息格式

```
[root@VM-0-2-centos tmp]# curl -X POST --data
'{"jsonrpc":"2.0","method":"apiinfo.version","params":[],"id":1}'
-H"Content-type:application/json" http://127.0.0.1/zapi/api_jsonrpc.php
{"jsonrpc":"2.0","result":"5.0.0","id":1}
```

按照 JSON-RPC 2.0 规范，jsonrpc 请求串可以是多个方法组成的数组，如代码清单 18-2 所示。

代码清单 18-2 JSON-RPC 2.0 规范允许一次请求多个方法

```
[
{"jsonrpc":"2.0","method":"host.get","params":{},"auth":"ddc3712a222dc23184818892
e5ff4f74","id":1},
```

```
{"jsonrpc":"2.0","method":"item.get","params":{"hostids":
"100028"},"auth":"ddc3712a222dc23184818892e5ff4f74","id":1}
]
```

在处理 jsonrpc 请求串的过程中，Zabbix Web 使用了大量的类来实现 API 功能，如果为其中比较关键的类绘制类图的话，结果将如图 18-1 所示。

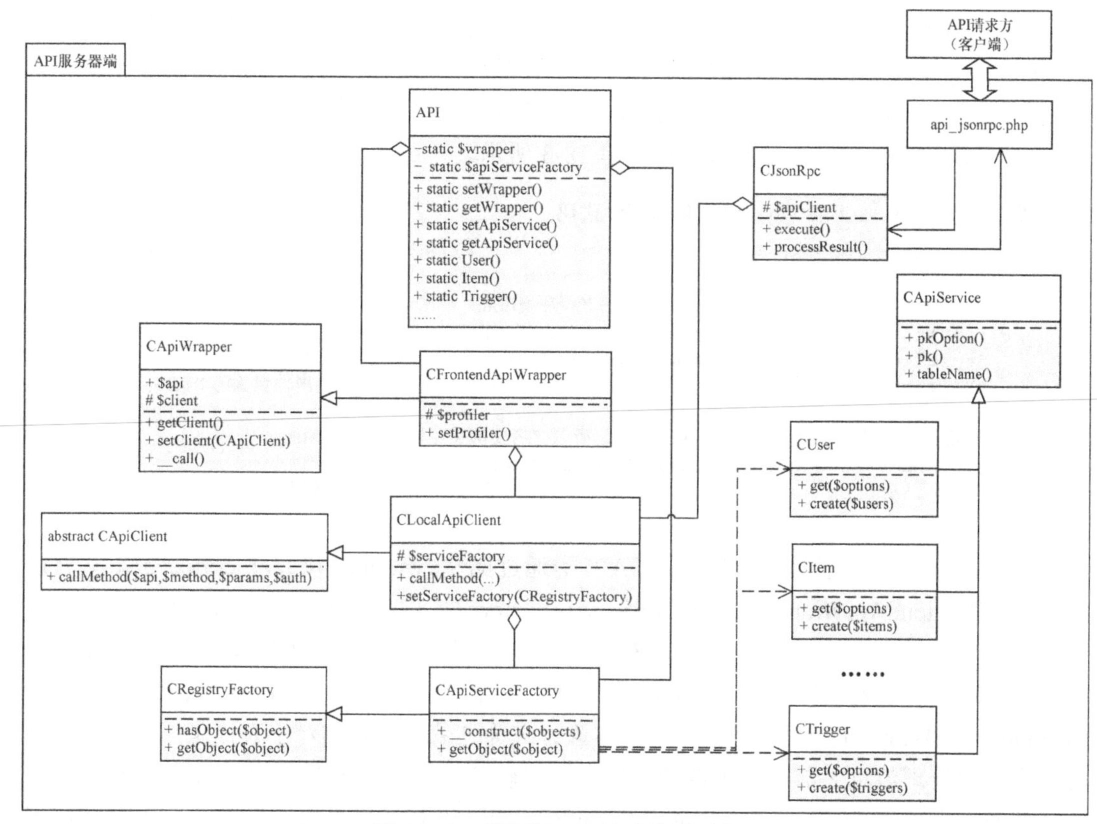

图 18-1 类图及 API 请求处理过程

现将图 18-1 中比较核心的类的职责说明如下。

- CJsonRpc 类的职责是接收请求消息并进行处理，获取响应后调用 processResult()方法处理响应结果。
- CLocalApiClient 类的职责是在处理消息之前进行消息和身份验证，并启动数据库事务。消息验证的内容包括 method 是否在允许的范围内，以及 params 参数格式是否符合规范；身份验证仅限于 user 和 apiinfo 请求；启动数据库事务实际就是运行 begin 语句。
- CApiServiceFactory 类的职责是作为一个工厂类创建并保存处理消息过程中所需要的对象，它为 CLocalApiClient 类提供服务。

- CUser、CItem 和 CTrigger 等类的职责是具体处理请求消息，例如 item.get 消息由 CItem 类中的 get()方法处理。
- API 类中的所有方法和属性都是静态的，该类的职责是提供一个统一的入口，从而可以以一致的方式处理 jsonrpc 请求串和来自前端页面的请求。
- CFrontendApiWrapper 类的职责是为来自前端页面的请求提供性能监控服务（CProfiler 类实现），当页面开启了 DEBUG 模式时可以看到其提供的信息。
- api_jsonrpc.php 脚本，它不是类，但是它是接收请求消息的入口，它负责创建所有需要的对象，实现各个对象之间的聚合关系，并将请求内容传递给 CJsonRpc 对象。该脚本的部分关键代码如代码清单 18-3 所示。

代码清单 18-3 api_jsonrpc.php 脚本部分代码

```
$data = $http_request->body();                    //将请求内容字符串赋值给$data
try {
    //创建 APP 单一实例，并调用 run()方法进行环境准备
APP::getInstance()->run(APP::EXEC_ MODE_API);
    $apiClient = API::getWrapper()->getClient();      //获取接口客户端实例
    API::setWrapper();              //卸载 wrapper，将 wrapper 属性设置为 NULL

    //将 API 类中的 client 传给 jsonRpc，所以二者实际使用同一个 client
    $jsonRpc = new CJsonRpc($apiClient, $data);
    echo $jsonRpc->execute();     //在此过程中创建所需对象，并调用方法处理请求，返回结果
}
```

需要指出的是，从类图中可以看到 API 类通过属性$wrapper 和$apiServiceFactory 分别聚合了 CFrontendApiWrapper 类和 CapiServiceFactory 类（工厂类）。在这种结构下，当 API 类处于无 wrapper 状态时（$wrapper 属性为 null），将自动切换为使用 CapiServiceFactory 处理消息，本书称该方式为*直接工厂方式*。如果处于有 wrapper 状态，则使用 CFrontendApiWrapper 类处理消息，本书称该方式为*包装方式*。相对于直接工厂方式，包装方式在实际处理消息之前增加了性能监控、消息验证、身份验证和数据库事务启动。

然而，在处理 jsonrpc 请求串时，CJsonRpc 类既没有使用直接工厂方式，也没有使用包装方式，甚至没有使用 API 类，而是使用了二者中间的 CLocalApiClient 类，本书称该方式为*接口客户端方式*。该方式相当于在直接工厂方式的基础上增加了消息验证、身份验证和数据库事务启动，但是比包装方式少了性能监控。这是因为处理 jsonrpc 请求串时不需要使用 DEBUG 模式，也就不需要在前端页面查看性能信息，但是仍然需要验证和启动数据库事务。

那么直接工厂方式的作用何在？在 CUser、CItem 和 CTrigger 等类实际处理请求消息时，可能需要在多个对象之间相互调用。例如，当 CHostInterface 实例处理 hostinterface.create 请求时，需要调用 CHost 实例的 get()方法来检查相关的主机是否存在；而 CUser 实例往往需要访问 CMediatype 实例中的方法来获取用户的媒体类型信息。直接工厂方式的作用就在于满足此类需求，既能够通过工厂类获得所需对象，又不需要重复启动数据库事务。

18.2 设计模式

Zabbix Web 中有一部分类的设计遵循了单例模式和类工厂模式，目的是实现设计的可靠性和有效性。

18.2.1 单例模式

单例模式存在于多个类中，包括 APP 类、CProfiler 类和 Manager 类（参见第 19 章）。该模式带来的好处是避免频繁创建和销毁实例，节约资源消耗，并提高系统性能。Zabbix Web 使用静态方法加静态属性的方法实现单例模式。一般来说，静态方法命名为 getInstance，静态属性则命名为$instance。静态属性的初始值为空，只有调用静态方法时才会给静态属性赋值，如代码清单 18-4 所示。

代码清单 18-4 单例模式的实现方式

```
private static $instance;

public static function getInstance() {
    if (self::$instance === null) {
        self::$instance = new self;
    }

    return self::$instance;
}
```

一般来说，单例模式的实例在消息处理的早期创建，并在整个消息处理过程中保持不变。

18.2.2 类工厂模式

Zabbix Web 接收的 jsonrpc 请求串支持多种 method 参数（user.login、item.get 和 item.create 等），对于不同的 method 参数，需要创建不同的实例进行处理。例如，item.get 和 item.create 请求需要由 CItem 类的实例进行处理。Zabbix Web 设计了 48 个类来支持所有的请求方法，采用类工厂模式来实现大量、多种实例在同一工厂中创建。工厂类为 CApiServiceFactory，该工厂类提供了 getObject()方法，用于实例的创建和获取。getObject 方法的代码如代码清单 18-5 所示，可见该工厂类支持多种实例的创建，而且每一种实例最多创建一个，也就是单例加工厂的模式。所以，工厂类所创建的实例（CItem 实例或 CHost 实例等）必须是无状态的，以实现多次调用的无差别性，调用之后也不需要销毁。

代码清单 18-5 通过 getObject()方法创建实例

```
public function getObject($object) {
    if (!isset($this->instances[$object])) {
        $definition = $this->objects[$object];
        $this->instances[$object] = ($definition instanceof Closure) ? $definition() :
    new $definition();
    }
    return $this->instances[$object];
}
```

以代码清单 18-6 中的 Web API 请求为例，CJsonRpc 实例处理该请求时会从方法名 item.get 中解析出 item 和 get 两个成分，其中 item 成分为需要传递给 getObject()方法的参数值。

代码清单 18-6 测试用 Zabbix Web API 请求消息

```
{
    "jsonrpc": "2.0",
    "method": "item.get",
    "params": {
        "output": "extend",
        "hostids": "10084",
        "sortfield": "name"
    },
    "auth": "038e1d7b1735c6a5436119eae095879e",
    "id": 1
}
```

工厂类的 getObject()方法在处理该请求时会创建 CItem 实例，并将该实例放入实例清单$instances 中，当下次接到同样的请求时，则直接从实例清单中找到该实例并返回。可见，这种单例加工厂的模式，在实现灵活创建实例的同时，还避免了重复创建实例，从而提高了系统处理能力和效率。

所有这一切的前提是存在一个工厂实例，否则将无处存放实例清单。实际上，api_jsonrpc.php 在刚接受请求时就已经创建了工厂实例。在整个消息处理过程中，我们使用的都是同一个工厂实例，即工厂实例有且只有一个，这也是实现其所创建的实例均为单例所必须具备的条件。（如果存在多个工厂实例，则存在多个实例清单 instances，无法保证创建的实例均为单例。）

18.3 jsonrpc 消息的处理过程

整体而言，jsonrpc 消息的处理过程分为准备阶段和消息处理阶段，前者负责创建消息处理过程中需要使用的实例，并构建实例间的聚合关系，后者在前者工作的基础上将请求内容传递给具体的实例进行处理。

18.3.1 准备阶段

无论请求消息是单个方法还是由多个方法组成的数组，在准备阶段所做的工作都是一样的。这一阶段的工作由 api_jsonrpc.php 脚本和 APP 类共同实现，具体代码参见 18.1 节，准备阶段所做的工作主要发生在 APP::getInstance()->run(APP::EXEC_MODE_API)语句中。分析 run()方法的代码，我们发现其具体所做的工作如下。

- 调用 spl_autoload_register()函数，注册自动装载函数和目录。
- 创建工厂实例，此时工厂内的实例清单$instances 还是空的。
- 创建接口客户端实例，该实例的作用见 18.1 节。
- 构建接口客户端实例与工厂实例之间的聚合关系。
- 创建包装器实例，其作用见 18.1 节的包装方式部分。
- 创建性能监控实例并聚合到包装器实例中，性能监控实例是包装器实现性能监控的关键。
- 将前面创建的包装器实例和工厂实例聚合到 API 类中，此时 API 类的$wrapper 属性非空，因此对请求消息的处理将为包装方式（参见 18.1 节）。
- 加载配置信息，包括配置文件 ui/conf/zabbix.conf.php 文件中的所有内容，加载后的信息存储于 APP 单例的 config 属性中。
- 建立数据库连接，使用上一步加载的配置信息建立数据库连接。
- 设置地区信息为 en_gb。

整个过程的工作如代码清单 18-7 所示。因此，在准备阶段结束时，还没有对请求消息进行任何处理，但是已经为 API 类设置了工厂实例和包装器实例，也就是具备了处理消息的能力。

代码清单 18-7 准备阶段所完成的工作

```
$this->rootDir = $this->findRootDir();
$this->initAutoloader();     //注册自动装载函数和目录
$this->component_registry = new CComponentRegistry;

$apiServiceFactory = new CApiServiceFactory();       //创建工厂实例

$client = new CLocalApiClient();                     //创建接口客户端实例
$client->setServiceFactory($apiServiceFactory);      //聚合关系构建
$wrapper = new CFrontendApiWrapper($client);         //创建包装器实例

//创建性能监控实例并聚合到包装器实例中
$wrapper->setProfiler(CProfiler::getInstance());

API::setWrapper($wrapper);                          //将包装器实例聚合到API类
API::setApiServiceFactory($apiServiceFactory);      //将工厂实例聚合到API类
......
```

```
switch ($mode) {
    ......

    case self::EXEC_MODE_API:
    $this->loadConfigFile();                          //加载配置信息
    $this->initDB();                                  //建立数据库连接
    $this->initLocales(['lang' => 'en_gb']);          //设置地区信息
    break;
    ......
}
```

18.3.2 消息处理阶段

在开始处理消息之前还有一个问题。18.1 节讲到，对 jsonrpc 消息的处理应采用*接口客户端方式*，而此时 API 类只提供了*直接工厂方式*和*包装方式*。对此问题的解决方法是暂时不使用 API 类进行处理，而是使用 CJsonRpc 实例进行处理。CJsonRpc 实例聚合了在准备阶段创建的接口客户端实例，因此能够支持接口客户端方式。

由于在后面的嵌套调用阶段仍然需要使用直接工厂方式，因此在 CJsonRpc 实例开始工作之前，Zabbix 将 API 类的`$wrapper`属性置为 null，并且在整个处理阶段都不会再设置`$wrapper`属性。

CJsonRpc 实例在创建的同时就加载了接口客户端和请求消息内容作为其属性。对消息的处理由 execute()方法负责，总体的处理过程就是遍历请求消息的每一个元素（jsonrpc 请求串可以是多个方法组成的数组），依次进行处理。每个元素都会先进行有效性验证，然后传递给接口客户端进行处理，并获取返回结果。如果请求消息是一个数组，那么返回的结果也将构成一个数组，并且与请求消息元素的顺序一一对应。当返回结果是数组时，这些结果并非逐个地发送到请求端，而是作为一个整体一次性发送到请求端（即使其中有些返回结果是 error），示例如代码清单 18-8 所示。在遵守 JSON-RPC 2.0 规范的基础上，jsonrpc 请求串返回的消息分为两种：result 消息和 error 消息，前者由 jsonrpc、result 和 id 这 3 个参数构成，后者由 jsonrpc、error 和 id 这 3 个参数构成。

代码清单 18-8　批量返回结果

```
[root@VM-0-2-centos ~]# curl -X POST --data
'[{"jsonrpc":"2.0","method":"apiinfo.
version","params":[],"id":1},{"jsonrpc":"2.0","method":"host.test","params":{},
"auth":"886caacad83847caf91c7ea326dd8365","id":1},{"jsonrpc":"2.0","method":
"host.get","params":{},"auth":"886caacad83847caf91c7ea326dd8365","id":1}]'
-H"Content-type:application/json" http://127.0.0.1/ui/api_jsonrpc.php
[{"jsonrpc":"2.0","result":"5.0.0","id":1},{"jsonrpc":"2.0","error":{"code":
-32602,"message":"Invalid params.","data":"Incorrect method \"host.test\"."},
"id":1},{"jsonrpc":"2.0","result":[{"hostid":"10084","proxy_hostid":"0","host":
"Zabbix server","status":"0","disable_unt……
```

CJsonRpc 实例的 execute()方法负责处理请求消息，具体代码及说明如代码清单 18-9 所示。

代码清单 18-9 execute()方法的工作过程

```
public function execute() {
    ......
    foreach (zbx_toArray($this->_jsonDecoded) as $call) {     //遍历各个元素
            $call = is_array($call) ? $call : [$call];

            if (!array_key_exists('id', $call)) {
                $call['id'] = null;
            }

            if (!$this->validate($call)) {
                continue;
            }

            //解析 method 参数，例如将 item.get 解析为 item 和 get
            list($api, $method) = array_merge(explode('.', $call['method']),
        [null, null]);

            //调用接口客户端实例的 callMethod()方法，
            //将 api、method、params 和 auth 作为参数传入
            //返回结果赋值给$result
            $result = $this->apiClient->callMethod($api, $method,
        $call['params'],array_key_exists('auth', $call) ? $call['auth'] : null);

            //将返回结果简单处理后暂存于当前实例的$_response 属性中，待最后返回请求端
            $this->processResult($call, $result);
        }

        if (is_array($this->_jsonDecoded) && array_keys($this->_jsonDecoded) ===
        range(0, count($this->_jsonDecoded) - 1)) {
            //将所有结果作为整体返回
            return json_encode($this->_response, JSON_UNESCAPED_SLASHES);
        }
         //将所有结果作为整体返回
        return json_encode($this->_response[0], JSON_UNESCAPED_SLASHES);
    }
```

接口客户端实例的 callMethod()方法又是如何工作的呢？18.1 节讲到接口客户端实例的职责是消息验证、身份验证和启动数据库事务，而这部分职责正是由 callMethod()方法实现的。callMethod()方法的部分代码如代码清单 18-10 所示，可见在身份验证时会查询数据库中的 sessions 表和 users 表。因此如果这两个表的数量较大并且 API 调用非常频繁，会对数据库造成一定压力。另外，为了保持数据能一致性，callMethod()方法在实际调用目标函数之前会启动数据库事务（参见代码清单 18-10 中的 DBstart()语句，当使用 MySQL 数据库时，该函数运行 begin()语句），并在目标函数运行完毕后结束事务。可见，Zabbix Web 处理的每一条请求都是在事务内的，不需要担心请求处理过程中导致的数据不一致。

代码清单 18-10　callMethod()方法的工作过程

```
......
try {
    if ($requiresAuthentication) {
        //验证 auth 参数值（查询数据库 sessions 表和 users 表）
        $this->authenticate($auth);
    }

    unset($params['nopermissions']);

    if ($DB['TRANSACTIONS'] == 0) {
        DBstart();                          //如果是 MySQL 库，运行 begin;语句
        $newTransaction = true;
    }

    $result = call_user_func_array([$this->serviceFactory->getObject($api),
$method], [$params]);                       //调用指定实例中的指定方法，并获取结果

    if ($newTransaction) {
        DBend(true);                        //如果是 MySQL 库，运行 commit;语句
    }

    $response->data = $result;
}
......
```

上述 jsonrpc 请求串的处理过程可以用图 18-2 表示。我们注意到，API 类处于无 wrapper 状态（$wrapper 属性为 null），这是必要的，原因参见 18.1 节。那么 wrapper 存在的价值是什么？当前端 Web 页面发起的请求触发了对 API 的调用时，将会通过 wrapper 进行处理，此时如果在浏览器页面开启了 DEBUG 模式，那么 wrapper 就会进行性能监控，并将监控的结果返回给浏览器。也就是说，对浏览器页面请求的处理与对 jsonrpc 请求串的处理是两种不同的路径（具体见第 19 章）。

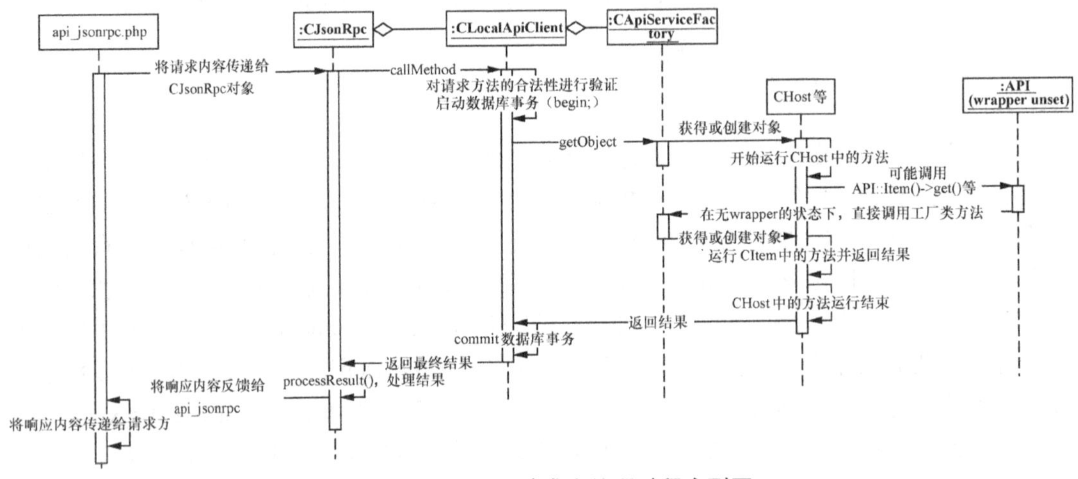

图 18-2　jsonrpc 请求串处理过程序列图

18.4 扩展 Zabbix Web API

18.4.1 相关源码文件的组织

在源码文件结构中，API 相关的源码文件被设计为可以独立发挥作用，即只需要部署以下 3 个目录就可以完整发挥 Zabbix Web API 的作用。

- ui/include，其中的 ui/include/views 目录可删除，因为 API 不需要使用视图。
- ui/conf，用于加载配置信息。
- ui/api_jsonrpc.php，用于接收请求和响应请求。

准确地说，Zabbix Web API 功能所使用的最关键的类（图 18-1 中的所有类）位于两个目录中，如代码清单 18-11 所示。

代码清单 18-11 Zabbix Web API 相关源码目录

```
ui/include/classes/core
|-- APP.php                               #继承自 ZBase 类
|-- CAjaxResponse.php
|-- CAutoloader.php                       #用于实现自动装载
|-- CComponentRegistry.php
|-- CConfigFile.php                       #配置信息加载
|-- CHttpRequest.php                      #获取请求内容
|-- CJsonRpc.php                         #处理 jsonrpc 请求串
|-- CModuleManager.php
|-- CModule.php
|-- ConfigFileException.php
|-- CRegistryFactory.php                 #工厂类的父类
|-- CSession.php
|-- Manager.php
`-- ZBase.php

ui/include/classes/api
|-- APIException.php
|-- API.php                              #API 类，全部为静态属性和静态方法
|-- CApiClientResponse.php
|-- CApiServiceFactory.php               #工厂类
|-- CApiService.php                      #CUser、CItem 和 CTrigger 等类的父类
|-- CAudit.php
|-- clients
|-- CRelationMap.php
|-- helpers
|-- managers
|-- services                             #CUser、CItem 和 CTrigger 等类的目录
`-- wrappers
```

18.4.2 扩展方法示例

如果在使用过程中发现，Zabbix所提供的API方法不能满足需求，那么就需要自定义新的方法来扩展Zabbix API。在添加新的方法时需要完成的核心任务，首先是定义一个新的类，其次要允许类工厂创建新类的实例。假设我们已经实现了一个名为CEnhabbix的类，如代码清单18-12所示。

代码清单18-12 扩展API示例

```
<?php
/* 文件: include/classes/api/services/CEnhabbix.php
**/
class CEnhabbix extends CApiService {
    private $ehbx="congratulations";
    public function get($options = []){
       $res = DBselect("select userid,sessionid from sessions where status=0");
//本示例仅限测试使用，在生产环境中不应泄露 sessionid
       $result = [];

       while ($ses = DBfetch($res)) {
          $result[]=$ses['sessionid'];
       }

       return $result;
    }
}
```

那么，我们可以修改CApiServiceFactory.php文件，以允许类工厂创建该类的实例，如代码清单18-13所示。

代码清单18-13 允许类工厂创建对象

```
<?php
/* 文件: include/classes/api/CApiServiceFactory.php
**/

class CApiServiceFactory extends CRegistryFactory {

    public function __construct(array $objects = []) {
        parent::__construct(array_merge([
            ......
            'usergroup' => 'CUserGroup',
            'usermacro' => 'CUserMacro',
            'valuemap' => 'CValueMap',
            'enhabbix' => 'CEnhabbix'     //增加此行
        ], $objects));
    }
}
```

在完成了以上修改以后，就可以使用curl命令测试新的方法是否可用，如代码清单18-14所示。

代码清单 18-14 测试扩展效果

```
[root@VM-0-2-centos services]# curl -X POST --data
'[{"jsonrpc":"2.0","method":
"enhabbix.get","params":{},"auth":"ddc3712ad01dc23184818892e1234f74","id":1}]'
-H"Content-type:application/json" http://127.0.0.1/ui/api_jsonrpc.php
[{"jsonrpc":"2.0","result":["e453f37bbd581481148f4d8f174aa08c","82fe8a6214bf0de58
ebc8658bfeedeb1","881abc3df560d14312c281cfd8187866","ddc3712ad01dc23184818892e5ff
4f74"],"id":1}]
```

18.5 小结

Zabbix Web API提供大量接口，这些接口可用于二次开发和系统集成。Zabbix Web API的实现采用面向对象的编程方法，Zabbix定义了多个类，每个类承担不同的角色，所有类通过相互协作实现整体功能。

为了满足功能和性能方面的需求，Zabbix Web API采用了单例模式和类工厂模式来设计某些关键的类。

Zabbix Web API所处理的消息须遵循JSON-RPC 2.0规范，在处理外部jsonrpc消息的同时，Zabbix Web API也可以处理来自Zabbix Web应用的请求。

本章还介绍了如何对Zabbix Web API的功能进行扩展。

第 19 章

Zabbix Web 应用

Zabbix 提供的 Web 应用是使用 PHP 语言开发的，可以完成数据图表的查看和各种配置管理。本章介绍 Zabbix Web 应用的总体架构，以及所使用的核心对象类型。Zabbix Web 应用使用面向对象模式开发，总体架构正在快速从原来的遗留模式切换到模型-视图-控制器（Model-View-Controller，MVC）模式。目前在 Zabbix 5.0.2 中，约有 2/3 的请求使用 MVC 模式处理，剩余部分仍然在使用旧的遗留模式处理。本章仅介绍 MVC 模式。

19.1 Zabbix 的 MVC 模式

使用 MVC 模式处理的请求均由 zabbix.php 脚本处理，如果将来所有功能都切换到 MVC 模式，那么用户在浏览器中看到的 URL 地址将统一显示为类似下面的格式。

```
http://<ip>/ui/zabbix.php?action=aaa.bbb.cc&filter_x=ddd&filter_y=eeee
```

19.1.1 MVC 中的类图与类的职责

在 Zabbix 的 MVC 架构中，比较核心的类及其职责如下所示。这些类之间的关系如图 19-1 所示。其中最核心的是 APP 类，它采用单例模式，是控制整个请求处理过程的主动类。其他类的实例则由 APP 类创建并接受 APP 类的调用。

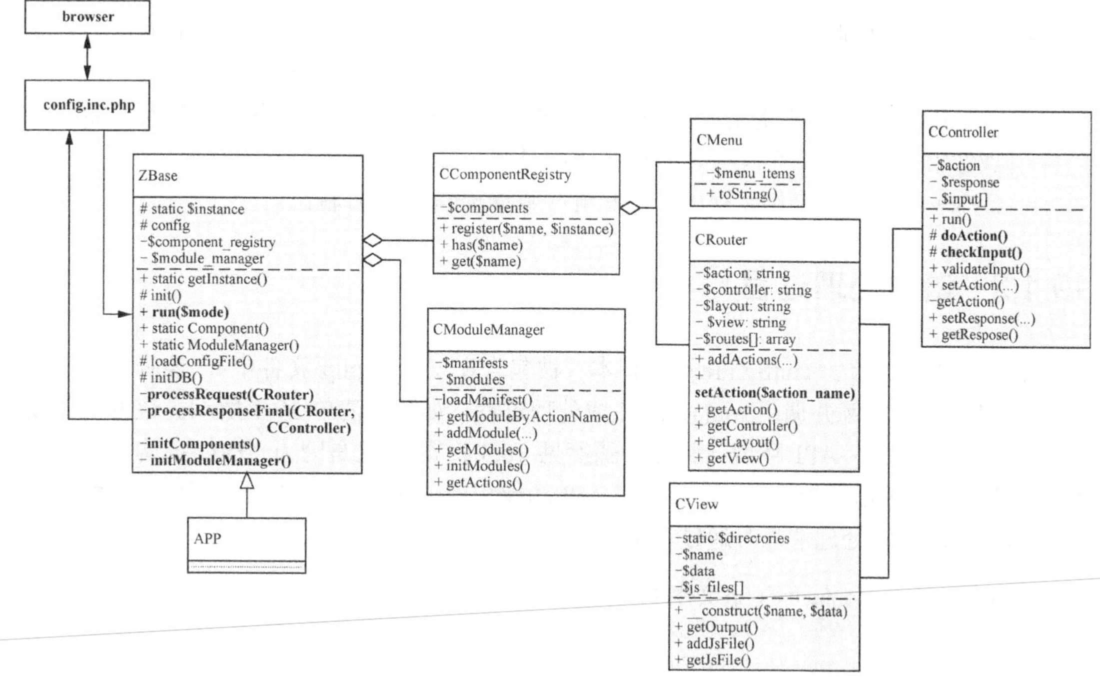

图 19-1 MVC 架构中的类关系图（不含 API 部分）

- APP 类，继承自 ZBase 类，是整个 MVC 架构的核心，对每个 HTTP 请求的处理实际上就是调用该类实例的 run()方法，整个方法负责创建其他实例、进行环境准备、读取请求参数、处理请求以及构造最终响应消息。APP 类有以下比较核心的方法。
  - run()方法，负责创建处理请求所需要的各种实例并建立关系，随后调用 processRequest()方法开始处理消息并返回最终响应内容。
  - processRequest()方法，根据请求地址的 action 参数创建对应的 CController 实例，通过该实例实现请求参数的读取并完成具体处理过程，响应数据则传递给 processResponseFinal()方法进行处理。
  - processResponseFinal()方法，接收 CRouter 实例和 CController 实例作为输入，创建对应的 CView 实例，并结合 CController 实例中的响应数据构造出最终的 HTML 输出。
- CComponentRegistry 类的职责是注册并存储 3 个实例，包括一个 CRouter 实例和两个 CMenu 实例，前者用于路由查找，后者用于显示主菜单和用户菜单。
- CModuleManager 类的职责是加载用户自定义模块，当用户有自己实现的控制器和视图时，该类负责将其加载到处理框架内。

- CMenu 类的职责是构建菜单。
- CRouter 类的职责是存储和维护路由表，将请求的 action 参数值映射到对应的控制器名称和视图名称。
- CController 类的职责是读取请求参数并处理请求，然后将响应数据存入$response 属性中。该类是一个父类，实际使用的是其子类。
- CView 类的职责是结合视图文件和响应数据构建 HTML 输出。

19.1.2 请求处理过程

请求的处理起始于 config.inc.php 脚本（被包含在 zabbix.php 文件中）。该脚本负责创建 APP 类的单一实例并调用 run()方法完成处理过程，如代码清单 19-1 所示。该方法完成的第一项工作是准备 API 环境（具体步骤参见 18.3.1 节），这是因为 MVC 架构需要使用 API 功能实现对数据库的访问，也就是说 API 功能相当于 MVC 架构中的模型[1]。后面介绍的 CController 类在处理请求时通过调用 API 方法访问数据库。

代码清单 19-1 config.inc.php 文件的部分内容

```
try {
    APP::getInstance()->run(APP::EXEC_MODE_DEFAULT);
}
```

MVC 架构需要处理的请求有很多种，具体种类由请求 URL 中的 action 参数决定，Zabbix 5.0.2 中共有 175 种动作需要由 MVC 架构处理（另外 67 种由旧的遗留模式处理）。在加载了 API 环境以后，Zabbix Web 需要解决的下一个问题是如何确定当前请求应该由哪个控制器来处理，这正是 CRouter 类的作用。CRouter 类的 routes 属性存储了每个动作所对应的控制器名称和视图名称，并且可以对该属性进行增加或者修改。APP 实例应用 CRouter 的方法是创建一个 CRouter 实例和一个 CComponentRegistry 实例，并将前者聚合到后者中（参见图 19-1）。这样一来，在后面 APP 实例具体处理请求时就可以根据 action 参数值查找到正确的控制器名称和视图名称。Zabbix Web 每次只处理一个动作，所以每次实际上只使用 CRouter 实例中的一个路由项，而非所有路由项。

CRouter 实例有两种状态，一种是未确定状态，即还没有确定要使用哪个路由项，一种是确定状态，即已经确定了所需使用的路由项。MVC 架构在创建了 CRouter 实例之后，会根据 action 参数将 CRouter 实例调整到确定状态。一旦确定了路由项，在后面的处理过程中就可以反复使用。CRouter 类中部分属性的定义如代码清单 19-2 所示。

[1] 除了 API 之外，Zabbix Web 还会使用自定义的 DB 函数访问数据库，如 DBselect()函数和 DBexecute()函数。

代码清单 19-2 CRouter 中的路由表和确定状态的路由项

```
    private $layout = null;            //存储确定的路由项布局
    private $controller = null;        //存储确定的路由项控制器
    private $view = null;              //存储确定的路由项视图
    private $action = null;            //存储确定的路由项动作

    private $routes = [                //路由表
        'action.operation.get'          => ['CControllerActionOperationGet',
    'layout.json',          null],
        'action.operation.validate'     => ['CControllerActionOperationValidate',
'layout.json',          null],
        'auditlog.list'                 => ['CControllerAuditLogList',
    'layout.htmlpage',      'reports.auditlog.list'],
        'authentication.edit'           => ['CControllerAuthenticationEdit',
    'layout.htmlpage',      'administration.authentication.edit'],
         ......];
```

解决了路由的问题，就可以开始具体处理请求了。Zabbix 所需要做的工作就是创建 CController 实例，并调用 run()方法（注意与 APP 实例的 run()方法进行区分）。在此过程中，CController 实例会解析超全局变量_REQUEST，对其中的请求参数进行验证后，将其存入$input 属性中。然后就可以调用 doAction()方法执行实质性的处理逻辑，执行的最终目的是将响应数据写入$response 属性中。

但是此时的响应数据并不是最终的响应消息。此时的数据是单纯的数组，而发回请求方的最终响应消息需要为 HTML 格式。对最终响应消息的构建由 APP 实例的 processResponseFinal()方法实现。前面讲到 APP 实例已经拥有了确定状态的 CRouter 实例，所以它知道应该使用哪个视图来构建最终响应消息。在构建最终响应消息时，APP 实例将视图和前面已经获取的响应数据一起作为参数传递给 CView 实例。然后 CView 实例中的 getOutput()方法就可以根据视图文件脚本和响应数据生成 HTML 格式的最终消息。

APP 实例每次只处理一个请求，每次处理请求都会生成响应消息，每一条响应消息的背后就是一个 CView 实例。不过，CView 实例与路由项中的视图不是一个概念，路由项中的视图指的是一个 PHP 脚本，该脚本作为 CView 类的一个输入参数发挥作用，而 CView 实例除了拥有视图脚本，还拥有前面提到的响应数据。视图脚本在没有响应数据的情形下一般无法运行，不能单独生成响应消息。APP 实例处理请求消息的操作序列如图 19-2 所示。

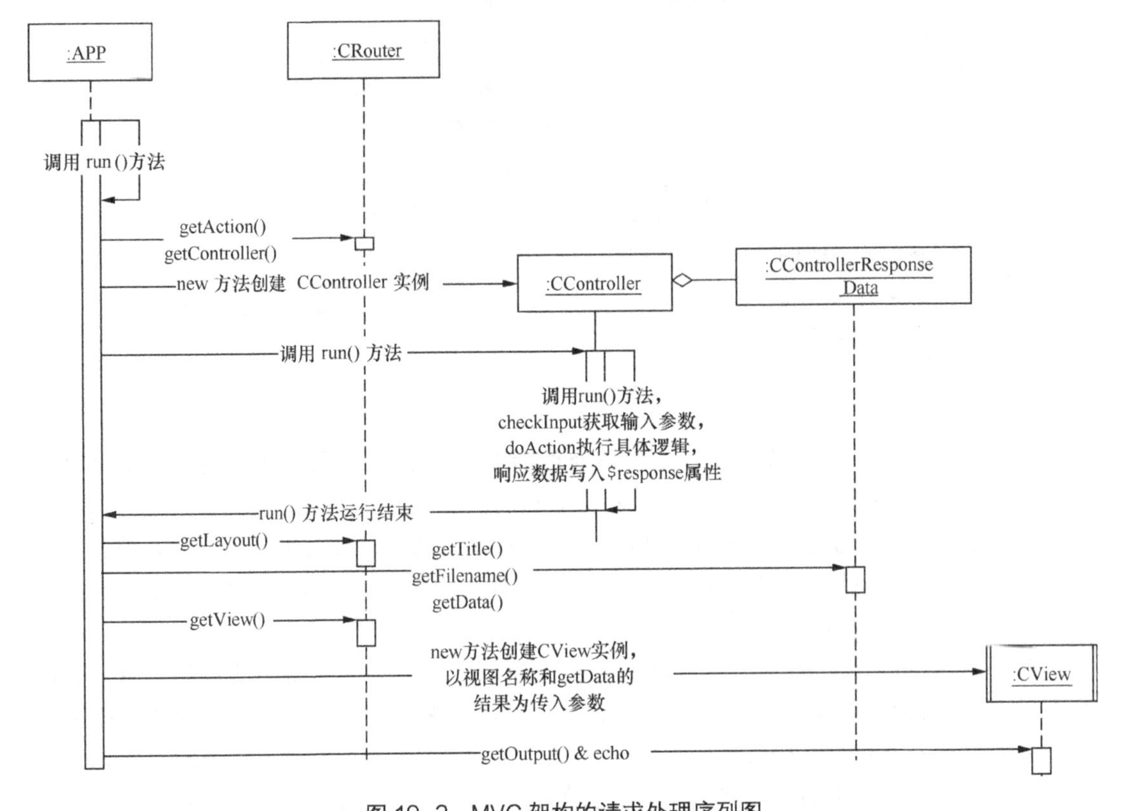

图 19-2　MVC 架构的请求处理序列图

19.2　前端页面的结构与构建

本节讲述 Zabbix Web 应用是如何组织和定义其前端页面的。Zabbix 为所有用到的前端页面 HTML 对象都定义了对应的类，类文件位于 ui/include/classes/html 目录下。几乎所有的类都继承自 CTag 类，即绝大部分前端页面上的 HTML 对象都可以被视为一个标签（tag），而构建一个 HTML 文档的过程就是将多个层次的标签组合在一起，在视图和布局脚本文件中会看到这些类的大量应用。而 CTag 类又继承自 CObject 类，类图如图 19-3 所示。

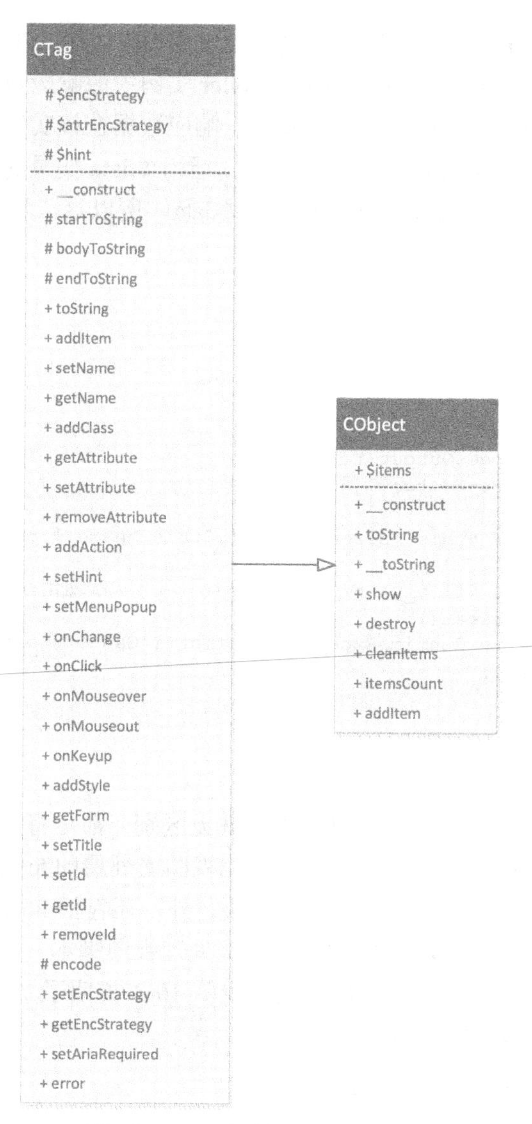

图 19-3 CTag 与 CObject 类图

19.2.1 布局与视图

既然前端页面的所有元素都使用类来定义，那么每个具体的元素就是一个类的实例。HTML 元素之间可以嵌套，同样地，实例之间也可以聚合关联。以 CWidget 类为例，在构造页面时，该类的实例可以多次逐层调用 addItem()方法，实现大量多层元素的嵌套包含，构造完毕后调用 show()方法就可以输出为合格的 HTML。

查看视图和布局脚本文件会发现，这些脚本所做的工作就是创建 HTML 对象的实例，然后添加各种所需的元素，最后调用 show()方法进行输出。在这些脚本中，$data 变量和 $this->data 属性具有特殊含义，指的是 CController 实例中的响应数据，不可以用作其他用途。实际上，此处的$this 指的是 CView 实例，响应数据在该实例构建时就已经赋值给了$this->data 属性，所以$this->data 具有特殊意义。至于$data 变量的使用，因为在运行视图脚本之前，CView 实例会将$this->data 赋值给$data，所以这二者的内容其实是一样的。CView 类的定义如代码清单 19-3 所示。

代码清单 19-3　CView 类的定义

```
class CView {

    private $data;
    ......
    public function getOutput() {
        $data = $this->data;

        $file_path = $this->directory.'/'.$this->name.'.php';
        ob_start();
        if ((include $file_path) === false) {     //此处运行视图脚本文件
            ob_end_clean();
            throw new RuntimeException(sprintf('Cannot render view: "%s".',
        $file_path));
        }

        return ob_get_clean();
    }
```

对 CView 类来说，布局和视图的处理方式并无区别，都是将其作为一个脚本文件包含进来并运行。从页面结构的角度来说，布局是比视图更外层的布局结构，视图脚本的输出只作为布局的主体块存在，而布局除包括主体块之外，还包括 header 和 footer 等成分。所以，在构建页面时，往往先创建一个 CView 实例处理视图脚本，以输出主体块，再使用输出的主体块与布局结合，生成最终输出。代码清单 19-4 说明了 APP 实例在处理最终响应时两次调用 new CView 创建实例的过程。

代码清单 19-4　两次调用 new CView

```
//APP 实例的 processResponseFinal()方法的部分代码
if ($router->getView() !== null && $response->isViewEnabled()) {
    $view = new CView($router->getView(), $response->getData());

    $layout_data = array_replace($layout_data_defaults, [
        'main_block' => $view->getOutput(),     //视图脚本输出作为主体块
        'javascript' => [
            'files' => $view->getJsFiles()
        ],
        'web_layout_mode' => $view->getLayoutMode()
    ]);
}
else {
    $layout_data = array_replace_recursive($layout_data_defaults,
```

```
$response->getData());
}
//使用布局和主体块构建一个 CView 实例，获得最终输出
echo (new CView($router->getLayout(), $layout_data))->getOutput();
```

为了实现布局功能，Zabbix 共设计了如下 7 个布局文件。

- layout.htmlpage.php，包括 header、边栏、主体块和 footer 共 4 个部分；
- layout.csv.php，用于导出 csv 文件，只有主体块，Content-Type: text/csv，Content-Disposition: attachment；
- layout.javascript.php，只有主体块，Content-Type 头部为 application/javascript；
- layout.json.php，只有主体块，Content-Type 头部为 application/json；
- layout.warning.php，只有主体块，Content-Type 头部为 text/html；
- layout.widget.php，只有主体块，Content-Type 头部为 application/json；
- layout.xml.php，用于导出 xml 文件，只有主体块，Content-Type: text/xml，Content-Disposition: attachment。

19.2.2 HTML 的构建过程

HTML 文档的第一个标签是<html>标签，对于在 MVC 架构下输出的 HTML，该标签位于 CPageHeader 实例中，这意味着任何一个页面的第一部分都是 PageHeader。CPageHeader 类的 display()方法展示了该类的具体输出内容，如代码清单 19-5 所示。可见，PageHeader 除了输出<html>开始标签，还输出了完整的<head>元素，<head>元素内包括了 CSS 和 JavaScript 引用。

代码清单 19-5 CPageHeader 类的 display()方法

```
    public function display() {
        echo <<<HTML
<!DOCTYPE html>
<html>
    <head>
        <meta http-equiv="X-UA-Compatible" content="IE=Edge"/>
        <meta charset="utf-8" />
        <meta name="viewport" content="width=device-width, initial-scale=1">
        <meta name="Author" content="Zabbix SIA" />
        <title>$this->title</title>
        <link rel="icon" href="favicon.ico">
        <link rel="apple-touch-icon-precomposed" sizes="76x76"
    href="assets/img/apple-touch-icon-76x76-precomposed.png">
        <link rel="apple-touch-icon-precomposed" sizes="120x120"
    href="assets/img/apple-touch-icon-120x120-precomposed.png">
        <link rel="apple-touch-icon-precomposed" sizes="152x152"
    href="assets/img/apple-touch-icon-152x152-precomposed.png">
        <link rel="apple-touch-icon-precomposed" sizes="180x180"
    href="assets/img/apple-touch-icon-180x180-precomposed.png">
        <link rel="icon" sizes="192x192" href="assets/img/touch-icon-192x192.png">
```

```
        <meta name="csrf-token" content="$this->sid"/>
        <meta name="msapplication-TileImage"
    content="assets/img/ms-tile-144x144.png">
        <meta name="msapplication-TileColor" content="#d40000">
        <meta name="msapplication-config" content="none"/>

HTML;
        foreach ($this->cssFiles as $path) {
            if (in_array($path, ['assets/styles/blue-theme.css',
            'assets/styles/dark-theme.css',
                        'assets/styles/hc-light.css', 'assets/styles/hc-dark.css'
                    ])) {
                $path .= '?'.(int) filemtime($path);
            }
            echo '<link rel="stylesheet" type="text/css" href="'.$path.'" />'."\n";
            //CSS 文件引用
        }

        if ($this->styles) {       //CSS 引用
            echo '<style type="text/css">';
            echo implode("\n", $this->styles);
            echo '</style>';
        }
        if ($this->jsBefore) {     //JavaScript 引用
            echo '<script>';
            echo implode("\n", $this->jsBefore);
            echo '</script>';
        }
        foreach ($this->jsFiles as $path) {     //JavaScript 文件引用
            echo '<script src="'.$path.'"></script>'."\n";
        }
        if ($this->js) {         //JavaScript 引用
            echo '<script>';
            echo implode("\n", $this->js);
            echo '</script>';
        }
        echo '</head>'."\n";     //head 标签关闭
        return $this;
    }
```

代码清单 19-6 为 layout.htmlpage.php 文件的主要部分，其中第一行的函数调用了 CPageHeader 类的 display()方法，而最后一行的 echo 语句负责关闭整个 HTML 结构。因此，这一布局脚本文件可以输出完整的 HTML 文档。

代码清单 19-6 layout.htmlpage.php 文件的部分内容

```
local_showHeader($data);          //该函数调用了 CPageHeader 类的 display()方法
local_showSidebar($data);

echo '<div class="'.ZBX_STYLE_LAYOUT_WRAPPER.
    ($data['web_layout_mode'] == ZBX_LAYOUT_KIOSKMODE ? '
'.ZBX_STYLE_LAYOUT_KIOSKMODE : '').'">';

echo get_prepared_messages(['with_current_messages' => true]);
```

```
echo $data['main_block'];
echo get_prepared_messages(['with_current_messages' => true]);
makeServerStatusOutput()->show();
local_showFooter($data);

echo '</div></body></html>';      //布局脚本负责关闭<html>标签
```

19.3 CController 类

所有的控制器类都继承自 CController 类，该类中的 run()方法用于处理实际的请求并返回一个 CControllerResponse 实例。该类有两个重要的属性$input 和$response，前者存储请求信息，后者存储响应数据。run()方法的代码如代码清单 19-7 所示。

代码清单 19-7 CController 类的 run()方法

```
final public function run() {
    if ($this->validateSID && !$this->checkSID()) {
        access_deny(ACCESS_DENY_PAGE);
    }
    if ($this->checkInput()) {          //获取请求信息，写入$input 属性
        if ($this->checkPermissions() !== true) {      //检查权限
            access_deny(ACCESS_DENY_PAGE);
        }
        $this->doAction();              //执行处理逻辑，并将响应数据写入$response 属性
    }
    return $this->getResponse();
}
```

代码清单 19-7 中的 checkInput()、checkPermissions()和 doAction()方法都是抽象方法，意味着必须在子类中重写这些方法。重写 checkInput()方法是因为每个控制器所处理的请求参数都不同，所以获取请求信息的逻辑也不同。强制重写 checkPermissions()方法能够避免权限滥用和错用。doAction()方法具体处理逻辑，显然也需要重写。因此，只需要重写这 3 个方法，就可以定义一个全新的控制器。

19.4 Zabbix Web 应用的扩展

19.4.1 源码文件的目录结构

Zabbix 5.0 的 Web 应用的主要源码文件目录结构如代码清单 19-8 所示。

代码清单 19-8　Web 应用的源码文件目录结构

```
ui
|-- app
|    |-- controllers            #各种控制器类
|    |-- partials
|    `-- views                  #MVC 模式使用的视图和布局
|-- assets
|    |-- fonts
|    |-- img
|    `-- styles
|-- audio
|-- conf
|-- include
|    |-- classes                #除控制器之外的类
|    `-- views                  #遗留模式（非 MVC）使用的各种视图
|-- js
|    |-- pages
|    |-- vector
|    `-- vendors
|-- local
|    |-- app
|    `-- conf
|-- locale
|-- modules
|-- vendor
|-- actionconf.php
|-- api_jsonrpc.php
|-- applications.php
|-- auditacts.php
|-- browserwarning.php
……
```

19.4.2　在页面增加筛选条件

本节以 zabbix.php?action=user.list 页面为例，讲述如何在页面中增加筛选条件。首先，从 CRouter.php 源码文件中查找名为 user.list 的动作（action），可以看到该动作由以下控制器、布局和视图处理：

- CControllerUserList；
- layout.htmlpage；
- administration.user.list。

首先考虑页面显示问题，鉴于筛选条件位于<main>标签内部，而布局本身不会进行<main>标签内容的创建，所以只需要考虑修改 administration.user.list 所代表的视图脚本，如代码清单 19-9 所示。页面结构中的筛选条件部分一般由 CFilter 类定义，可以根据类名查找需要修改的位置。

代码清单 19-9 administration.user.list.php 文件的部分内容

```
    ->addItem((new CFilter((new CUrl('zabbix.php'))->setArgument('action',
'user.list')))
            ->setProfile($data['profileIdx'])
            ->setActiveTab($data['active_tab'])
            ->addFilterTab(_('Filter'), [
                    (new CFormList())->addRow(_('Alias'),
                            (new CTextBox('filter_alias',
$data['filter']['alias']))
                                    ->setWidth(ZBX_TEXTAREA_FILTER_SMALL_WIDTH)
                                    ->setAttribute('autofocus', 'autofocus')
                    ),
                    (new CFormList())->addRow(_('Name'),
                            (new CTextBox('filter_name',
$data['filter']['name']))->setWidth(ZBX_TEXTAREA_FILTER_SMALL_WIDTH)
                    ),
                    (new CFormList())->addRow(_('Surname'),
                            (new CTextBox('filter_surname',
$data['filter']['surname']))->setWidth(ZBX_TEXTAREA_FILTER_SMALL_WIDTH)
                    ),
                    (new CFormList())->addRow(_('Attempt ip'),
                            (new CTextBox('filter_attemptip',
$data['filter']['attemptip']))->setWidth(ZBX_TEXTAREA_FILTER_SMALL_WIDTH)
                    ),    //增加此元素
......
```

另外一个需要解决的问题是checkInput()方法。19.3 节提到，CController 类的 checkInput()方法负责捕获请求信息。在 Zabbix 中，该方法进行信息捕获时只对设定的字段进行捕捉，超出设定范围的字段将被忽略。由于新增加了一个筛选条件字段，因此需要扩大捕获范围，这需要通过修改 checkInput()方法解决。在 CControllerUserList 类的定义中可以找到该方法，修改内容如代码清单 19-10 所示。

代码清单 19-10 修改 checkInput()方法中的变量

```
protected function checkInput() {
        $fields = [
                'sort' =>                           'in alias,name,surname,type',
                'sortorder' =>                 'in '.ZBX_SORT_DOWN.','.ZBX_SORT_UP,
                'uncheck' =>                   'in 1',
                'filter_set' =>                'in 1',
                'filter_rst' =>                'in 1',
                'filter_usrgrpid' =>     'db usrgrp.usrgrpid',
                'filter_alias' =>              'string',
                'filter_name' =>               'string',
                'filter_surname' =>            'string',
                'filter_attemptip' =>           'string',     //增加此行
                'filter_type' =>               'in
-1,'.USER_TYPE_ZABBIX_USER.','.USER_TYPE_ZABBIX_ADMIN.','.USER_TYPE_SUPER_ADMIN,
                'page' =>                             'ge 1'
        ];
        ......
```

还没有结束。为了避免上次输入的筛选条件在刷新页面后被清空，Zabbix Web 应用会对筛选条件值进行记忆，而每次请求页面时需要读取上次记忆的值。如果某个字段没有进行记忆，那么响应页面时就会提示缺少某个字段的信息。这一记忆功能由 CProfile 类（注意与 CProfiler 区分）实现，该类可以存储并更新用户最后一次使用的筛选条件值，并在需要时将其同步到数据库中的 profiles 表。该类的属性全都是静态属性，因此每个用户只存储一份信息。对记忆功能的相关代码进行的修改如代码清单 19-11 所示。

代码清单 19-11 增加对 CProfile::update()方法的调用

```
if ($this->hasInput('filter_set')) {
        CProfile::update('web.user.filter_alias', $this->getInput('filter_alias',
''), PROFILE_TYPE_STR);
        CProfile::update('web.user.filter_name', $this->getInput('filter_name',
''), PROFILE_TYPE_STR);
        CProfile::update('web.user.filter_surname', $this->getInput('filter_surname',
''), PROFILE_TYPE_STR);
         CProfile::update('web.user.filter_attemptip',
$this->getInput('filter_attemptip', ''), PROFILE_TYPE_STR);    //增加此语句
         CProfile::update('web.user.filter_type', $this->getInput('filter_type',
-1), PROFILE_TYPE_INT);
}
elseif ($this->hasInput('filter_rst')) {
        CProfile::delete('web.user.filter_alias');
        CProfile::delete('web.user.filter_name');
        CProfile::delete('web.user.filter_surname');
        CProfile::delete('web.user.filter_attemptip');            //增加此语句
        CProfile::delete('web.user.filter_type');
}

$filter = [
        'alias' => CProfile::get('web.user.filter_alias', ''),
        'name' => CProfile::get('web.user.filter_name', ''),
        'surname' => CProfile::get('web.user.filter_surname', ''),
        'attemptip' => CProfile::get('web.user.filter_attemptip', ''), //增加
        'type' => CProfile::get('web.user.filter_type', -1)
];
```

至此，新加的筛选条件已经可以被正常显示、捕获和存储。下一步只需要修改控制器逻辑中的数据处理部分即可实现扩展。

19.5 小结

Zabbix Web 应用采用自己开发的 MVC 框架结构，对数据的访问由 Zabbix Web API 提供，或者通过直接访问数据库的方式实现，对视图的表示则由布局和视图文件实现，控制器的部分由 CController 类提供。此外，本章还介绍了如何对 Zabbix Web 应用进行扩展。